JN193087

Official (ISC)² Guide to the
# CISSP® CBK®
Fourth Edition

監訳：笠原久嗣, CISSP／井上吉隆, CISSP／桑名栄二, CISSP
編：Adam Gordon, CISSP-ISSAP, ISSMP, SSCP

新版
# CISSP® CBK®
# 公式ガイドブック

NTT出版

# 新版 CISSP® CBK® 公式ガイドブック

▼

## 3巻目次

# 新版
# CISSP® CBK® 公式ガイドブック

## 【3巻】

▶凡例

※原著の本文中で太字になっている文字列は本書でも太字で表記した.

※原著はオールカラーで印刷されている．カラー印刷を前提とした表現は，読者の利便性を踏まえ，翻訳者の判断で適宜変更を加えた．また，明らかに原著の誤植であると思われる部分については，翻訳者の判断で適宜修正した．なお，原著には技術的に誤っていると思われる記述もあったが，翻訳本であることから，原則として原文に忠実に訳した.

※本文中に出てくる原注には★マークを付け，適宜加えた訳注には☆マークを付けて区別した．原注，訳注の本文はいずれも，章末にまとめて掲載した.

※本書に記載されたURLは，原則として，原著が発行された2015年4月時点のものである．その後，URLが変更され，リンクが切れているものは，適宜《リンク切れ》と記した.

※本書に掲載されたすべての会社名，商品名，ブランド名等は，各社の商標または登録商標である．一部を除き，©，®，™の記載は省略した.

※原著に掲載されている付録J「用語集」は，原権利者との協議の結果，割愛した.

# 第7章 セキュリティ運用

　「セキュリティ運用」のドメインは，チャレンジングである．基本的には2つのドメインが含まれており，1つは運用におけるセキュリティ，もう1つは，セキュリティにおける運用である．運用におけるセキュリティでは，一元化したシステム環境または分散したシステム環境における，情報資産の保護と取り扱いのコントロールが重要であると言える．一方，セキュリティにおける運用では，セキュリティ対策が確実かつ効率的に機能するために日々のセキュリティ対策業務が必要不可欠であり，重要であると言える．また，運用におけるセキュリティは，ほかのサービスの品質を維持するものであり，同時にそれ自体が一連で提供されるサービスでもある．さらに本ドメインでは，準備，プロセスおよび実施事項を定める事業継続計画（Business Continuity Planning：BCP）および災害復旧計画（Disaster Recovery Planning：DRP）の概念について説明する．これらは，組織運営が重大な混乱に直面した場合に，組織を維持するためにあらかじめ定めておくことが必要なものである．重要なシステムやネットワークの混乱が事業に影響を及ぼさないように，また，重大な混乱が生じた場合に事業を速やかに復旧するために，BCPおよびDRPには，識別，選択，実装，テスト，特に慎重を要する行動については計画の見直しなどが含まれる．

**▲ トピックス**

- 調査
  - 証拠収集
  - 報告と文書化
  - 調査技術
  - デジタルフォレンジック
- 調査の種類
  - 運用上の作業／操作
  - 犯罪
  - 民事
  - 法規制
  - 電子情報開示（eDiscovery）
- ロギングと監視
  - 侵入検知と侵入防御
  - セキュリティ情報とイベント管理
  - 継続的な監視
  - 出口監視
- リソースのプロビジョニング
  - 資産インベントリー
  - 構成管理
  - 物的資産
  - 仮想資産
  - クラウド資産
  - アプリケーション
- セキュリティ運用の基本概念
  - 知る必要性／最小特権
  - 職務と責任の分離
  - 特権の監視
  - ジョブローテーション
  - 情報ライフサイクル
  - サービスレベルアグリーメント
- リソース保護技術

- 　○　媒体の管理
- 　○　ハードウェアおよびソフトウェアの資産管理
- インシデントレスポンス
  - 　○　検出
  - 　○　対応
  - 　○　低減
  - 　○　報告
  - 　○　復旧
  - 　○　改善
  - 　○　教訓
- 予防措置
  - 　○　ファイアウォール
  - 　○　侵入検知システムおよび侵入防御システム
  - 　○　ホワイトリスト／ブラックリスト
  - 　○　サードパーティのセキュリティサービス
  - 　○　サンドボックス
  - 　○　ハニーポット／ハニーネット
  - 　○　マルウェア対策
- パッチと脆弱性管理
- 変更管理プロセス
- 復旧戦略
  - 　○　バックアップストレージ戦略(オフサイトストレージ，電子ボールティング，テープローテーションなど)
  - 　○　復旧サイトの戦略
  - 　○　複数の処理サイト(例えば，運用上冗長なシステム)
  - 　○　システムのレジリエンス，高可用性，サービス品質，耐障害性
- 災害復旧プロセス
  - 　○　レスポンス
  - 　○　人員
  - 　○　コミュニケーション
  - 　○　評価
  - 　○　復元
  - 　○　トレーニングと意識啓発

- 災害復旧計画
  - 読み合わせ
  - ウォークスルー
  - シミュレーション
  - パラレル
  - 完全停止
- 事業継続計画と演習
- 物理的なセキュリティ
  - 境界
  - 内部
- 人的安全

# ▶ 目 標

（ISC）² メンバーの候補者に向けた情報（試験概要）によると，CISSPの候補者は次のことができると期待されている．

- 調査を理解し，サポートする．
- 調査タイプの要件を理解する．
- ログ収集と監視の活動を行う．
- リソースのプロビジョニングを確保する．
- 基本的なセキュリティ運用の概念を理解し，適用する．
- リソースを保護する技術を採用する．
- インシデントレスポンスを実施する．
- 予防措置を実施し，維持する．
- パッチおよび脆弱性管理を実装し，保守する．
- 変更管理プロセス（バージョン管理，ベースライン，セキュリティ影響度分析など）に加わり，理解する．
- 復旧戦略を実装する．
- 災害復旧プロセスを実装する．
- 災害復旧計画をテストする．
- 事業継続計画と演習に関与する．
- 物理的なセキュリティを実装し，管理する．
- 人的安全（例えば，脅迫，出張，監視）に関与する．

## 7.1 調査

　証拠の取り扱いと管理は，ほとんどの組織で適切に実施されていない．この分野については，コンピュータフォレンジック，デジタルフォレンジック，ネットワークフォレンジック，電子情報開示，サイバーフォレンジック，フォレンジックコンピューティングと呼ばれる様々な範囲の定義がある．これら関連用語は，すべてをまとめて，デジタル調査（Digital Investigation）という言葉で表現されている．この言葉は，1つの意味だけを指すものではない．デジタル調査には，ストレージあるいはネットワーク上の電気信号を問わず，デジタル形式あるいは電子形式で存在するすべての証拠，ならびに潜在的な証拠が含まれる．しかし，マルチメディアは除外している．なぜなら，これはまだまだ高度な領域であり，区別されるためである．コンピュータフォレンジックすなわちデジタル調査は，ソフトウェアやハードウェアに対する調査に限定された作業を指すわけではなく，この一連の手続きであり，評価検証の手続きに基づくものである．

　また，デジタル調査は，より大きなデジタルフォレンジックサイエンス（Digital Forensic Science）の分野の一部となっている．2008年，米国のAAFS（American Academy of Forensic Sciences）では，デジタルフォレンジックサイエンス，デジタル＆マルチメディアサイエンスの1セクションとして正式に認めている．過去28年間で，初めて新しいセクションが認められたのである．Digital Forensic Science Research Workshop（DFRWS）では，デジタルフォレンジックサイエンスを次のように定義している．

　　「不正を発見すること，あるいは許可されていない計画外の不正行為を発見することを目的にした，電子的な情報であるデジタル証拠の保存，収集，検証，特定，分析，解釈，文書化，提示を行う科学的な手法」．この分野では，調査する人は，証拠および法制度を取り扱い，その調査自体はコンピュータサイエンス，情報技術，情報工学，法律と密接に関わるものである．法律との関わりにより，セキュリティ担当責任者やセキュリティ専門家に無縁であった法律の概念がもたらされることとなった．この法律には，犯罪の状況（Crime Scene），管理の連鎖（Chain of Custody），最良の証拠（Best Evidence），認容性の要件（Admissibility Requirements），証拠の規則（Rules of Evidence）などを含む．調査に関与する可能性がある人は，証拠の取り扱いと管理の基本に精通していることが非常に重要である．ここで最も悪いのは，証拠が利用できず何も確認できないことだが，さらに悪いのはセキュリティ専門家が個人の権利を侵害するなどの

事態であり，この場合は，さらに問題となる．ただし，証拠とデジタル犯罪の状態をどのように扱うべきかを決める際には，国や法制度によって若干の違いがあるものの，一般的な議論をすることは可能である．★1

インシデントレスポンスには，IOCE (International Organization of Computer Evidence)，SWGDE (Scientific Working Group on Digital Evidence)，ACPO (Association of Chief Police Officers)といった，コンピュータフォレンジックの様々なガイドラインがある．これらのガイドラインは，コンピュータフォレンジックのプロセスをフェーズやステップに分け，形式化している．一般的に，ガイドラインには以下の観点，実践内容が記載されている．

- **証拠の特定**(Identifying Evidence)＝犯罪の状況，証拠，潜在的に存在する証拠を正確に特定する．
- **証拠の収集または取得**(Collecting or Acquiring Evidence)＝犯罪学の原則に従って，証拠の変更や破壊が最小限に抑えられるようにする．証拠および証拠のコピーにおける正確性と完全性を確保・実証するために，再現性のある正しい収集方法を利用する．
- **証拠の検査または分析**(Examining or Analyzing the Evidence)＝証拠の特徴を見極めるための正しい科学的手法の採用，証拠の確立のための比較，再現を実施する．
- **発見事項の提示**(Presentation of Findings)＝確認した事実に基づいた検証と分析結果を紐解き，報告対象者に適した形式で説明する(例：法廷調書，エグゼクティブ向け記録，報告書)．

## 7.1.1 犯行現場

セキュリティ専門家が証拠を特定する際には，まず，より広く状況を捉える必要がある．一般的に，犯罪の状況確認においては，潜在的な証拠が存在する可能性がある．これはデジタル犯罪の現場にも当てはまる．つまり，犯罪学の原則は，広義の犯罪にも，デジタル犯罪にも該当すると言える．

1．現場を特定する．
2．環境を保全する．
3．証拠とそれが潜在的に存在している範囲を特定する．

4．証拠を収集する．

5．証拠の汚染を最小限に抑える．


　デジタル犯罪の現場には，物理環境と仮想環境（サイバー環境）がある．このうち，物理環境（例：サーバー，ワークステーション，ラップトップ，スマートフォン，デジタル音楽デバイス，タブレットなど）については，対処は比較的容易である．一方，仮想環境においては，証拠が存在する正確な場所の特定や証拠の取得が困難である（例：クラスター構成のデータやグリッド，ストレージエリアネットワークのデータ）．

　証拠となるライブデータは，システムの電源をオフにしたあとに，比較的短時間で消滅する動的なデータもある（実行中のプロセスや揮発性のデータで，システムやデバイスRAMに存在するなど）．セキュリティ専門家がこの仮想環境でデータを保護するのは比較的難しい．しかし，犯行現場からは，攻撃や事件の責任者や人物に関する追加情報を得ることが可能である．

　Locard（ロカール）の交換原理（Locard's Exchange Principle）によれば，加害者は何かを取得する時に何らかの痕跡を残す．この原理はデジタルの犯行現場でも同じで，責任者に関する一面を特定できることを示している[2]．従来実践されている調査と同様であるが，手段，機会，動機，ならびに犯罪手口（Method of Operation：MO）を理解することで，より詳細な調査または根本原因の分析が可能になる．また，根本的な原因を正確かつ迅速に特定することは，それが犯罪であろうとなかろうと，事件を扱う際には非常に重要である．

　犯罪学者，社会学者および心理学者においては，行動には意図が伴い，何らかの目的を達成するために行われるとしている．これについては，犯罪行為についても同じことが言える．つまり，コンピュータ犯罪者の行動も同じなのである．コンピュータ犯罪者やハッカーがシステムを攻撃する動機には大差がない．従来の犯罪者と同様に，コンピュータ犯罪者は，特定のMO（ハッキングソフトウェア，攻撃済みのシステムあるいはネットワークなど）を持っている．これらの情報から得られる特徴的な振る舞い（プログラムの構文，電子メールのメッセージ，攻撃成功の自慢）は，攻撃者（少なくとも攻撃ツール）の特定，ほかの犯罪行為との結びつき，攻撃者の思考プロセスを洞察するのに有用となる．また，この情報は内部の攻撃分析においても非常に役立つ．なぜなら，尋問を行い，被疑者の回答に対して正確性を求めることができるからである．つまり，その情報は外部からの攻撃では，同じ攻撃者によるほかの犯罪行為とつなぎ合わせることができ，また，被疑者がいる場合にはその尋問のプロセスを助け，被疑者が自己防衛をしようとした場合にはその情報が戦略的に働くこと

で，法執行を助けることになる．

　犯行現場で入手することが困難な情報が存在することを認識することが重要なため，基本的な現場分析手法を知っている者だけが，その現場で対処することを許されるべきである．論理的に考えると，ここではインシデントレスポンスチームまたはインシデントハンドリングチームのメンバーを選ぶのが適切である．この仕事を行うにあたっては，公式なアプローチ手法と，徹底した文書への記録が必要不可欠である．また，証拠の破壊，汚染を防ぎ，場合によっては証拠破壊を最小限に抑える方法で処理する能力も要する．証拠が汚染されると，元に戻すことも，もちろんボタンで元に戻すなどということも不可能である．多くの管轄区域において，被告人または訴訟における相手方は，それぞれ独自の審査と分析を行う権利を有しており，可能な限り元の状況を必要としている．

## ▶一般的なガイドライン

　熟練したデジタル調査員のほとんどは，調査に対処する際の詳細なガイドラインに関して複雑な心境を持っている．詳細で形式的に作られるあまり，厳しいチェックリストができたことで，分析と検査に対する創造性が欠けるという悪影響がある．しかし，形式主義と方法論が不足している場合には，データは汚染され，調査のプロセスは再現性に欠け，裁判所が「審査可能な」プロセスの欠如につながる．この問題に対し，いくつかの国際機関（例：SWGDE★3）は，コンピュータフォレンジックおよびデジタル／電子的証拠に関するIOCE/G8（Group of 8 Nations）の原則に基づいた一般的なガイドラインを策定した．

- デジタル証拠を扱う時は，一般的なフォレンジックと手続きの原則を適用しなければならない．
- デジタル証拠を押収する際に，その措置で証拠が変更されてはならない．
- ある人物がオリジナルのデジタル証拠にアクセスする必要がある場合，その人物はその目的のために訓練を受けるべきである．
- デジタル証拠の差し押さえ，アクセス，保管または移転に関連するすべての活動は，完全に文書化され，保存され，再調査のために利用可能なものでなければならない．
- デジタル証拠が保持されている間にデジタル証拠に関して行われたすべての措置については，証拠の所有者個人が責任を負う．
- デジタル証拠の押収，証拠へのアクセス，保管またはデータ移転を行う事

業者は，これらの原則を遵守する責任を負う．

原則については，現在最も顕著な国際的なモデル(例えば，米国国立標準技術研究所 [National Institute of Standards and Technology：NIST]，米国司法省 [Department of Justice：DOJ] /連邦捜査局 [Federal Bureau of Investigations：FBI]「捜査押収マニュアル」，NIST SP 800-86「コンピュータフォレンジックガイドライン」，SWGDE「コンピュータフォレンジック ベストプラクティス」，ACPO「コンピュータベースエビデンス グッドプラクティスガイド」，IACIS [International Association of Computer Investigative Specialists]「フォレンジック審査手順」)がある．これらのモデルは，裁判所における手続きの一般的な要件にも対応しており，高頻度で更新されている．

コンピュータフォレンジック調査やあらゆるインシデントレスポンスに関わる人に対しての最も賢明なアドバイスは，倫理的であること，誠実であること，害を生じさせないこと，個人の知識，スキル，能力を超えて対応しないことである．オーストラリアのコンピュータ緊急事態レスポンスチーム (Australian Computer Emergency Response Team：AusCERT)によって開発された以下の「経験則」は，調査を行う者の方法論の一部として利用されるべきものである．

- 元データの処理時の破損を最小限に抑える．
- 変更を考慮し，挙動についての詳細なログを保全する．
- 5つの証拠規則に従う．
- 個人の知識を超えない．
- ローカルセキュリティポリシーに従って，書面による許可を得る．
- 可能な限り正確なシステムのイメージを取得する．
- 証拠を示す準備をする．
- 作業が反復可能である．
- 速やかに作業する．
- 揮発するデータから順に進める．
- どんなプログラムも影響を受けたシステム上で実行しない．

セキュリティアーキテクト，セキュリティ担当責任者およびセキュリティ専門家にとっては，最新のテクニックやツール，プロセス，法規制に関する情報を常に最新の状態に保つことが重要である．コンピュータフォレンジックの全領域は，裁判所や公的な場の両方において厳重な調査を受けるようになってきているが，コン

ピュータ以外の伝統的な分析や調査の規律と同様に，今後の数年でDNAや指紋分析などのように成熟し，発展することになると考えられる．

さらに詳しいフォレンジックと，セキュリティ専門家への影響については，*Official (ISC)² Guide to the CCFP CBK*を参照するのがよい．本書は，Certified Cyber Forensics Professionalとその受験者を対象としているが，サイバーフォレンジックにおけるすべての問題に対する正式な参考文献であり，研究書である．

## 7.1.2 ポリシー，役割および責任

効果的かつ効率的なインシデントハンドリングを行うためには，組織は知識とポリシーについての基礎がなければならない．ここでいう基礎は，インシデントハンドリングとインシデントレスポンスのポリシーにより構成されており，具体的には，様々な法的影響を考慮した，インシデントに対応する明確なプロシージャーとガイドライン，証拠の管理と処理(デジタル，物理，文書)を示す．このポリシーは，明瞭かつ簡潔であり，インシデントレスポンス時のインシデントハンドリングを行うチームに向けて提供される必要がある．また，このポリシーは，潜在的に存在していた事案が発見された場合のエスカレーションのプロセスにおける，第三者機関，メディア，政府，法施行への連絡，連絡方法に関する従業員への指示が定められている必要がある．

適切な訓練を受けたレスポンスチームも必要である．結果，組織の要件に応じて，実質的に，または永続的に存在することができる．実際のチームは，インシデントレスポンスのためのチームであるが，通常はほかの定常業務を行いながら，インシデントレスポンスを開始できる必要があるため，兼務で構成されている．一方で，一部の組織では，メンバーはインシデントレスポンスのチームに永続的に割り当てられ，すべての時間においてこの能力を発揮するチームが存在する．また，別のモデルでは，インシデントレスポンスのチームに永続的に割り当てられた専属のコアメンバーと，必要に応じて呼び出され，対応する別のコアメンバーによるハイブリッドな形が存在する．ほかに，一部の組織では調査に加わる"オンデマンド"のメンバーを外部委託として採用する形がある．この外部委託は，毎月の定期的な費用，契約についての維持管理費が支払われることで利用が可能な状態に保たれる．

インシデントレスポンスチームを作るには，組織の構造による部分が大きく，法務部門(社内法務がなければ社外弁護士との協議が必要)，人事，経営管理，物理的セキュリティ，内部監査，情報システムセキュリティ，さらにITといった部門が関係する．

ほかにも事業を担う部門に加えて，システム管理者や，その他復旧と調査を支援する人物が必要である．チームを作ったら，訓練を受ける必要がある．また，その訓練は継続的に行われる必要がある．一見，簡単に聞こえるかもしれないが，初期のトレーニング，進行中のトレーニングにおいては，トレーニング未受講者のための予算とリソースの確保が必要であるため，決して簡単ではない．トレーニングと教育関連の実際のコストを予測できず，いくつもの組織がチーム立ち上げの際に悩まされるのである．

　そのほかに課題として残っていること，あるいは検討の俎上にすら載っていないこととして，公開やメディア対応に関することがある．組織の手抜かりというわけではなく，最も順調な時でさえ，広報活動やコミュニケーションは非常に敏感な問題である．発生したイベントがインシデント化した際に，情報を適切に公開し，取り扱うことは，悪影響の緩和も行うが，情報が正しく処理されれば被害組織に対する信頼性を高めることもある．したがって，適切に対処するために，人事や，組織の中で適切に訓練を受けた個人だけが外部に公開する注意情報を取り扱えるようにする必要がある．一部の国や地域においては，個人情報や財務情報が危険にさらされている可能性がある場合に，組織にはその状況の公開を義務付ける法律が存在している（または，制定が検討されている）．そのため，インシデントが発生した場合に，明示的に公開を拒否すること，コメントをしないことは，昨今の情報社会でよい広報戦略であるとは言えない．

## ▶インシデントレスポンス

　インシデントレスポンス（Incident Response）またはインシデントハンドリング（Incident Handling）は組織のセキュリティ部門の主要機能の1つになっている．セキュリティ専門家の仕事の一部である．この重要性が増したことは，ネットワークと情報システムに対する攻撃が進化したことによる．攻撃の総量は減少しているようにも見受けられるが，実際には攻撃は洗練され，方向性は変化している．得られる情報が少ないために，攻撃量に応じて正確な被害を測定することはできないが，全体の傾向としてここ数年で大きく増加している．攻撃の種類については，常に変化している．現在では，スパム，フィッシング詐欺，ワーム，スパイウェア，DDoS（Distributed Denial-of-Service：分散型サービス拒否）攻撃，ボットネット，その他推測可能な悪意のある攻撃や突然発生する攻撃は，パソコン，ネットワーク，企業のシステムを日々破壊している．

　過去を振り返ると，インシデントレスポンスは発生したトリガーに対する行動そ

のものだった．つまり，最も簡単なインシデントレスポンスの形は，何らかの問題を検出し，その原因についての判断を行い，その問題が引き起こす被害を最小限に抑え，問題を解決し，将来の対処のために手順を文書化する方法である．世界中の情報システムに対する様々な攻撃に学んだ教訓を活用し，検知や反応をしていくことは，事業を復旧することや維持することと同様に必要である．複数の団体(例：CERT/CC [Computer Emergency Response Team Coordination Center]，AusCERT，FIRST [Forum of Incident Response Teams]，NIST，British Computing Society，CSE [Canadian Communications Security Establishment])が，インシデントハンドリングのモデルを開発しており，共通のフレームワークを有している．フレームワークは，以下のコンポーネントで構成されている．

- インシデントレスポンス機能の構築
- インシデントハンドリングとレスポンス
- 復旧とフィードバック

## 7.1.3 インシデントハンドリングとレスポンス

　インシデントレスポンスの基礎ができると，次のフェーズでは実際にインシデントレスポンスを行う．インシデントと言われるものには様々な定義があり(通常は，ビジネスや資産に悪影響を与える可能性のあるイベント)，インシデントレスポンスへとエスカレーションプロセスを動かすための根拠となるイベントを分類する判断は最終的に組織により異なる．ほとんどの場合，様々な方針およびガイドラインは，詳細なレベルで記載されている．

　イベントがインシデントとして扱われることになった場合は，体系的なアプローチをとることが必要不可欠である．これはインシデントが変動要素を持っており，また，インシデントレスポンスは，いくつかのタスクを平行して行うため，複雑であることを考えると，なおさら体系的なアプローチが必要である．インシデントハンドリングにおける，あるフェーズまたは段階で得られる情報は，あとのフェーズのインプットとなることがよくある．そのため，場合によっては，調査が進むにつれて入手した新しい情報に照らして，前の手順を再度検討する必要がある．つまり，プロセスは反復的な性質のものであることを認識すべきである．Carnegie Melon University (カーネギーメロン大学)のCERT/CCは，インシデントレスポンスとインシデントハンドリングに関する最前線の機関の1つである．インシデントハンドリン

グのモデルを循環するプロセスとしており，このインシデントライフサイクルに対して，インシデントで発生する様々な動的なイベントを関連付けている．このうち，インシデントレスポンスとハンドリングフェーズについては，さらに，トリアージ（Triage），調査（Investigation,），封じ込め（Containment），分析とトラッキング（Analysis and Tracking）に分けることができる[*4].

## ▶ トリアージフェーズ

実際のところ，どのような対応モデルを参照しているにせよ，通常，インシデントレスポンスには，プロセスを開始するきっかけとなるイベントがある．様々なモデルに共通して言えるのは，最初のステップはある種のトリアージプロセスであるということである．いくつかのモデルでも言及されているが，よいたとえとしては，新たな患者を受け入れる救急病院を挙げることができる．患者が病院に到着すると，緊急措置の必要性を判断するために検査が行われる．そして，生命が脅かされた状態にある患者が優先され，そうではない患者は待ち行列に加わるのである．そして，症状が軽度の患者は，かかりつけ医や近所の診療所に行くことになる．

トリアージには，サブフェーズとして，検出（Detection），識別（Identification）および通知（Notification）といった段階が含まれる．医療での対応モデルのように，事件の検出後，事件の重大性について判定が行われるが，処理の最初の段階で，担当者はフォールスポジティブを除外するために，調査を行う．情報セキュリティで最も時間がかかる場面の1つは，フォールスポジティブ（ルールやほかの規程に基づいた誤検知）に対する処理である．仮に，トリアージの最初の段階でそれがフォールスポジティブであると判定された場合にはそのイベントはログに記録され，インシデントレスポンスの準備プロセスの段階に戻ることになる．しかし，もしそれが実際に発生したインシデントであるとわかった場合には次のステップに進み，インシデントの種類を特定または分類することになる．この分類方法は組織に依存するが，外部起因，内部起因というような一般的な分類から開始し，さらにワームかスパムかのような詳細かつ個別の特徴へと段階的に進める．この分類は，インシデントの潜在的なリスクを判定するために，あるいはどの程度クリティカルなのかを決定するために使用される．また，ここでどのような通知が必要なのかを判断するために，インシデントレスポンス担当者は，あらかじめ定義されたポリシー，プロシージャおよびガイドラインに従う必要がある．

トリアージのフェーズでは，自動化された保護手段やセキュリティコントロール，従業員，第三者（公的なCERT機関など）からの情報を活用して検出が可能である，と

いう認識を持つことが重要である．多くの場合，エンドユーザーはシステムの異常な挙動や，コントロールによりブロックされていない怪しい電子メールの受信に気づくはずである．エンドユーザーが教育を受けており，異常や疑義に気づいた場合に従うべきポリシーとプロシージャーを知っていれば，インシデントのエスカレーションプロセスははるかに効率的になる．

## ▶ 調査フェーズ

　次の主要なインシデントレスポンスフェーズでは，事件の情報からの分析，解釈，対応および復旧について取り扱う．従う特定のモデルに関わらず，このフェーズにおける理想的な結果は，インシデントの影響を軽減し，根本的な原因を特定し，最短時間でバックアップから復旧し，インシデントの再発を防止することである．このすべてにおいて，会社の方針，適用される法律および法規制，適切な証拠の管理および取り扱いを求めるということが基本にある．多くの国においては，ネットワークやオンライン上における従業員などの活動の監視を制限し，プライバシーを保護するための法律が策定されている．証拠は「管理の連鎖(Chain of Custody)」によって文書化や管理が正しく行われなければならない．さもなければ，民事訴訟や刑事訴訟，または従業員の解雇などの根拠として裁判所に認められないことがある．

## ▶ 封じ込め

　次の作業はインシデントを封じ込めることである．これは，医学の話でたとえて説明することができる．例えば，病気や病原体の正確な特性が明確になるまで患者を隔離することと似ている．この隔離により，病原体が何らかの感染因子であることが判明した場合に，さらなる被害の発生を防止することに加えて，医療従事者が病気の原因分析を行うことが可能になる．システムの場合における封じ込めでは，患者はネットワーク上のシステムやデバイス，システムのサブセットを指す．封じ込めは，感染の可能性のあるシステムやデバイス，ネットワークシステムの数を減らすことによって，インシデントの影響を低減するために実施する．

　封じ込めの方法は，攻撃の分類(外部，ワームなど)，影響を受ける資産(Webサーバー，ルーターなど)，ネットワークのほかのエリアへのデータ侵害または感染リスクというような周辺環境の重要性によって異なる．戦略としては，ネットワークを切断することによってシステムを切り離すこと，ネットワーク分割(例えば，スイッチや仮想ローカルエリアネットワーク[Virtual Local Area Network：VLAN])によってシステムを仮想的に隔離すること，適切なルールセットを有するファイアウォールまたはフィルタ

リングルールを実装することが含まれる．場合によっては，完全な隔離や封じ込めは実行不可能かもしれないし，活動の最終目標がイベントのトラッキングや証拠の捕捉であれば，通信の傍受やハニーポットなどが利用されることになる．しかし，攻撃の種類によっては，封じ込めを行うことで攻撃者に攻撃が検知されたことを知られてしまう可能性がある．攻撃者は痕跡を削除したり，極端な場合には被害者のシステムリソースを枯渇させるためにさらなる攻撃を行ったりして，攻撃元をわかりにくくすることがある．

インシデントレスポンスを開始した段階では原因（攻撃，エラー，または利用者のミスなど）を予測することが困難なため，封じ込めのプロセスの間も，様々な情報を証拠として適切に文書化し，維持しなければならない．したがって，最高の基準である「立証責任（Burden of Proof）」に基づいた操作が賢明である．そして，誤検知や追求の価値がないと判断したイベントは，別途訓練に利用したり，報告に用いたりすることができる．

## ▶ 分析とトラッキング

隔離または封じ込めのあとに実施する次のステップは，根本原因の特定に焦点を当てた，発生したイベントの分析である．根本原因については，発生したイベントのみを特定するよりも深い調査となる．まずは，原因となる要素を連ねて，初期のイベントが何であるかを調査する．根本原因を分析する場面では，不正の発信元とネットワークへの侵入箇所を調査，決定する．様々なインシデントレスポンスモデルが，多様な形でこのステップを記述しているが，究極の目標は，現在のインシデントを収束させ，将来の似たようなインシデントの発生を防ぎ，誰に，あるいは何に責任があるかを特定するために，十分な情報を得ることである．したがって，この段階では，影響を受けるシステムやシステムおよびアプリケーションの脆弱性をよく理解した担当者が必要である．この担当者は，時に異なる立場にあり，異なるスキルを有しているが，そのような個人が集まった，よく訓練されたチームが必要である．また，ルーター，スイッチ，ファイアウォール，Webサーバーなどのログに初期情報の主要なソースが存在する．そのため，大規模なログファイルを読み込んで解析する能力が必要である．さらに，ログに次いで必要な情報は，人の手で作成された情報である．これはアーティファクト（Artifact）と呼ばれ，インシデントに直接関連するファイル，オブジェクトまたはデータを指す．これは攻撃の一部として残る痕跡である．

セキュリティ担当責任者には，それぞれの形式に従った分析を行う際と同様に，

インシデントレスポンスにおいて，限られた時間の中で適切な解釈を行うために，正しい訓練と十分な実戦経験が必要である．封じ込めが副次的にもたらす利点は，「時間稼ぎ」である．被害が広がる可能性を封じ込めることによって，インシデントレスポンスやハンドリングプロセスの開始時に混乱を生じさせることなく，分析やトラッキングを十分に行う時間的余裕を持つことができる．そして，トラッキング調査のプロセスにおいて，最大の敵でもあるのが，内外のログの動的な性質である．というのも，ログファイルは保存期間がきわめて限られている傾向にあるからである．組織によっては，複数のシステムからログをアーカイブすることができるセキュリティ情報とイベント管理（Security Information and Event Management：SIEM）システムを持っているが，ここにセキュリティ情報を一元的に収集しない限り，わずか24時間でログが消去または上書きされる場合がある．本来は，最初に異常が検出された時点ではなく，攻撃，ワーム，ウイルスなどの活動開始の記録が残るべきである．

　トラッキングは，分析および検査と平行して行われることが多い．有用な情報を入手するとトラッキングのプロセスで共有され，誤った調査を進めている場合に方向修正をしたり，意図的に改ざんされた情報に修正を入れたりすることができる．ここで，効果的にトラッキングを行い，トラックバックの機能を活用するには，組織やチームが，インターネットサービスプロバイダー（Internet Service Provider：ISP），その他の対応チーム，法執行機関など，ほかの組織と良好な関係を持つことが非常に重要である．関係が良好であれば，トラッキングのプロセスが迅速に実施され，無駄な時間を使わずに済む（例えば，ログ情報を要求するISPの連絡先を知らずに済むなど）．今日，多くの法執行機関にハイテク犯罪捜査に特化した専門組織があり，これらの機関と関係を保ち，支援を受けることは，トラッキングならびにトレースにおいて非常に有効である．

　インシデントレスポンスポリシーとインシデントレスポンスガイドラインの策定において考慮すべき重要な点は，根本原因を特定し，攻撃元に行き着いたらどうするか，である．一部のポリシーでは，それ以上のトラッキングとトレースバックを禁止し，それよりも対応チームには，復旧措置と将来的な予防に向けて取り組むように指示している．情報源に立ち返るという傾向にあることには注意が必要である．なぜなら，法的のみならず，倫理的にも大きな問題となる可能性があるためである．また，送信元アドレスはなりすますことが可能であり，送信元は侵害されたマシンであることがたびたび判明している．つまり，情報源は，必ずしも攻撃者であるとは言えない．このような悪用を受けて，攻撃者へ報復を試みることは魅力的に思える面もあるが，あくまで道徳的な行動に従い，適切かつ法的な経路を通じて救済を

求める方が望ましい．

### 7.1.4 復旧フェーズ

インシデントレスポンスにおける次の主要な項目は，システムと資産の復旧（Recovery），修復（Repair），予防（Prevention）である．このフェーズにおける目標は，最悪の場合のシナリオの下では，バックアップから事業継続することであるし，最良のケースでは，同時に起きるほかのイベント（例えば，トラッキングとトレースバック）にも注意を向けながら影響を受けたシステムを再稼働させることである．

根本原因の分析で十分な情報を得たら，復旧に向けたプロセスを開始する必要がある．ここで利用される戦略と技法は，インシデントの種類や"患者"の特性による．考慮すべき重要な点は，別のインシデントにも耐えられる可能性が高い方法で復旧措置をとることである．例えば，インシデントが人為的なミスで引き起こされた場合には，同じエラーが繰り返されないようにするために訓練を行うことが最良の被害低減の方法かもしれない．一方，インシデントが構成エラーやほかのシステム設計が原因で発生した場合には，システムまたはデバイスを事故前と同じレベルに復旧するだけでは不足している．もう一度攻撃を受けた場合に耐えられない可能性がきわめて高い．つまり，最初の攻撃に耐えられなかった場合は，それ以降の攻撃を受けた場合に生き残る可能性は低いということである．システムまたはデバイスが影響を受けたインシデントについて，最初に確認してから保護するまでの間，稼働を遅らせるのがより慎重なアプローチであると言える．実施すべきこととして，オペレーティングシステムのアップグレードやサービスパックの更新，適切なパッチの適用（徹底的にテストを行う前提），極端な場合にはシステムの再構築，ソフトウェア製品の置き換えが挙げられる．そして，システムまたはデバイスにおいて再稼働の準備が整ったことを確認したら，脆弱性診断を行う必要がある．そして，ここで注意が必要なこととして，独立性と客観性を確保するために，復旧および修復に携わったメンバーを診断に参画させることは推奨できない点がある．なお，脆弱性診断を行うためのツールは，オープンソースとベンダー提供のソフトウェアの両方があり，豊富に用意されている．

前述のように，インシデントレスポンスは変化のあるプロセスであり，それぞれのフェーズの境目が不明瞭になることがある．多くの場合，各フェーズは並列に行われ，それぞれが相互に影響し合う．インシデントレスポンスやインシデントハンドリングは，インシデントが何らかの収束を見せるまで，フィードバックを伴い，

繰り返すプロセスであると考えることができる.

インシデントの収束に必要なものとして，様々な変動要素，インシデントの性質やカテゴリー，組織が望む結果（事業の再開，起訴，システムの復元など），根本原因を特定した際の情報がある．企業のポリシーまたはガイドラインには，インシデントの収束判断を行うためのチェックリストや基準を含むことを推奨する．セキュリティ専門家は，インシデントの収束が定義されているか，現実的な定義検討が行われているか，すべての従業員がポリシーやプロシージャーに従って業務を遂行しているかという点に焦点を当てる必要がある．これは，複数の組織が関わり，そして状況が不明瞭な複数のインシデントに直面した際に，それぞれが対応するためである．セキュリティ対応を行う者が混乱を招かないように，この方法に従うことは重要である．

## 7.1.5　証拠収集と取り扱い

### ▶ 管理の連鎖

デジタル／電子的証拠を効果的に扱う上で中心となる2つの概念がある．それは，管理の連鎖（Chain of Custody）と真正性（Authenticity）／完全性（Integrity）である．管理の連鎖とは，証拠がライフサイクル全体（これは，破棄あるいは永続的なアーカイブで終了する）の中で，誰から，いつ，どこで，どのように特定され，取り扱われたかを示している．この連鎖を中断することは，証拠の完全性や，証拠の収集および取り扱いに関与する人物の専門性に疑問符を投げかけるほどのことである．管理の連鎖は，文書で定められた，例外なくすべての場面で標準的な操作手順を踏まえたプロセスに従うことが必要である．

証拠の真正性と完全性を確保することが重要であると述べた．これは，係争の場面で裁判所が，証拠およびその写しが正確でないか完全性に欠けていると判断した場合，証拠または証拠から得られた情報を認めないおそれがあるためである．真正性および完全性を証明するための現在の共通認識は，SHA-256などのハッシュ関数によっている．データの署名としてハッシュ関数が一致している場合に，現在，裁判所はファイルの完全性を認めている．

### ▶ 尋問

あらゆる調査において神経質になるのは，証人，被疑者への尋問（Interview）である．誰かが尋問を実施する前に，組織では適切なポリシーの適用が検討され，経営

者には通知が届き，企業の法律顧問にも連絡をとることが重要である．

尋問で証人とやり取りすることは，簡単なプロセスのように見えるかもしれないが，プロセスが無効なものになることを避けるために十分に注意を払わなければならない．インタビュー(または尋問)は，技術的要素と科学的要素の両方があり，成功するかどうかは，十分な訓練，経験，準備による．証人は，(無意識に)簡単に影響を受けたり，威嚇したり，時に非協力的になることがある．これを避けるために，適切な訓練を受けた経験豊富な人材のみが証人の尋問を実施すべきである．

容疑を追及する尋問には法令遵守の落とし穴がある．調査官は，正当なプロセスに従い，個人の権利を侵害してしまうおそれがあるため，組織，管轄区域，各国固有の考慮事項などの懸念を念頭に置く必要がある．容疑者の所属における方針，法律，憲法または憲法上保護された権利を侵害すると，調査官は告訴されるおそれがある一方，容疑者への法的救済が行われることもある．それは，例えば，会社に対する訴訟，尋問を行う個人への訴訟，尋問から得られたいかなる証拠(書面または口頭による自白)も正当に扱われない，というようなことである．

尋問を単独で行うことは絶対に避けること．可能であれば，あとでイベントや会議の模様を実証できるよう，尋問のすべてをビデオテープなどに録画すること．そして，尋問を行う前に，情報セキュリティ専門家に援助を求めることを強く推奨する．また，すべての尋問は，法律顧問の監督下で行われるべきである．

## 7.1.6　報告と文書化

インシデントが終了したと判断されても，インシデントハンドリングプロセスが完了していないことがある．最も重要で見過ごされているフェーズは，報告(Debriefing)とフィードバック(Feedback)である．最高のポリシー，最高のチームがあっても，対処するインシデントからの学びはある．問題は常に起こると考えた方がよく，事故が起きたり，予期せぬ事態に陥ったりする可能性がある．組織は，成功よりも過ちから多くを学ぶ．そのため，成功例，失敗例，予想外の事情を文書化する正式なプロセスを整えることが必要不可欠である．報告の場には，インシデントの影響を受けた可能性のある様々なビジネスユニットの代表者を含めて，すべてのチームメンバーを含める必要がある．そして，フィードバックプロセスを受けて，ポリシーやガイドラインの改訂にも利用されるべきである．

報告とフィードバックを形式化するメリットは，インシデントレスポンスを行うチームの能力開発ができることと，そのためのデータ収集ができることにある．予

算配分，要員要件およびベースラインの決定，適切な注意（Due Diligence）と合理性の証明，その他多くの統計的な目的のために，活動結果の数値（例えば，処理されたインシデントの数とタイプ，インシデントの検知から終了までの平均時間）を使用することができる．セキュリティ専門家が直面している最大の課題の1つは，それぞれの組織における活動の結果を数値化することだが，プロセスを正式なものにし，インシデントレスポンスにおける組織固有のデータを取得することで，最終的にこの傾向をインシデントレスポンスチームに反映させることができる．

## ▶フォレンジック手順の理解

証拠の認容性（Admissibility of Evidence）に関する正確な要件は，法制度によって，そしてケースによって異なる（犯罪と不法行為など）．より一般的には，証拠は一定の証拠価値を持ち，実際のケースに応じたものであり，以下の基準（5つの証拠規則 ［Five Rules of Evidence］ と呼ばれる）を満たすべきである．

- 真正であること
- 正確であること
- 完全であること
- 説得力があること
- 認容できること

デジタル／電子的証拠は，もろく揮発性もあるが，それでもこれらの基準を満たさなければならない．証拠は調査結果に応じて作成されるが，最終的にどのような結果になるかわからないため，あらゆる可能性を排除しないことが重要である．証拠はあれば持っている方がよく，結果として不必要な方がよい．関係者の認識に不一致があることを考慮し，裁判所の各司法官，弁護士または事務官に，特定の認容性に関する要件を確認することが望ましい．

デジタル／電子的証拠には変化する可能性がある．デジタルではない証拠（例えば，指紋，毛髪，繊維，弾丸の穴）とは異なり，デジタル／電子的証拠は非常に壊れやすく，消去や部分的破壊という可能性に加えて，容易に汚染される可能性がある．このタイプの証拠は寿命が短いため，揮発性が高く不安定な順に，きわめて迅速に収集されなければならない（例えば，キャッシュメモリー，ランダムアクセスメモリー，スワップ）．また，タイムラインやイベントの時系列を乱さないように十分な注意を払う必要がある．タイムスタンプは，相対的に，容易に偽造される情報であるため，

調査官はタイムラインに影響する可能性がある作業（ライブファイルの検査や書き込み保護のないドライブへのアクセス）は，避けるようにしている．

### ▶ 媒体の分析

　媒体の分析には，ハードドライブ，DVD，CD-ROM，ポータブルメモリーデバイスなどの媒体からの情報や証拠の復旧措置が含まれる．これらの媒体は，証拠や有用な情報を隠蔽するために，破損，上書き，消磁または再利用された可能性もある．媒体から情報を復旧するために，様々なツールや手法が存在する．フォレンジックのイメージデータが必要な場合，情報セキュリティ専門家は，媒体の復旧を行う専門家から支援を要する可能性がある．媒体の復旧を行う専門家は，クリーンルームで働き，必要に応じてドライブの再構築や保管をしている．しかし，このサービスは非常に高価であり，イメージのようなデータが必要でない限り，ほかのツールや技術を検討する必要がある[5].

### ▶ ネットワークの分析

　ネットワークフォレンジック（Network Forensics）という用語は，Marcus Ranum（マーカス・ラナム）によって1997年に作られ，潜在的な証拠としてのネットワークログおよびネットワーク内での活動に伴うデータについての分析と検査を示している[6]（もともとの定義では「調査」という言葉が用いられたが，フォレンジックの側面を強調するために「証拠」となった）．ソフトウェアフォレンジックに伴う分析と同様に，ネットワーク分析やネットワークフォレンジックも，デジタル証拠というより大きなカテゴリーの1つとして扱われている．

　ネットワーク上の挙動に対する分析は，あらゆるインシデントレスポンスの本来の機能であり，プロセスのモデルは本章の「インシデントレスポンス」のセクションで説明したとおりである．そして重要なのは，証拠の管理とその取り扱いが妥当（すなわち，管理の連鎖）であり，確認された証拠が訴訟手続きにおいて認容されることである．

### ▶ ソフトウェアの分析

　一般的な用語が利用されるようになるにつれ，デジタル証拠の調査に関する，歴史的に利用された用語の多くは，「デジタル証拠」のカテゴリーに含まれるようになった．しかし，ソフトウェア分析やソフトウェアフォレンジックの分野では，さらに議論が残る．

ソフトウェア分析またはフォレンジックは，プログラムのコード分析と検査を指す．分析されるコードには，ソースコード，コンパイルされたコード(バイナリー形式)またはマシンコードの形をとる．このプロセスの一部として，逆コンパイルおよびリバースエンジニアリング技術がよく利用される．また，ソフトウェア分析には，マルウェアの分析，知的財産権に関する係争，著作権侵害などの調査活動が含まれる．分析の目的には，ソフトウェアの作者を特定すること，コンテンツ(コード本体)を分析すること，文脈を解析することが含まれる．

　著作者IDまたは著作者本人を正確に特定する属性には，ソフトウェアの問題やプログラムを作成した人物も含まれるため，分析および検査の際に，これらを特定する試みを行う．コードからは，プログラミングスタイル，プログラミング言語，使用された開発ツールキット，埋め込まれたコメント，アドレスなどの手がかりを調べることができる．ここでは，コードの記述は，文章作成に似ており，それぞれのプログラムの作者はユニークなスタイルや偏りを持っているため，容疑のある様々な人物を判別することができる．これは，文書を科学的に分析するという分野と非常によく似ており，どちらの分野でも多くの同じテクニックが利用されている．

　コンテンツ分析においては，コードが目的としていることを体系的に分析する必要がある．例えば，トロイの木馬の場合，実際に攻撃を行うことで何をなすか，システムにファイルがインストールされた場所，開通した通信チャネル，通信の宛先アドレス，バッチアップロードのために送信された，あるいはローカルエリアに格納された情報などが挙げられる．

　コンテンツ分析は，知的財産権の係争においても使用される．この場合，2つのプログラムがあったとして，プログラム間の類似性を判断するために，ソースコードまたは逆コンパイルされたバイナリーの特徴が使用される．調査官は，プログラムがどの程度類似しているのか，その意見がどのような根拠に基づいているのかについて，専門家の意見を提供するように求められることがよくある．

　文脈解析は，不正と思われるソフトウェアがイベントや環境に対してどのような影響を及ぼしているかについての関連性を導く．文脈の理解は分析に役立ち，組織や被害者へのリスクについて現実的な評価を行うために使用できる．

## ▶ハードウェア／組み込み機器分析

　ハードウェアや組み込み機器の分析においては，スマートフォン，パーソナルデジタルアシスタント(Personal Digital Assistant：PDA)などのモバイル機器の分析が必要になる場合がある．次に，基本機能の提供に利用されるCMOSチップなど，ラッ

プトップやデスクトップコンピュータのマザーボード上にある標準的なハードウェアやファームウェアも検査される必要がある．組み込み機器を調査するには，特別なツールと技術が必要である．情報セキュリティ専門家は，多くの組み込み機器について，情報の書き換えを発生させずに，情報を読み込んだり複製したりすることができないことを理解する必要がある．NISTでは，次のことを推奨している[7].

- 調査官の行為は，デジタルデバイスや記憶媒体に含まれるデータを変更するものであってはならない．
- オリジナルデータにアクセスする人物は，それを取り扱うためのスキルを持ち，自らの捜査を説明できる能力を備えていなければならない．
- 独立した第三者機関がレビューできるように，監査証跡または証跡収集プロセスの記録の作成と保存を行い，各調査手順を正確に文書化する必要がある．
- 調査責任者は，上述の手順を遵守し，法を遵守するための全責任を負っている．
- デジタル証拠を確保した人物がとった措置により，その証拠が変更されることはあってはならない．
- 誰かがオリジナルのデジタル証拠にアクセスする必要がある場合，その人物はフォレンジック調査に長けていなければならない．
- デジタル証拠の押収，データへのアクセス，保管または移転に関するすべての行為は，完全に文書化・保存され，審査のために利用可能な状態になければならない．
- デジタル証拠が保持されている間，証拠に関して行われたすべての措置については，その措置を講じた人物が責任を負う．

デジタル証拠の押収，アクセス，保管または移転について責任を負う事業者は，これらの原則を遵守する責任を負う．

## ▶調査のタイプについての要件

要件とは，システムの望ましい動作を指し示す．このシステムの要件には，オブジェクトまたはエンティティ，それらの状態，オブジェクトの状態や特性を変化させる機能が含まれる．例えば，ある顧客向けに会社の給料を管理するシステムを構築していると仮定する．まず必要な要件の1つは，2週間ごとに小切手を発行すること．もう1つの要件は小切手を従業員が直接預金する場合に，その従業員の給与レ

ベルは一定額以上であることである．また，顧客は会社の複数拠点から給与システムへのアクセスが可能であることを要求する．これらの要件はすべて，給与の支払いに関するシステムの一般的な機能，特性であり，システムが目的とするところである．したがって，要件としては，従業員の識別（従業員は会社から給与を支払われる），制限事項（従業員に1週間当たり40時間を超えた給与の支払いはできない），エンティティの関連性（従業員Xの給与変更をYが承認可能な場合，従業員YはXの上長である）などがある．

　これらの要件はいずれも，システムの実装方法を指定するものではない．要件では，データベース管理システム，クライアントサーバーアーキテクチャー採用の有無，コンピュータのメモリー容量，プログラミング言語については言及しない．実装における，これらの固有のことは要件ではなく（顧客の指示がない限り），要件定義を行う段階の目標は，顧客の問題とニーズを理解することである．したがって，要件はソリューションや実装ではなく，顧客とその問題に焦点を当てていると言える．我々はよく，動作がどのような方法で実現されるかではなく，顧客が望む要件を伝えるようにしている．要件定義の段階で実装による解決策を議論することは時期尚早であり，その議論は問題が明確になってから行う．

　コンピュータ犯罪は，「コンピュータが犯罪の対象であるかに関わらず，また，犯罪を行うためのツールや，犯罪の証拠を保管する場所に関わらず，コンピュータに起因して実施や拡大が進むあらゆる違法行為」と定義されている［Royal Canadian Mounted Police, 2000］．最も顕著な種類としては，電子商取引の不正，児童ポルノ売買，ソフトウェアの著作権侵害，ネットワークセキュリティ侵害などがある．一般的に，技術の進歩があること，突如発生する可能性があること，観察・検出・追跡がきわめて困難であることから，コンピュータ犯罪に取り組む際には調査が困難になる．これらの問題は，インターネットにおける匿名性と，サイバースペース上の場所の特定が困難であることが理由である．この2つの理由は，事実上無限に存在する被害者たちに付け込む犯罪者を発見しづらくしている．

## ▶最初のレスポンダーの役割

　コンピュータ犯罪の証拠は無形であるため，事件における最初のレスポンダーの役割は重要である．システムまたはリムーバブルメディアに保存されたデータが故意または偶発的に変更や削除をされることがないように，予防措置を講じる必要がある．単純にコンピュータをシャットダウンした場合でも，特定のシステムファイルの最終更新日時や最終アクセス日時が変更されてしまう可能性があり，データの整合性に疑いが生じてしまう．要するに，検察官の弱みとなる部分を排除し，犯罪

に挑むためには，コンピュータ機器の探索と没収のステップにおいて，最初のレスポンダーが注意を払わなければならない．

## ▶ 情報，情報処理装置，事情聴取

犯罪捜査には，情報(Information)，情報処理装置(Instrumentation)，事情聴取(Interviewing)の3つの要素がある．技術や技法は変わるかもしれないが，基本的なことは時間が経過しても変わらずに維持される．

情報の蓄積は，コンピュータ犯罪調査における"パンとバター(なくてはならないもの)"であると言える．調査中に収集された情報が不完全で適用できない場合，どんなに熟練した調査官であっても困難に直面する．調査官はこのことを念頭に置き，コンピュータ犯罪ではない場合に利用される伝統的な捜査慣行とは明確に異なる方法で，その他の情報収集手段としての情報処理装置の調査と事情聴取を行う必要がある．

コンピュータシステムに関連した財務関連の犯罪を調査する場合，情報処理装置に対しては，記録とログのトラッキングを主に実施するが，これは，通常の作業に対する不一致や不規則性を発見するために実施される．例えば，コンピュータを用いたマネーロンダリングは，不正に取得された資金やその資金源を隠すものであるが，その際の取引記録や履歴が合法的に見えるように文書の作成や改ざんを行うことがよくある．金融機関は，すべての取引，通貨の交換および一定額を超える資金の国際取引に関する詳細な記録を保全していると推定される．さらに，1970年の銀行秘密保護法(Bank Secrecy Act)では，これらの機関に対して，刑事上，税制上，また，規制に関する調査および訴訟を行う場合を見越し，高い有用性を持つ記録データを保全することを要求している．また，財務省は，違法ととれる不正が疑われる財務活動に対しても報告を要求している．

インターネットが急激に成長する以前は，クレジットカード詐欺における調査は，目撃者による正確な身元確認，身体的な証拠の収集と特定が必要だった．犯罪者が小売店で支払いのために不正なクレジットカードを利用した時に，身体的特徴や行動の詳細を正確に観察・記憶し，訓練された販売員や店員が調査を手助けすることができた．購入が物理的な場所で行われたため，不正に購入された商品を所有している犯罪者を摘発することも簡単だった．商品購入時の手書きの署名と犯行現場に残された指紋は，裏付けの証拠としても役に立った．

しかし，電子商取引の出現と成長に伴い，証人や物理的な証拠(重大な情報源として当てにしていたもの)の補助的な役割がなくなってしまったのである．場所の区切りや境目がなくなり，調査に利用できる情報は少なくなった．そして，これに加えて，

サイバースペースでは，犯罪が，管轄区域をまたがって，調査リソースも不足する中，制限なく無秩序に発生していることにより，セキュリティ専門家による調査の実施をより困難にしている．その結果，コンピュータ犯罪の調査官は，物理的な証拠の調査以外にほかの調査方法を追求し，その情報源からの情報検索の術を習得する必要がある．

　第3の要素は，被害者などへの事情聴取である．これは，コンピュータ犯罪を調査する直接的な解決方法ではない．その大きな理由は，発生からの時間に関係なく，犯罪が発生していたことや被害が発生していることを，被害者が自覚できていないことが多いためである．これらのケースを解決するのに役立つ情報は，コンピュータシステム上にあるデータを調べたあとでようやくわかることがある．したがって，発見のために被害者が唯一持つ役割は，犯罪を報告し，被害者のシステム環境へのアクセスを提供することである．コンピュータ犯罪は，ドアの後ろで行われるような発見しづらい状態で行われる傾向があるため，目撃者がいることはまれである．ほとんどの場合，唯一の目撃者は犯罪者自身であり，個別に，または集合組織体で行われるため，情報収集については，目撃できるかもしれないと期待せず，ほかの手法を利用する必要がある．

　もし犯罪者が「内部の人間」であった場合，事情聴取で得られた情報は，調査官に対して，間接的にではあるが有用な情報になる可能性がある．情報としては動機や具体的な手法があり，これに対する洞察などが可能なためである．事情聴取の相手が容疑者の同僚だった場合には，それに関わる有用な補助的情報を提供し，犯罪行為のためにアクセス制御を回避する能力や手法に言及するかもしれない．

　コンピュータ犯罪事件の証拠を得るための方法は，法執行機関において大きな課題である．探索が必要なコンピュータシステムや，何らかの挙動の可能性がある特定の情報は，令状に詳細な記述がなければならない．また，検察官が要する証拠を得られないようにするため，情報を守ろうとするスタッフがいるなどで必要な情報が提供されない場合に，対抗策が必要となる．コンピュータ犯罪の捜査令状適用について，米国内の一部の洲ではこの特殊な要求に対処するために，特別に個々の裁判官の登用を指定している．それでもなお要求事項は容易に理解できる方法で提出する必要がある．裁判官は，調査に関連する技術の詳細に惑わされることなく，裁判所が確かな情報に基づいた判決を下せるように，個々の裁判官は関与する事件における内容のニュアンスを理解する必要もある．また，犯罪の可能性と原因，令状に記載されている事項が関連していることを明確にすることが目指されている．被害者は，技術的かつ専門的な用語を用いて被害の詳細や可能性についての情報を示

すことが多いが，それらによって法廷にとって重要かつ強力な証拠が明らかになることがよくある．

## 7.1.7 証拠収集と処理

証拠については，多くの警察機関が技術者を雇用して対応しており，犯罪の技術的詳細における解釈と提示に加えて，証拠の適切な保存，収集，処理の際に警官や刑事を支援することができるようにしている．

コンピュータ犯罪に関連する証拠が，法に違反することなく発見された場合，証拠の継続性と完全性を保つために，複数の保護措置を講じるべきである．まず，すべての必要項目が適切かつ法的に押収されるように，捜査令状の詳細に注意を払う必要がある．さらに，その繊細な性質のために，物理媒体または取り外し可能な媒体を保護することが重要である．磁力や，静電気さえもが，データ記憶装置またはディスクなどの特定の電子機器を使用不可能かつ判読不可能な状態にしてしまう可能性がある．ほかにも重要な点がある．デジタル証拠は変更または削除される可能性があるため，事件の容疑者をコンピュータに触れられる環境に置かないことである．

### ▶ 管轄権

多くのコンピュータ犯罪に国境はない．そのため，管轄権（Jurisdiction）は複雑な問題を引き起こしている．管轄裁判所の問題についての考察はここでは範囲外であるが，民事犯罪の裁判基準，実質的な手続きに関する法律，データ収集および保存の慣行およびその他の証拠や法的要因については，国によって差異がある．さらに，犯罪や捜査の責任が誰にあるのか，犯人引き渡しや相互支援の方針を通じた協力はどのようにしたら最善なのかは，曖昧なものとなっている．これは，国際社会の差異もあるが，それだけでなく複数の法執行部門がある国の場合にも該当する．例えば，米国で起きたコンピュータ犯罪はしばしば，州法および国際法に関係し，多くのケースで連邦管轄に帰属する．したがって，これらの事件を効率よく調査し，起訴するには，地元の法執行機関や検察当局が連邦レベルと連携し，そのチームワークを通じて知性と努力をともにする必要がある．

### ▶ 侵入検知／防御，ならびにセキュリティ情報とイベント管理（SIEM）によるロギング，監視活動

従来の多層防御モデルにおける，完全で安全なアクセス制御環境では，複数の制

御ポリシー，技術およびプロセスのレイヤーが連携することでセキュリティ目標を達成できるようにしている．ファイアウォール，リモートアクセス機器，アプリケーション，その他多くの技術を伴うソリューションがアクセス制御には必要不可欠であるが，侵入検知システムおよび侵入防御システムは，多層防御戦略において，さらにもう1つの重要なレイヤーを提供している．

　侵入検知システム（Intrusion Detection System：IDS）は，組織にとって有害なイベントまたは望ましくない不正な活動を警告する技術である．IDSは，ルーター，スイッチ，ファイアウォールなどのネットワーク機器の一部として実装することもできる．また，ネットワークを通過するトラフィックを監視する専用のIDSデバイスとして実装することもできる．このように利用される場合，ネットワーク型IDS（Network-Based IDS）またはNIDSと呼ばれる．特定のホストでIDSを利用し，そのホスト上のファイル，ディスク，プロセスアクティビティを監視し警告することも可能である．このように使用する場合は，ホスト型IDS（Host-Based IDS）またはHIDSと呼ばれる．

　IDSは，攻撃の証拠となる，ネットワークまたはホスト上のアクティビティを検出しようとする．つまり，管理者または対応担当者に対して発見事項を通知するが，発見した問題に対して，何ら処置を実施しない．なお，組織では，異常なトラフィックアクティビティを特定した場合，より積極的に防御活動を望むことがあるが，IDSはその機能を提供しない．IDSのオートレスポンスがどのように機能するかは，インフラの設置場所，ほかのアクセス制御技術の設置状況によって異なるという前提がある．ただ，IDSは基本的に有益であり，疑わしい挙動が確認された場合に，リアルタイムに情報提供が可能である．ただし，これは，探索するという役割のデバイスであり，疑わしい攻撃を直接的に防ぐことはしない．

　これと対照的に，侵入防御システム（Intrusion Prevention System：IPS）は，IDSのようなアクティビティを監視する技術であるが，容認できない挙動を検出すると自動的に予防措置を講じる機能を有する．IPSはネットワークまたはシステム上で所定の機能を実行させる．許可されていない不要なアクティビティはブロックされる．IPSは，システムまたはネットワーク層のイベントに対して，リアルタイムに応答するように特別に設計されている．このポリシーを積極的に活用することで，IPSは攻撃者だけでなく，許可されたユーザーのアクションも異常として検知してしまう可能性がある．基本的に，IPSはアクセス制御とポリシーの技術であるとみなされているのに対して，IDSはネットワーク監視および監査の技術であると言える．

　ここでは，IDSとIPSの区別がますますなくなってきていることを理解するのが重要である．一部のIDSソリューションは，ポリシーの違反を確認した場合に，よ

り積極的に予防活動を行う機能を有している．IPSでは，ポリシー機能を強化するための検出手法が組み込まれている．実際，現在市場に出回っている多くの製品で，IDS機能からIPS機能へ移行させるには，デバイスのアクティビティを指定する際の「ブロック」オプションを選択するだけであり，簡単になっている．

　IDS機能を確立するための重要な運用要件は，組織によって作成された固有のトラフィックパターンにIDSを合わせることである．例えば，適切な調整を行わなかった場合，企業がカスタム開発したアプリケーションに関するアクティビティがIDSで不正検知され，複数のアラートが生成される可能性がある．これのみならず，IDSがカスタムアプリケーションのアクティビティと実際の攻撃の違いを判別できずにアラートを生成しない場合もまた問題である．IDSをチューニングすることは，技術的なことであるが，これが正しく実施されないとセキュリティレベルを保てずにシステムの意義が失われる可能性がある．そして，人々が無視し，ただ騒がしいだけの箱になるか，ネットワークやシステムが攻撃されても黙って座っていることになる．これは，複雑なチューニング要件があり，フォールスポジティブ（誤検知）やフォールスネガティブ（検知漏れ）の可能性がある場合，IDSアラートから生成されるオートレスポンスが運用に耐えられないというリスクがあることを示している．

### ▶ セキュリティ情報とイベント管理

　セキュリティ情報とイベント管理（Security Information and Event Management：SIEM）は，アクセス制御および該当するアクティビティに関する情報を集約し，相関分析を行うための一連の技術を表す用語である．そして，ログおよびシステム情報を収集する理由には以下が含まれる．ただし，これらに限定はされない．

- 規制またはコンプライアンス要件
- 内部説明責任と否認防止
- リスクマネジメント機能
- パフォーマンス監視と傾向分析
- イベントの相関分析と問題の根本原因分析
- インシデントレスポンス
- 調査

　SIEMとログ解析ツールは，1つの機能領域に急速に一体化している2つの分野である．一般的に，SIEMは以下の特徴を有する．

- 様々なシステムログから生データを収集保存する.
- 単一のリポジトリーに情報を集約する.
- 比較をより意味のあるものにするために，情報を標準化する.
- ターゲット情報を処理，マッピング，抽出できる分析ツールである.
- アラートおよびレポート機能を提供する.

　SIEMは，ネットワークや情報システムで発生したイベントやインシデントに関する，"リアルタイムに近い"速やかな報告を得る機能を提供するため，多くの組織で必要不可欠なものなっている．しかし，観察と報告が提供されるものの，SIEMは非常に複雑で，実装とメンテナンスに多額の費用がかかることがある．これはしばしば，大規模組織のセキュリティオペレーションセンター（Security Operation Center：SOC）のための中央的なシステムであり，意思決定支援ツールとして使われる場合に該当する．SIEMは，組織の情報システムの現在の稼働情報に関するリポジトリーであるだけでなく，攻撃や侵入の疑いがある場合に最初に確認されるシステムでもあるため，攻撃者にとっても魅力的なターゲットになりうる．セキュリティ担当責任者とセキュリティ専門家は，SIEMシステムの導入に先立ち，監視対象と調査内容を明確に定める必要がある．組織がSIEMシステムの構築・運用の際に直面する最大の課題は，システムのミッション，目標を定義し，組織の戦略的要求事項との整合性を確保する能力である．SIEMは大きな利点があるが，重荷や負債とならぬよう広範囲に保護することも必要である.

## 7.1.8　継続的な監視と出口監視

　セキュリティアーキテクトとセキュリティ担当責任者は，ともに継続的な監視を行う責任を負っている．セキュリティアーキテクトは，組織のニーズを満たす継続的な監視システムを設計する必要がある．セキュリティ担当責任者は，セキュリティアーキテクトの設計を実装し，それを正しく実行した上で，組織の重要なインフラを確実に保護できるようにする必要がある．セキュリティアーキテクトが熟知しておくべき継続的な監視に関する事項として，CMaaS（Continuous Monitoring as a Service）がある．このサービスは，米国連邦政府のサイバー防衛からの要求に対応するためのものである.

　GSA（General Services Administration），FAS（Federal Acquisition Service），AAS（Assisted Acquisition Services），FEDSIM（Federal Systems Integration and Management Center）は，国土

安全保障省（Department of Homeland Security：DHS）およびすべての連邦行政機関（Federal Departments and Agencies：D/As），州，地方，地域および部族（State, Local, Regional, and Tribal：SLRT）政府に，CMaaS関連の製品やサービスについて，ソリューションの規模に応じた段階的な値引きを実施し，一括購入契約（Blanket Purchase Agreement：BPA）を取り交わしている．これらのBPAは，DHSサイバーセキュリティコミュニケーションオフィス（Office of Cybersecurity and Communications：CS&C）の継続的診断および緩和（Continuous Diagnostics and Mitigation：CDM）プログラムを実現するために確立された．

　CDMプログラムは，連邦政府やほかの政府機関が戦略的に調達したツールやサービスを通じてサイバーネットワークを管理する方法を作り，政府機関がサイバーネットワークへの姿勢を強化できるようにする．CDMプログラムは，継続的なシステム診断のアプローチを含むため，ベストプラクティスを一貫して適用することができるという利点がある．

　CDMプログラムは，政府ネットワークにおいてサイバー脅威に対抗するために，特別な情報技術ツールとCMaaSを提供している．CDMのアプローチは，かつてのコンプライアンス報告書から，リアルタイムの国家ネットワーク脅威との戦いに向かっている．CDMプログラムを通じて提供されるツールおよびサービスは，DHS，その他の連邦政府D/AsおよびSLRT政府に対し，既存の継続的なネットワーク監視機能を強化し，自動化し，重要なセキュリティ関連情報を相互に関連付けて分析を行い，連邦機関や連邦エンタープライズレベルで意思決定を行うことを可能にしている．また，自動化された監視ツールから得られた情報により，連邦エンタープライズ全体にわたるセキュリティ関連情報の相関分析が可能になる．

　BPAは，以下の17のパートナー企業に認められた．

- Booz Allen Hamilton社（ブーズ・アレン・ハミルトン）
- CGI社
- CSC社
- DMI社
- DRC社
- GDIT社
- HPES社
- IBM社
- KCG社
- Kratos社（クラトス）

- Lockheed Martin社(ロッキード・マーティン)
- ManTech社(マンテック)
- MicroTech社(マイクロテック)
- Northrop Grumman社(ノースロップ・グラマン)
- SAIC社
- SRA社
- Technica社(テクニカ)

企業の業務システム基盤のためにCMaaSソリューションを活用しようとしているセキュリティアーキテクトやセキュリティ担当責任者は，幅広いサービスを検討するため，複数のクラウドサービスプロバイダーを選択肢として検討することができる．

継続的に監視を行うことについての詳細な内容は，「第6章　セキュリティ評価とテスト」の「6.2　セキュリティプロセスデータの収集」で確認することができる．このセクションでは，セキュリティ担当責任者が組織の継続的な監視システムを正常に実装するために必要な手順について詳しく説明している．

セキュリティ担当責任者のためのさらなる情報ソースとしては次のものがある．

1. http://csrc.nist.gov/groups/SMA/fisma/documents/faq-continuous-monitoring.pdf《リンク切れ》
2. http://nvlpubs.nist.gov/nistpubs/Legacy/SP/nistspecialpublication800-137.pdf
3. http://www.govinfosecurity.com/continuous-monitoring-c-326
4. http://gsa.gov/graphics/staffoffices/Continuous_Monitoring_Strategy_Guide_072712.pdf《リンク切れ》
5. http://www.gsa.gov/portal/content/176671?utm_source=FAS&utm_medium=print-radio&utm_term=cdm&utm_campaign=shortcuts《リンク切れ》

## ▶ 出口監視

出口のフィルタリング(Egress Filtering)は，あるネットワークから別のネットワークへのアウトバウンド通信を監視し，その通信を制限する方法を指す．典型的な方法では，監視および制御されているプライベートコンピュータネットワークからインターネットへの接続監視である．内部ネットワークからのTCP/IP(Transmission Control Protocol/Internet Protocol：伝送制御プロトコル／インターネットプロトコル)パケットは，ルーター，ファイアウォールまたは同様のネットワーク機器経由で監視される．セキュ

リティポリシーに適合しないパケットは，ネットワークを越えて通信を行うことができない．アウトバウンドに対するフィルタリング実施手法は，許可されていないトラフィックや悪意あるトラフィックに対して内部から外部に流さないようにするというものである．

　セキュリティ担当責任者には，事前に発生するトラフィックを明確にし，そのうち，許可したサーバーからの通信以外のすべてのトラフィックはすべて拒否することを推奨している．さらに，HTTP（Hypertext Transfer Protocol：ハイパーテキスト転送プロトコル）/HTTPS，SMTP（Simple Mail Transfer Protocol：簡易メール転送プロトコル）およびSIP（Session Initiation Protocol：セッション開始プロトコル）といったプロトコルは通常，ネットワークを介したアクセスが許可される．許可したサーバーの1つとして，インターネットアクセス用のプロキシーゲートウェイを設ける場合，エンドユーザーのワークステーションは，手動で構成するか，プロキシー自動構成を使用して構成する必要がある．この構成には，組織のセキュリティアーキテクチャーとして，いくつか利点がある．ガバナンスとコンプライアンスに関する重要なネットワークトラフィックにおいて，厳密な制御，監視，監査の実施が可能になることである．これにより，特定のトラフィックをエンドポイントや個々のユーザーに紐付けることが可能となる．否認防止とデータの整合性を確認する場合に重要となる．また，VLAN，プライベートVLAN（Private VLAN：PVLAN），サービス品質（Quality of Service：QoS）などのネットワークトラフィックと帯域幅を形成・管理するための物理コントロールおよび論理コントロールメカニズムが使用可能になる．システムの監視に基づいてトラフィックの流れをコントロールしたり阻止したりできることで，マルウェア感染によるDoS（Denial-of-Service：サービス拒否）やDDoS攻撃を排除できる可能性がある．なぜなら，感染したコンピュータを管理するために必要なC&Cトラフィックを，ネットワーク境界の出口で拒否することができるためである．

　しかし，このタイプのシステムには，不十分な点もあるため，セキュリティアーキテクトとセキュリティ担当責任者の両方がそれを理解しておく必要がある．まずは，出口フィルタリングのアーキテクチャーに誤りがある場合，単一障害点（Single Point of Failure：SPOF）を含む可能性があることが挙げられる．さらに，ネットワークアーキテクチャーが綿密に検証されていない場合，DoS攻撃またはDDoS攻撃が成功する可能性は大幅に上がる．例えば，ボットを配置するためにC&C（Command and Control）トラフィックとの通信に使われる可能性のあるポートをブロックできているかなどを検証することが望ましい．

　企業内ネットワークは通常，使用される内部アドレスブロックの数が限られて

いる．そのため，内部ネットワークと外部ネットワーク（インターネットなど）との境界にあるデバイスを利用して，内部アドレスからのパケットに対してチェックを行い，送信元IPアドレスが内部の特定の範囲にあるものは，すべての送信パケットをブロックすることが可能である．この目的は，内部のネットワークにあるコンピュータが，IPアドレスのなりすましを行わないようにすることである．なお，このようななりすましは，DoS攻撃に使用される一般的な手法である．

出口のフィルタリングでは，新しいアプリケーションが採用され，外部との通信を要する際に，常にポリシーの変更や管理作業が必要になるケースがある．これにあたり，セキュリティ担当責任者は，変更を反映し，セキュリティコントロールポリシーとプロシージャーを適正化するために，セキュリティ専門家と連携する必要がある．さらに，これらの変更を適用するために，セキュリティ意識啓発トレーニングの資料も更新する必要がある．

セキュリティアーキテクトとセキュリティ専門家は，出口のフィルタリングに関する規制について標準を知る必要がある．例えば，PCI DSS（Payment Card Industry Data Security Standard：PCIデータセキュリティ基準）に準拠するためには，カード所有者のサーバー環境からの通信に対しては出口のフィルタリングが必要である．

## 7.1.9　データ漏洩／損失防止

データ漏洩／損失防止（Data Leak/Loss Prevention：DLP）は，企業における機密情報の損失を防止するための技術である．このソリューションは，情報の場所，分類，そして保存中，使用中および動作中の情報の監視に焦点を当てることによって，企業がどのような情報を取り扱っているかを把握し，日々発生する多数の潜在的な情報漏洩を阻止するのに役立つ．この実装を成功させるためには，セキュリティアーキテクトとセキュリティ担当責任者による準備と徹底したメンテナンスの継続が必要である．DLPを統合して実装しようとする企業は，組織のリスクを大幅に低減できるようにするため，多大な努力を要する．このソリューションを導入する企業は，適切なガバナンスと，それを保証する対策とともに，リスク，影響，低減の各ステップで，戦略的なアプローチをとる必要がある．

### ▶データ漏洩防止の定義

DLPソリューションのほとんどが，次の3つの目的を果たすための技術を有している．

1．企業が所有している機密情報を特定し，カタログ化する．

2．企業ネットワーク上の機密情報の移動を監視および制御する．

3．エンドユーザーシステム上の機密情報の移動を監視および制御する．

　これらの目的はそれぞれ，保存中のデータ，転送中のデータ，および使用中のデータという3つの状態に紐付けられる．そして，3つそれぞれについて，DLPソリューションが提供する特定の技術セットにより対策が行われる．

### ▶ 保存中のデータ

　DLPソリューションの基本機能は，特定の種類の情報が格納されている場所を特定してログに記録する機能である．つまり，DLPソリューションは，ファイルサーバー，ストレージエリアネットワーク(Storage Area Network：SAN)，エンドポイントシステムのどこにあるかに関わらず，特定のファイルタイプ(スプレッドシートやワープロ文書など)を探し出して識別できる必要がある．また，DLPソリューションは，いったんファイルを見つけると，これらを開き，その内容をスキャンして，クレジットカード番号や社会保障番号などの特定の情報が存在するかどうかを判断できる必要がある．これらのタスクを達成するために，ほとんどのDLPシステムはクローラーを使用する．クローラーは，各エンドシステムにログオンし，データストアを"クロール"するためにリモートに配置されるアプリケーションであり，特定の情報の場所を検索し，DLP管理コンソールに入力する．この情報を収集することは，重要な情報の場所，既存のポリシー内でその保存場所が許可されているかどうかを把握し，情報ポリシーに違反する可能性のあるデータの経路を企業が判断できるようにするための貴重なステップである．

### ▶ 転送中のデータ(ネットワーク)

　DLPソリューションは，企業内ネットワーク上のデータ移動を監視するために，特定のネットワークアプライアンスまたは組み込まれた技術を使用して，ネットワークトラフィックを選別した上で取得し，分析する．ファイルがネットワーク越しに送信される場合，ファイルは通常パケット単位に分割される．この際の情報を検査するには，DLPソリューションでは次のことができる必要がある．

1．ネットワークトラフィックを受動的に監視する．

2．取得するデータストリームを正しく認識する．

3．収集したパケットを構成する．

4．データストリームに含まれるファイルを再構築する．

5．保存中のデータに対して行われるのと同様の分析を行い，ファイルの内容の一部がルールセットによって制限されているものかどうかを確認する．


この機能の主な役割は，ディープパケットインスペクション（Deep Packet Inspection：DPI）と呼ばれるプロセスである．DLPには転送中のデータコンポーネントがあり，それがこのタスクを実行できるようにしている．DPIはパケットの基本ヘッダー情報のみならず，パケットのペイロード内の内容を読み取ることができる．

DLPシステムは，このDPI機能により，転送中のデータの内容，送信元および宛先を検査した上で，転送を許可することができる．不正な宛先への機密データ送信が検出された場合，DLPソリューションはコンポーネント内で定義されたルールセットに基づいて，リアルタイムまたはほぼリアルタイムでデータの流れについてアラートを出し，オプションでブロックする機能を備えている．ルールセットに基づき，問題のデータを隔離または暗号化することもできる．一方，ネットワークDLPにおいて考慮すべき重要な事項もある．それは，DLPソリューションがデータを検査する前にデータの暗号化を解除する必要があることである．DLPソリューションは自らその機能を有する（暗号化解除機能と，解除に必要な暗号化鍵を用いた対応）か，DLPモジュールにより検査前にトラフィックを復号し，データが検査され通過可能であれば再度暗号化するようなデバイスが必要である．


### ▶使用中のデータ（エンドポイント）

使用中のデータ（Data in Use）は，DLPにとって最も困難な対象データである．使用中のデータとは，データを親ドライブにコピーしたり，プリンターに情報を送信したり，アプリケーション間で切り取りして貼り付けたりする際のデータであり，エンドユーザーがワークステーションで行う操作に起因するデータの動きである．DLPソリューションは通常，エージェントとして知られているソフトウェアプログラムを使用してこれを実現している．この制御は，DLPソリューションの集約された管理機能を用いて実装されることが理想的である．エンドユーザーシステムに対してルールセットを実装する際は，固有の制限事項を適用することになるが，その際に最も重要なことは，該当のルールセットが，エンドユーザーのシステムに適用可能であることである．適用されるルールの数や複雑さによっては，ルールセットのうち一部だけを実装することになる．これは，DLPソリューションの全

体構成に対して，大きなギャップを生じる可能性がある．

　以上のように，情報の3つの状態に対処する機能を持ち，完全なDLPソリューションとみなされるためには，集約された管理機能によって実装が統合されなければならない．管理コンソール上で利用可能なサービスの範囲は製品によって異なるが，多くの場合，次の機能が共通している．

- **ポリシーの作成と管理**（Policy Creation and Management）＝ポリシー（ルールセット）の作成と管理は，様々なDLPコンポーネントによって実行される．ほとんどのDLPソリューションには，一般的な規制に対応済みの，事前に設定されたポリシー（ルール）が備わっている．これらのポリシーをカスタマイズしたり，完全なカスタムポリシーを構築したりすることも重要である．
- **ディレクトリーサービスとの統合**（Directory Services Integration）＝ディレクトリーサービスとの統合により，DLPコンソールは指定されたエンドユーザーに対してネットワークアドレスを紐付けることができる．
- **ワークフロー管理**（Workflow Management）＝フル機能を有するDLPソリューションのほとんどでは，インシデントハンドリングを構成する能力を提供し，違反の種類，重大度，ユーザーおよびその他の基準に基づいて，中央の管理システムが特定のインシデントを適切な関係者に通知することができる．
- **バックアップと復元**（Backup and Restore）＝バックアップと復元の機能により，ポリシーやその他の設定を保持することができる．
- **報告**（Reporting）＝DLPソリューションに備わった報告機能を使ってもよいし，外部の報告ツールを活用してもよい．

## ▶組織におけるデータの分類，場所および経路

　組織は，所有している情報の種類と場所のすべてを認識していないことがよくある．重要なのは，DLPソリューションを購入する前に，機密データの種類と，システムからシステム，あるいはシステムからユーザーへのデータの流れを特定し，分類することである．このプロセスでは，DLPモジュールのデータ分類方法や分類システムを用いて，様々な分類の情報をスキャンし，整理する．このように重要なビジネスプロセスを分析することで，企業にとって必要な情報が得られる．分類には，プライベートな顧客または従業員データ，財務データおよび知的財産などが含まれる．このプロセスで，データが特定されて適切に分類されると，さらなる分析により，主要なデータストアの場所や主要なデータ経路を管理することが容易に

なる．多くの場合，同じデータの複数のコピーや編集されたファイルは，サーバー，個々のワークステーション，テープ，その他の媒体など，企業が所有する環境の全体に散在している．重要なコンテンツデータは，消去されず，アプリケーションのテストのためにコピーも頻繁に作成される．主要なデータ群のデータ分類とデータ保存場所を明らかにすることは，DLPソリューションの選択と構築の両方に役立つ．DLPソリューションがいったん構築されれば，追加のデータ保存場所や経路の特定も支援してくれる．

　企業におけるデータのライフサイクルを理解することも重要である．データの作成時点から処理，保守，保管，廃棄までの一連のライフサイクルを理解することで，データの保存と伝送の経路を明らかにすることができるようになる．

　ただし，すべてのビジネスプロセスが文書化されているわけではなく，すべてのデータ移動がプロセスに沿って確立されているわけでもない．そのため，すべてのデータの出口のポイントを棚卸しして，さらなる情報収集を実行する必要がある．ファイアウォールとルーターのルールセットを分析することで，これらを実現することが可能である．

　DLPソリューションの導入による組織のメリットは次のとおりである．

- **重要なビジネスデータと知的財産の保護**（Protect Critical Business Data and Intellectual Property）：DLPの主な利点は，組織にとって重要な情報を保護することである．企業は，競争優位性の確保，規制への対応，評判のために，多くの種類の保護すべき情報を保持している．
- **コンプライアンスの向上**（Improve Compliance）：DLPは，企業が顧客や財務情報を含むデータの保護や監視に関する規制の要件を満たすのに役立つ．DLPソリューションには通常，PCI（Payment Card Industry），グラム・リーチ・ブライリー法（Gramm-Leach-Bliley Act：GLBA），医療保険の携行性と責任に関する法律（Health Insurance Portability and Accountability Act：HIPAA）のような重要な規制の影響を受けるデータタイプに対応するルールセットがあらかじめ用意されている．これらのルールセットを活用することで，これらの規制の影響を受けるデータを保護する取り組みを簡素化できる．
- **データ漏洩リスクの低減**（Reduce Data Breach Risk）：DLPソリューションにより，データ漏洩のリスクを低減すると同時に企業の財務リスクが低下する．
- **訓練と意識啓発**（Enhance Training and Awareness）：ほとんどの企業でセキュリティポリシーが作成されているが，これは時間の経過とともに忘れられる可能性

がある．DLPソリューションは，ポリシーに違反しているデータの移動があった場合に警告を発し，時にはブロックを行う．そして，ユーザーが機密データに関連するポリシーを継続的に認識できるように，DLPは教育コンポーネントを提供する．

- **ビジネスプロセスの改善**(Improve Business Processes)：DLPは，新しいポリシーやコントロール，テストの作成を実装することになるため，ビジネスプロセスが壊れていた場合に，その修復に役立つ．DLPの実装のために，ビジネスプロセスを簡単に評価し，カタログ化するステップは，企業内のセキュリティ関係者に大きな示唆を与える．

- **ディスクスペースとネットワーク帯域幅の最適化**(Optimize Disk Space and Network Bandwidth)：DLPソリューションの重要な利点は，ファイルサーバーの容量やネットワークの帯域幅が限られている中で，大量のリソースを消費している停滞したファイルやストリーミングビデオファイルを検出できる点である．古いファイルを排除し，ビジネス以外のストリーミングビデオファイルの取り扱いを防ぐことで，ストレージ，バックアップ，帯域幅の必要量を削減できる．

- **不正なソフトウェアや悪意あるソフトウェアの検出**(Detect Rogue/Malicious Software)：DLPのもう1つの重要な利点は，電子メールまたはインターネット接続を介して機密情報を送信しようとする悪質なソフトウェアを特定できる点である．DLPは，機密情報を企業外へ不正に送信することを検出し，悪意あるソフトウェアによる被害を軽減するのに役立つ．ただし，伝送が暗号化されている可能性があるため，これは必ずしも保証されるわけではない．しかし，そうだとしても，復号できないデータ通信に対して警告やブロックを行うことができるルールセットを持つシステムもある．これはマルウェア対策における強力な手段の1つである．

## ▶ステガノグラフィーと透かし

ステガノグラフィー(Steganography)は，情報を隠す科学技術である．暗号化の目的は，第三者がデータを読めないようにすることだが，一方，ステガノグラフィーの目的は，第三者からデータを隠すことである．コンピュータやネットワークにおいては，次のように情報を隠す方法はたくさんある．

- 隠れチャネル

- Webページ内に隠されたテキスト
- 目立たない状態でファイルを隠す(c:¥winnt¥system32ディレクトリーに重要なファイル名でファイルを隠すのが最良である)
- ヌル暗号(例えば，各単語の最初の文字を使用して，無害なテキスト情報に隠れたメッセージを作成するなど)

ステガノグラフィーは，上述の例よりもはるかに洗練されているため，ユーザーは画像ファイルやオーディオファイル内に，大量の情報を秘匿することができる．これらの形式をとるステガノグラフィーは，暗号と組み合わせて使用されることが多く，情報は2重に保護される．ここでは，最初に暗号化された上で秘匿されるため，敵対する立場の人物は，まず情報を発見しなければならず(これ自体が困難である)，次に解読する必要がある．

ステガノグラフィーには多くの用途がある．最も広く使用されているアプリケーションの1つは，いわゆる電子透かし(Digital Watermarking)である．文書のソースが部分的にでも認証されるように，透かしは昔から，紙面に，画像，ロゴ，テキストの複製などが施される．電子透かしも同様の機能を提供している．例えば，Webのグラフィックアーティストは，Webサイト上のサンプル画像に署名を埋め込み，他人がこれを用いてファイルを作成しようとした場合に，元の所有権を証明することができる．

### ▶ステガノグラフィーの方法

次の式は，ステガノグラフィープロセスの一般的な方法である[8]．

```
cover_medium + hidden_data + stego_key = stego_medium
```

cover_mediumはhidden_dataを隠すファイルである．また，stego_keyを使用して暗号化することもできる．その結果のファイルはstego_mediumである(当然，暗号化前のcover_mediumと同種のファイルになる)．cover_medium(つまりstego_medium)は，通常であれば，イメージファイルまたはオーディオファイルである．

## 7.2　構成管理によるリソースプロビジョニング

構成管理の目的は，組織のライフサイクルに従って管理されているソフトウェア，システムまたは各アイテムの整合性を確保し，維持することである．ソフトウェアの構成管理には，把握すべき構成項目の特定，構成項目の変更についてのコ

ントロール，構成項目の状態の記録，報告活動が含まれる．構成管理（Configuration Management：CM）とは，ソフトウェアシステムの構築や運用保守の対象となるアーティファクトの変更を評価すること，調整，承認または却下し，実装するための規律を指す．アーティファクト（管理対象：Artifact）は，ハードウェア，ソフトウェアまたは文書の一部である．CMは，設計，実装，テスト，ベースライン，構築，リリースおよび保守といったように，最初のコンセプトの段階からアーティファクトの管理を行うことができる．

CMにおいて，心臓部とも言える重要なことは，異なるバージョンのアーティファクトの存在によって生じる混乱と齟齬を排除することである．変更は，エラーを修正したり，機能を拡張したり，単に製品の運用についての定義の改良を反映したりすることができるように実施される．CMは，必然的な変化をコントロールする役目を持つ．十分にコントロールされたCMプロセスがない場合には，複数のメンバー（場合によっては複数のサイト）が，意図せずに異なるバージョンのアーティファクトを使用することができてしまう．つまり，適切な権限がなくとも，新たなバージョンを作成することができるということであり，間違ったバージョンのアーティファクトが誤って使用されてしまう可能性もあることを意味する．一方，CMを成功させるためには，明確かつ制度化された一連のポリシーおよび明確に定義された基準が必要である．

- CMの対象となるアーティファクトのセット（構成項目）
- アーティファクトの命名方法
- アーティファクトをセットに含める，または除外する方法
- CMの対象となるアーティファクトの変更方法
- CMの対象となるアーティファクトの各バージョンを利用可能とする方法，また，その利用条件
- CMツールを用いて，CMを実施する方法

上述のポリシーおよび基準は，組織内の全員に向けてCMの実施方法を伝える計画書に文書化される．

### ▶CMにおけるCMMIの手順

SEI（Software Engineering Institute：ソフトウェア工学研究所）のシステムエンジニアリングおよびソフトウェアエンジニアリングのための能力成熟度モデル統合 バージョ

ン1.1（Capability Maturity Model Integration, Version 1.1 for Systems Engineering and Software Engineering：CMMI-SE/SW，V1.1）は，組織におけるCM実施のための手法として以下を推奨している［SEI，2000a］[9]．

1．CMの対象とする項目，要素および関連する作業生産物を特定する．
2．作業生産物を管理するための構成管理および変更管理システムを確立し，維持する．
3．内部で使用したり，顧客に提供したりするためのベースラインを作成，リリースする．
4．設定した構成に対する変更要求を追跡できるようにする．
5．構成内容に対する変更をコントロールする．
6．構成項目を記述するレコードを確立し，維持する．
7．構成の監査を実施し，構成のベースラインとの整合性を維持する．

セキュリティ担当責任者とセキュリティ専門家は，構成管理と構成管理システムを実装するために必要な手順について精通している必要がある．
　完全な構成管理システムの確立によりメリットを得る資産のカテゴリーは多数ある．それは次のようなものである．

- 物的資産（サーバー，ラップトップ，タブレット，スマートフォンなど）
- 仮想資産（ソフトウェア定義ネットワーク［Software Defined Network：SDN］，仮想SAN［vSAN］システム，仮想マシン［Virtual Machine：VM］）など
- クラウド資産（サービス，ファブリック，ストレージネットワーク，テナントなど）
- アプリケーション（プライベートクラウド，Webサービス，SaaS［Software as a Service］などのワークロード）

セキュリティ専門家の観点では，上述のどの資産のカテゴリーがCMの対象となるかはさほど重要ではない．それよりも，次の質問への回答が重要である．

1．問題の資産が管理されるための要件（法律，規制，ビジネス，ガバナンスなど）は？
2．資産のアーキテクチャーや実装に基づいて取り組むべき特定の問題または懸念があるか？
3．資産の所有者が複数存在するか？

4．資産の対象となる顧客は誰か？

5．資産はいつ利用可能であるべきか？（24時間×7日，9時から5時，月曜日〜木曜日など）

6．組織内の人員が資産を利用できるようにするためのアクセス方法は？

7．資産はどこに設置するか？　社内LAN（Local Area Network：ローカルエリアネットワーク）か？　クラウドWAN（Wide Area Network：ワイドエリアネットワーク）か？　サードパーティのソリューションへのアウトソースか？　これは社内資産として保持されるのか？

8．その資産が最初にプロビジョニングされているのはなぜか？　どのようなビジネスニーズに対応するように設計されているか？

特定の資産を管理するための独自ツールと構成の選択肢は，資産そのものと同じくらい多様であるため，ここで議論し尽くすことはできない．そして，セキュリティ専門家が企業内の資産のCMに関して深く考察し，理解する必要があるのは，資産が組織に扱われている理由についてである．つまり，ビジネス目標を理解することで，セキュリティ専門家は，インフラの全分野において組織が置いた目的をサポートし，資産が正常に配備されることを保証し，企業内の資産におけるライフサイクル管理を成功へと導くことが可能になる．

### Try It For Yourself
自分でやってみよう

　ほとんどのセキュリティ専門家は，構成管理の訓練を十分に受けていない．しかし，構成管理を理解する必要性は高く，構成管理計画を構築および実装する方法は，組織内の資産管理プログラムを成功させるために非常に重要である．なお，付録Hの「構成管理計画」のサンプルもダウンロードが可能である．

　これは，綿密なプロジェクトで実施する，エンタープライズ向けの，構成管理計画の作成と展開に関わる各ステップについて記載している．この計画は組織に合わせて調整が入るが，その結果それをテンプレートとして使用することで，必要に応じて各組織への構成管理の展開を推進することができるようになる．

## 7.3 セキュリティ運用の基本的な概念

### 7.3.1 主なテーマ

　本節では，運用におけるレジリエンスの維持，貴重な資産の保護，システムアカウントの管理，セキュリティサービスの効果的な管理という4つの主なテーマについて説明する．これらは，セキュリティの運用にとって基本的なものである．

1．**運用におけるレジリエンスの維持**（Maintaining Operational Resilience）＝日々の業務では，サービスの可用性と完全性について，期待レベルを維持すること以上に重要なことはほとんどない．組織は，重要なサービスにはレジリエンスを必要としている．組織運営上の阻害要因があった場合，運用スタッフは，組織活動の中断を最小限に抑えることが期待されている．これは，そのような中断を予測すること，ならびに主要なシステムが継続性を確保するために実働し維持されていることを確認することを含んでいる．また，適時の検出と対応を確実にするプロセスと手続きを維持することが期待される．

2．**貴重な資産の保護**（Protecting Valuable Assets）＝セキュリティの運用は，人的および物的資産を含む多種多様なリソースに対する日々の保護を期待されている．運用では，戦略を策定したり，適切なセキュリティソリューションを設計したりする責任は負わない．少なくとも，機密または重要なリソースを保護するためのコントロールを維持することを期待されている．

3．**システムアカウントの管理**（Controlling System Accounts）＝今日，主要なビジネスシステムにアクセスできるユーザー（主体）の管理を適切に維持することに焦点が当てられている．多くの場合，そのようなユーザーは，特定のシステムを幅広く，無制限に利用できる．これはいわゆる特権（Privilege）と言われるもので，悪用や侵害のおそれがある．したがって，運用におけるセキュリティでは，特権アカウント（Privileged Account）に対してチェックと調整を行うとともに，ビジネスニーズに有効であり続けるプロセスの維持が期待されていると言える．

4．**セキュリティサービスの効果的な管理**（Managing Security Services Effectively）＝強力なサービス管理と，サービスの一貫性を保証するためのプロセスがなければ，セキュリティに関する運用は有効と言えない．ここでいうプロセスには，変更管理，構成管理，問題管理など，ITサービスに共通しているサービス管

理のプロセスが含まれる．また，ユーザーのプロビジョニングやヘルプデスクやサービスデスクの手順などのセキュリティ固有の手順も含まれる．今日のセキュリティ運用では，報告と継続的なサービス改善にかなり重点が置かれている．これらのテーマについては，以下のセクションで詳細に記載する．

### ▶主要な業務プロセスと手順

セキュリティ運用には，業務を円滑に運用するための多くのプロセスと手順をサポートし，活用する上で，重要な役割が求められている．つまり，適切なレビューと承認で変更を確実に実施し，システムリソースが安定した高い信頼性のサービスを提供し，インシデントが迅速かつ効果的に対処され，問題が解決されるようにすることに対する期待である．セキュリティ専門家は，これらのプロセスを俯瞰的に説明でき，そのプロセスにおける自分の役割を特定できる必要がある．

## 7.3.2 特権アカウントの管理

セキュリティの運用は，システムで使用されるアカウントの数と種類を厳密に管理する必要がある．また，サービスアカウントやスクリプトを実行可能なアカウントなど，ITシステムに対する権限が与えられたアカウントを慎重に管理する必要がある．アイデンティティ管理（Identity Management）は，アカウントのプロビジョニングから最終的な削除まで，システム内のすべてのアカウントのライフサイクルプロセスをコントロールするものである．また，アクセス管理（Access Management）とは，機能を実行するための権利または特権の割り当てである．アイデンティティとアクセス管理（IAM）のソリューションは，ユーザーのプロビジョニングを統一し，個別のアクセス制御システムを持つ複数のシステムをまたがってアクセスを管理することに重点を置いた仕組みである[10]．「セキュリティ運用」のドメインでは，これらのソリューションの効率的な利用と，特権アカウント（Privileged Account）の慎重な管理と監査の必要性に焦点を当てる．

### ▶知る必要性と最小特権

最小特権（Least Privilege）の原則は，セキュリティの目標を達成するためのアクセス制御において最も基本的な特性の1つである．最小特権では，ジョブ，タスクまたは機能を実行するためにユーザーまたはプロセスに対して必要以上にアクセス権

が与えられていないことが必要である．つまり，ユーザーとプロセスを制限することである．これは，ユーザーがアクセス可能なリソースを定めることのみならず，ユーザーがアクセス可能であったとしてもアクションを実行できないようにする，というような制限も含む．例えば，あるユーザーがファイルやデータベースを作成または削除する権限がないシステムに対して，読み取り専用，更新，実行の各アクセス権を割り当てるようなケースである．最小特権を確保するためには，ユーザーのジョブを特定し，ジョブ実行に必要な最小限の特権を決定し，その特権を持つドメインに対して，割り当てユーザーを制限するだけである．このように，職務の遂行に不必要なアクセス権を拒否することで，組織のセキュリティポリシーを破ることは不可能となる．

最小特権のコンセプトと対をなすのが，知る必要性（Need to Know）の原則である．

最小特権を用いる目的が，最小限のアクセスで業務を行うことである場合，その最小範囲をビジネス要件に基づいて定義する必要がある．例えば，組織のCIO（Chief Information Officer：最高情報責任者）は四半期の財務予測を参照できる職位であるが，経理担当者は，CIOはその情報を知る必要はなく，アクセスを提供する必要もないと決定するかもしれない．特に，知る必要性は，軍事作戦などの運用上の秘密が重要な懸念事項として存在する場合によく使われる．軍の指導者は，計画を知っている人の数を減らすことで誰かがその情報を敵に漏らすリスクを低減する．これを達成するために，知る必要性の原則に基づいた運用計画を行ってコントロールすることが多い．

## 7.3.3 グループとロールを利用したアカウントの管理

ユーザーを効率的に管理するには，個々のアカウントをグループまたはロールに割り当てる必要がある．これにより，個々のアカウントではなく，グループまたはロール単位で管理することができる．個々のユーザーアカウントは，必要なアクセス権と特権に応じて1つ以上のグループに割り当てることができる．組織内の職務機能に応じてグループを設定できる場合は，ロールベースのアクセス制御（Role-Based Access Control：RBAC）を使用することができる．RBACでは，個々のユーザーに対して，業務の遂行に必要な権利および特権に対応する単一のロールが割り当てられる．このユーザーはロールに紐付けられ，ロールグループ内のメンバーである間，業務上の責務を遂行することができる．そして，ユーザーが異動するなどでそのロールが不要になると，セキュリティ担当責任者はユーザーをそのロールグループから削

第 7 章 セキュリティ運用

除し，紐付けられたアクセス権が無効化される．結果として，ユーザーはそのシステムを継続利用できなくなる．グループまたはロールが使用されているかどうかに関係なく，セキュリティ管理者は，使用されるアクセス制御戦略に応じて，適切な許可とアクセス権の割り当てを行う必要がある．

## ▶ 異なったタイプのアカウント

ほとんどのシステムで言えることがある．システムにおけるより大きな特権は，より少ない権限しか必要としない通常のユーザーアカウントとは区別されるべきということである．特権エンティティは，特定のシステムに対して広く権限を保持している．必要な場合もあるが，これは悪意ある人物や外部の攻撃者に悪用される可能性がある．そのため，セキュリティ担当責任者には，これらの特権について管理と監督を継続的に行うことが求められる．権限が正当な利用の範囲に割り当てられていること，継続的かつ定期的に必要性が調べられていることが重要である．これを実施するためには，各システム上で特権がどのように作成され，権限の必要性を把握するプロセスがどのように成立しているか，などを定義した計画的な対応が必要である．通常のユーザーアカウントは特権の範囲が小さくなるが，それでもあくまで適切なアカウント管理方法に基づき管理することが必要である．

### ▶ 特権アカウント

一般的に，特権レベルには，4種類のアカウントがある．ルートアカウントまたはビルトイン管理者アカウント，サービスアカウント，管理者アカウント，パワーユーザーアカウントである．

- **ルートアカウントまたはビルトイン管理者アカウント** (Root or Built-in Administrator Accounts) ＝これらのアカウントは，デバイスまたはシステムを管理するために使用される強力なデフォルトの管理アカウントである．これらのアカウントは通常，管理者が特別な管理タスクを実行するために利用される．ただし，管理者は，複数の個人が同一アカウントのパスワードにアクセスする場合に責任を負うことができないため，これらのアカウントを使用しないようにする必要がある．これらのアカウントは，可能な限り名前を変更し，厳格に管理する必要がある．また，デバイスまたはコンピュータを，運用しているネットワークに追加する前に，デフォルトのパスワードを変更する必要がある．変更管理および構成管理の一環として，ルートアカウントとパスワー

ドの個々の使用を記録するためにログを保持する必要がある．そして，ログは，アカウントアクティビティに関連したシステム監査ログと相関的な視点で参照する必要がある．現在，一般的なシステムでは，ルートアカウントまたは管理者アカウントを使用した対話型ログインは，無効化され，必要に応じてルート権限を割り当てられる管理アカウントが優先的に利用されている．ルートとしてのログインが必要な場合，管理者の立ち入りはコンソールを介したアクセスに制限されている区域からに限定する必要がある．ルートアカウントを使用したリモートログインの実行は，セッションに強い暗号を施し，かつ監視が可能な場合のみに制限する必要がある．これにより，システム上の不正なノードによるルートパスワードやセッションのハイジャックを防ぐことができる．なお，これらのアカウントは，多要素認証方式を常に考慮する必要がある．

- **サービスアカウント**（Service Accounts）＝これらのアカウントは，システムサービスおよび主なアプリケーションによって使用される特権アクセスのために使用される．例えば，Webサーバー，電子メールサーバー，データベース管理システムなどのサービスを提供するために様々なアカウントを使用している．このようなサービスでは，アカウントがローカル環境でアクションを実行する必要がある．なお，サービスによっては，内部的にアカウントを保持している場合がある．一例を挙げると，Oracleなどのデータベース管理システムは，初期インストール時に10個以上のデフォルトアカウントをシステム内部に持つことが可能な仕組みである．このような，管理者がリモートで管理機能を実行する必要がある環境では，サービスアカウントの管理は難しい場合がある．パスワードは複雑な値にし，攻撃のリスクを低減するために厳密に管理する必要がある．また，侵害されたアカウントを無効にするなどの対応を行うと同時に，システムの完全性を維持するために定期的にアカウントパスワードを変更するなどの対応が必要である．

- **管理者アカウント**（Administrator Accounts）＝これらのアカウントは，保守作業を実行するためにシステムへの管理アクセスが必要な個人に割り当てられている．通常のユーザーアカウントとは別のものである必要がある．管理者アカウントのパスワードは，機密性と完全性を確保するために設計された，安全で信頼できる方法を用いて配布される必要がある．管理者は，アカウント受領承諾と特権アカウント利用におけるポリシー承諾の意思表示を行う必要がある．そして，当アクセス権を必要としなくなった時には，システム上の管

理者アカウントを速やかに削除する．業務上の必要性を定期的に検証し，有効なアカウントが依然として必要であることを確認するのが一般的な方法である．また，管理下で行われるすべての措置が行為されることも重要である．アカウントの権限を考慮すると，管理者はログファイルを改ざんすることができるため，外部のログ管理システムを使用する必要がある．これらのアカウントは，多要素認証方式を常に考慮する必要がある．

- **パワーユーザー**(Power Users)＝これらのアカウントには，通常のユーザーアカウントよりも大きな権限が与えられる．ユーザーがシステムをより詳細に制御する必要があるが，管理アクセスが不要なケースである．例えば，自分のデスクトップにソフトウェアをインストールするケースが一般的である．これらのアカウントは適切に管理されなければならず，継続的な事業のために定期的に見直す必要がある．パワーユーザーは，アカウントの受領承諾と特権アカウント利用におけるポリシー承諾の意思表示を書面で行う必要がある．そして，そのレベルのアクセス権が不要になった際には，速やかにパワーユーザーアカウントをシステムから削除する．継続的な事業のために定期的に見直しを行い，アカウントが依然として必要であることを確認するのが一般的な方法である．これらのアカウントは，多要素認証方式を常に考慮する必要がある．

### ▶一般的または限られた権限のユーザーアカウント

一般的なユーザーアカウントまたは限られた権限のユーザーアカウントは，ほとんどのユーザーが紐付くものである．最小特権の原則に従って，要求される特権の範囲にするよう厳密に制限する必要がある．アクセスは，知る必要性の原則に従って特定の対象物に限定されるべきである．

## 7.3.4 職務と責任の分離

アカウントは，特定の職務役割を持つ個人に割り当てられる．セキュリティ専門家は，アカウントが一般的な職務と業務環境でどのように関連しているかを区別すべきであり，本項ではその必要性について記載する．

### ▶システム管理者

システム管理者(System Administrator)は，ほとんどのシステム，特にサーバー環境

で最高水準の特権を持っている．システムの運用と保守を管理し，システムがユーザーにとって適切に機能することを保証する役割を担っている．そして，ワークステーション，サーバー，ネットワーク機器，データベース，アプリケーションなど，幅広いシステムで重要な保守および監視を行う．これらの各システムには，継続的な操作を保証するために，様々なレベルでの定期的な保守が必要である．例えば，システム管理者は，時間の設定，ブートシーケンス，システムログ，パスワードなどの特定の重要な操作を管理する必要がある．

　システム管理者は，ワークステーション，ラップトップおよびサーバーを含む様々な種類のシステムを管理する責任がある．データベース管理システムなどの特殊なアプリケーションは独立したシステムと捉えることができ，管理者は，データベース管理者（Database Administrator：DBA）としてデータベース管理タスクに専念する場合もある．なお，一般的なシステム管理者に示される運用管理の概念は，特定のアプリケーションのために割り当てられた管理業務にも共通して適用されるものである．

　システム管理者が組織に与える影響を踏まえると，採用する際には特別な注意が必要である．セキュリティ専門家は，システム管理者の役割について次の内容が考慮されていることを確認する必要がある．

- **最小特権**（Least Privilege）＝システム管理者は，組織内のすべてのシステムと機能にアクセスする必要はない．どのようなアクセスが必要かを判断し，それに応じて適用する．
- **監視**（Monitoring）＝可能であれば，システム管理者のアクションを記録し，システム管理者のコントロール下にない別のシステムに送信する必要がある．ログは，変更または構成管理要求のプロセスでレビューを行い，許可されたアクションのみが実行されているかどうかを判断する必要がある．
- **職務の分離**（Separation of Duties）＝管理者は，共謀しなくても悪意ある行為を実行できる権限を持つべきではない．
- **バックグラウンド調査**（Background Investigation）＝システム管理者が過去にその役割を濫用したことはないか，または脅迫や強要に対して脆弱でないかを判断するために，バックグラウンド調査を実施すべきである．
- **ジョブローテーション**（Job Rotation）＝システム管理者はジョブローテーションを受け入れる必要がある．職務を交替することは，ほかの人が元のシステム管理者の職務を遂行することになるため，過去に従事していた人物の仕事を見直すことになる．

## ▶ オペレーター

　システムオペレーター(System Operator)は，メインフレームシステムが使用される
データセンター環境で勤務することが多いユーザーである．日々の運用を行い，ス
ケジュールされたジョブが効果的に実行されるようにし，問題を解決する．また，
メインフレーム環境のシステムを操作し，テープのロードやアンロード，ジョブプ
リントも実行する．オペレーターの特権は増やされているが，システム管理者の特
権よりも低くされている．しかし，誤って使用された場合，これらの特権はシステ
ムのセキュリティポリシーを回避するために使用される可能性がある．したがっ
て，これらの特権の使用は，監査ログを用いて監視される必要がある．オペレー
ターに割り当てられた特権と責任の一部は次のとおりである．

- **IPLの実行**(Implementing the Initial Program Load)＝これは，オペレーティングシス
  テムを起動するために使用される．ブートプロセスまたはシステムの初期プ
  ログラムロードは，システムのセキュリティを確保するための重要な作業で
  ある．このプロセスを中断すると，システムの完全性が低下するか，システ
  ムがクラッシュして可用性が失われる可能性がある．

- **システムの実行の監視**(Monitoring Execution of the System)＝オペレーターは，エ
  ラー，中断およびジョブ完了メッセージを含めた，様々なイベントに対応す
  る．

- **ボリュームのマウント**(Volume Mounting)＝アプリケーションに対して，システ
  ムとそのデータへのアクセスを許可し，割り当てる．

- **ジョブフローの制御**(Controlling Job Flow)＝オペレーターはプログラムを開始，
  一時停止または終了することができる．これにより，オペレーターはジョ
  ブのスケジューリングに影響を与える可能性がある．ジョブフローを制御
  するには，システムが必要とする構成情報を操作する必要がある．したがっ
  て，ジョブまたはアプリケーションを制御する役割を持つオペレーターは，
  出力を変更または回避させ，機密性を脅かす可能性がある．

- **バイパスラベル処理**(Bypass Label Processing)＝これにより，オペレーターはセ
  キュリティラベル情報を意識せず，外部テープを実行することができる(外
  部テープとは，外部のデータセンターからのもので，通常システムで実行できるものとは
  異なるラベルを用いている)．この特権は，不正アクセスを防ぐために厳密に管
  理する必要がある．

- **リソースの名前の変更と再ラベル付け**(Renaming and Relabeling Resources)＝これは，

プログラムを適切に実行できるようにするために，メインフレーム環境で必要なことである．この特権の使用は，機密情報の不正な閲覧を許可してしまう可能性があるため，監視する必要がある．

- ポートと回線の再割り当て (Reassignment of Ports and Lines) ＝オペレーターはポートまたは回線の再割り当てを許可されている．これを誤って使用すると，再割り当てが行われ，それによって機密情報を含むデータが安全でない場所に送信されるなどのプログラムエラーが発生する可能性がある．さらに，偶発的にポートを開き，システムに新しいエントリーポイントを作成することによってシステムを攻撃してしまう可能性がある．

オペレーターが組織に及ぼす影響を考えれば，オペレーターの雇用時にも特別な注意が必要である．セキュリティ専門家は，オペレーターの役割に対して次の措置が考慮されていることを確認する必要がある．

- 最小特権 (Least Privilege) ＝システムオペレーターは，組織内のすべてのシステムと機能にアクセスする必要はない．つまり，どのようなアクセスが必要かを判断し，それに応じて適用すればよい．
- 監視 (Monitoring) ＝可能であれば，オペレーターのアクションは記録し，オペレーターの制御下にない別のシステムにその記録を送信する必要がある．ログは，変更または構成管理要求でレビューを行い，許可されたアクションのみが実行されているかどうかを判断する必要がある．
- 職務の分離 (Separation of Duties) ＝オペレーターは，共謀しなくても悪意ある行為を実行できる権限を持つべきではない．
- バックグラウンド調査 (Background Investigation) ＝オペレーターが過去にその役割を濫用したことがあるか，または脅迫や強要に対して脆弱でないかを判断するために，バックグラウンド調査を実施すべきである．

## ▶ セキュリティ管理者

セキュリティ管理者 (Security Administrator) の役割は，システムのセキュリティ操作を監視することである．セキュリティ運用の側面には，アカウント管理，ファイルに対する機密ラベルの割り当て，システムセキュリティ設定，監査データのレビューなどがある．また，オペレーティングシステムおよびデータベース管理システムやネットワーク機器などの一部のアプリケーションには，かなりの数のセキュ

リティ設定が含まれている．セキュリティ管理者は，システムのセキュリティ設定を定義する責任がある．場合によっては，セキュリティ管理者は，システム管理者または適切なアプリケーションマネージャーとともに設定を実装することもできる．適切でない設定がシステムやネットワークの正常な動作に影響を与える可能性があるため，セキュリティ管理者とシステム管理者はセキュリティ設定で連携する必要がある．なお，これらの管理者は通常，システム管理者よりも少ない権限しか持たない．これは，職務の分離が確実に行われるために必要なことである．セキュリティ管理者は，システム管理者に割り当てられた権限のチェックと振り分けを行い，そのアクティビティを監査およびレビューする役割を担う．

### ▶ ヘルプ／サービスデスク担当者

ヘルプ／サービスデスク担当者(Help/Service Desk Personnel)は，すべてのユーザーに最前線のサポートを提供する責任がある．また，これらは自動化されたシステムによって補われることがあるが，ヘルプ／サービスデスク担当者は通常，アカウント管理における要件をいくつか担っている．例えば，必要に応じてユーザーのパスワードをリセットすることがよくあるが，この対応にはシステムの特権が必要である．ヘルプデスク担当者はパスワードをリセットすることが多いため，必要に応じて監視やバックグラウンド調査を受ける必要がある．

### ▶ 一般ユーザー

一般ユーザー(Ordinary User)は，システムリソースへのアクセスを必要とする担当者であり，このアクセスは，通常のユーザーアクティビティの範囲に限定されている．

## 7.3.5 特権の監視

セキュリティ専門家は，アカウントとその特権が適切に割り当てられ，定期的にレビューされることを保証する必要がある．また，許可されたユーザーだけにアクセスを限定し，必要な期間に限定してアクセスを許可する必要がある．信頼性を検証し，時には特権を再検証することも必要である．

### ▶ クリアランス，適性，バックグラウンドチェック／調査

担当者は，過去の行動，信頼性の履歴，割り当てられた職務に必要な機密情報へ

のアクセスのレベルに応じて，クリアランス，適性，その他の受け入れ可能な個人の
バックグラウンド（担務経歴）が認定される．セキュリティ管理者は，個人の適切なバッ
クグラウンドチェックの完了と，クリアランス，適性，担務履歴の確認により，権限の
割り当てを行う．このように，セキュリティ管理者はバックグラウンド調査プロセスに
参画するのである．また，個人の信用レベルがその職務に対して適切であることを確
認するために，定期的なバックグラウンドチェックを実施する必要がある．また，個
人に対して，認められていないシステム領域へのアクセス権限を与えてはならない．

- 重大な判断の欠如
- 役割に関して高リスクとみなされる行動パターン
- 役割別の業務に関する不正な活動

　例えば，過去に金融詐欺を犯したとして有罪を宣告されたことがある人物には，
金融システムやデータベースへのアクセスを許可すべきではない．しかし，別の
ケースを考えると，7年前に危険な運転で有罪判決を受けた人は，運転する役割に
適した人物かもしれない[11]．このように，バックグラウンドチェック／調査は，組
織のポリシーと併せて，個人の信頼性と自らのコンプライアンス遵守可否を判断す
るための有益なツールである．

### ▶アカウントの検証

　使われていないアカウントの存在を判断するには，アカウントアクティビティの
レビューが必要である．組織から個人が離脱したために使われなくなったアカウン
トは，システムから削除する必要がある．加えて，長期休暇や一時的な業務のため
に使用していないアカウントは無効にする必要がある．担当者およびその上司は，
ユーザーの一時的または永久的な離脱があった場合，システム管理者またはセキュ
リティ担当責任者に速やかに報告する必要がある．ただし，こうした報告は必ずし
もなされないため，セキュリティ担当責任者は，アカウントが使用されていないこ
とを定期的に確認する必要がある．

## 7.3.6　ジョブローテーション

　ジョブローテーション（Job Rotation）は，特定の人物のアクティビティについて，
共謀のリスクを低減する．機密情報や個人の利益を取得することが可能なシステム

がある場合，職務を分離するメリットがある．役割をローテーションさせると，通常業務の範囲外でのアクティビティが判明し，間違いや不正行為が明らかになる．ただし，小規模な組織においては，ローテーションをさせようにも職務特有のスキルを習得させることが難しい場合がある．この場合は，セキュリティ管理および監督の人員に頼る必要がある．ジョブローテーションを行うことができる場合には，関係者に業務のバックアップ，引き継ぎ，職務訓練の機会が与えられる．また，職務を分離することでスキルの多様性が増すことも期待できる．

## 7.3.7 情報のライフサイクルを管理する

　情報には，作成，使用，破棄というライフサイクルがある．情報セキュリティにおける活動は，情報のライフサイクル（Information Lifecycle）を維持し，情報を保護し，アクセスを必要な範囲に限定し，情報が不要になった場合に破棄するようにする．情報セキュリティ専門家は，情報を保持することは，各人員における業務の一部であると認識する必要がある．

　情報が作成されると，組織では誰かが直接的に情報に対する責任を負う必要がある．多くの場合，組織のミッションを支えるために情報を作成したり，調達したり，取得したりした個人やグループが責任を負う．これはいわゆる「情報オーナー（Information Owner）」であり，次の責任がある．

- 情報が組織のミッションに及ぼす影響を判断する．
- 情報の置き換えを行うコストを理解する（置き換えが可能な場合）．
- 情報を必要としているのが，組織内の人物か，組織外にいる人物か，また，どのような状況であれば情報を公開すべきかを決定する必要がある．
- 情報がいつ不正確になるか，または必要性を失うか，破棄すべきかを把握する．

　情報オーナーは，情報の保護，可用性および破棄の要件が確実に満たされるために，情報セキュリティプログラムを実施し，役員とも協力しなければならない．情報の種類と保護の要件を標準化するために，多くの組織では，分類やカテゴリー化を行い，情報を並べ替えてラベル付けをしている．ここでは，分類は主に情報へのアクセスに関することであり，カテゴリー化は主にリスク，影響に関わることである．

　情報の分類（Classification）は，軍または政府の情報の取り扱いを議論する際に，最

も高頻度に参照される．また，機能的に類似のシステムを使う企業もいくつかある．分類を行うシステムの目的は，適切な許可レベルを持つ者のみが情報にアクセスできるような方法で，情報にラベルを付けることである．多くの組織では，情報にラベルを付ける際に，"confidential（機密）"，"close hold（限定）"，"restricted（利用制限）"，"sensitive（重要）"という用語を利用する．これらのラベルにより，役員などの特定の人員や，人事部などの組織の特定部門にアクセスを制限することがある．

　カテゴリー化（Categorization）とは，情報の機密性，完全性，可用性の喪失による組織への影響を判断するプロセスである．例えば，Webページ上の公開情報は，情報の更新や一般への情報公開有無に関わらず，最小限の稼働時間しか要しないため，組織への影響が少ない可能性がある．しかし，スタートアップ企業が，クリーンエネルギーのプラントを設計している場合はどうだろうか．この情報を紛失したり，改ざんされたりした場合には，競争相手が迅速な設計を行い，優位に立つ可能性があるため，会社が倒産に至る可能性がある．この種の情報に対しては，影響レベルは"high（高い）"にカテゴリー化される．

　分類とカテゴリー化を行うシステムはいくつもある．セキュリティ専門家は，最低限いくつかの事例に触れて，各国や業界で共通している実施内容について，理解する必要がある．分類の例については，以下を参照のこと．

- カナダの「情報セキュリティ法」[12]
- 中国の法律における「国家秘密保護」[13]
- 英国の「国家機密法」[14]

　優れたカテゴリー化の例としては，NISTの連邦情報処理標準（Federal Information Processing Standard：FIPS）199およびSP 800-60 Vol.1 Rev.1「情報および情報システムの種類とセキュリティカテゴリーのマッピングガイド」がある[15]．米国連邦政府は，これらの基準とガイドラインを使用して情報をカテゴリー化する必要がある．

　分類とカテゴリー化については，情報システムの保護レベルを標準化する際に有効である．そして，従業員が情報にアクセスする際の適性と信頼性の判定に使用される．同様のカテゴリーや分類のデータを一元管理することにより，組織は適切なセキュリティコントロールを実装する上で，スケールメリットが発揮できる．また，これにより，セキュリティコントロールを特定の脅威や脆弱性に合わせて調整することが可能になる．

　前述のとおり，情報についていくつか必要な事項を記載したが，ほかに挙げられ

ることは，すべての情報は，ライフサイクルを終える必要があるということである．組織は，将来的に価値が生じると仮定して，数年あるいは数カ月の間，古い情報を保存していることがある．このような場合にも組織は，管理ポリシーに，情報の保持スケジュールを記録する必要がある．そして，そのスケジュールには設定日時や期間を定め，使用されていない場合は強制的に破棄することが必要である．このアプローチを行う利点は，次のとおりである．

- ストレージのコストを削減できる．
- 関連する情報のみが保存されることで，検索や索引の作成が高速化される．
- 訴訟ホールドや電子情報開示において，裁判前や検討すべき情報に対して誤った認識を得る可能性が低くなる．

## 7.3.8 サービスレベルアグリーメント(SLA)

多くのセキュリティアーキテクト，セキュリティ専門家，セキュリティ担当責任者は，組織内にサービスレベルアグリーメント（Service Level Agreement：SLA）を設けているものの，これらの文書がリスクマネジメントや事業影響度分析（Business Impact Analysis：BIA）に関して，企業に何を示しているのか理解することはなかった．以下は，これらセキュリティ当事者3者のためのSLAに関する"入門書"である．

### ▶ SLAとは

SLAとは，顧客が期待するサービスのレベルを記述し，そのサービスが測定されるメトリックスを記載している．何か問題があると，合意レベルは達成されない．SLAは通常，企業と取引先の間で定められるが，同一企業内の2部門間で定められる場合もある（これを運用レベルに関するアグリーメント［Operational Level Agreement：OLA］と呼ぶ）．

### ▶ SLAはなぜ必要なのか

SLAは，契約を取り交わしたすべてのサービスに対して，期待する提供レベルとその信頼性を1つの文書に定義している．その中で，メトリックス，責任および期待を明示しているため，サービスに問題が発生した場合には，どちらの当事者も知らないでは済まされない．つまり，双方の要求認識が同じであることを保証するものである．法律顧問によって審査されたものの，SLAのない重大な契約は，齟齬を生じるか，誤解を招くなどの可能性がある．SLAは，契約の両当事者を保護するものである．

## ▶ SLAは誰が提供するか

　ほとんどのサービスプロバイダーは標準のSLAを定めている．時には，様々な
サービスレベルと価格を設定し，交渉を始めることもある．これらは通常，サプラ
イヤーに有利であることが多いため，組織の法律顧問によって審査を受け，修正を
すべきである．一方，購入者はRFP（Request for Proposal：提案依頼書）を提示する場合，
期待するサービスレベルを要求に含める必要がある．これは，サプライヤーのサー
ビスや価格，対応に影響を与えることもある．例えば，システムに対して99.999%
の可用性を要求したが，サプライヤーがそれを満たせない場合，サプライヤーはよ
りレベルの高いソリューションを提案することになる．

## ▶ SLAには何が含まれるか

　SLAには，提供されるサービスの説明と期待されるサービスレベルだけでなく，
サービスのメトリックス，各当事者の義務と責任，違反に対する救済措置と罰金が
含まれるべきである．いずれの当事者の悪い行為も是とされないように，メトリック
スを設計する必要がある．例えば，顧客が情報をタイムリーに提供しなかったために
サービスレベルが破られた場合，サプライヤーには罰金を科すべきではない．

## ▶ SLAの主要コンポーネントは何か

　SLAには，サービスそして管理という2つの分野のコンポーネントが含まれてい
る必要がある．

　サービスの要素には，提供されるサービスの詳細（またはサービス適用除外要件）が
含まれる．例えば，サービスにおける可用性の条件，時間別の各サービスレベル（プ
ライムタイムとそれ以外の時間などで異なる場合がある），また，各当事者の責任，エスカ
レーション手順およびコストとサービスのトレードオフといったものである．

　管理の要素には，メトリックスと測定方法の定義，報告プロセス，測定方法と頻
度，トラブル解決プロセス，サービスレベルの違反に起因した第三者訴訟から顧客
を保護するための補償措置が含まれる（ただし，これらは契約の範囲でカバーされている）．
また，契約更新のための方法などが含まれている必要があり，この項目は特に重要
である．サービス要件とベンダーが提供する機能は変更が想定されるため，SLAが
最新の状態に保たれるようにする方法が必要である．

## ▶ 補償についてどのように考えるか

　SLAには，サービス提供者が保証に違反した場合に，顧客企業に補償することに

同意する条項が含まれていなければならない．補償は，保証違反に起因する第三者の訴訟費用を顧客に支払わなければならないことを意味している．ただし，サービスプロバイダーが提供する標準SLAを使用する場合，この条項は存在しない可能性がある．さらに，この点に交渉が入るかもしれないが，その場合は，社内の弁護士にその規定を定めるための草案を作成する旨の依頼をすべきである．

### ▶ 譲渡に伴うSLA

サービスプロバイダーが別の企業に買収された場合や合併した場合に，顧客はSLAが引き続き有効であることを予想するかもしれないが，そうではないケースがある．その場合は，契約の再交渉を伴うことになる．SLAが変わらないものであると不用意に思い込んではならない．

### ▶ サービスレベルを確認する方法

ほとんどのサービスプロバイダーは，Webポータルで統計をとっていることが多い．そこで，SLAが達成されているか，SLAに記載されたサービスクレジットや，そのペナルティを受ける状態にあるかどうかを確認することができる．

ただし，サービスレベルが満たされない場合にはビジネス自体が危機的状況に陥る，ミッションクリティカルなサービスを提供している場合，ベンダーのツールを用いてデータを取得して，監視またはSLAを管理するなどを検討するに値する．このための費用は，サービスにとって重要であり，価値がある．

### ▶ 監視すべきメトリックスの種類

SLAに関して監視をする測定項目があるが，混乱や過度のコストを避けるために，監視スキームは可能な限りシンプルに保つ必要がある．メトリックスを決める場合，運用実態を調査した上で最も重要なものを選定する．監視(関連して救済措置)のスキームが複雑になると，データ分析を効率的に実施できなくなってしまう．仮に監視スキームが不明瞭な場合は，メトリックスに対するデータの収集を容易にすることが重要で，できれば自動化することが望ましい．なぜなら，コストをかけて手作業で情報を収集しても，そのデータが信頼できるとは考えづらいためである．

監視対象とするメトリックスには次のような種類がある．

- **サービスの可用性**(Service Availability)＝サービスを利用することが可能な時間の総計を指す．サービスの可用性は時間帯によって異なる場合がある．例

えば，午前8時から午後6時の間に99.5%の可用性が必要とされたとしても，ほかの時間には別の可用性レベルが指定され，測定されることがある．なお，電子商取引業務は通常，常に非常に厳密なSLAを持っている．99.999%の稼働率を要求することは，1時間に何百万ドルを生み出すサイトにとって珍しいことではない．

- **欠陥率**(Defect Rates)＝主要な成果物におけるエラー数またはパーセンテージを指す．不完全なバックアップや復元，コーディングエラーやリワーク，期限切れなど，運用上の欠陥がこのカテゴリーに含まれる．
- **技術品質**(Technical Quality)＝アウトソーシングされたアプリケーション開発，プログラムサイズやコーディングの欠陥などの要因について，商用分析ツールを用いた技術品質の測定が可能である．
- **セキュリティ**(Security)＝SLAによる厳密な制限が働く時間がある場合は特に，アプリケーションとネットワークのセキュリティ違反に関する対策にはコストがかかる場合がある．インシデントが発生した場合，ウイルス対策ソフトのアップデートやパッチ適用などのセキュリティ対策の実施状況を測定することが重要である．これは，合理的な予防措置が講じられたことを証明するためである．

## ▶ネットワークサービスプロバイダーの稼働時間の基準はどの程度か

ネットワークサービスは，費用に応じて様々な稼働時間保証レベルを提供している．99.9%（月間の計画外の停止時間が43.8分）または99.99%（月間4.4分）の可用性といったレベルがある一方で，99%の可用性（月間7時間を超えることができる）のサービスがあるのも実態であるが，顧客としては，より高い可用性を期待する．また，ミッションクリティカルなアプリケーションの場合，プロバイダーは100%近くの可用性を提供するが，これは当然高価なものになる．

SLAに関して重要な意味を持つ言葉がある．それは「計画外」である．サービスプロバイダーは，ネットワークを冗長化することで，顧客のシステムが停止することを防ぐべきであり，このような対策も含めてあらかじめメンテナンス用の方法を確保しておく必要がある．

## ▶SLAに対する自己レビューをいつすべきか

企業では，ビジネスの変化に伴い，サービス要件も変化する．SLAは変化しない文書とみなすべきではない．特に，次の場合に定期的に見直すべきである．

- 顧客のビジネスニーズが変化している場合（例えば，eコマースサイトを開設すると可用性の要求が高まる）
- 技術環境が変化した場合（例えば，信頼性の高い機器では可用性の保証が可能になる）
- ワークロードの変更があった場合
- SLAのメトリックス，測定ツールおよびプロセスが改善された場合

SLAはサプライヤー契約の中でも重要な要素である．また，SLAが契約の開始時に適切に検討され，明文化されている場合は，長期的に効力を発揮する．結果，この契約は両当事者を保護し，紛争が生じた場合には救済措置を指示し，誤解を防ぐためにも有効である．これにより，顧客とサプライヤーの両者において，かなりの時間とコストが節約される．また，SLAを検討している場合，セキュリティ専門家は，導入と適用の前に組織内の弁護士の助言を求めるべきである．

# 7.4 リソース保護

セキュリティの運用は，貴重な資産の保護に重点を置いているように見えるかもしれないが，すべての資産を同等に保護することは実用的ではない．すべての資産を保護しようとすると，資産の価値以上にコストがかかる可能性があるためである．実際は，どの資産が組織にとって本当に価値があるかを見極めることに課題がある．ほとんどの場合，資産所有者が貴重な資産であるかどうかを識別し，資産が適切に保護されていることを保証している．

## 7.4.1 有形資産と無形資産

資産は，有形資産でも無形資産でもよい．有形資産（Tangible Asset）は物理的なものであり，伝統的な資産に分類される．一方，無形資産（Intangible Asset）は物理的なものではなく，知的財産に分類される．一部の資産は，有形要素と無形要素の両方に該当する場合がある．例えば，サーバーは有形資産だが，サーバーに格納されたデータは無形資産である．それぞれに価値があり，異なる方法で保護されている．

### ▶ 物的資産の保護

物的資産（Physical Asset）は，組織の財務諸表にも示されており，価値が高いものである．ITにおいては，エンドユーザー機器（デスクトップやラップトップなど）からハイ

エンドのサーバー機器まで，あらゆるタイプのITシステムが含まれる．これらの資産は盗難や損害のような潜在的なリスクから保護する必要がある．

　物的資産の場合，IT部門が所有者であり，保管する役割も果たしていることが多い．ただし，これは，最終的にその資産の費用をどの部門が負担しているのか，またはメンテナンスやライセンスのコストをどの部門が負担しているのかによって異なる．この資産の所有権を確認し，価値を検証するために所有者と相談することは，セキュリティ専門家の役割とされている．一方，物的資産が適切に保護されていることを保証する責任は，セキュリティ運用にある．

### ▶施設

　施設に対しては，IT運用環境を維持するために適切なシステムとコントロールが必要である．システムの稼働を支え，継続的な運用を提供するには，様々な付帯設備およびシステムが必要である．火災感知システムおよび消化システムは，リソースの保護および作業者の安全のために必要である．HVAC（Heating, Ventilation, Air-Conditioning：暖房，換気，空調）システムは，ユーザーの快適な環境および機器の適切な温度・湿度制御環境のために必要である．また，水と汚水を処理するシステムは，あらゆる施設にとって必要不可欠である．ITシステムは，信頼性の高い電源および配電システムがなければ，十分な可用性を提供できない．また，過電圧や不安定な状態を避けるために，IT環境には最適な電源を整える必要がある．安定した通信のためには，地理的にも分散していることが重要である．そして，統合されたアクセス制御および侵入検知システムが，ITの運用におけるセキュリティにおいて最初の防衛線となる．データセンターは，可能な限りその場所などを把握しづらくする必要がある．

## 7.4.2 ハードウェア

　ハードウェアは，機密性，完全性および可用性を維持するために，適切な物理的セキュリティ対策を必要とする．これには，物理的に安全なデータセンター設備や，ロックされたサーバールームが該当する．これらは共通の場所にある重要なコンピューティングシステムを保護するために使用される．

　これらの施設へのアクセスは，最小特権の原則に従って限定し，特定すべきである．物理システムに頻繁にアクセスする必要がない人物は，アクセス権を持つべきではない．時々アクセスする必要がある場合は，一時的な許可とし，不要になった

時点で許可を取り消すという方法で運用すべきである．

　オペレーターが操作するコンソールやワークステーションには，可能な限りアクセスが制限されている必要がある．機密データの操作を実行するユーザーは，自分のワークステーションを固有の部屋に配置し，その部屋で働くことを許可された個人だけがアクセスを許可されるべきである．このように，物理的なセキュリティを実装することで，権限のない個人による，ワークステーションに対する改ざんや権限のバイパス，媒体の削除，悪意あるコードやデバイスのインストールといった可能性を減らすことができる．

　物理的に安全なデータセンターの施設やサーバールームのほかにも，保護する必要がある資産は数多くあり，ラップトップ，スマートフォン，タブレットなどのモバイル資産がそれに含まれる．保護の方法としては，ケーブルを用いたロック装置などのソリューションがある．

　プリンターは，印刷が許可されたユーザーの近くに設置する必要がある．必要な場合を除き，ユーザーが離れた執務エリアのプリンターに出力しないようにするシステムポリシーを設定する必要がある．機密情報が不正に閲覧や取得をされないように，ユーザーは印刷装置から出力資料をすぐに入手する必要があるが，これはポリシーで要求し，訓練によって具体的に指示されるべきである．また，ユーザーは資料を入手する際に，プリンターを認証する必要がある．

　ネットワーク機器は，セキュリティ侵害または誤用から保護する必要のある主要なハードウェア資産である．これらは通常，ほかのIT資産とともに，セキュリティ保護された保管設備，ライザー室などの安全なデータセンター設備に保管される．これらの分野では，カメラを含む強力な物理的セキュリティコントロールを考慮する必要がある．

## 7.4.3　媒体管理

　組織では，様々な媒体が使用されている．セキュリティ担当責任者は，媒体にソフトコピー（Soft Copy）とハードコピー（Hard Copy）があることに留意する必要がある．ソフトコピー媒体には，磁気媒体，光媒体，ソリッドステートメディアが含まれる．磁気媒体（Magnetic Media）は，フロッピーディスク，テープおよびハードドライブなどである．光媒体（Optical Media）は，CD-ROMおよびDVDなどである．ソリッドステートメディア（Solid State Media）には，フラッシュドライブとメモリーカードが含まれる．ハードコピーの例は，紙とマイクロフィッシュといったものである．

機密情報または機密情報を含む媒体は暗号化する必要がある．使用されている媒体の種類に応じて，様々な暗号化オプションがある．多くのハードドライブメーカーは，ハードディスク上に書き込まれるデータを自動的に暗号化するオンディスク暗号化をサポートしている．一部のメーカーのバックアップテープドライブも暗号化をサポートし，テープの紛失または盗難に伴うリスクを低減している．DVDやCDの焼き付けに使用される多くのプログラムは，同様に，暗号化の機能を提供している．USBフラッシュドライブでも，暗号化ソリューションがある．セキュリティ専門家は，使用されている媒体に適したソリューションを選択する役割を担う．

　場合によっては，記憶媒体間で機密情報がやり取りされることがある．システムのスナップショット，シャドウイング，ネットワークバックアップ，電子ボールティングなどの電子データの転送である．情報を一括してネットワーク間で転送する際に，情報は長距離を移動し，また，ネットワークセグメントを通過することが可能である．ただし，通過時にトラフィックを特定のセグメント内のスニッフィングデバイスで参照できてしまう．そこで，その際の被害を防ぐために，暗号化の技術を使用してデータを保護する必要がある．

　特定の媒体には特別な保護が必要な場合がある．例えば，ソフトウェア製品は注意深く管理されなければならない．システムおよびアプリケーションのソフトウェアについては，情報を保証する目的でオリジナルコピーとインストールされたバージョンを適切に保護し，管理することが必要である．ソフトウェアの管理が脆弱だと，バックドアやトロイの木馬，ウイルス，ワームなどの悪意あるコードが入り込み，システムが侵害される可能性がある．この種の脅威に対して，ソフトウェアを防御するには，システムコードの完全性を保護する必要がある．オリジナルの媒体からのインストール，使用，変更および削除までのソフトウェアにおける処理プロセスは，最小特権および職務の分離に従う必要がある．求められるコントロールには，アクセス制御，変更管理およびライブラリーの保守が含まれる．

　ソフトウェアメディアのオリジナルコピーは，ソフトウェアライブラリー担当者を通じて管理する必要がある．ソフトウェアのオリジナルコピーを厳密に管理したソフトウェアライブラリーを確立することで，組織の説明責任を果たし，一種の完全なコントロールを実現することができる．ライブラリー担当者は，テストデータ，バイナリー，オブジェクトファイルおよびソースコードの元のコピーをカタログ化して，安全な状態で保存する必要がある．

　インストールされたソフトウェアには，不正アクセスや改ざんを防止するための適切なアクセス制御を設ける必要がある．一般ユーザーは，実行可能なコンテンツ

やその他のシステムバイナリーやライブラリーに対して，読み取り権限と実行権限を持っている必要がある．このレベルのアクセス制御を設定した場合，システムへの偶発的な変更や許可されていない変更を防ぐことができる．例えば，バイナリーの変更によって，一部のウイルスが実行可能なコンテンツに感染した場合，ユーザーがシステムバイナリーに対する書き込み，変更または削除の権限を持っていなければ，マルウェアが一般ユーザー権限で実行されたとしても，システムへの影響はない．

## ▶ リムーバブルメディア

デバイスのドライブや外付けハードドライブなどのポータブルデバイスは，組織にとってデータ損失の脅威である．例えば，暗号化が可能なリムーバブルメディア（Removable Media）をユーザーに提供していない組織は，ユーザーが業務のために自分で購入してしまい，暗号化せずに使用することがよくある．これにはいくつもの問題を含んでいる．

- 組織が，いつ情報を持ち出されるかを把握していない．
- 組織が，情報侵害の有無を把握していない．
- ユーザーには，違反を報告する利点がほぼない．

これらの状況を改善するために，セキュリティ専門家は次の点について助言する必要がある．

- 組織は，以下のようなデータ損失予防機能を実装すべきである．
  - USBおよびその他の外部ポートの監視と制限を行う．
  - DVD，Blu-rayおよびその他の書き込み可能なディスクドライブの監視を行う．
- 以下のような安全なリムーバブルメディアソリューションを導入する．
  - 強力な認証を伴う，強制的な暗号化機能を採り入れる．
  - メディアに転送された情報の監視とロギングを行う．
  - メディアのインベントリー管理機能を設ける．
  - 必要に応じて遠隔消去機能を設ける．
  - 必要に応じてユーザーの位置情報把握機能を設ける．

ユーザーに，安全なリムーバブルメディアソリューションを提供することには多くの利点がある．まず，セキュリティ専門家は，データが保護されていることを管理者に保証することができる．そして，リムーバブルメディアを紛失した場合，セキュリティ専門家はデータ損失の影響を低減できる．また，リムーバルメディアを安全に利用するシステムの実装は，従業員の生産性を向上させることができる可能性がある．

## ▶アーカイブとオフラインストレージ

バックアップ（Backup）とアーカイブ（Archive）は，情報を格納するために使用される異なるタイプの手法である．バックアップは定期的に実施され，災害発生時の情報やシステムの復旧に役立つ．そして，バックアップデータには，ユーザーによって定期的に処理される情報が含まれている．一方，過去に使われたという理由で必要とされるものの，継続的に利用されることのない情報は，アーカイブとして保存した上で，システムから削除する必要がある．この場合，レコードは適切に管理する必要があり，強力な物理アクセス制御と，格納されたレコードの関連性に関する定期的なレビューが必要である．

バックアップまたはアーカイブに保存されたデータを利用する際には，メインの実稼働環境にリロードする必要がある．この場合，技術的な方法が整っているだけでなく，迅速かつ効果的に復旧するための確実な手続きを備えることが必要である．

例えば，バックアップからの復旧では，正しい順序で復元が確実に行われるように，明確に定義し文書化された手順が必要な場合がある．これらの手順がある場合は，特定のバックアップソリューションを使用してシステムを復旧するのにどれくらいの時間がかかるかを判断することができる．ただし，すべてのバックアップメディアとアーカイブメディアを定期的にテストして，復元に使用できるかどうかを確認することも重要である．また，長期間の保存を目的とする場合は，媒体の長期存続可能性に応じて定期的にバックアップとアーカイブを新しい媒体に移行する必要がある．セキュリティ専門家は，情報を復元するために必要なドライブ，媒体，ソフトウェアおよびサポートが利用可能であることを確認し，利用不可能である場合には，必要に応じてレガシーシステムのアーカイブとバックアップを現在サポートされている媒体に移行するよう助言する必要がある．

## ▶クラウドと仮想ストレージ

クラウドストレージ（Cloud Storage）は，複数の物理サーバー（および多くの場所）に対

して横断的にデジタルデータを保存することができ，そのストレージ領域を確保することができるストレージモデルである．通常，物理環境はホスティング会社が所有し，管理している．これらのクラウドストレージを提供しているプロバイダーは，必要なデータを利用できる状態にし，かつアクセスが可能な状態にすること，また，物理環境を保護し，稼働させることに対しての責任を持っている．個人や組織は，ユーザー自身のデータ，組織のデータまたはアプリケーションのデータを格納するために，プロバイダーからストレージ(容量)を購入したり，借りたりすることができる．クラウドストレージサービスには，共同設置されたクラウドコンピューティングサービス，Webサービス，アプリケーションプログラミングインターフェース(Application Programming Interface：API)またはクラウドデスクトップストレージ，クラウドストレージゲートウェイ，Webベースのコンテンツ管理システムなど，APIを使用するアプリケーションによってアクセスすることが可能なシステムを備えている．

　クラウドストレージについてセキュリティ担当責任者が持つべき観点は，次のとおりである．

- 　分散したリソースで構成されているが，利用の際は1つの情報リソースとして機能する．
- 　冗長性があり，また，データが分散されていることにより，耐障害性がある．
- 　バージョンが管理されたコピーデータを作成することで高い耐久性を実現する．

クラウドベースのストレージには，次のとおり，セキュリティ担当責任者が意識すべき懸念事項がいくつかある．

1. ストレージにデータが配信されると，より多くの場所に分散してデータが格納されるため，データに不正アクセスが行われるリスクが高くなる．ただし，このリスクは，ストレージ上のデータを暗号化する，またはオンプレミス装置の機能を用いてクラウド環境へデータをアップロードする前に暗号化することによって低減することができる．
2. クラウドストレージでは，アクセス可能な人の数が劇的に増加するため，賄賂または強要による犯罪の結果，侵害される人の数も，劇的に増加する

可能性がある．ただし，暗号化鍵はサービスユーザーによって保持されるため，サービスプロバイダーの従業員によるデータへのアクセスは制限される．

3．データが伝送されるネットワークが広域になるという特徴がある．クラウド上に格納されたデータに接続するためには，LANまたはSANではなく，ネットワークの両端を接続するWANが必要である．

4．ほかの多くのユーザーや顧客とストレージおよびネットワークを共有している場合，誤操作，機器の不具合，バグ，犯罪により，ほかの顧客がデータにアクセスできてしまう可能性がある．ただし，このリスクは，クラウドストレージだけでなく，どのような種類のストレージにも共通して存在する．なお，データの伝送中にデータを読み取られるリスクは，暗号化の技術によって低減することができる．転送中のデータに対する暗号化は，クラウドサービスとの間で送受信されるデータを保護する．データそのものについても暗号化を実施すると，サービスプロバイダーに格納されているデータが保護される．オンプレミスでも，クラウドに一元集約のシステムにおいても，データを暗号化することで，情報が保護される．

仮想ストレージ（Virtual Storage）とは，複数のネットワークストレージデバイスに対して，中央コンソールから操作し，管理するものである．また，一見単一のストレージのように見える環境に，分散した物理ストレージリソースをプールする方式である．ストレージ仮想化ソフトウェアは，サーバーにストレージ制御機能をもたらし，サーバー内のストレージをシステム化する仕組みである．仮想化の利点は，コモディティハードウェアまたはそれほど高価でないストレージを使用して，エンタープライズクラスの機能を提供できることである．また，ストレージ仮想化は，ストレージ管理者がSANの実際の複雑さを解消し，バックアップ，アーカイブおよび復旧のタスクを，より簡単に短時間で実行するのに役立つ．

ストレージシステムの文脈では，主に2つのタイプの仮想化が存在する．

- 1つは，ブロックレベルの仮想化（Block Virtualization）である．これは，論理ストレージ（パーティション）を物理ストレージから抽象化（分離）して，物理ストレージの機種の違いに関係なくアクセスできるようにすることを指す．この分離により，ストレージシステムの管理者は，エンドユーザーのストレージ管理方法の柔軟性を高めることができる．

- もう1つは，ファイルレベルの仮想化（File Virtualization）である．これは，ファイルレベルでアクセスされるデータとファイルそのものに対する，物理的に格納される場所との依存関係を排除する仕組みである．これにより，格納場所によらないストレージの使用が可能になり，サーバーの統合を最適化し，中断せずにファイル移行を実行できる．

## ▶ 様々な種類の仮想化

### ▶ ホストベース

ホストベースの仮想化では，ホスト上でのソフトウェア実行は，特権のタスクやプロセスとして扱う必要がある．場合によっては，オペレーティングシステムにボリューム管理が組み込まれていることもあれば，別の製品として提供されることもある．ホストに提供されるボリューム（Logical Unit Number：LUN）は，従来のデバイスドライバーを用いて処理される．ただし，ディスクデバイスドライバー上にソフトウェアレイヤー（ボリュームマネージャーとして機能する）があり，これは，I/O要求をインターセプトし，メタデータルックアップ検索とI/Oマッピングを実現する．最新のオペレーティングシステムには，何らかの形式で，タスクを実行する論理ボリューム管理が組み込まれている（Linuxでは論理ボリュームマネージャー［Logical Volume Manager：LVM］，SolarisおよびFreeBSDではZFSのzpoolレイヤー，Windowsでは論理ディスクマネージャー［Logical Disk Manager：LDM］と呼ばれる）．

### ▶ デバイスベース

プライマリーのストレージコントローラーは仮想化サービスを提供し，ほかのストレージコントローラーが直接接続できるようにする．これらは同じベンダーまたは異なるベンダーのもので実装してもよい．また，プライマリーのコントローラーは，データプールおよびメタデータ管理サービスを提供する．ほかにも，仮想化しているコントローラー間でレプリケーションおよび移行サービスを提供することもできる．

### ▶ ネットワークベース

ネットワークベースのストレージは，ネットワークベースのデバイス（通常は標準サーバーまたはスマートスイッチ）上で動作し，iSCSI（Internet Small Computer System Interface）またはファイバーチャネル（Fibre Channel：FC）ネットワークを使用して，SANとして接続するストレージ仮想化である．これらのタイプのデバイスは，最も一般的な仮想化形式である．仮想化装置はSAN内に位置し，I/Oを実行するホス

トと，ストレージ容量を提供するストレージコントローラー間の接続を実現する．

セキュリティ担当責任者は，クラウドと仮想化ストレージ技術の両方を取り巻く基本概念に精通している必要がある．これらの技術分野の進化は，将来，エンタープライズセキュリティアーキテクチャー内に，新しいアーキテクチャーとセキュリティ要素の両方が含まれることを意味している．

## ▶ハードコピーの記録

ビジネスの過程で作成された情報，特にハードコピーの記録（Hard-Copy Record）は保護されなければならない．ARMA International（www.arma.org）が定義する記録および情報管理（Records and Information Management：RIM）プログラムは，ビジネス情報を保護するために不可欠な活動であり，法律，規制またはコーポレートガバナンスに準拠して取り組むことができる．このようなプログラムは，重要な情報が保護され，利用可能な状態にあることを保証するものである．災害復旧の観点では，事業影響度分析（BIA）の結果をもって，物理的または電子的に重要な情報を識別して管理する必要がある．また，ビジネス上の機能を特定することは，その機能を復元することに寄与し，ビジネス再開のために必要となる情報（重要な記録）が何かを特定するのにも役立つ．重要なハードコピーの記録を特定し，計画（事業継続計画および災害復旧計画の一部）を立て，保護することができる．

### ▶ハードコピーの記録の保護

火災，洪水，ハリケーンや竜巻，爆発，煙，カビや微生物汚染，水道管破裂，偶発的なスプリンクラーの作動，凍結などにより，紙の記録を喪失する，または損なうことがある．ハードコピーされた重要な文書を保護するための戦略は，安全かつクリーンな環境で，安定した場所に保管することである．それには，バックアップのためのコピーデータを作成し，温度や湿度が安定した安全なオフサイトエリアに保存したり，マイクロフィッシュコピーを作成したり，文書をスキャンしてPDFやその他のデータ形式に変換したりする方法がある．Iron Mountain社（アイアンマウンテン；www.ironmountain.com），BMS CAT社（www.bmscat.com），GRM Information Management Services社（GRMインフォメーション・マネジメント・サービス；www.grmdocumentmanagement.com）などの特定のドキュメントストレージ企業が，様々なドキュメント保護サービスを提供している．なお，IPS社（www.ipsservices.com），Royal Imaging Services社（ロイヤル・イメージング・サービス；www.royalimaging.com），Docufree社（ドキュフリー；www.docufree.com）などのドキュメントスキャンサービス企業は，1つ当たり5セント未満で数千も

の文書をスキャンすることができる．このサービスにはほかにも，特定のフォーマットへの変換，スキャンした文書の電子データ保管，元の文書の細断，廃棄などが含まれ，オプション料金が発生することもある．また，企業の公式文書，証書，裁判記録，初期の株券などの重要な書類については，耐火保管庫に保管することを推奨する．

セキュリティ専門家が使用する追加の要件に関する情報は次のとおりである．

- ANSI/ARMA 5-2010「バイタル記録プログラム：業務上不可欠な記録を特定，管理，そして復旧」(ISBN：978-1-931786-87-4)[*1]では，バイタル記録プログラムを確立するための要件を定めている．
- ARMA International, *Guideline for Evaluating Offsite Records Storage Facilities* (PDF), ISBN：978-1-931786-31-7.

## ▶廃棄／再利用

媒体に対して再度データを割り当てる場合（オブジェクトの再利用の一種），残存データのすべてが削除されるよう，よく注意して削除することが重要である．単にファイルを削除したり，媒体をフォーマットしたりしても，実際には情報は削除されない．ファイルの削除や媒体のフォーマットは，情報へのアクセスポインターを削除するだけであり，データそのものは消えない．そのため，再利用を行う場合には，データが残存している媒体の種類に応じた特殊なツールとテクニックが必要である．

磁気媒体に保存されたデータは，特殊なハードウェア装置である消磁器(Degausser)を使用して消去することができる[★16]．媒体の磁場をゼロに減少させるのに必要なエネルギー量の尺度は保磁力であるため，消磁器の保磁力が，データを消去する時にオブジェクトの再利用要件を満たすのに十分な強度であることを確認することが重要である．不十分な保磁力を有する消磁器が使用された場合，データが残留することがある．残留磁化は，媒体上の既存の磁場の尺度である．消磁(Degaussing)による消去または上書きのあとに残るものを指す．残留磁化が小さくても，データは復旧できる．データ残留が存在すると，媒体を安全に再利用できる保証がない．また，一部の消磁器はドライブを破壊することがある．セキュリティ専門家は，再利用のために媒体に消磁器を推奨または使用する場合，注意が必要である．

媒体の再利用を保証するソフトウェアツールも存在する．これらのツールは，磁気媒体のあらゆるセクターをランダムまたは所定のビットパターンで上書きする手法をとっている．上書き(Overwriting)方法は，読み取り専用光媒体を除き，すべて

の形式の電子媒体に有効である．ただし，上書きソフトウェアを使用することには欠点がある．磁気媒体を使用した通常の書き込み操作では，データの書き込み時にドライブのヘッドが媒体を前後に移動する．その際，ヘッドの軌道は常に正確なパスをたどるわけではない．その結果，非常に少量のデータが残留することになる．ここで特殊な装置を使用すると，上書きされたデータを読み取ることができるのである．この場合，より高い保証を提供するためには，各セクターを複数回上書きする必要がある．セキュリティ担当責任者は，重要ではない情報については一度の書き込みでもよいかもしれないが，機密情報については，複数回上書きすべきであることに留意すべきである．また，上書きソフトウェアを使用して，USBサムドライブなどのソリッドステートメディア内のセクターをクリアすることもできる．これと比較して，焼却や安全なリサイクルなどの物理的な破壊方法は，不要なソリッドステートメディアを廃棄する際に考慮すべきであると提唱されている．

　機密データへの不正アクセスを防止する最終的な方法は，媒体の破壊である．破砕（Shredding），燃焼（Burning），研削（Grinding），粉砕（Pulverizing）は，物理的に媒体を破壊する一般的な方法である．消磁は，媒体の破壊の一形態とも言える．ハイパワー消磁器は非常に強く，場合によってはハードドライブ内のプラッターを文字どおり，曲げたり歪めたりすることすらある．破砕および燃焼は，非剛性磁気媒体において有効な破壊方法である．シュレッダーは，光ディスクのような剛性媒体を細断することができる．これは，機密情報を含まない残余片が残る光媒体にとっては有効な手段となる．しかし，機密情報を含む媒体では，剰余サイズが大きすぎる場合がある．そのような場合にも，研削や粉砕は剛性媒体およびソリッドステートメディアに対して有効になりうる方法である．媒体を読み取り不能にするために表面を十分に引っ掻くか，または特殊な装置を利用して，ディスクのデータ層を研削することができる．ドライブを回収し，必要に応じて現場で処分し，完了証明書を提供するサービスもある．媒体のクレンジングと廃棄に最適なソリューションを選択し，運用を維持していくのは，セキュリティ専門家の責任である．

## 7.5　インシデントレスポンス

　セキュリティ専門家は，主要なセキュリティサービスに関する日々の運用を管理し，企業間の連携にも関与する．そして，セキュリティ専門家は，様々な種類のセキュリティ技術を理解しなければならない．セキュリティ専門家は，変更管理，構成管理，インシデント管理，問題管理などの運用プロセスでセキュリティが果たす

役割についても理解する必要がある.

## 7.5.1 インシデント管理

　問題が発生した際, 問題が速やかに検出され, 効果的に対処されることが重要である. 起こりうるインシデントを予防することが理想的だが, すべての可能性のある脅威, 特に人間に関わる脅威を避けることはできない. セキュリティの運用には, セキュリティアナリストがセキュリティ関連のインシデントを素早く検出して対応できるようにする強力なプロセスが必要である.

　成功するインシデント管理(Incident Management)プログラムは, 人, プロセス, 技術を組み合わせたものである. セキュリティ関連のインシデントでは, セキュリティ関連のインシデント経験を積んだり, 訓練を受けたりした人物に加え, 対処のプロセス, 迅速かつ効率的に実行できる技術が必要となる.

　例えば, 信頼性の低い単一のシステムに関するセキュリティ関連の事例を考えてみる. セキュリティが施されたカーネルが利用不可のエラーを出し, システムがリブートし続けている場面があったとする. ネットワーク内では停止を検出し, セキュリティ関連であるとみなし, セキュリティの運用対応が必要である. また, 問題のシステムは組織にとって非常に重要なものであり, きわめて短時間でバックアップされ, 実行される必要があることが判明したと仮定する.

　この場合, 優先順位は明確である. セキュリティ専門家は, システムのバックアップを実行し, それと同時に調査目的のために, できるだけ多くの情報を保持することである. システムは, (それ自体をリブートすることによって)緊急システムの再起動を実行しようとしたが, 通常の状態に戻らない場合がある. また, ウォームリブート(またはグレースフルリブート)はうまくいかない可能性があるため, システムを完全にシャットダウンするコールドリブートが最適である.

　バックアップからの復元は必要か. オンラインで継続利用できる冗長サーバーはあるのか. システムをシャットダウンすると, データを失う可能性がある攻撃の証拠についてはどうか. このように, 考えられる課題と対応方法はほぼ無限にあると言ってもよい.

　インシデント管理手順は, セキュリティ担当責任者に対してインシデントに関連するすべての活動を示し, 事前に定義および承認された解決策を実践することを目的としている. これは, 事件の間に取るべき行動, 関与する可能性がある様々な当事者の役割と責任, 実施事項を決定する人についても記述している. そして, これ

らの手順は絶え間なく進歩している．つまり，過去のインシデントから学んだ教訓を組み込む必要がある．

## 7.5.2 セキュリティ測定，メトリックス，報告

セキュリティサービスは，企業が適用するセキュリティコントロールの有効性を測定する機能を持つ必要がある．測定については，その時点の値として提供される．それらは，測定とその到達目標を結び付けた，基本的なメトリックスを形成することになる．このようなメトリックスを使用することで，プロセスを改善できるかどうかを判断し，同様に技術の導入が成功であったかどうかを判断できるようになる．

ほとんどのセキュリティ技術は，測定（Measurement）とメトリックス（Metrics）をサポートしている．例えば，侵入検知システムおよび侵入防御システムは，検知またはブロックされた攻撃に関する情報を提供し，時間情報と併せて傾向を示す．ファイアウォールは，IPアドレスなどの手段を使用して一般的な攻撃元に関して特定することが可能である．電子メールのセキュリティサービスは，検出およびブロックされているマルウェアまたはスパムの量に関する情報を提供することが可能である．当然，これらのプラットフォームのすべてが，可用性と信頼性に基づいた基準で測定される．

組織内のメトリックスを推進するための手段は多数ある．鍵となるのは，組織の役員であり，組織のミッションに影響のあるメトリックスに焦点を当てることである．例えば，大手小売業においては，ITミッション全体を可用性の目標に集中した．彼らは，最も重要なことは必要な時にシステムを利用できることにほかならない，という結論に至り，すべての部門およびシステムが可用性の軸で評価された．その結果，技術的な投資を促進し，従業員と社外パートナーの両方におけるインセンティブプログラムの基盤が作られることとなった．

報告（Reporting）については，成功するセキュリティ運用の基本でもある．報告は，周辺関係者の役割に応じて様々な形で提供される．技術的な報告は，テクニカルスペシャリストまたはマネージャーがサービス提供の責任を直接負うように設計されている傾向がある．また，管理報告は，複数のシステムの状況についての要約と，各サービスの主要なメトリックスを提供している．エグゼクティブダッシュボードの提供は，複数のサービスのハイライトだけを見ることに関心がある経営幹部に限定している．通常は，チャートやグラフなどを用いた非常に視覚的な形式で，現在の状態の簡単な要約を表現している．

報告の頻度も対象に応じて変わる．運用に関する報告では，管理者がサービス提供をどの程度監視する必要があるかに応じて，測定とメトリックスが変わるため，年に1回，月に1回，週に1回，または毎日必要となる場合などがある．

## 7.5.3　セキュリティ技術の管理

　ほとんどの企業では，技術的なコントロールが多数導入されている．企業を保護することができ，信頼性のあるものであれば，これは効果的に継続して機能させ，管理する必要がある．セキュリティインシデントが発生した時にセキュリティ専門家に迅速に連絡し，より効果的に対応できるように支援する必要がある．セキュリティ運用では，技術そのものよりも，運用環境における管理方法に，より焦点が当てられる．

### ▶境界制御

　セキュリティ専門家が理解すべき重要な技術は境界制御である．境界制御（Boundary Controls）は，信頼性の高い環境と信頼性の低い環境を分離する必要がある場合に配置される．ファイアウォール，ルーター，プロキシーなどの技術を企業のネットワークに適用し，信頼性の高いネットワークセグメントと信頼性の低いネットワークセグメントとの境界を制御することができる．同様の技術を個々のシステムにも導入することができる．例えば，カーネル機能とエンドユーザープロセスとの境界は，一般的なマルウェア対策システム，リングプロテクションおよび様々なプロセス分離技術によって制御することができる．

　セキュリティの運用では，これらの技術が効果的に導入されていることを保証し，時間の経過とともにその使用が引き続き有効であることを確認することが重要である．ファイアウォールルールとルーターのアクセス制御リスト（Access Control List：ACL）に変更を加える場合，ほかのルールやプラットフォームの安定性に影響を及ぼさずに，制御の目的が達成されているかどうかを慎重に調べる必要がある．機密情報を保持し，保護しているシステムがある場合は，この制御が完全であることを保証するために，定期的に検査をする必要がある．

## 7.5.4　検出

　侵入検知システムおよび侵入防御システムは，不審なセキュリティ関連イベントをリアルタイムまたはほぼリアルタイムに識別し，対応するために利用される．侵

入検知システム (Intrusion Detection System：IDS) は，システムの情報を使用して，攻撃が進行中かどうかを判断し，アラートを送信し，可能な範囲で応答機能を提供する．侵入防御システム (Intrusion Prevention System：IPS) は，利用可能な情報を使用して，攻撃が進行中かどうかを判断し，アラートを送信するだけでなく，目標のターゲットに到達されないように攻撃をブロックする．

ネットワーク型侵入対策システムはネットワークトラフィックの分析に重点を置いているが，ホスト型侵入対策システムは単一のシステム内における監査ログとプロセスに重点を置いている．

IDS と IPS を区別することは，システムの展開方法と監視対象のシステムに大きく影響するため，非常に重要である．IDS は，通信経路には直接配置されず，通常の処理の妨げや遅延の原因にはならない．しかし，攻撃が目標のターゲットに到達する可能性が高い．IPS を使用する場合は，インライン (インバンドとも呼ばれる) に展開する必要がある．つまり，IPS は通信経路に配置されるということである．そのため，遅延が発生し，通常の処理がわずかに遅くなる．しかし，IPS を設置した場合は，検出した攻撃が目標のターゲットに到達するのを防ぐ可能性がある．昨今，多くのシステムでは，IDS と IPS の両方の技術を同じデバイス内で使用することができ，セキュリティ担当責任者は，すでにある技術を使用するか，別の技術を使用するかを決めることができる．

侵入対策システムは，攻撃が進行中かどうかを判断するためにいくつかの手法を用いている．

- **シグネチャーまたはパターンマッチングシステム** (Signature- or Pattern-Matching Systems) ＝既知の攻撃と一致するかどうかを判断するために，保持している情報 (ログまたはネットワークトラフィック) を調べる．
- **プロトコルアノマリーベースのシステム** (Protocol Anomaly-Based Systems) ＝ネットワークトラフィックを調べて，定義済みの標準プロトコルに合致しているかどうかを判断する (例えば，RFC [Request for Comments] で定義されているなど)．
- **統計的アノマリーベースのシステム** (Statistical Anomaly-Based Systems) ＝時間の経過とともに正常なトラフィックパターンのベースラインを確立し，そのベースラインからの偏差を検出する．また，ヒューリスティック技術を使用してネットワークトラフィックにおける挙動を評価し，悪意があるものかどうかを判断するものもある．現代のシステムのほとんどは，攻撃かどうかを判断する前に，より正確な分析を提供するために，これらの手法を2つ以上組み

合わせて使用している.

　ほとんどの場合，フォールスポジティブやフォールスネガティブに関する問題が残る．フォールスポジティブ(False-Positive)は，IDSまたはIPSが何かを攻撃として識別したものの，実際には通常のトラフィックだった場合に発生する．フォールスネガティブ(False-Negative)は，IPSまたはIDSが何かを攻撃として解釈すべき時に解釈し損ねた場合に発生する．このような場合，侵入対策システムを慎重に"チューニング"して，これらを最小限に抑える必要がある．

　IDSは注意が必要である．なぜなら，イベントの妥当性と重要性について正しい判断を下すために，システムと正常な挙動に関する知識を十分に持っている人物の対応が必要だからである．アラートが実際のイベントによるものかどうか，または単にバックグラウンドのノイズであるかどうかを決定するために，調査を要するのである．

## ▶マルウェア対策システム

　現在，マルウェア対策システム(Anti-Malware System)は，企業が持つシステム全体のうち，様々な場所に展開される．これらは，個々のホスト，電子メールサーバーなどのシステムにインストールされる．UTM(Unified Threat Management：統合脅威管理)デバイスだけでなく，電子メールゲートウェイやWebゲートウェイのネットワークの主要ポイントにも導入される．なお，UTMとは，マルウェア対策とほかのシステム機能(ファイアウォールや侵入検知／防御およびコンテンツフィルタリングなど)を組み合わせたものである．

　効果を持続させるには，マルウェア対策ソリューションを継続的に更新することが必要である．そして，有効で効果的であることを確認するために，監視もしなければならない．アップデートが行われ，稼働していることを確実にするために，実装状況は監視されるべきである．同様に，アンチマルウェアエンジンは，新しい媒体と電子メールの添付ファイルの自動スキャンを利用するように構成する必要がある．定期的にスキャンをスケジュールし，実行する必要がある．この際，システムの利用がピークではないタイミングでスキャンを実施することを推奨する．

## ▶セキュリティイベント情報管理

　セキュリティの運用にとって，イベントをリアルタイムで表示する機能を提供するものよりも重要と言えるセキュリティツールは，ほぼない．システムの監査ログ

はシステム運用に関する貴重な情報を収集する．しかし，あくまでログはログであり，セキュリティ専門家に警告をするものではない．また，複数のシステム間で監査ログを照合する方法も提供されていない．

セキュリティ関連の監査ログは，通常，アクセス試行（成功と失敗を含む），特権の使用，サービスの失敗などを記録する．単一のシステムであっても，これらのデータ量は非常に大きくなる可能性がある．そのため，適切な収集レベルを使用して必要なログのみを収集するように調整する必要がある．例えば，成功したログイン試行は分析に必要でなく，除外してよい可能性があるなどである．

システムログの1つの欠点は，ビューを提供するのは単一のシステムに対してのみということである．複数のシステムに影響を及ぼす可能性のあるイベントや，複数のシステムにインシデントを検出し，追跡のための情報源を確認する必要がある場合に，その情報を表示することはできない．そこで，セキュリティイベント情報管理（Security Event Information Management：SEIM）製品は，より効果的で効率的な対応を可能にするために，ログ収集，照合およびリアルタイム分析のための共通プラットフォームの提供を目的としている．

SEIM製品は，複数の情報源からのログ情報を使用して，過去の発生イベントに関するレポートを提供することもできる．

ログ管理システム（Log Management System）は，SEIMに似た部分を持っている．ログ管理システムにおいては，ログを収集し，リアルタイムで分析するのではなく，収集したログの過去情報の分析に重点を置く傾向がある．したがって，これらは過去情報を分析する機能とリアルタイム分析機能の両方を提供するSEIMソリューションと組み合わせて役立てることが可能である．

いずれの場合も，ログ情報は慎重に管理する必要があり，セキュリティの運用では，ログストレージとアーカイブについて定められたルールを維持する必要がある．実際，ほとんどのSEIMまたはログ管理システムでは，一度に分析したり，レポートを生成したりできる情報の量に制限がある．また，ほとんどのシステムで，ログの一部だけがオンラインで保存され，残りのログはより長期のストレージまたはアーカイブ領域に移行される．これらのソリューションは，オンラインログを30 〜 180日間保存したら，最大1年間オンラインアーカイブまたはニアラインアーカイブに移行し，その後さらにデータを長期間バックアップに移動して，残りの保持期間をカバーするという方法をとる．また，セキュリティの運用としては，その保持期間が終わる際に，定義したデータ廃棄手順およびツールを使用して古いログ情報が適切に廃棄されるようにする責任がある．

最新のレポートツールを使用すると，セキュリティイベント情報を，有用なビジネスインテリジェンスとして利用することもできる．これらは，ログ分析に焦点を当てるのではなく，サービスメトリックスに関するより高いレベルのレポート作成やコンプライアンスのためのレポート作成が行われる傾向にある．

## 7.5.5　対応

　インシデントが検出されたら，封じ込め戦略を決定する必要がある．封じ込め（Containment）には，ネットワークから被害が疑われるデバイスを切り離し，システムをシャットダウンする，またはネットワークの影響を受けたエリアのトラフィックをリダイレクトするなどがある．封じ込め戦略は，以下のようないくつかの基準によって推進すべきである．

- 法的措置を見込んで，デジタル証拠を保存する必要性
- 影響を受けたコンポーネントが提供しているサービスの可用性
- 影響を受けたコンポーネントを所定の場所に残すことにより，潜在的な損害が発生する可能性
- 封じ込め戦略が効果を発揮するために必要な時間
- 影響を受けたコンポーネントを封じ込めるために必要なシステムリソース

　システムが攻撃され，侵害された時に封じ込めを遅らせてしまうことは，多くの情報システムへのさらなる攻撃につながる可能性がある．そのため，それは決して優れた対応ではない．ただし，何が起きているかをもっと知るために，セキュリティ専門家が攻撃者を観測すべきという議論もあるかもしれない．しかし，それはハニーポットと経験豊富なセキュリティエンジニアに委ねるのが最良の方法である．なぜなら，侵害されたシステムを操作され，侵害システムが別のシステムを攻撃している場合には，法的な影響も想定されるためである．

　インシデントレスポンスチームは，侵害されたシステムのRAM，ハードドライブのフォレンジックイメージを取得し，侵害の原因となった脆弱性を低減する方法を明らかにすることに集中すべきである．また，セキュリティ専門家は，収集したイメージが法執行に則しているか，法廷で認められるかどうかを判断するために，組織の法務チームと相談する必要がある．法執行機関や裁判所でデータが必要な場合，セキュリティ専門家は，データの収集と保管について，管理の連鎖（Chain of

Custody）の観点から裁判のルールに違反しないようにし，また，フォレンジックのチームの助けを借りて最も効果的な方法で行う必要がある．

最初のインシデントとその関連情報を，可能な限りインシデント管理システムに文書化して保存する必要がある．インシデントレスポンスにおいては，セキュリティ運用チームにより解決の判断が下るまで，有用な情報があれば随時更新すべきである．このように文書化されたインシデント情報は，攻撃を再現したり，何が起こったかを第三者に説明したりするために最も重要なものの1つである．

## 7.5.6 報告

特定の組織では，特定の条件を満たすインシデントを報告する必要がある．例えば，米国の準政府機関は，発覚から1時間以内にUS-CERT（U.S. Computer Emergency Readiness Team）へ，違反に関する身元情報を報告するように要求している[17]．そのため，セキュリティ専門家は，上級管理職または法執行機関に対していつ報告が可能かを意識する必要がある．そして，何らかの犯罪活動が疑われる時に，インシデントをどのように伝達するかを決定するためのポリシーとプロシージャーを定義する必要がある．さらに，インシデントの進行状況について判断するためのポリシーとプロシージャーを定める必要がある．

- メディアや広報部門が関与する必要があるかどうか．
- 組織の法務部門がレビューに関与する必要があるかどうか．
- インシデントの通知は，ラインマネジメント，ミドルマネジメント，経営幹部，取締役会，利害関係者など，どの範囲に届くようにするか．
- インシデント情報を保護するために必要な守秘義務の要件には何があるか．
- 通知にどのような手段を用いることができるか．仮に電子メールが攻撃された場合，レポートや通知プロセスにどのような影響が考えられるか．

## 7.5.7 復旧

復旧（Recovery）は，イメージをコンピュータに復元するというきわめて基本的なものから，機密情報が失われ，復旧しようがないものまで様々である．可能であれば，復旧の第一歩は，脅威の根絶を行うことである．根絶は，脅威を取り除くプロセスである．例えば，パッチが適用されていないシステムがマルウェアに感染して

いる場合，マルウェアを駆除することが根絶に該当する．そして，復旧とは，システムを正常な状態に復元または修復することである．インシデントを引き起こした脆弱性が，直近のイメージデータ，または良好と認識していた状態に含まれていると，復旧はきわめて困難である．このような場合，実稼働環境に対して措置を適用する前に，新しいイメージを作成してテストする必要がある．

## 7.5.8 改善とレビュー（教訓）

インシデントレスポンスで最も重要なことは，教訓を得ることである．組織は，何が失敗の原因だったのかを分析し，理解することにより，再発を防止する機会がある．組織がインシデントのレビューをどの程度厳格に実施するかは，分析にかかる時間やその結論の影響とのトレードオフに関係し，様々である．

### ▶根本原因の分析

根本原因の分析（Root Cause Analysis：RCA）は基本的に，1つの回答にたどり着くまで「なぜ？」と問い続けることである．RCAは，何が起きたのかを明らかにし，それを未然に防ぐ方法を決定するために，様々な分野の人物が関与するプロセスである．RCAでは，最初に，システムログ，ポリシー，手順，文書およびネットワークのキャプチャーデータのような，インシデントの原因となったイベントの履歴情報をまとめる必要がある．イベントについて把握すると，RCAチームは，最初に発生したイベントを確定させるために，順次，調査作業を実施していく．システムにパッチが当てられていないことがわかった場合には，「システムにパッチが適用されなかった理由は何か？」という疑問が生じる．これに対して「パッチシステムがオフラインであったため，適用できなかった」と答えた場合，次の質問は「なぜオフラインであったか？」である．それに対し，例えば「新たなグリーンITのポリシーで，すべてのシステムをシャットダウンし，未使用の際は電源を切ることを要求している」という回答がある場合には，「パッチ適用にWake-on-LAN（WoL）機能でシステムの電源をオンにできるか？　インターネットに接続される前にすべてのシステムを起動し，パッチの適用状況を確認できるか？」という質問を問える．当該方法の実施が可能である場合，これは解決策と言える．もし実施が可能でない場合には，チームは「なぜ？」のプロセスを継続する必要がある．

これは，パッチ未適用のマシンに関する簡単な例であるが，プロセスを説明するのに役立つ．インシデントが悪意のある攻撃者や複数の脆弱性，複数のシステムに

関与する場合，このプロセスは非常に複雑になる．さらに，分析の対象となる人物が，弱みや不始末の発覚を恐れて，情報提供や協力に抵抗すると，ますます複雑になる．RCAを行うと，技術的，文化的，組織的な境界を速やかに越えることができる．セキュリティ専門家は，RCAチームの合意を得て作業を行い，経営幹部が分析を支援していることを確認する必要がある．そして，経営陣は，RCAによる改善措置を導入し，実装するかのレビューを行い，提示された対策が侵害された時以上に費用を要する場合，あるいは再発の可能性がきわめて低い場合には，リスクを受容する決定を下す必要がある．

## ▶ 問題管理

インシデント管理と問題管理は密接に関連している．インシデント管理は，主に侵害のイベントを管理することに関係しているのに対して，問題管理(Problem Management)は，根本原因に立ち返るまでそのイベントをトラッキングし，内在する問題に対処することに通じている．

問題管理は，様々な理由でインシデント管理と区別されている．まず，双方の目標はわずかに異なる．インシデント管理はインシデントの影響を最小化することに重点を置いているが，問題管理は，インシデントを引き起こした欠陥に対処することに焦点を当てている．次に，問題管理は，運用環境で発生するインシデントについて長期的な見方をする傾向がある．つまり，頻繁に発生しないイベントについても対処が必要な場合があるため，主な欠陥を追跡するのに時間がかかることがある．例えば，リソースが不十分であることに関連する欠陥などは，システム負荷が特に高い場合にしか出現しない．

## ▶ 低減のためのセキュリティ監査とレビュー

セキュリティ監査(Security Audit)は通常，独立した第三者によってシステムの管理者に対して実施される．監査では，必要なコントロールがどの程度実装されているかが明示される．また，システムメンテナンス担当者またはセキュリティ担当者がセキュリティレビュー(Security Review)を行い，システム内の脆弱性を発見する．ポリシーが遵守されているか，誤った構成が存在しないかに加えて，システムのハードウェアまたはソフトウェアに欠陥が存在しないかなどを確認するが，ここで不足が検出された場合，脆弱性が存在することを意味する．なお，システムレビューは，脆弱性評価(Vulnerability Assessment)と呼ばれることもある．

ペネトレーションテスト(Penetration Testing)は，システムへのアクセスや侵害を試

みる手法を用いたセキュリティレビューの一形態である．また，これは物理的なアクセスまたはネットワーク外からのアクセス，設備の外からのアクセスにより実施することができる．

　セキュリティ監査は，組織内部あるいは組織外部からのレビューの2つに分けることができる．内部レビュー（Internal Review）は，システム管理責任のないスタッフがメンバーになって行われる．外部レビュー（External Review）では，組織のセキュリティ要件に基づきシステムの評価が実施される．外部レビューは，システムに対する独立した評価を実施する．管理者によって回避されていた，何らかのセキュリティ上の問題があると評価される場合に，セキュリティ担当責任者はこのレビューに魅力を感じるであろう．管理者は，システムまたは関連プロセスにおける未知の弱点を明らかにする新しい視点として，独立した第三者によるレビューを求める必要がある．

　セキュリティ監査とレビューのプロセスで発見された結果は，組織内のセキュリティ対応者により対処される項目および問題のリストにする必要がある．このように特定された問題に応じて，セキュリティアーキテクトは，監査結果に準拠するために，組織のセキュリティアーキテクチャーの1つ以上の要素を設計または再設計する必要がある．セキュリティ担当責任者は，システムコンポーネントの構成を変更して，監査チームの推奨に従って再構成されていることを確認する必要がある．セキュリティ専門家は，システムのアーキテクチャーと，その実装に対する変更を管理できるようにするため，新しいポリシーとプロシージャーを策定する必要がある．どのような結果が導き出されたとしても，セキュリティ対応者が関与するプロセスは，低減に通じる必要がある．リスクや脆弱性または脅威の可能性を最小限に抑えることは，低減策の中核をなす．低減策の効果は，低減戦略の展開の一環として行われる活動の量に比例する．

## 7.6　攻撃に対する予防措置

　運用は，様々な脅威の影響を受ける可能性がある．これらの脅威は，個人または環境要因によって引き起こされる可能性がある．一般的な脅威を認識しているセキュリティ担当責任者は，潜在的な被害を低減または制限するためのコントロールを提案または実装する用意ができる．ほとんどのセキュリティ要件は，AIC（あるいはCIA）3要素（可用性［Availability］，完全性［Integrity］，機密性［Confidentiality］）に要約できるのと同時に，ほとんどの脅威はそれらの対義である開示，汚染，破壊のいずれか

と関連している.

## 7.6.1 不正な開示

非公開情報を公開してしまうことは，かなりの脅威である．機密情報を含むシステムにハッカーやクラッカーが侵入すると，情報が漏洩する可能性がある．また，マルウェア感染によっても，機密情報が漏洩する可能性がある．不満を持つ従業員，請負業者またはパートナーによって意図的に開示されることもある．機密情報を保護するための技術的ソリューションを，運用の視点で維持し，権限のあるユーザーを監視して，潜在的な開示のリスクを検出する必要がある.

### ▶ 破壊，中断，盗難

マルウェアや悪意あるユーザーの悪意ある行為によって，相当量の情報が失われる可能性がある．ユーザー側のエラーにより，重要なデータが誤って削除される可能性もある．安全な運用という考え方においては，情報を保持するための活動の一部として意図的になされる場合を除き，機密資産の破壊を防止することが目的である．また，サービスの中断があると，事業運営はきわめて混乱する可能性がある．装置，サービスおよび運用手順に障害があると，システムコンポーネントが使用できなくなる可能性がある．DoS攻撃や悪質なコードも操作を中断する可能性がある．可用性の喪失は，技術による自動対応か，厳格なプロセスと手順による手動対応で，適切に処理する必要がある.

盗難も一般的な脅威である．安全な運用の中で大規模な盗難が行われる可能性は低いかもしれないが，多数の環境で，コンポーネントの盗難は頻繁に起こる．セキュリティ専門家は，こうした種類の盗難を防止し，そのような問題の調査を調整する役割を期待されている.

### ▶ 汚染と不適切な変更

環境要因または個人の行為が，システムやデータに損害を与える可能性がある．環境面では，突発的な温度または回線電力の変動が，データの書き込み中にシステムにエラーを引き起こす可能性がある．ファイルまたはテーブルのアクセス許可が不適切または偶発的に変更された場合，意図せずデータが破損する可能性がある．セキュリティ担当責任者は，重要なシステムに対する完全な保護を実装し，維持するため，また，高い完全性を要するリソースへの特権アクセスを厳重に管理および

監視するために，適切なプロシージャーを策定することが期待されている．

## 7.6.2 ネットワーク侵入検知システムのアーキテクチャー

ネットワーク型侵入検知システム（Network-Based Instrusion Detection System：NIDS）は通常，ネットワークにステルスモードで接続される．また，パッシブアーキテクチャーでネットワークに組み込まれているため，ネットワークセグメントを通過するすべてのパケットに対して可視性がある．これにより，ネットワークまたはネットワークを利用するシステムやアプリケーションに影響を与えずに，システムがパケットを検査し，セッションを監視することができる．

通常，パッシブモードであるNIDSは，ネットワークタップを導入し，ハブに接続したり，スイッチ上のポートをNIDS専用ポートにミラーリングしたりすることによって実装される．そのため，NIDSがそのデバイスを通過するすべてのトラフィックを監視している場合，NIDSは，そのデバイス上のすべてのポートの合計トラフィック負荷と同等またはそれ以上のトラフィックスループットを処理できなければならない．例えば，100MB，10ポートのスイッチが使用され，すべてのポートがNIDSの単一のGBポートにミラーリングされている場合，NIDSデバイスは取りこぼしを防ぐために，GBトラフィックを監視して調査する能力を備えていなければならない．

NIDSは，監視しているトラフィックが暗号化されている場合，適切な監視を行うことができない．通信の機密性を保証するために使用されるのと同じ暗号化が，IDSのパケット検査能力を大幅に低下させる．暗号化されたパケットから調査できる情報の量と粒度は，パケットが暗号化される方法による．ほとんどの場合，通信パケットのデータ部分だけが暗号化され，ヘッダーは平文のままである．したがって，IDSは，通信ユーザー，セッション情報，プロトコル，ポートおよびその他の基本的な属性をある程度確認することができる．しかし，データ分析を行うためにIDSでパケットの詳細分析を行う必要がある場合，通信が暗号化されていることにより情報の取得に失敗する．

ただし，現在では，セッションの暗号化を突破してから再度暗号化することができる多くの技術がある．これらの技術を使用することで，組織はネットワークパケットをより詳細に把握することができる．組織では，ユーザーの訓練を要すること，プライバシーに関する事項を考慮しなければならない場合があること，セキュリティ要件とのバランスがとれている必要があることなどに注意を払う必要がある．

NIDSは，各パケットのコピーを分析して，セッション内の情報とその役割を分析するので，既存の通信を妨げない．また，収集されたデータに対して様々な調査を実施することができる機能がある．そして，不要な通信を検出し，かつ自動応答実行可となっている場合には，IDSは接続の終了を試みる．

　接続の終了については，多くの方法で実現が可能である．例えば，特定の送信元からのパケットをブロックしたり，TCPプロトコルの機能を利用して，リセットパケットをネットワークに送ったりして，リモートシステムに通信をキャンセルさせることができる．特定のセッションを直接終了させなくても，多くのIDSソリューションをファイアウォール，ルーターおよびスイッチと統合することで，不要な通信に関連する特定のプロトコル，ポートあるいはIPアドレスをブロックする，動的なルール変更が容易に実現できる．

## ▶ホスト型侵入検知システム

　ホスト型侵入検知システム（Host-Based Intrusion Detection System：HIDS）は，ホストレベルでのIDS機能の実装である．HIDSがNIDSと最も大きく異なるのは，関連するプロセスが，単一ホストのシステムの境界に限定されていることである．しかし，これは，IDSのプロセスがホストシステム上で直接実行されているだけでなく，ネットワークからの監視を行っているため，不審なアクティビティを効果的に検出する上で利点がある．これにより，システムログ，プロセス，システム情報およびデバイス情報への自由なアクセスが可能となり，暗号化に伴う制限が実質的に排除される．HIDSによる統合は，HIDSアプリケーションが自由に使える可視性とコントロールのレベルを向上させる．

　複数のホストからのデータを識別して応答するマルチホストIDSもある．また，マルチホストIDSのアーキテクチャーにより，システムはポリシー情報やリアルタイムの攻撃データを共有することができる．例えば，システムが攻撃を受けた場合，防御のために攻撃のシグネチャーとそれに関連する改善措置をほかのシステムと自動的に連携し，共有することができるのである．

　HIDSの最大の欠点で，多くの組織がその使用に抵抗を示す理由は，ホストのオペレーティングシステムに対して，きわめて高い侵襲性があることである．HIDSは，ホストシステム上のすべてのプロセスおよびアクティビティを監視する機能を備えていなければならず，これが通常のシステム処理を妨げることがある．HIDSは，イベントを確認した場合，特に効果的に機能させるためにCPUとメモリーを過度に消費することがある．今日のサーバープラットフォームはパワフルで，この

ようなパフォーマンス問題は減ってきているが，ワークステーションやラップトップ（HIDSの対象）で，すべてのシステムアクティビティの分析を実行すると，その際の負荷で苦労する可能性がある．

## ▶IDS分析エンジンの方法論

IDSは複数の分析方法を使用することができるが，それぞれに長所と短所があるため，その時々の状況でどのように適用するかを慎重に検討する必要がある．IDSには，パターンマッチング（Pattern Matching；シグネチャー分析［Signature Analysis］とも呼ばれる）とアノマリー検出（Anomaly Detection）という2つの基本的な分析方法がある．パターンマッチングのIDS製品の一部は，検出方法にシグネチャー分析を使用しているが，そのパターンが検出された場合に，アラートを生成するための攻撃の既知の特性（データストリーム内の特定のパケットシーケンスやテキストなど）を簡単に検索することができる．例えば，FTP（File Transfer Protocol：ファイル転送プロトコル）サーバーを操作する攻撃者は，特別に作成されたパケットを送信するようなツールを使用することがある．その特定のパケットパターンがわかっている場合，IDSが受け取ったパケットとシグネチャーを比較することができる．パターンベースのIDSは，多くのトラフィックと比較される，何千ものシグネチャーのデータベースを持っている．そして，新しい攻撃シグネチャーが生成されると，ウイルス対策ソリューションと同様にシステムを更新する．

パターンベースのIDSには欠点がある．最大の問題は，既知の攻撃に対するシグネチャーしか存在しないことである．新たな攻撃方法，または従来と異なる攻撃手法が使用された場合，既知のシグネチャーと一致しないため，IDSを通過してしまう．さらに，IDSが存在することを攻撃者が知っている場合，検出を回避するために攻撃手法を変更することができる．既知のシグネチャーからパケットやデータストリームが変更されると，たとえそれがわずかであっても，IDSは攻撃を逃す可能性がある．ウイルス対策システムと同様に，IDSは，システム上で最新のシグネチャーデータベースを用いる場合のみ正常に機能する．そのため，IDSに最新のシグネチャーがあることを保証するためには定期的な更新が必要である．これは，新たに発見された攻撃への対策として，特に重要である．

一方，アノマリー検出では，システムの動作またはネットワークトラフィックの特性に関する情報を利用して，該当のトラフィックがネットワークやホストのリスクを示すものかどうかを判断する．アノマリーには以下が含まれるが，この範囲に限ったものではない．

- 失敗した複数のログオン試行
- 不自然な時間にログインしているユーザー
- システムクロックへの理由なき変更
- 異常なエラーメッセージ
- 理由が不明なシステムのシャットダウンまたは再起動
- 制限されたファイルに対するアクセスの試行

アノマリーベースのIDSは，予想外の動作についても報告するため，より多くの通知を生成する傾向がある．したがって，行動パターンが変化するにつれ，より多くのフォールスポジティブの報告を行う傾向がある．一方，アノマリーベースのIDSの利点は，特定のトラフィックパターンではなく動作識別に基づいているため，シグネチャーベースのシステムによって見過ごされる可能性のある新しい攻撃を検出できることである．多くの場合，アノマリーベースのIDSが保持する情報から，シグネチャーベースのIDS用のパターンを作成することができる．

## ▶ステートフルマッチングの侵入検知

ステートフルマッチング（Stateful Matching）はパターンマッチングを次のレベルに引き上げる．個々のパケットや個別のシステムアクティビティではなく，多数のトラフィック情報またはシステム全体の一連の状況に対して，攻撃シグネチャーに該当するかどうかをスキャンする．例えば，攻撃者はツールを用いて，一斉に正常パケットを送信することがある．この際，パターンマッチングは役に立たない．しかし，大量のパケットが確認された場合，攻撃や既知の攻撃パターンに合致するものとして扱われる可能性がある．攻撃者は，攻撃の検知を回避するために，各セッションでの情報送信の間に，待機時間の長い通信パケットを複数の場所から送信し，シグネチャー検出システムを混乱させたり，セッションの制御機能を使い，リソースを消費させたりする．IDSサービスが長時間にわたってトラフィックを記録および分析するように調整されている場合，そのような攻撃を検出できる可能性がある．ステートフルマッチングもシグネチャーを使用するため，定期的に更新する必要があり，パターンマッチングと同様に制限があると言える．

## ▶統計的アノマリーベースの侵入検知

統計的アノマリーベース（Statistical Anomaly-Based）のIDSは，潜在的なセキュリティ違反を見つけるために，典型的なトラフィックプロファイル，既知のトラフィック

プロファイル，または予測されたトラフィックプロファイルとイベントデータを比較することによって分析する．そして，標準的な状態から逸脱したエントリーのパターンを特定することで，疑わしい動作を識別する．このタイプの検出方法は非常に効果的である．概念的には，正常な行動について予想したベースラインを確立し，そのベースラインからの逸脱に対して対処するというIPSの特性を持つようになる．しかし，統計的IDSにも潜在的な問題がある．IDSのチューニングが困難であるということである．定期的にチューニングしないと，システムはフォールスポジティブを導きがちである．また，正常なトラフィックの定義の解釈はあるが，攻撃者がシステムに侵入するために正常な挙動を行う場合には防ぐことができない．さらに，大規模かつ複雑で，変化を伴う企業環境においては，"正常な"トラフィックを明確に定義することは，不可能ではないにしても困難である．

　統計分析を行う価値は，システムが未知の攻撃を検出できる潜在的な力を持つことである．これは，既知のシグネチャーとのマッチングに限界があることとは大きく異なる．したがって，統計的アノマリーベースのIDSは，シグネチャーマッチング技術と組み合わせると，非常に効果的な施策となる．

## ▶プロトコルアノマリーベースの侵入検知

　プロトコルアノマリーベース（Protocol Anomaly-Based）のIDSは，既知のネットワークプロトコルに基づいており，挙動に対して許容できないものを識別する．例えば，IDSがHTTPセッションを監視しており，HTTPセッションプロトコル標準から逸脱した属性がトラフィックに含まれている場合，IDSはこれを，プロトコルを操作したり，ファイアウォールに侵入したり，脆弱性を悪用したりする悪意ある試みとして認識する．

　この方法の価値は，よく知られた，または明確に定義されたプロトコルの仕様に直接関係する．よく知られたプロトコル（HTTP，FTP，またはTelnetなど）を主に使用している場合，これは侵入検知を実行するのに効果的である．しかし，カスタムプロトコルまたは非標準プロトコルの利用場面に直面すると，システムは，より困難な局面に至るか，適切なパケットフォーマットを決定することができなくなるなどの問題もある．興味深いことに，このタイプの方法は，シグネチャーベースのIDSが直面するのと同じ課題がある．例えば，特定のプロトコル分析モジュールがあり，検出のためにこのモジュールを用いる場合，特有のプロトコル，新たなプロトコル，あるいは珍しい標準プロトコルの使用があると，追加やカスタマイズを要するかもしれない．しかし，組織が共通プロトコルの標準実装を採用している場合，先に述

べたように，これら共通プロトコルに精通したIDSを利用することは非常に強力である．

## ▶ トラフィックアノマリーベースの侵入検知

トラフィックアノマリーベース (Traffic Anomaly-Based) のIDSは，実際のトラフィックの構造から外れるものを特定する．セッションがシステム間で確立されると，通常，そのセッションで送信されるトラフィックには，期待されるパターンと動作が存在する．そのトラフィックは，そのタイプの接続方式における通信方法に基づいて，想定トラフィックと比較される．

ほかの種類のアノマリーベースのIDSと同様に，トラフィックアノマリーベースのIDSは，システム，ネットワークおよびアプリケーションにおいて，"正常な"トラフィックパターンと想定される動作モードを確立する能力次第である．高度に動的な変化を伴う環境において，パラメーターを明確に定義することは，不可能ではないにしても困難である．

## ▶ 侵入対応

被害のイベントまたは疑わしい活動を検出すると，IDSまたはIPSは，適切に許可され，構成されていれば，トラフィックを制限したり遮断したりするために，対象のシステム（または複数のシステム）と対話し，ほかのIDSデバイスや論理アクセス制御システムと協働する．

初期のIDS統合による侵入防御の自動化はIDSとファイアウォールとの連携であった．この連携では，IDSで検知した疑わしいトラフィックに対するフィルタリングルールの追加を，ファイアウォールに実施する．この手法は現在も採用されており，攻撃の詳細が明確化され，ルールの適応が通常業務に問題を起こさない場合に使用される．ファイアウォールにルールを追加して攻撃を止めるのは，表面上，理にかなっている．ただし，ファイアウォールには数百のルールが含まれており，新しいルールをルールセットに配置することで，通常のミッションクリティカルな通信に悪影響が及ぶ可能性がある．さらに，一部のファイアウォールプラットフォームでは，ルールの全部または一部を組織内のほかのファイアウォールと共有する．したがって，本社へのインターネット接続に影響を及ぼす攻撃は，ローカルトラフィックに影響を与えることなくブロックできる可能性がある．しかし，本社向けの対策として実施した際に与えられた変更がリモートサイトのファイアウォールに複製された場合には，それが致命的な影響を及ぼす可能性がある．

ファイアウォールのルールセットの変更と同様に，IDSでは，ルーター，VPN（Virtual Private Network：仮想プライベートネットワーク）ゲートウェイまたはVLANスイッチに新しいACLを入れてルールを反映させることで，特定のトラフィックをブロックまたは制限することもできる．ここでも，システムの既存のACLにルールを配置すると，ほかの通信に影響を与える可能性がある．しかし，場合によっては，IDSとほかのフィルタリングデバイスとの間のやり取りを調整し，許容可能なルールとデフォルトのルールを事前定義することによって，これらの懸案事項を解決することができる．攻撃は機密性，完全性，可用性の大きな損失をもたらし，生産性や収益に対しても大きな損失を引き起こす可能性があるため，強烈な攻撃にさらされた場合，それと引き換えにほかの通信の一時的な損失は，受容可能なリスクとみなされることがある．

最後に，IDSをカスタムアプリケーションと組み合わせて使用することで，攻撃から論理的に離れた場所に設置されているシステムに対して，変更を実行することも可能である．例えば，IDSからのアラートによってユーザーアカウントを一時的に無効にするスクリプトを動かしたり，特定のシステムにおける監査レベルを高めたり，アプリケーションが新たな接続要求を行うことを中断したりすることができる．

## ▶アラームと信号

IDSを使用するかどうかの判断を後押しするのは，ネットワーク上の活動を可視化し，潜在的に存在している害のある行動を管理者に警告する機能である．IDSの主な機能は，人やシステムへ有害なイベントを通知するためのアラームと兆候に関する情報を生成することである．アラーム機能には，次の3つの基本的なコンポーネントがある．

1．センサー
2．制御と通信
3．エナンシエーター

センサーは，イベントを識別し，適切な通知を生成する検出メカニズムである．通知は，情報として，単に管理者にイベントのアラートを送ったり，問題に対処するために特定のアクティビティのトリガーにしたりすることができる．センサーは，適切な感度にチューニングすることが重要である．なぜなら，十分な感度にチューニングされていない場合，イベントは見逃されてしまうし，逆にあまりにも

過敏にチューニングされていれば，多くの誤ったアラームが送信されてしまうからである．さらに，別の目的で利用される別のセンサーがあってもよい．例えば，ネットワークトラフィックを監視するように調整されたセンサーは，サーバーのCPUのアクティビティを監視するセンサーとは別のものである．

制御と通信は，アラート情報を処理するメカニズムを指す．例えば，電子メール，インスタントメッセージ，ページャーメッセージ（ポケベル），テキストメッセージ，または電話やボイスメールといった音声メッセージとして送信することができる．

エナンシエーターが持つ性質は，主に中継システムである．まずはローカルリソースに通知し，その後リモートリソースに通知することがある．また，エナンシエーターは，イベントの影響を受ける特定のビジネスユニットを決めておき，そのユニットの管理者に警告するなどのビジネスロジックを有するシステムである．さらに，エナンシエーターは，異なるメッセージ配信システムに対応するためのメッセージ構成を行うことができる．例えば，ページャー（ポケベル）に送信するためにメッセージを削ぎ落としたり，特定のタイプの電子メールシステムをサポートするためにフォーマットしたり，テキストを特別な音声メッセージに変換したり，ファックスを送信したりすることができる．

組織内のアラートを受信する体制や，配信のタイミングおよび仕組みを確立することが重要である．適切な人物を決定したら，どのようなアラートを受信対象とするかを決定し，そのアラートの緊急度を判断する必要がある．例えば，アラートが発生し，機密情報を含むメッセージをCSO（Chief Security Officer：最高セキュリティ責任者）に配信する必要がある場合，その情報のセキュリティを考慮すべきである．つまり，配信に使用される技術の種類は，送信されるデータの量と種類に左右される可能性があるということである．第1報のトランザクションが失敗し，第2報が実施されるケースでは，配信の安全性に関する問題をさらに複雑にしている．例えば，CSOは，勤務時間中の最も安全な通知手段が，自分のオフィスにあるファクシミリ装置であると決めたとする．確認した旨の連絡が一定の時間幅において返されない場合，次の通信手段として，携帯宛てにメッセージが送信される．このことを考慮すると，メッセージのフォーマットは，対象とする受信デバイスだけでなく，そのデバイスのセキュリティ状態にも適応するように調整する必要がある．

## ▸ IDS管理

IDSはその存在を認知されたエンタープライズセキュリティ技術であり，より容易に採用されるようになった．しかし，正しく認識されていないこともある．多く

の組織では，IDSは継続的な保守が不要で，かつ単純な技術だと考えていた．これはまったくもって正しくない．IDSまたはIPSサービスを効果的に利用できるかどうかは，使用されている技術と同じくらい，サービスの実装と保守に大きく依存する．IDSおよびIPSは，継続的な運用サポートが必要なリアルタイムデバイスである．

　IDSは，何かが検出された場合に管理者に警告するように設計されている．その設計が適切に実装されていない場合，チューニングされるのが通常だが，しかるべき人員が訓練されていないと，IDSに投資したにも関わらず，その価値を失うことに等しい．企業による典型的なIDSの実装では，単に製品の購入という投資であるとみなされていたが，IDSは今や，IDS管理者のサービスを含む，技術管理プロセスに変わりつつある．

　ほかに，IDSシステムからのデータ出力を管理するための投資として，ストレージなどの保持およびセキュリティ確保のための技術が必要になる．また，ネットワーク上で何が起きているのかをさらに認識し，IDS，相関エンジン，その他のセキュリティコントロールなどの技術をさらに適用するための意欲が高まっている傾向がある．

　適切に管理されていないと，IDSまたはIPSシステムはすぐに時間，労力，資金の負担になる．IDSは専門要員による管理とソリューション全体の管理を必要としている．企業において採用技術が成功するかどうかは，投資の価値を最大化することにあるため，経営陣による支援の度合に比例している．IDSを実装する際には，対象システムの選択，インストール，構成，運用および保守に関する知識を持つ要員の確保が必要である．システムがシグネチャーを定期的に更新していること，疑わしい活動を適切に確認していること，そして，IDS自身が直接攻撃に対して脆弱でないことを保証するために，管理プロセスと手順を策定し，使用する必要がある．

　IDSにおいて，より重要だが，見過ごされがちな側面の1つに，システムの出力管理が挙げられる．多くの組織では，ネットワークやシステム上で何が起きているのかをよりよく理解するために，IDSを採用している．IDSがイベントを検出すると，組織はインシデントレスポンスプロセスを実行する必要がある．IDSは，攻撃を阻止するために自動化された機能を実行するように設定することができる．ただし，すべてをシステムに依存するのは現実的ではない．IDSは，攻撃を検出し，可能な範囲でそれを識別するように設計されている．インシデント管理プロセスを動かすのは，組織内で働く人員たちである．そのため，IDSは効果的な技術ではあるが，セキュリティマネジメントとインシデントレスポンスのヒントの1つに過ぎないと言える．

IDSを物理的に実装することは，潜在的に存在する害のあるイベントに対処するために設計された，包括的なインシデント管理インフラストラクチャーを編成する第一歩となる．まとめると，効果的なIDSを確保するためには，以下が必要である．

- IDSの選定，インストール，設定，運用および保守を行うために，技術的な知識を有する要員を雇用する．
- 新たな攻撃シグネチャーを定期的に更新し，予想される動作についてのプロファイルを確認する．
- IDSは攻撃に対して脆弱であることに注意し，適切な方法で保護する．

最後に，侵入者が不正な情報でIDSやIPSを無効にしようとしたり，DoS攻撃やDDoS攻撃によってシステムに過負荷をかけたりする可能性があることを，セキュリティ担当責任者は認識する必要がある．さらに，設計とポリシーの観点から，IDSまたはIPSシステムが組織のニーズをサポートするように調整されていることを保証するために，セキュリティアーキテクトとセキュリティ専門家は連携する必要がある．

## 7.6.3 ホワイトリスト，ブラックリスト，グレーリスト

ホワイトリスト（Whitelisting）は，"よい"送信者として知られている電子メールアドレスおよびインターネットアドレスのリストである．ブラックリスト（Blacklisting）は，既知の"悪い"送信者のリストである．グレーリスト（Greylisting）は，送信者が不明なので，受信を受け入れる前に，いくつかの処理を余分に行うものである．未知の送信者からの電子メールは，ホワイトリストまたはブラックリストにないため，処理方法が異なる．グレーリストの方法では，すぐにメッセージを再送するように送信メールサーバーに指示する．多くのスパム送信者は迷惑メールを送信するようにソフトウェアを設定しており，ソフトウェアは「すぐに再送信」というメッセージに反応することができない．したがって，再送要求を送信しても，スパムは実際には配信されない．

セキュリティ担当責任者は，利用可能な様々なスパムフィルタリング（Spam Filtering）ツールを知る必要がある．最も重要なのは，Spamhaus Project（スパムハウスプロジェクト）である．Spamhaus Projectでは，インターネットにおけるスパムの操作およびソース情報を追跡し，信頼性の高いリアルタイムのスパム対策を提供してい

る．法執行機関と協力して世界中のスパムやマルウェアを特定し，追跡することを目的とした国際的な非営利団体である．効果的な迷惑メール対策のための政府活動を展開している．Spamhaus Projectは，多数のセキュリティインテリジェンスデータベースとリアルタイムスパム遮断データベース（DNSBL：Domain Name System Blacklists）を持ち，インターネット上に送信される大多数のスパムやマルウェアを阻止している．これには，SBL（Spamhaus Block List），XBL（Exploits Block List），PBL（Policy Block List）およびDBL（Domain Block List）が含まれる．さらに，スパム犯罪のために最低3つのインターネットサービスプロバイダーの協力で，既知の専門的スパム操作に関する情報と証拠を照合した，既知のスパムに関するデータベース（ROKSO：Register of Known Spam Operations）も持っている[★18]．

## 7.6.4 サードパーティのセキュリティサービス，サンドボックス，マルウェア対策，ハニーポット，ハニーネット

　サンドボックス（Sandboxing）は，プログラムと実行プロセスをそれぞれ独立した仮想環境で実行できるソフトウェア仮想化の一形態である．通常，サンドボックス内で実行されるプログラムは，ファイルやシステムへのアクセスが制限されており，その環境への恒久的な変更は適用できない．つまり，サンドボックス内に何が起きたとしても，サンドボックスにとどまるということである．シグネチャーベースのマルウェア防御の1つであるサンドボックスは，特にゼロデイマルウェアとステルス攻撃を発見する方法と昔から認識されている．

　マルウェアは，検出を回避するための様々な手法とアプローチを使用している．この手法の1つは，悪意あるコードの実行を遅延させ，サンドボックスをタイムアウトさせる方法である．しかし，これを行うには，マルウェアは単純にスリープ状態であればよいというわけではない．マルウェアは，アクティビティを見せかける計算処理を実行することで，単に正常なプログラムの機能を実行しているように見せ，この結果マルウェアの分析システムからは，すべてが正常であると判断されるのである．

　マルウェアを監視するために，サンドボックスはフックする機能を導入している．これらのフックは，直接プログラムに挿入され，関数またはライブラリー呼び出しの通知（コールバック）を取得する．このようなダイレクトフックには問題もあり，プログラムコードを変更する必要があることと，これがマルウェアによって検出されること，動的コードの生成を妨げる可能性があることである．しかし，システムコールをフックする際の主な問題は，サンドボックスがコール間でマルウェア

の実行する命令を見ることができないことである．これはマルウェア作成者が狙う，防御における重要な盲点であり，システムコール間で動作するコードを使用した攻撃が行われる．また，環境チェックを経てほかの検出回避が実施されることもある．マルウェアの作成者は，新たなゼロデイ攻撃のためにオペレーティングシステムに関連する環境チェックを追加し，ベンダーがサンドボックスのパッチ情報を更新しても検出されないように，戻り値を巧みに操作することができる．

　セキュリティ担当責任者は，企業内でこのような種類の脅威を見つけて検出するために，第三者のサービスやシステムに頼る必要がある．さらに，組織内のユーザーによって導入されている第三者のソフトウェアやサービスには検出されないその他の脅威もある．セキュリティ担当責任者がきわめて容易に対応できることとして，マルウェアやウイルスをスキャンし，被害を低減させるためのツールがあるが，これについては，様々な技術ベンダーを使用することが可能である．また，動的アプリケーションセキュリティテスト（Dynamic Application Security Testing：DAST）サービスを採用するためにサードパーティの企業と契約することは，新たな発想と言ってよい．

　DASTの技術は，実行状態にあるアプリケーションのセキュリティ脆弱性を示す条件を検出するように設計されている．ほとんどのDASTソリューションは，Web対応アプリケーションの公開されたHTTPおよびHTML（Hypertext Markup Language：ハイパーテキストマークアップ言語）インターフェースだけをテスト対象としている．ただし，一部のソリューションは，Web以外のプロトコルや特異データ（例えば，リモートプロシージャーコール，SIPなど）用に特別に設計されている．

　今日，企業が直面しているセキュリティ問題に対して，DASTソリューションが興味深く革新的なアプローチを提供する分野は次のとおりである．

- サービスとしてのDAST．サービスとしての動的テスト市場は拡大しており，Qualys社（クォリス），Veracode社（ベラコード），WhiteHat Security社（ホワイトハット・セキュリティ）などのDASTソリューションベンダーの一部は，そのソリューションをサービスとして提供している．セキュリティ専門家は，DASTベンダーの製品とサービスを使用することをよしとする場合がある．例えば，DAST製品を使用するケースでは，DASTサービスを用いたより機密性の高いアプリケーションのテストや，重要性の低いアプリケーションに対するデプロイ後のアプリケーションテスト，また，オンプレミスのDAST製品を用いた，開発プロセスのQA（Quality Assurance：品質保証）フェーズにお

けるアプリケーションのテストなどが可能である.

- リッチインターネットアプリケーション(Rich Internet Application：RIA)をクロールおよびテストする機能. Web 2.0アプリケーションの特徴は，主にJavaScriptとAjax (Asynchronous JavaScript + XML)フレームワークを用いてRIAを使用することである. さらに，多くのアプリケーションには，Adobe Flash, FlexおよびMicrosoft社(マイクロソフト)のSilverlightが採用されており，大量のクライアント側ロジックが含まれている. クライアントサイドのRIAロジックを使用すると，JavaScriptやその他のタイプのコードがサーバーではなくクライアントでレンダリングされるため，アプリケーションにおけるクロール方法と従来のDASTテストの実行方法は複雑になる.

- WebにおいてはHTML5の観点. HTML5は1つの標準を示すものではなく，複数の標準の総称で，採用技術によって成熟度は様々である. HTML5をテストし，流動的になっている標準に追いつくことは，DASTソリューションにとって新たな要件である.

- Webプロトコル上で実行される，ほかのタイプのアプリケーションに対してクロールおよびテストする機能. 例えば，多くのDASTソリューションは，SOAP (Simple Object Access Protocol), REST (Representational State Transfer), XML (Extensible Markup Language), JSON (JavaScript Object Notation)などのプロトコルとフォーマットを使用して，Webサービスをテストする.

- 静的アプリケーションセキュリティテスト (Static Application Security Testing：SAST)の機能. 包括的なアプリケーションセキュリティテストのためには，静的分析を使用して"内部"から，そして動的分析を使用して"外部"からアプリケーションをテストできる必要がある.

- インタラクティブなセキュリティテスト. テストプロバイダーの中には，静的セキュリティテスト技術と動的セキュリティテスト技術の間で相互作業が可能なサービスを提供しているところもある. 最も一般的な方法の1つは，アプリケーションが動的にテストされている間にアプリケーションを観測することである. これにより，さらに詳細な情報(脆弱性が発生したコード行の特定やテストのコード適用範囲の評価など)を得ることができる. アプリケーション運用には適していない可能性があるが，このアプローチは，QAテストにも非常に役立ち，開発者にとってより意味のある結果を提供することになる.

- 総合的なファズテスト. 一部のDASTソリューションでは，Webプロトコ

ル以外のプロトコル(例えば，リモートプロシージャーコール，SMB [Server Message Block]，SIPなど)とデータ入力の特異点を含むように拡張し，設計されている．これは，ストレージアプライアンス，電気通信およびネットワーク機器，ディレクトリー，現金自動預払機，医療機器などの組み込み機器で使用されるアプリケーションの動的セキュリティテストにとって特に重要である．

- モバイルおよびクラウドベースのアプリケーションのテスト．モバイルアプリケーションはSASTとDASTでテストされるのが理想的である．しかし，DASTには付加価値がある．これまでに説明したRIAとHTML5の使用以外にも，ほとんどのAndroidアプリケーションとiOSアプリケーションはWebに似ており，WebやRESTful HTTPベースのプロトコルで通信する．少なくとも，アプリケーションのうち公開されたインターフェースは，DASTを使用してテストが可能であることが必要である．モバイルアプリケーションの多くは，バックエンドのクラウドベースのアプリケーションと通信するため，テストを実施すべきである．さらに，多くのアプリケーションには，モバイル機器をサポートするための特定のコードパスがある．これらを適切にテストするために，DASTソリューションはいくつかのモバイルブラウザーをエミュレートする必要がある．

セキュリティ担当責任者は，DASTサービスの使用に加えて，テストと評価の目的で，保護された領域内にハニーポットまたはハニーネットを導入する価値について考察する必要がある．ハニーポット(Honeypot)システムは，攻撃者または侵入者に関する情報をシステムに収集するために設定されたデコイ(おとり)サーバーまたはシステムである．ハニーポットは，既存のセキュリティシステムの代わりにはならないことを理解することが必要である．あくまで追加のシステムである．ハニーポットは，内部にも，外部にも，ファイアウォール設計のDMZ(Demilitarized Zone：非武装地帯)内にも設置することができる．つまり，どんな場所にも設置することができるのだが，ほとんどの場合，制御の目的からファイアウォールの内部に配置される．これはある意味，標準的なIDSの一種であるが，情報収集と欺くことに重点を置いている点に特徴がある．ネットワーク上の2つ以上のハニーポットでハニーネットが作られる．ハニーネット(Honeynet)は，1つのハニーポットでは不十分な，より大きく，より多様なネットワークを監視するために使われる．ハニーネットとハニーポットは通常，大規模なネットワーク型侵入検知システムの一部として実装

されている．ハニーファーム（Honeyfarm）は，ハニーポットと分析ツールの集まりを指す．一般的なハニーポットは次のとおりである．

- **Glastopf** ＝ 脆弱なWebサーバーをエミュレートする，相互作用の少ないオープンソースのハニーポット．Python，PHPおよびMySQLで動作するGlastopfは，文字どおり何千もの脆弱性をエミュレートすることができ，今日の攻撃者が検索エンジンを使用して，感染するWebサイトを頻繁に見つけに来るWebクロールに対応している．Glastopfには，GUI管理機能とレポート機能があり，頻繁に更新されている[19]．
- **SPECTER** ＝ 商用ハニーポットであり，GUIベースで，いくつかの興味深い機能（独自のコンテンツを更新し，ハッカーを追跡するために使用できる「マーカー」ファイルなどがある）を持つハニーポットである[20]．
- **Ghost** ＝ 無料のUSBエミュレーションハニーポットであり，偽のUSBドライブとしてマウントされる．USBドライブを使用してレプリケートするマルウェアの容易なキャプチャーと分析を可能にする[21]．
- **KFSensor** ＝ Windowsベースのハニーポット侵入検知システム．脆弱なシステムサービスやトロイの木馬をシミュレートすることで，ハッカーやワームを引きつけて検出するハニーポットとして機能する．デコイサーバーとして機能することで，重要なシステムから攻撃を逸らし，ファイアウォールやNIDSだけで実現するよりも高いレベルの情報を提供することができる．また，Windowsベースの企業環境で使用するように設計されており，リモート管理，Snort互換シグネチャーエンジン，Windowsネットワーキングプロトコルのエミュレーションなど，多くの革新的でユニークな機能を備えている[22]．

　セキュリティ担当責任者は一般的に困難な仕事をしている．そして，組織のマルウェア対策に関しては，モバイルやハンドヘルドデバイスの普及，クラウドベースのストレージおよびコラボレーション技術のために，その仕事の難しさはさらに増す可能性がある．標準のマルウェア対策技術はすでに存在しており，感染を防止するためにこれらを展開することはできる．しかし，デバイスやアクセスメカニズムの急速な拡大に追従しながら様々なエンドポイントとアクセスポイントを保護するのは困難である．セキュリティ専門家が活用できる興味深いツールの1つは，Anti-Malware Testing Standards Organization（AMTSO）である．AMTSOのテストは，次の4つの分野に焦点を当てている．

1．マルウェア対策製品および関連製品のテストに関する議論の場を設ける．

2．マルウェア対策製品および関連製品のテストのための客観的な標準とベストプラクティスの開発と公表を行う．

3．マルウェア対策関連製品のテストに関する問題の教育と啓発を促進する．

4．標準のテスト手法を支援するためのツールとリソースを提供する．

　AMTSOは，許可されたWebページに対して，自分の好きなマルウェア対策ソリューションを使って，誰でもチェックが可能な2つの「機能設定チェック」をサポートしている[23]．一方のページはWindowsデスクトップをテストするように設計され，もう一方のページはAndroidデバイスをテストするようになっている．様々なチェックを行うことで，対応する機能がマルウェア対策ソリューション内に正しく設置されているかどうかを確認できる．Windowsデスクトップに提供されているチェックは以下のとおりである．

1．マルウェアの手動ダウンロード(EICAR.COM)に対する保護が有効になっているかどうかをテストする．

2．ドライブバイダウンロード(EICAR.COM)に対する保護が有効になっているかどうかをテストする．

3．潜在的に望ましくないアプリケーション(Potentially Unwanted Application：PUA)のダウンロードに対する保護設定が有効になっているかどうかをテストする．

4．フィッシング詐欺ページへのアクセスに対する保護が有効になっているかどうかをテストする．

5．クラウド保護が有効になっているかどうかをテストする．

Android端末用のチェックは次のとおりである．

1．マルウェアの手動ダウンロードに対する保護が有効になっているかどうかをテストする．

2．ドライブバイダウンロードに対する保護が有効になっているかどうかをテストする．

3．潜在的に望ましくないアプリケーション(PUA)のダウンロードに対する保護が有効になっているかどうかをテストする．

4．フィッシング詐欺ページへのアクセスに対する保護が有効になっているか
どうかをテストする．

注：ダウンロードしたファイルや訪問したページは，決して悪意あるものではない．ユー
ザーがAndroidベースのマルウェア対策ソリューションが正しく設定されているかど
うかを検証し，期待どおりに反応することを確認する目的のみで，これらの無害な
ファイルが検出されるのは，業界合意によるものである．

# 7.7　パッチ管理と脆弱性管理

構成管理と変更管理の重要な部分は，パッチ管理（Patch Management）とも呼ばれる
ソフトウェア更新である．ベンダー製品の欠陥が継続的に発見されている．ベン
ダーによるパッチの開発と配布は，実稼働システムに必要な更新という点で終わり
のないサイクルをもたらしている．これらの更新を管理することは，どの組織に
とっても簡単な作業ではない．パッチ管理プロセスは，既存の構成への変更を慎重
に管理するために，変更管理と構成管理として形式化されなければならない．

パッチ管理プログラムの主な目的は，オペレーティングシステムとアプリケー
ションソフトウェアの既知の脆弱性に対して，安全かつ一貫性のある環境を構築す
ることである．残念なことに，技術に基づく多くの問題と同様に，実用的で優れた
解決方法は，いまだに完全ではない．中小企業で使用されているすべてのアプリ
ケーションとオペレーティングシステムのバージョンの更新を管理することすら複
雑であり，組織の規模が拡大するにつれて，追加のプラットフォーム，可用性要件，
リモートオフィスやリモートワーカーが考慮されることになる．

セキュリティ関連のパッチは，通常，セキュリティ上の脆弱性が発見または開示
されたあとに発行される．ベンダーは，バージョンの更新を通じてソフトウェアま
たはファームウェアのセキュリティ問題を頻繁に修正している．彼らは，バージョ
ン変更の理由や，特定のアップデートで対処された欠陥を特定しない場合がある．
この場合，脆弱性およびパッチ情報は次のようなリソースセンターから取得するこ
とができる．

- http://cve.mitre.org＝公開された脆弱性の標準命名規則と番号付け規則を
  提供するCVE（Common Vulnerability and Exposures）データベース
- https://nvd.nist.gov＝NISTによって管理されている，既知の脆弱性のオン
  ラインデータベース

- https://www.us-cert.gov ＝ 既知の脆弱性と改善オプションに関する幅広い情報を提供するオンラインリソース

　毎年見つけられる脆弱性の数が多いことを考えると，セキュリティ担当責任者は，既知の脆弱性が存在するかどうかをシステムで調べ，対策を提案できる必要がある．デバイス，システムおよびアプリケーションに既知の欠陥があるかどうかをテストする様々な自動ツールと手動ツールが存在している．これは，調査対象の環境を調査し，既知の脆弱性のデータベースに該当するものがあるかどうかを確認するような動作をするものである．これらのシステムの多くは高度に自動化されているが，最新の状態に保つ必要があり，悪用されるすべての脆弱性を含むことはできない．さらに，これらのシステムはフォールスポジティブをもたらす可能性がある．セキュリティ担当責任者は，その発見が真に脆弱性と言えるものか，もしくは単にツールによる誤りであるのかを判断できなければならない．

　対象のシステム内に欠陥のあるアイテムが発見されると，そのアイテムにパッチを当てるかどうかを決定する必要がある．パッチを当てる必要性を判断するには，リスクに基づいた決定が必要である．脆弱性にパッチが適用されていない場合のリスクは何か．システムが脆弱性を悪用する可能性のある脅威にさらされる可能性があるか．脆弱性が悪用されるためには，特別な権限が必要か．この脆弱性を悪用するのはどの程度簡単か．システムに物理的にアクセスする必要があるか．それとも，リモートアクセスにより悪用が可能か．これらの質問に対する回答は，システムのパッチを適用する重要性に影響する．セキュリティ専門家は，リスクのレベルを評価し，適切なパッチ（または回避策）を適用するかどうかを判断する必要がある．

　セキュリティ担当責任者は，被害レベルを決定する際，行動方針を決定するために，管理者およびシステムオーナーと協議する必要がある．セキュリティ担当責任者は，更新プログラムが望ましくない影響を及ぼすかどうかを判断するために，管理者と協力する必要がある．例えば，更新プログラムによっては，システム構成やセキュリティ設定を変更することがある．いくつかのベンダーのパッチは，様々な機密ファイルのアクセス制御リストをリセットし，その後の脆弱性を引き起こすことが知られている．したがって，パッチテストは，システムの適切な機能だけでなく，更新プログラムがシステムの全体的なセキュリティ状態とポリシーに及ぼす影響についても対処する必要がある．

　更新プログラムがテストされ，残りの問題が解決したら，システムに展開するスケジュールを確立する必要がある．導入前にユーザーにシステムのアップデートに

ついて通知することが重要である．その結果，予期しないエラーが発生した場合には，より容易に訂正することができる．可能であれば，夜間や週末などの生産性の低い期間にアップデートをスケジュールすることを推奨する．これは主に，予期しないシステムクラッシュに対処するために実行される．

　実稼働サーバーに更新プログラムを展開する前に，完全なシステムバックアップが実行されていることを確認すべきである．アップデートによるシステムクラッシュがあった場合，サーバーとデータはデータを大幅に失うことなく復旧することができる．さらに，更新プログラムに適切なコードが含まれていた場合，サーバーまたはアプリケーションイメージのコピーをメディアライブラリー担当者に提供する必要がある．

　可能であれば，更新プログラムを段階的に展開して，実稼働環境で更新プログラムの最終的な検証を行う．ネットワーク構成を考えると常に可能なわけではないが，このようにして予期せぬ問題をコントロールすることが望ましい．

　更新プログラムを適用したあと，更新プログラムがすべての適切なマシンにデプロイされていることを確認する必要がある．この実施については，システム管理ツールと脆弱性スキャナーを使用して検証を自動化することができる．この場合は，変更が予定されているすべてのネットワークコンポーネントが検証されるまで，ネットワークのチェックを続行する．そして，すべてのシステムが更新プログラムを受け取るまで，必要に応じてアップデートを再度実行するという手法が採られる．

　パッチ管理プロセスの最後のステップは，変更を文書化することである．ここでは，達成された事実，成功の程度，発見された問題の記録を行う．また，システムにパッチを当てないという決定が下された時には，文書化を行う必要がある．決定の理由と承認権限は記録されるべきである．これは，システムメンテナンスに関する適切な注意（Due Diligence）を実践すること，システムの独自の履歴を証拠として外部監査人へ提供すること，という2つの目的を果たしている．

## 7.7.1　セキュリティとパッチの情報源

　パッチ管理において重要なことは，セキュリティの問題とパッチリリースについての情報の収集と検証である．セキュリティ担当責任者は，セキュリティにおけるどの問題が，そしてどのソフトウェアアップデートが自分の環境に関連しているかを知る必要がある．組織には，システム環境やアプリケーションに影響を与える

パッチやセキュリティの問題について，常に最新の状態に保つ責任を負う担当者やチームが必要である．チームは，セキュリティの問題，またはサポートし，使用しているアプリケーションやシステムの更新に関する警告を，管理者やユーザーに提示することができる．包括的で，かつ正確な資産管理システムは，パッチや更新に関する情報を調査および処理する際に，既存のシステムがすべて考慮されているかどうかを判断するのに役立つ．

組織はまた，主要なオペレーティングシステム，ネットワーク機器，アプリケーションのベンダーと連携し，製品におけるセキュリティの問題やパッチに関する情報のタイムリーなリリースと配布を促進する必要がある．これらの関係は，アカウントマネージャーとの毎月の確認から，ベンダーによるセキュリティアナウンスリストへの加入まで様々である．

## ▶ パッチの優先順位付けとスケジューリング

包括的なパッチ管理プログラムには，いくつかのスケジューリングのガイドラインと計画が存在する．まず，パッチと更新プログラムをシステムに正常に適用する際の指針となるパッチサイクル(Patch Cycle)が存在しなければならない．このサイクルは，セキュリティやほかの重大な更新かどうかを特に目的としていない．あくまで，標準的なパッチリリースおよび更新プログラムの適用を容易に管理するためのものである．パッチサイクルは，時間ベースまたはイベントベースで管理することができる．例えば，システム更新を毎月行うようにスケジュールすることもできるし，サービスパックやメンテナンスリリースが配布されたタイミングでサイクルを動かすようにすることもできる．どちらの場合も，可用性要件，システムの重要度および使用可能なリソースに基づいて，変更とカスタマイズを行うことができる．

次に，スケジューリング計画(Scheduling Plan)では，重要なセキュリティ対策および機能提供におけるパッチとその更新に関する詳細情報を扱う．この計画は，性質上より即時に展開されなければならないような更新を含めて，優先順位付けを行い，パッチ適用のスケジュールを決めるのに役立つ．パッチの優先順位と緊急性のスケジューリングを決定する際には，多くの要素が日常的なこととして考慮されている．ベンダーが報告した重要度(例えば，高，中，低)は，既知の脆弱性またはその他の悪意あるコードの存在と同様に，パッチの重要度および優先度を計算するための重要な入力情報となる．スケジューリングとパッチの優先順位付けの際に考慮すべきその他の要素には，システムの重要度(例えば，ビジネス全体に対する，システムがサポートするアプリケーションとデータの相対的な重要性など)とシステムの公開度合(例え

ば，DMZシステム，内部のファイルサーバー，クライアントワークステーションを比較するとどうか）などがある．

## ▶ パッチテスト

　組織のパッチテスト（Patch Testing）の範囲と詳細な方法は，扱うシステムやデータの重要性や環境の複雑さ（例えば，サポートされているプラットフォームやアプリケーションの数，リモートオフィスの数など）に直接関係する．パッチテストのプロセスは，ソフトウェア更新プログラムの取得から始まり，実稼働環境に展開したあと，受け入れテストを経て継続運用される．したがって，パッチテストの最初のコンポーネントは，パッチのソースの入手と完全性の検証である．この手順は，更新プログラムが有効であることと，悪意ある変更，または誤った変更が行われていないことを確認するのに役立つ．デジタル署名または何らかの形式のチェックサムによる完全性検証は，パッチ検証のコンポーネントである必要がある．この署名は，特に更新が組織の技術的な操作（例えば，更新サーバー，ビルドイメージ，ソフトウェアリポジトリーなど）を経て扱われるため，定期的に確認する必要がある．

　パッチが有効であると判断されると，通常はテスト環境に配置される．完璧なテスト環境は，可能な限り厳密に実稼働環境と似ている一方，少なくとも，パッチテストインフラストラクチャーの中で，重要なアプリケーションとサポートされているオペレーティングプラットフォームの大部分を占めていることが重要である．多くの組織では，アドホックテスト環境として実稼働システムのサブセットを使用する．これらの場合には，通常，部門レベルのサーバーとIT従業員システムが割り当てられる．利用可能なテスト機器やシステムに関係なく，できるだけ多くのバリエーションの製品に似たシステムに対して更新プログラムを適用することで，スムーズで予測可能なシステム運用を実現することができる．

　パッチをテストする実際のメカニズムは，組織によって大きく異なる．単にパッチをインストールし，システムが再起動したことを確認することもあれば，システムとアプリケーションの継続的な機能を検証する，詳細で精巧なテストスクリプトの実行をテスト手順に組み込むこともある．つまるところ，詳細なパッチテストに適したアプローチは，システムの重要度と可用性の要件，使用可能なリソースおよびパッチの重大度によって決められる．

　システム運用の初期段階は，テストプロセスの追加コンポーネントと考えることができる．システムのリリースは階層的に行われ，最初は重要度の低いシステムが利用されることもある．パッチ展開プロセスを段階的に実施し，環境の全体が更新

され，最終的には受け入れテストが完了することで，テストのプロセスが完了したとみなすことができる．

## ▶ 変更管理

変更管理（Change Management）は，パッチ管理プロセスのすべての段階で不可欠である．すべてのシステムの変更と同様に，パッチの管理と更新は，変更管理システムによって実行および追跡されなければならない．変更管理システムと組織との適切な統合がなければ，企業規模のパッチ管理プログラムが成功する可能性はきわめて低い．

環境の変化と同様に，変更管理によって提出されたパッチ適用計画には，緊急性とバックアウト計画が関連付けられていなければならない．パッチまたは更新プログラムの適用中または適用後に何かがうまくいかなかった場合の復旧計画はどのようになっているか？　同様に，リスク低減のための情報を変更管理ソリューションに含める必要がある．例えば，大規模な停止やサポートデスクの過負荷を防ぐために，どのようにしてデスクトップパッチを段階的に計画し，スケジュールするのか？　これに対しては，監視および受け入れ計画を変更管理プロセスにも含める必要がある．アップデートはどのようにして成功とみなすのか？　これに対しては，パッチの成功の検証をガイドし，アップデート終了とするための具体的なマイルストーンと受け入れ基準が，変更管理システムにあるべきである（パッチ適用後の1週間以内に問題が何も報告されないなど）．

## ▶ パッチのインストールと展開

パッチ管理プロセスにおける展開のフェーズは，管理者とエンジニアが最も多くの経験を積むフェーズである．インストールと展開では，実稼働システムにパッチや更新を適用する実作業が行われる．この段階は組織全体にとって最も目に見えるが，この段階だけではなく，パッチ管理プロセス全体に費やされる努力が，この展開とパッチ管理プログラムの全体的な成功を左右する．

パッチの展開に影響を及ぼす最も重要な技術的要因は，使用されるツールの選択肢である．パッチのツールに関する重要な違いの1つは，システム開発における一般的な問題と同じである．それはつまり，購入するか，構築するかということである．従来，多くの組織では，パッチを配布および適用するために，利用できるプラットフォームツールとスクリプト言語を組み合わせたカスタムソリューションを作成してきた．業界が成熟し，包括的かつ自動化された更新の必要性が増したた

め，パッチ適用プロセスの管理を支援する多くのツールが利用可能になった．これらのツールは，パッチ適用対象のシステムにインストールされているソフトウェアかどうかによって判断され，また，エージェントベースまたはエージェントレスシステムのいずれかに分類されることがよくある．さらに，多くの既存のシステム管理ツールは，ソフトウェアおよびシステム更新を実行する機能を持つ．サポートされるプラットフォームの数，パッチ適用されるシステムの数，既存の専門知識と関係する人員，既存のシステム管理ツールの可用性など，いくつかの問題によって，パッチ管理ツールに関する組織の選択は異なる．

パッチ，特にセキュリティアップデートを適時に適用することは重要だが，これらの更新は，制御や予測が可能な方法で行われなければならない．組織化され，制御されたパッチ適用プロセスがなければ，システムの状態は規範から外れて，必須であるパッチの適用が不足したり，更新の達成レベルが低くなったりする．一般的に，ユーザーや管理者はパッチを任意に適用することはできない．これは，最初は，ポリシーおよびプロシージャーレベル（例えば，受け入れ可能なポリシー，変更管理および確立されたメンテナンスウィンドウ）で対処されるべきであるが，いつ，誰がパッチを適用できるのかを制限する，追加の技術コントロールを適用することも適切な方法である．施行されるコントロールの種類は，組織や要件によって異なるが，制限されたユーザー権限（ユーザーにはシステムの更新権限がない）やネットワークベースのアクセス制御（システムが，例えばWindows Updateなど，更新を実行するために必要なリソースにアクセスできない）などの項目が含まれる．小規模な組織では，Windows Updateなど，ユーザー主導の自動化ツールを用いることができる．ただし，これらの更新方法を使用するグループは，ポリシーの指示に大きく依存し，パッチと構成管理においては，コンプライアンスに関する組織の目標が確実に満たされるように定期的に評価する必要がある．

### ▶監査と評価

定期的な監査と評価は，パッチ管理作業の成功と程度を評価するのに役立つ．パッチ管理プログラムにおけるこのフェーズは，基本的に次の2つの質問に答えるものである．

- 特定の脆弱性やバグを修正するために，どのシステムにパッチを適用する必要があるか．
- 更新される予定のシステムに対して，実際にパッチが適用されているかどうか．

監査と評価のコンポーネントはこれらの質問に答えることに寄与するが，正確かつ効果的に実施し，成功させるためには，資産管理（Asset Management）とホスト管理（Host Management）という2つの重要な要素がある．多くの場合，資産管理およびホスト管理における目標は，Tivoli，UnicenterTNG，System Center Configuration Manager（SCCM）などの製品によって対処される．資産管理システムの主な要件は，遠隔地のユーザーやオフィスの場所を含め，企業全体に配置されたハードウェアとソフトウェアを正確に追跡する機能を持つことである．ホストを管理するソフトウェアにより，管理者は，組織全体のパッチ適用状況を把握し，全対象へ更新を適用できることが望ましい．そのため，ホスト管理ソフトウェアは，特定のホットフィックスがないすべてのクライアントや特定のアプリケーションのすべてのバージョンについて，レポートを生成する．

　システムの発見と監査は，監査と評価プロセスのコンポーネントに含まれる．資産およびホスト管理システムは，既知のシステムの管理とレポート作成に役立つ．しかし，インベントリーデータベースや管理されたインフラストラクチャーから意図的に，あるいは意図せずに除外されたシステムが多数存在する可能性がある．システム発見ツールは，これらのシステムを明らかにし，正式なシステム管理とパッチの適用状況を確認するのを助ける．組織は通常，独自の発見メカニズムと評価メカニズムまたは様々な脆弱性評価ツールのいずれかを使用するが，使用するツールに関わらず，その目的は，環境内に存在する未知のシステムを発見し，組織の更新管理および構成管理のガイドラインに準拠しているかどうかを評価することである．

## ▶一貫性とコンプライアンス

　パッチ管理プログラムの監査および評価を行うことは，組織のガイドラインに準拠していないシステムの識別に寄与するが，違反を減らすためには，さらにほかの作業が必要である．審査されているシステムは通常，すでに運用を開始しているため，監査と評価の取り組みはコンプライアンスの"事後"評価とみなされる．実装後の環境に対して評価を補足するには，新たに展開され，再構築されたシステムのパッチの適用レベルが仕様に準拠していることを保証する必要があり，コントロールを行う必要がある．

　システム構築ツールおよびガイドラインの利用は，パッチインストール時の要件への準拠を保証する主要な実施事項である．新しいパッチが承認されて展開されると，ビルドされたイメージとスクリプトを更新する．また，新しく構築されたすべてのシステムに適切なパッチが適用されるようにし，これらの変更を反映するため

に関連する文書を更新する必要がある．そして，ビルドツールと文書の更新に加えて，新しく構築されたシステムにおけるコンプライアンスの維持を促進するための操作手順が存在しなければならない．エンジニアリングチームが一般的にサーバー（基本となるオペレーティングシステムやアプリケーションなど）を構築し，別の運用チームがシステムの管理を行うような場合，システムライフサイクルにおける構築段階とエンジニアリング段階に対して変更をフィードバックするためのプロセスにしておく必要がある．これらの変更は，企業全体の変更管理システムを使用することで適切に処理されるため，最も理想的な方法である．運用によって適用が承認され，インストールされた新しいパッチは，エンジニアリングチームによって新しいビルドに統合される．そして，変更管理システムで適切な監査証跡を管理し，実装のための適切な手続きについてのガイドラインを管理する．

パッチ管理の問題の中核には，技術に関することが挙げられるが，問題解決のための技術だけに焦点を当てることは本質的ではない．ガイドライン，要件および監視を意識せず，パッチ管理ソフトウェアまたは脆弱性評価ツールをインストールすることは，状況をさらに複雑にする無駄な努力と言ってもよい．そうではなく，強固なパッチ管理プログラムを適用し，各組織の固有のニーズに対応するために，ポリシーと運用をベースにして，技術的なソリューションを連携させていくことが必要である．

## ▶ 脆弱性管理システム

孫武（孫子）はかつて「敵を知り，己（おのれ）を知れば，百戦危うからず」と述べた．組織が「己を知る」ために必要な2つの主な要素は，構成管理と脆弱性スキャンである．構成管理（Configuration Management）はすべての構成要素に関するナレッジを提供し，脆弱性スキャン（Vulnerability Scanning）は構成要素内に存在する弱点を特定する．システム構成を知ることは，それを守るために何が必要かを理解するための第一歩である．また，既存システムの脆弱性を特定することは，セキュリティ担当責任者に，攻撃者からのあらゆる種類の攻撃に対する防御に必要な知識をもたらすことになる．

脆弱性は，欠陥や，誤った設定（弱点とも呼ばれる）およびポリシーの違反により発生する．欠陥は，製品設計の不完全性に起因する．ソフトウェアの最も一般的なタイプの欠陥は，バッファーオーバーフローである．欠陥は通常，セキュリティパッチ，新しいコードまたはハードウェアの変更により修正される．ここでいう誤った設定とは，システムが攻撃の被害に遭う可能性を含む実装エラーである．また，誤った設定の例としては，弱いアクセス制御リスト，オープンポートおよび不要なサー

ビスなどがある．ポリシー違反は，個人が準拠しなかった場合に発生する．これには，弱いパスワード，不正なネットワーク機器および承認されていないアプリケーションが挙げられる．脆弱性スキャンは，ネットワーク，ホストシステムおよびアプリケーションリソースに対して実行される．スキャンは，スキャンの各タイプに固有の脆弱性を検出するために使用される．ネットワークスキャンは，ネットワーク上の脆弱性を探索する．デバイスの欠陥は，テストとして攻撃のシミュレートを実行するように設計されたスキャンツールで検出される．不正なサービスなど，誤って設定されたネットワーク設定は，ネットワークスキャンの中で検出される．

　権限のないデバイス，ワークステーションおよびサーバーを含むポリシー違反は，包括的なネットワークスキャンツールでも検出される．ホストベースのスキャンは，システムのコンソールまたはネットワーク上のサーバーやワークステーション上のエージェントを使用して実行される．ホストベースのスキャンは，セキュリティ更新プログラムが未適用な状態にあるサーバーやワークステーションを特定するために重要である．このタイプのスキャンは，監査ログ設定などのローカルポリシーまたはセキュリティ設定がいつの時点から正しく実装されていないのかを特定することもできる．ホストベースの優れたスキャナーは，不正なシステムまたは組織内の構成管理に違反している可能性のある不正なソフトウェアやサービスを特定することもできる．また，脆弱性スキャンには，特殊なアプリケーションセキュリティスキャナーがある．それは，パッチのレベルとアプリケーションの実装をチェックするツールである．例えば，一部のアプリケーションスキャンツールでは，Webベースのアプリケーションの脆弱性を特定できるが，それ以外にも，データベース管理システムなどの大規模なアプリケーションと連携して，機密テーブルのデフォルト設定や不適切な権限を特定するように設計されたツールもある．

## 7.8　変更管理と構成管理

　システムは頻繁に変更される．ソフトウェアパッケージが追加，削除または変更されることがあるし，新しいハードウェアが導入され，レガシーデバイスが置き換えられることもある．欠陥に伴うソフトウェアのアップデートは，システム管理者の通常のビジネス活動の一部である．技術の急速な進歩と脆弱性の定期的な発見には，システムに必要な完全性を維持するための適切な変更管理が求められる．変更管理（Change Management）は，ポリシー，プロシージャおよび運用上の慣行に組み込まれている．

システムの完全性を維持することは，変更管理プロセスを通じて達成される．明確なプロセスは，システムの完全性と変更管理に関する責任をサポートするために必要である．それは構造化されており，コントロールされた状態で変更を行うように実装されている．変更を実施するための意思決定は，通常のユーザー，セキュリティ関係者，システム運用者および上位レベルの経営陣など，組織内の様々なグループの代表者で形成された委員会によって行われる．意思決定に際し，各グループは，提案のあった変更を実装する必要性について，次のように独自の視点を提供する．ユーザーは，システムがその分野でどのように使用されているかについて，一般的な範囲で理解している．セキュリティ関係者は，提案された変更を適用した際に発生する可能性のあるリスクに関して，情報を提供することができる．経営陣は，予算と組織の戦略的方向性に基づいて，変更を最終的に承認または拒否できる．委員会の活動は，経緯の記録と説明責任の目的で文書化されるべきである．

　変更管理の構造は，組織のポリシーとして文書化されるべきである．ここには，変更管理プロセスの運用面のプロシージャーも作成し，記載する必要がある．変更管理ポリシーとそのプロシージャーは，指示コントロールにおける1つの形態である．以下のサブセクションでは，変更管理プロセスにおいて推奨される構造の概要を説明する．

- **要求**（Requests）＝提案があった変更は，正式に委員会に書面で提出される必要がある．要求には，導入のメリットと導入しない場合のコストに焦点を当て，変更の際にビジネスケースを論じる形で詳細な理由を含める必要がある．
- **影響評価**（Impact Assessment）＝委員会のメンバーは，変更の実施または拒否の決定が，業務へ与える影響を判断する必要がある．
- **承認／却下**（Approval/Disapproval）＝要求に対しては，承認または拒否の形で，公式に回答する必要がある．
- **ビルドおよびテスト**（Build and Test）＝テストおよび統合開発のオペレーションサポートについては，あとのタイミングで承認される．必要なソフトウェアとハードウェアは，実稼働環境以外でテストする必要がある．変更の実施に関連するすべての構成変更は，完全にテストして文書化する必要がある．セキュリティチームは，テスト環境内で提案された変更をレビューして，最終的に実稼働システムに脆弱性が入り込まないようにする必要がある．また，ソフトウェアまたはシステムコンポーネントの削除に伴う変更要求にも同様のアプローチが必要である．実施すべきではない変更については，テスト環

境から除外し，マイナスの影響について決定しなければならない．

- **通知**（Notification）＝提案された変更と，その変更を展開するスケジュールをシステムユーザーに通知する．
- **実装**（Implementation）＝変更は可能な限り段階的に展開され，かつ変更プロセス中での問題点が監視される．
- **妥当性確認**（Validation）＝変更は運用スタッフによってあらかじめ検証される必要がある．また，変更のために提供されたパッケージをマシンが確実に受け取るようにする必要がある．セキュリティスタッフは，脆弱性があった場合に影響を受けるコンピュータのセキュリティスキャンまたはレビューを実行して，新しい脆弱性が含まれないようにする．問題が含まれていないことを運用で保証するまで，問題をトラッキングするシステムに変更の記述を含める必要がある．
- **文書化**（Documentation）＝システム変更の結果，システムの変更内容および教訓を含めて，適切に記録する必要がある．これは，変更管理を構成管理に連携させる方法である．

## 7.8.1 構成管理

組織のハードウェアおよびソフトウェアは，適切なトラッキング，実装テスト，承認および配布方法を管理することが必要である．構成管理（Configuration Management）は，ハードウェアコンポーネント，ソフトウェアおよび関連する設定を特定し，文書化するプロセスである．適切に文書化され，ITリソースが適切に配備，管理されていることを保証された環境は，健全な運用管理の基礎を提供する．セキュリティ専門家は，現在の構成におけるコントロールが正しいかどうかの検証と改善を行うため，構成管理で重要な役割を果たす．

ハードウェアインベントリーの詳細管理は，復旧と整合性を図る目的で必要である．施設が破壊された場合には，各ワークステーション，サーバーおよびネットワーク機器のインベントリーを使用し，交換する必要がある．ネットワークに接続されているすべてのデバイスとシステムは，ハードウェアリストに含まれている必要がある．構成文書には，各デバイスとシステムに関する次の情報が最低限ハードウェアリストに含まれている必要がある．

1．製造メーカー

2．製品モデル

3．MACアドレス

4．シリアル番号

5．オペレーティングシステムまたはファームウェアのバージョン

6．設置場所

7．BIOS（Basic Input/Output System）およびその他のハードウェア関連のパスワード

8．割り当てられたIPアドレス（該当する場合）

9．組織財産管理ラベルまたはバーコード

ソフトウェアにも同様の懸念事項があり，ソフトウェアインベントリーに最低限必要なものは次のとおりである．

1．ソフトウェア名

2．ソフトウェアベンダー（および必要に応じて再販業者）

3．キーまたはアクティベーションコード（ハードウェアキーがある場合に注意）

4．ライセンスの種類とバージョン

5．ライセンス数

6．ライセンスの有効期限

7．ライセンスの移植性

8．組織ソフトウェアライブラリー担当者または資産マネージャー

9．インストールされたソフトウェアの組織連絡先

10．アップグレード，フルライセンスまたは限定ライセンス

　インベントリーは，ネットワーク上のシステム，ソフトウェアおよびデバイスを検証する際に，検証を正しく行うことにも寄与する．ネットワーク内に存在するハードウェアのバージョンを知ることは，2つの観点から価値がある．脆弱性への対処と，不正なデバイスの検出である．まず，ハードウェアについて知っておくことで，セキュリティ専門家はハードウェアの種類とバージョンに関連する脆弱性を素早く見つけて低減することができる．ほとんどのハードウェアの脆弱性は，特定の製品とハードウェアのモデルに関連しているという特徴もある．ネットワーク内のハードウェアの種類とその設置場所を知っておくことで，影響を受けるデバイスを特定するのに必要な労力を大幅に削減できる．さらに，このハードウェアリストは，ネットワークスキャンを実行して，ネットワークに接続されている不正なデバ

イスを検出する際に非常に役立つ。過去に文書化されたネットワークセグメントに新しいデバイスが表示された場合，これはネットワークへの不正な接続を示している可能性があり，その発見につながるかもしれない。

　各デバイスの構成リストも維持する必要がある。なお，ファイアウォール，ルーター，スイッチなどのデバイスは，数百または数千で構成する可能性がある。ネットワークの完全性と可用性を保証するためには，これらの設定の変更を適切に記録して追跡する必要がある。これらの設定は，不正な変更が行われていないことも定期的に確認すべきである。

　オペレーティングシステムとアプリケーションにも構成管理が必要である。組織においては，各オペレーティングシステムとアプリケーションの実装に関する構成ガイドと標準を用意する必要がある。また，統合テスト中に発生する可能性のある問題の数を減らすために，できるだけシステムとアプリケーションの構成を標準化すべきである。この際，セキュリティ担当責任者の助けを借りて，ソフトウェアの構成とその変更を文書化し，追跡する必要がある。サーバーおよびワークステーションの構成ガイドは，ソフトウェアベースラインの変更により，頻繁に変更される可能性がある。

## ▶復旧戦略の策定

　復旧戦略（Recovery Strategy）は，復旧される機能またはアプリケーションによって要求される復旧時間枠に従って策定される。セキュリティ専門家が組織の業務のために検討する戦略は，次のとおりである。

- **予備サイト**（Surviving Site）＝サービスレベルが低下する可能性はある。しかし，機能を完全装備し，スタッフが配置され，少なくとも2つの地理的に分散した拠点で稼働する，機能の停止しない予備サイトの戦略が必要である。
- **セルフサービス**（Self-Service）＝事業停止が解消するまでの間，時間的な制約のある業務をうまく処理するために，組織は利用可能な設備とスタッフを有するほかの場所に業務を移すことができる。
- **内部環境**（Internal Arrangement）＝組織の機能をサポートするために，トレーニングルーム，カフェテリア，会議室などを整備し，被災した拠点のスタッフを移動させ，組織を再開させることができる。
- **互恵協定や相互援助協定**（Reciprocal Agreements/Mutual Aid Agreements）＝ほかの同様の組織が，被災組織を手助けできる。例えば，ある法律事務所は，停電時に

ほかの法律事務所にオフィススペースを提供する．ただし，停電の影響を受けていない組織は，時間的な制約のない業務を一時的に中断しなければならない可能性がある．

- **専用の代替サイト**（Dedicated Alternate Sites）＝組織の機能や技術の復旧に対応するために，社内に構築する．
- **在宅での仕事**（Work from Home）＝昨今，多くの組織はオフィス環境から物理的に離れた場所で従業員を労働させることができるようにしている．
- **外部サプライヤー**（External Suppliers）＝多くの外部機関は，幅広いプラットフォームを備えたフルデータセンター，物理的施設内の代替サイトスペース，企業サイトに移送できるモバイルユニットおよび臨時スタッフによる組織復旧ニーズをカバーする様々な施設を提供している．これらは，従業員が対応できない時に助けとなる．
- **限定的な対処**（No Arrangement）＝優先度の低いビジネス機能やアプリケーションの場合，詳細レベルで計画するコストはかけるべきではない．最小限の要件は，機能の説明，復旧のための最大許容経過時間および必要なリソースのリストを記録することである．

　これらの戦略はそれぞれ，組織と技術の復旧のために検討される．その際，費用対効果分析（Cost/Benefit Analysis：CBA）が必要である．これは，推奨される戦略のコストが，組織が回避しようとしているリスクまたは損失の量に適合するかどうかを判断するために実施される．企業は，10万ドルの収入を守るために，復旧戦略に年間100万ドルを費やすべきではない．すべての組織がデュアルデータセンター復旧戦略を必要としないように，選択された戦略は組織の必要性に合っている必要がある．

　推奨される復旧戦略の導入コストには，復旧ソリューションを維持するための継続的なコストだけでなく，戦略の構築に関連する初期コストが含まれる．また，採用されたソリューションが実行可能なままであることを確実にするために，そのソリューションを定期的にテストするコストが必要になるし，組織内のすべてのユーザーが計画を確実に把握できるようにするための，コミュニケーションに関連するコストも必要である．

　戦略が合意され，資金を得たら，セキュリティ専門家は承認された様々な戦略を実装する必要がある．これには，復旧サービスを提供するベンダーとの交渉，余剰なシステム容量を決定するための既存サイトの調査，組織の業務機能をサポートす

る会議室やカフェテリアの配線，復旧技術の購入，遠隔レプリケーションソフトのインストール，音声ネットワークとデータ復旧のインストール，様々な組織領域への代替サイトの提供などが含まれる．また，セキュリティ専門家は，イベントの最中およびイベント直後に全従業員に連絡できるようにし，続報や状況の更新を従業員に伝えられるようにするためのコミュニケーションシステムを確保する必要がある．

## ▶ バックアップストレージ戦略の実装

　技術の復元に使用されるデータのバックアップ戦略は様々で，組織の要件をサポートするために必要な復旧時間目標（Recovery Time Objective：RTO）および目標復旧時点（Recovery Point Objective：RPO）によって活動が行われる．一部の組織では，組織の重要性と使用頻度に基づいてデータの階層化を始めている．時間の影響を受けやすいデータは，オフサイトに同期または非同期で複製され，可用性とその運用を保証する．その他のデータは，1日に1回あるいは複数回，テープやオフサイトにバックアップされる．

　バックアップテープが代替サイト以外のどこかに格納されている場合，それらのテープを梱包して移送するのにかかる時間をRTOに含める必要がある．必要なテープの数によっては，復旧時間として数時間または数日要する可能性がある．したがって，復旧時間を最低3〜5日から24時間以下に短縮するには，システムおよびアプリケーションの復旧に使用するデータを復旧サイトに保存する必要がある．

　オフサイトに格納されるデータには，アプリケーションデータだけでなく，アプリケーションのソースコード，サーバーおよびエンドユーザーのデスクトップ，ユーティリティソフトウェア，ライセンスキーなどのハードウェアおよびソフトウェアイメージも含まれている必要がある．

　多くの組織は，オフサイトでデータを格納するためにどのような戦略を採用するかに関わらず，すべてのデータをフルバックアップ（Full Backup）したあと，定期的に増分バックアップを実行している．増分バックアップ（Incremental Backup）では，前回のフルバックアップまたは増分バックアップが実行されてから変更されたファイルのみをコピーし，アーカイブビットを「0」に設定する．ほかの一般的な方法は，差分バックアップをとることである．差分バックアップ（Differential Backup）では，最後のフルバックアップ以降にデータが変更されたファイルのみをコピーし，アーカイブビットの値は変更しない．

　ある企業がバックアップ戦略と復旧戦略をできるだけシンプルにしたいなら，フルバックアップのみを使用すべきである．これは，実行に多くの時間がかかり，ハー

ドドライブのスペースも要するが，最も効率的な復旧が可能である．ただ，これが実施できない場合は，2つの手順で復元できる差分バックアップの採用も可能である．最初にフルバックアップを作成し，その上に差分バックアップを作成する．差分バックアップは，最後のフルバックアップ以降に変更されたファイル内のすべてのデータを記録することに注意が必要である．

増分バックアップでは，フルバックアップを最初に実行してからフルバックアップ以降に実行したすべての増分バックアップを実行する必要があるため，復元に最も時間がかかる．毎日の増分バックアップが行われ，フルバックアップが毎月末に1度だったとして，その月の26日に復旧が必要な場合は，最初にフルバックアップの復旧を実行してから，26回の増分バックアップを同じ順序で上に配置する必要がある．

システムにおける内部および外部の相互依存関係を理解し，文書化する必要がある．相互依存性には，関数またはアプリケーションへのすべての入力，関数やアプリケーションのすべての出力および出力先の関係性が含まれる．ネットワークサービスプロバイダーやメール配信用のセンター，ファイアウォールやローカルエリアネットワークなどの内部依存関係が含まれている．

ビジネスプロセスまたはアプリケーションのRTOまたは最大許容停止時間（Maximum Tolerable Downtime：MTD）が，プロセスまたはアプリケーションの復旧戦略を決定する．復旧するまでの時間が長くなればなるほど，復旧のための選択肢が増える．一方，アプリケーションまたは機能の時間的制約が厳しくなればなるほど，復旧戦略の選択肢が少なくなる．

## 7.8.2 復旧サイトの戦略

技術の復旧が完了するまでに，どのくらい停止するかによって，組織がシステム環境のために選ぶ復旧戦略は次のいずれかになる．

- **デュアルデータセンター**（Dual Data Center）＝この戦略は，停止時間を受け入れると組織に悪影響があるアプリケーションに採用されている．アプリケーションは，地理的に分散した2つのデータセンター間で分割されて負荷分散されるか，2つのセンター間でホットスワップされる．正常稼働しているデータセンターには，いずれの場合でも運用負荷を受け入れるのに十分なヘッドルームが必要である．

- **内部ホットサイト**(Internal Hot Site)＝このサイトは，そこに配置されたアプリケーションを実行するために必要なすべての技術と機器を備え，待機した状態にある．管理者は，サーバーのベアメタルリカバリーを実行することなく，ホットサイトリカバリーでアプリケーションを効果的に再起動することができる．これが内部向けのソリューションである場合，開発環境やテスト環境など，時間的制約がないプロセスをここで頻繁に実行し，復旧時には必要に応じて後回しにする．この戦略を採用する場合，OSレベル，ハードウェアの違い，容量の違いなどの問題を回避して，復旧の失敗や遅延を防ぐために，2つの環境をできる限り同一に保つ必要がある．

- **外部ホットサイト**(External Hot Site)＝この戦略は，設備は保持しているものの，復旧のために環境を再構築する必要がある．また，サービスプロバイダーと契約して利用するサービスである．これについても，OSレベル，ハードウェアの違い，容量の違いなどの問題を回避して，復旧の失敗や遅延を防ぐためには，2つの環境をできる限り同一に保つことが重要である．ホットサイトを運用するベンダーは，より多くの顧客を集めてサイトを運用するため，最も一般的かつ汎用的なハードウェアおよびソフトウェア製品を使用する傾向がある．ユニークな機器やソフトウェアは，災害時に提供する，または事前に施設に保管しておくのが一般的である．

- **ウォームサイト**(Warm Site)＝通常は限定的な機器で構成され，実際のコンピュータ構成とは異なる．そして，リースまたはレンタルされた設備を用いる．一般的には，復旧に対応するために，冷却，配線，ネットワークの設備をすべて設置するが，実際のサーバー，メインフレームなどの機器は災害時に現場に提供される．

- **コールドサイト**(Cold Site)＝コールドサイトは，常設はしていないが，提供されるシェルまたは空のデータセンタースペースを指す．すべての技術は，災害時に購入または取得する必要がある．

これらの復旧戦略にはそれぞれ長所と短所がある．

- デュアルデータセンターの長所
  - 停止時間がほとんど，またはまったくない．
  - 保守が容易である．
  - 復旧要求が必要ない．

- デュアルデータセンターの短所
  - 最も高価な方法である.
  - 冗長ハードウェア, ネットワーク, 人員が必要である.
  - 距離に伴う制限事項がある.
- 内部または外部ホットサイトの長所
  - 復旧をテストすることが可能である.
  - 可用性が高い.
  - 数時間以内にサイトの運用が可能である.
- 内部または外部ホットサイトの短所
  - 高価である＝内部ソリューションは外部ソリューションよりも高価である.
  - 外部サイトのハードウェアとソフトウェアには互換性に関する問題がある.
- ウォームサイト, コールドサイトの長所
  - より安価に利用できる.
  - 復旧時間が長くてよい場合に利用できる.
- ウォームサイト, コールドサイトの短所
  - すぐに利用することができない.
  - 完全にテストを行う場合には, 多くの作業を伴う.

## ▶モバイルサイト

　利用可能なもう1つの方法はモバイルサイト (Mobile Site) である. 組織のデータセンターは, モバイルトレーラーまたは標準の海上貨物輸送コンテナに収容されている. 災害発生時に, 組織は単にコンテナデータセンターを, 必要な電力およびリソース, ネットワーク接続を持つ別の場所に移動させるだけである. 図7.1に, コンテナベースのモバイルソリューションの外観を示した.

- モバイルサイトの長所
  - 可動性が高く, 比較的簡単に輸送できる.
  - モジュラーアプローチでデータセンターを構築する.
  - 機器を収納するための建物が必要ない.
- モバイルサイトの短所
  - 「コールドサイト」機能は, 決められた場所に構築しておく必要がある.

**図7.1** 典型的な設置レイアウト構造を持つコンテナデータセンターモジュールの例★24

- ○ コンテナの集約状況と構成によって，アップグレードとカスタマイズが
  困難になる．
- ○ 災害時にコンテナを移動するための契約や設備を維持するには，費用が
  必要である．

### ▶プロセス協定

　組織は，異なるプロセス協定（Processing Agreement）をほかの組織と取り交わすこと
もできる．様々な形式があるが，通常は互恵協定またはアウトソース契約の形式を
とる．

## ▶互恵協定

互恵協定 (Reciprocal Agreement) は，相互に障害のリスクを分かち合う組織間で行われる．各組織は，災害が発生した場合に，相互にデータと処理の問題を預かることを約束するものである．これは論理的解決策のように見えるが，実際には問題を抱えている．

現実には，双方の組織が一方の組織のための空き容量を維持したり，片方が問題を抱えた場合にもう一方の組織の処理能力が低下したりすることに同意が必要である．さらに，一方の当事者に影響を与える停止回数に差が生じた場合，他方の当事者は補償を請求することができる．また，すべての要件を遵守するほかの組織の能力にも懸念がある．例えば，最初の組織が米国の医療提供者である場合，医療保険の携行性と責任に関する法律 (Health Insurance Portability and Accountability Act：HIPAA) の要件に従う必要がある．互恵協定のパートナーである者は，たとえそれが自身の中核事業に該当しなくても，HIPAAの規則に従うことに同意しなければならない．したがって，企業は同一の業界内でパートナーを探し求め，互恵協定を結ぶことになる．しかし，企業の競合が懸念される場合には，互恵協定を結べる意欲的なパートナーを見つけることは非常に難しい．

## ▶アウトソーシング

互恵協定と代替サイトの構築コストの問題を回避するため，一部の組織では，緊急時対応業務と災害復旧のアウトソーシング (Outsourcing) を選択する場合がある．これは，計画が発動している場合にだけコストがかかることから，コスト効果はあるものの，能力が未知だったり，要件への準拠を保証できるかという点でリスクを伴う．例えば，SLAは，一定期間サービスが停止することを言明しているかもしれないが，災害発生時にプロバイダーがSLAを実際に満たすことができることを保証してはいない．

- アウトソーシングの利点
  - 必要に応じてサービスを利用できる．
  - すべての要件と実行責任は第三者にある．
  - 資本コストはほぼない．
  - 継続性と復旧にとって地理的な点で優位にある．
- アウトソーシングの欠点
  - 能力が整っていることを保証するために，より積極的なテストと評価が

必要になる.

- ベンダーがサービスを実行できない場合は係争問題になる.
- 独自のシステムが導入されている場合はベンダーロックインの問題が生じる.
- 頻繁に停止が発生した場合, 機能を構築する以上のコストがかかる.

### 7.8.3 複数の業務拠点

　組織の施設が国や世界全体で分かれている場合は, 複数の業務拠点の活用が組織の対策になる. ビジネスを行うために多数の場所が必要であり, 場所間に十分な帯域幅と待ち時間がある場合, 複数の業務拠点の存在が有利になることがある. 複数の業務拠点が実稼働環境に使用される場合, それらはある組織における"相互リンク"協定として扱われるべきである. つまり, 業務負荷は組織にとっての重要度に基づいて分類されなければならず, 各拠点は別の拠点の業務負荷を処理, 保存および送信できる必要がある. これは非常にコスト効率のよい仕組みであるが, 確実に成功に導くためには慎重な計画と調整が必要である.

### 7.8.4 システムのレジリエンスとフォールトトレランスの要件

　多数の潜在的な危険がシステムの信頼性を損なう原因になる. しかし, ありがたいことに, 主要なコンピューティングシステムのセキュリティと信頼性を維持できる方法は数多くある.

　システムがレジリエンスを持つことを確認する最良の方法がある. それは, 復元力のあるソリューションを選択するように設計されていることを, まず最初に確認することである. ほとんどのシステムは, 操作を円滑にし, かつ, 共通の脅威に対応して防御する能力がある.

　例えば, システムの設計および開発時には, 一般的なシステム障害の発生場所を特定し, 主要システムコンポーネントの平均故障時間(Mean Time to Failure：MTTF)を計算するために慎重に検討される. ファン, 電源, ハードドライブなどの可動部品が搭載されているコンポーネントは, 可動部品の数が少ないコンポーネントより早く故障する可能性がある. これは, 重大なシステムがファンと電源装置を冗長化して配備されたり, ドライブの障害を考慮したドライブ構成を使用したりする主な理由の1つである. 重要な原則は, 重要な場所が単一障害点になることがないよう

にし，通常のサービスを中断させる可能性のある問題に対処するために，自動化された手段と手動の手段を提供することである．

　システムには，一般的な障害に自動的に対応し，人間の介入なしに問題に対処できる能力が欠かせない．これにより，障害時の混乱が減ることになる．以下のセクションでは，システムが共通の脅威に対してより高いレジリエンスを提供する，いくつかの共通的な方法について説明する．

## ▶ 信頼できるパスとフェイルセキュアメカニズム

　システムを保護するのに役立つシステムセキュリティメカニズムは数多くあるが，侵害される可能性があり，運用によってそれを維持しなければならないものがいくつかある．信頼できるパス (Trusted Path) は，特権ユーザー機能を利用する際に，信頼できるインターフェースとなる．そして，そのパス上のすべての通信は，傍受されたり，破損したりしないように，保証される必要がある．例えば，ユーザーがシステムにローカルにログインする場合，ユーザーインターフェースからアクセス制御サブシステムに至るパスを使用して，ユーザーの資格情報を安全かつ確実に共有することが重要である．しかし，多くの攻撃は，傍受，開示，操作が可能な代替チャネルに入力をリダイレクトすることによって，そのような信頼できるパスを攻撃するように設計されている．このような攻撃は，特権のレベルが高いほど成功するため，特権ユーザーアカウントを使用した攻撃は非常に危険である．

　運用におけるセキュリティには，信頼できるパスが意図したとおりに動作し続けることを検証するための手段が含まれていなければならない．一般的な対策には，ログ収集と分析，脆弱性スキャン，パッチ管理およびシステム完全性チェックを定期的に行うことが含まれる．これらの手法の組み合わせは，信頼できるパスの動作の変更を制限したり，検出したりするために使用される．

　同様に，フェイルセーフとフェイルセキュアの仕組みが正しく機能していることを確実にすることが期待される．両方とも，システムが故障した時のシステムの動作に関係しているが，互いによく混同される．セキュリティ専門家がこれらを区別することは重要である．

- **フェイルセーフ** (Fail-Safe) ＝この仕組みは，人員やシステムへの害を最小限に抑えて，障害を受け入れることに前提を置いている．
- **フェイルセキュア** (Fail-Secure) ＝システムが不整合な状態にある時にアクセスをブロックするようにコントロールする方法で，障害を前提とした設計をする．

例えば，データセンターのドアシステムは，フェイルセーフにより停電時に人員が逃げられることを確実にしているため，障害についての機能を損なうことになる．一方で，フェイルセキュアのドアを採用すると，人がドアをまったく使用できないようになり，人命を危険にさらす可能性がある．フェイルセーフおよびフェイルセキュアのメカニズムは，定期的に維持およびテストされ，設計どおりに動作するようにする必要がある．

## ▶ 冗長性とフォールトトレランス

冗長化は，システム内にフォールトトレランス（Fault Tolerance）を提供すると言われている．これは，コンポーネントに障害が発生した場合でもシステムが動作し続けることを意味する．これには，スペアコンポーネントの使用，冗長サーバーまたはネットワークの活用および冗長データストレージなどがある．

スペアは，何らかの理由でプライマリーコンポーネントが破損したり，使用できなくなったりした場合に使用できるコンポーネントである．スペアがどのように使用されるかに応じて，それがコールドスペア，ウォームスペア，ホットスペアのいずれであるかが決まる．

- **コールドスペア**（Cold Spare）＝コールドスペアは，電源が投入されていないが，必要に応じてシステムに挿入できる，プライマリーの複製のスペアコンポーネントである．通常，コールドスペアは問題のシステムの近くに保管され，誰かが手作業で影響を受けたシステムに挿入する必要がある．
- **ウォームスペア**（Warm Spare）＝通常はシステムに挿入されているが，必要な場合を除いて電源は供給されない．
- **ホットスペア**（Hot Spare）＝システムに挿入されているだけでなく，電源が投入されており，必要に応じて呼び出される．多くの場合，システムはウォームスペアまたはホットスペアのいずれかを自動的に使用し，人の介入は必要ない．

スペアは，問題を引き起こすことがある．コールドスペアは当然のことながら，無人の施設ではあまり使用されない．通常は，オンラインの状態でシステムをシャットダウンする必要がある．コールドスペアとウォームスペアが正常に起動せず，さらに障害が発生する可能性がある．ホットスペアは，電源が入っていて，動力を与えられた機器のように磨耗するため，コールドスペアまたはウォームスペアよりも早く故障することがある．

ほとんどの施設が冗長コンポーネントだけに依存せず，ほかの冗長システムを使用する理由のいくつかはこれらの点にある．アクティブ−パッシブペアなどの一般的な冗長構成では，パッシブシステムが問題の検出を目的としてプライマリーシステムを監視している間，プライマリーシステムがすべてのサービスを提供している．何らかの理由でプライマリーが失敗した場合，セカンダリーシステムがそれを引き継ぐことができる．システムの障害によってサービスが中断されることはほとんどないか，まったくないのが理想的である．パッシブシステムがプライマリーの複製として用意されていると仮定すると，サービスの低下さえないと言ってよい．

　冗長ネットワークも同様である．プライマリーネットワークが利用できない場合，セカンダリーパスが有効である．例えば，プライマリー接続の障害に対処するために，代替サービスプロバイダーに冗長接続するケースが一般的である．ほかには，組織の主要なネットワークを展開して，サービスを提供する際に，コア部分の一部が失敗することも一般的である．しかし，重複システムはしばしば価格が2倍以上にもなる．セキュリティ専門家は，この対策費用が，システムのコストよりも少ないことを保証する必要がある．

　冗長性(Redundancy)と混同してはならないが，クラスタリングも使用することができる手段である．クラスタリング(Clustering)では，2人以上のメンバーがクラスターに参加し，同時にサービスを提供することができる．例えば，アクティブ−アクティブペアでは，両方のシステムがいつでもサービスを提供できる．一方が障害を受けた場合，他方はサービスを提供し続けるが，キャパシティは減少する．

　このようなサービスの低下は，一部の環境では受け入れられないことがある．したがって，アクティブなシステムの1つが故障した場合，アクティブクラスターに参加する“パッシブパートナー”とともに，クラスターが展開されることが多い．当然のことながら，様々なコンポーネント，システムおよびネットワークにおいては，適切なレベルのフォールトトレランスと冗長性を実現しながら，追加コストを妥当なものにすることが必要である．


### ▶電源

　電源が落ちることでシステム故障につながる場合がある．このような障害を許容できないシステム(例えば，コアネットワークスイッチなど)では，冗長電源(またはデュアル電源)を採用するのが一般的である．あるいは，個々のシステムの外部で発生する障害は，適切な無停電電源装置(Uninterruptible Power Supply：UPS)システムと，メイングリッドからの代替電源(多くのデータセンター施設に共通のディーゼルベースの発電

機など)を使用して対処することができる.

## ▶ ドライブとデータストレージ

最も一般的なタイプの障害の1つにドライブ障害がある. 通常のハードドライブは多くの回転部品と可動部品で構成されており, これらは最終的に故障する. 新しいソリッドステートディスク(Solid State Disk：SSD)でさえ, きわめて多数の書き込み操作を行ったあと, 最終的に保存に失敗することがある. ドライブの障害に対処し, サービスの中断やデータの消失を最小限に抑えるために, 長年にわたり多くのオプションが開発されている. 最も適切な解決方法は, データの格納場所と使用されている媒体の種類に大きく依存している.

最も単純な構成では, すべてのデータは, システム内に格納された1つのハードドライブまたは複数のハードドライブに格納される. より複雑なシステム環境では, データはコントローラーを使用するシステムに接続された大規模なストレージネットワークに格納されたり, ネットワークに接続された共通ストレージに格納されたりする. データは, 複数のシステムにまたがってミラーリングされていてもよい. そして, 異なるシステムに格納され, その一部が均等に共有されていてもよい.

セキュリティ専門家は, データが保存される一般的な方法を理解し, データを保護できる最も一般的な方法を特定できることが求められる. これには, 単一システム, SAN, ネットワークアタッチトストレージ(Network Attached Storage：NAS)におけるハードディスクストレージの使用方法の基本を理解することが含まれる. システムのレジリエンスを提供するために, それぞれに異なるアプローチが必要なためである.

SANは専用ネットワーク上の専用ブロックレベルストレージで構成されている. これは, テープライブラリー, 光ドライブ, ディスクアレイなどの多数のストレージデバイスで構成できる. オペレーティングシステムに対し, ローカルに接続されたデバイスとして見せるために, iSCSIのようなプロトコルを使用する.

NASはSANに似ているが, 非常に重要な違いがいくつかある. NASはブロックレベルではなく, ファイルレベルで動作する点が異なっている. NASは一般的に, 単にファイルを保存して提供するように設計されている. NASの一般的な用途には, FTPサーバーやその他の種類のファイルサーバーがある. これらは通常, 共有ネットワーク上にあり, システム上にローカルドライブとしてマウントすることはできないが, ネットワークドライブとしてマッピングされることはよくある. 単一のシステムという前提がある中でパフォーマンスの向上と冗長性が必要な場合には, これを満たすために複数のドライブを使用することが非常に一般的な方法であ

る．複数のドライブを持つシステムでは，システムが何をする必要があるかに応じて，様々な方法でドライブを構成できる．

保存されたデータがすべて必要なデータストレージであれば，スパニング（Just-a-Bunch-of-Drives：JBOD）設定が最も適切かもしれない．ディスクがこのように構成されている場合，各ディスクを独立して使用することができる．この場合，データはディスクリートディスクに格納され，複数のディスクに格納されることはない．パーティションは通常，単一のディスクに格納される（複数のディスクにまたがっては格納されない）．ドライブに障害が発生した場合，そのドライブのすべてのデータは失われるが，ほかのドライブは引き続き使用することができる．

単一のパーティションに複数のディスクを使用することが望ましい場合があるが，これを連結として扱う．連結ディスク（Concatenated Disk）は，単一の連続したドライブとしてオペレーティングシステムに表示される．これは，例外的ではあるが，大きなパーティションが必要な場合に最も適している．しかし，故障したドライブ上のすべてのデータが失われるため，ドライブの障害によって大きな問題が発生する可能性がある．

システムが複数のドライブを同時に使用するのを助けるために，RAID（Redundant Array of Independent Disks）レベルが標準化されている．RAIDレベルは，複数のディスクを連携して動作させるための様々な方法を示している．RAIDレベルによっては，パフォーマンスが向上するものもあれば，信頼性が向上するものもある．いくつかの方法はその両方を提供することを目的としている．セキュリティ専門家は，これらの様々なレベルとそれぞれの長所と短所を把握する必要がある．

- **RAID 0** ＝パリティ情報を使用せずに複数のディスクにストライプ形式でファイルを書き込む．この技術は，すべてのディスクに並行してアクセスできるため，ディスクへの高速な読み書きを可能にする．ただし，パリティ情報がないと，ハードドライブ障害から復旧することができない．この手法は冗長性を提供しないため，可用性要件の高いシステムに使用してはならない．ただし，これはレジリエンスが不要なシナリオに適している．例えば，RAID 0を使用して，短期間だけ必要となる一時的なデータを格納するのが，一般的な使用シーンである．
- **RAID 1** ＝このレベルでは，ディスク間のすべてのディスク書き込みを複製して，2つの同一のドライブを作成する．この手法は，データミラーリング（Data Mirroring）とも呼ばれる．冗長性はこのレベルで提供される．1つのハー

ドドライブに障害が発生すると，もう1つのハードドライブが使用可能になる．このミラーリングは，異なるハードドライブコントローラー上のドライブ間でも使うことがある（これは，2重化[Duplexing]と呼ばれる）．RAID 1は，使用可能なディスクの半分がミラーリングに割り当てられ，通常はペアのドライブ間でのみ使用されるため，ドライブスペースの観点から非常にコストがかかる．これは，コアオペレーティングシステムファイルが存在するシステムディスクに冗長性を提供するために使用されるのが一般的である．

- **RAID 2** = このRAIDレベルは多かれ少なかれ理論的であり，実際には使用されない．データは，この技術を使用して，ビットレベルで複数のディスクに分散保存される．冗長情報はハミングコードというエラー訂正コードを使用して計算される．ハミングコードは，ハードドライブとエラー訂正機能を持ったメモリーモジュールで使用されているのと同じ技術である．この技術には複雑さ（および動作させるために必要なドライブの数）が伴うために，使用されることはない．

- **RAID 3と4** = これらのレベルでは，3つ以上のドライブを実装する必要がある．これらのRAIDレベルでは，RAID 0のようなデータのストライピングが行われるが，現在は専用のパリティドライブの形で冗長性が確保されている．パリティ情報は専用のディスクに書き込まれる．データディスクの1つが故障した場合，パリティディスクの情報を使用してドライブを再構成することができる．RAID 3とRAID 4の違いは，データがストライピングされる方法である．データは，RAID 3の場合はバイトレベルで，RAID 4の場合はブロックレベルで複数のディスクにストライプされる．これは小さな違いであるが，比較すると，RAID 3はディスクスペースが少し効率的で，RAID 4は少し高速である．どちらの場合も，パリティドライブがボトルネックになり，通常はほかのドライブよりも早く故障するため，アキレス腱とも言える．

- **RAID 5** = このレベルでは，3つ以上のドライブが実装されている必要があり，RAID 4と同様に，多くの優れた点がある．大きな違いは，パリティ情報がどのように格納されるかである．専用パリティドライブを使用するのではなく，データとパリティ情報がすべてのドライブにわたってストライピングされる．このレベルは最も普及しており，ほかのドライブのパリティ情報を使用して失われたドライブを再構築できるため，1つのドライブの損失を許容することができる．これは，一般的なデータストレージに，最も一般的に利用される．

- **RAID 6** = このレベルでは，2組のパリティ情報を計算することでRAID 5の

機能を拡張している．デュアル・パリティ・ディストリビューションは，2台のドライブの障害に対応する．ただし，このレベルのパフォーマンスは，RAID 5のパフォーマンスよりわずかに低くなる．通常，障害の発生したドライブを2つ目が故障する前に再構成するため，この実装は商用環境では頻繁に使用されない．

- **RAID 0+1とRAID 1+0**＝これらはネストされたRAIDレベルの例であり，2つの異なるRAIDタイプを組み合わせて両方の利点を合わせたものである．RAID 0+1では，2つの異なるディスクアレイが再生される．最初のディスクセットは，使用可能なドライブ（RAID 0部分）にすべてのデータをストライプ化し，それらのドライブは異なるディスクセット（RAID 1部分）にミラーリングされる．RAID 1+0（RAID 10とも呼ばれる）では，2つの異なるディスクアレイが再生されるが，それぞれ少し異なる．最初のセットの各ドライブは，2番目のセットの一致するドライブにミラーリングされる．あるドライブにデータがストライピングされると，すぐに別のドライブにストライピングされるのである．一般に，RAID 1+0は，すべての面——すなわち，速度と冗長性の面——で，RAID 0+1よりも優れているとみなされている．

冗長性はテープメディアでも実現できる．これは，RAIT（Redundant Array of Independent Tapes）として知られている．RAITはロボット機構を使用して作成されており，ストレージとドライブ機構の間で自動的にテープを転送する．RAITは冗長性のないストライピングを利用する．テープボールティングを使用して，バックアップと復旧に使用されるテープの複数のコピーを作成することも一般的な方法である．

SANは，パフォーマンス，容量および冗長性に関する追加のオプションも提供する．SANでは，特殊なコントローラーまたはIPネットワークを介して，複数のシステムに接続できる大規模なディスク構成を利用できる．これらは上述のRAIDレベルと同じだが，いくつかの利点がある．例えば，中心的な様々なシステムにウォームスペアまたはホットスペアを提供するために，SANを利用することができる．また，その場で割り当て，または再割り当てできる追加のドライブ容量を利用することができるため，有用である．データを別々のドライブアレイにミラーリングするメカニズムを利用し，復旧を高速化することで，追加の冗長性を提供することができ，長距離にわたってミラーリングを行うことさえ可能になる．この手法は一般的に，複数のデータセンターを持つ組織に利用されており，2つ以上の場所から均等にサービスを提供することができるようにする．

NASは，ネットワーク上の複数のシステムにストレージを提供するためにも使用できる．また，通常は上述のRAIDレベルをサポートしており，それ自体がサーバーに構築されている場合がある．アプリケーションおよびデータベースソフトウェアプラットフォーム内で利用可能な追加の冗長オプションもある．例えば，データベース管理システムが複数の場所のレコードを更新する場合，データベースシャドウイングを使用できる．この技法は，遠隔地にあるデータベースの全コピーを更新するものである．

## ▶ バックアップおよびリカバリーシステム

ここまで様々なことを述べてきたが，フォールトトレランスと冗長性を使用して，すべての問題を解決できるわけではない．多くの場合，唯一の解決策は，おそらくシステムが損傷または信頼できなくなる前に，システムを以前の状態に復元することである．バックアップおよびリカバリーシステムは，ある場所から別の場所にデータをコピーすることを主としているため，必要に応じて復元することができる．これらのバックアップには通常，重要なシステムファイルとユーザーデータの両方が含まれている．バックアップは，バックアッププロセスが通常の使用に影響を与えないように，使用負荷が低い日時に行う．これには，選択したバックアップ領域に対してバックアップを計画する必要がある．これが十分な大きさであれば，すべてのファイルがバックアップされるフルバックアップが選ばれる．

場合によっては，各バックアップ中にシステム上のすべてのデータをバックアップする時間がないことがある．その場合，差分バックアップまたは増分バックアップの方がより適切な選択肢になる．増分バックアップでは，前回のバックアップ以降に変更されたファイルのみがバックアップされる．差分バックアップでは，前回のフルバックアップ以降に変更されたファイルがバックアップされる．一般に，差分バックアップは増分バックアップよりも多くの領域を必要とする．増分バックアップは実行が高速である一方で，差分バックアップよりも復元に時間を要する．増分バックアップから復元するには，最後のフルバックアップデータとすべての増分バックアップデータを組み合わせることになる．対照的に，差分バックアップから復元するには，最後のフルバックアップデータと最新の差分バックアップデータのみが必要である．

通常，バックアップには，実稼働システムから様々な場所に移送して保管できる，高密度テープなどのリムーバブルメディアにデータをコピーする作業がある．一般的には，バックアップテープの少なくとも3つのバルクコピーが利用可能である．

オリジナルデータはオンサイトに保存され，故障した個々のシステムを迅速に復元するために使用できる．近くの施設に保管されたテープ（近いが，別の建物にある）は通常，主要施設がより一般的な障害を被り，ローカルテープが損傷した場合にのみ使用される．

オフサイトの施設（通常は災害復旧サイト）は，主要施設からある程度離れた安全な場所に設置される．これは，施設が大災害で破壊された場合の復旧を保証するものである．オフサイトの場所は，大災害の発生時に両方とも破壊されるのを防ぐために，十分離れている必要があるが，復旧のために，媒体の輸送や回収が困難になるほど離れていてはならない．残念なことに，自然災害に遭遇しやすい地域でオフサイトストレージを実現することは難しい課題である．地理的に，森林火災，地震，竜巻，台風またはハリケーンなどの自然災害の影響を受けやすい地域では，適切なオフサイトの場所を決定することが難しい．

電子ボールティング（Electronic Vaulting）は，ネットワークを介してシステムデータをバックアップすることで実現できる．バックアップの場所は通常，ボールトサイト（Vault Site）と呼ばれる，地理的にも別の場所にある．ボールティングは，標準的な増分または差分バックアップサイクルを使用して，ミラーまたはバックアップのメカニズムとして利用できる．バックアップ方式がミラーにより実装されている場合，ホストシステムの変更はリアルタイムでボールトサーバー（Vault Server）に送信される．ボールティングアップデートがリアルタイムで記録される場合，ユーザーまたはシステムのデータに対する不慮の変更または悪意ある変更に伴う復旧を利用するためには，オフサイトの場所で定期的バックアップを実行する必要がある．

ボールトサーバーは，バックアップデバイスと同様に動作するように構成することもできる．リアルタイムの更新を実行するのではなく，増分または差分方式を使用して，ファイル変更をボールトに転送することができる．ただし，複数のバックアップサイクルに十分なストレージスペースがある場合，ボールトサーバーのオフラインバックアップは不要である．

ジャーナリング（Journaling）は，データベース管理システムがトランザクションの冗長性を提供するために使用する手法である．トランザクションが完了すると，データベース管理システムは，ジャーナルエントリーを遠隔地に複製する．ジャーナルは，リモートシステム上でトランザクションを再生するのに十分な詳細情報を提供する．これにより，データベースが破損した場合や使用できなくなった場合に，データベースの復旧が可能になる．

### ▶ レジリエンスのための人材

人間の援助を必要とせずにシステムが自動的に行える技術的解決策には限界がある．復元力のある運用を維持する上で重要なのは，十分に熟練したスタッフがすべてを円滑に運用できるようにすることである．スタッフの適切なレベルは，個々の組織によって異なる．一般的に，運用チームの重要な原則は，個人に依存するなどの単一障害点を回避することである．複数の個人が同様のサービスを提供できる場合には，その単一障害点の影響を受けづらい．適切な人員配置のレベルは，スタッフがいつ必要となるかによる部分もある．24h×7daysの運用では，業務時間外の運用で必要となるより多くのスタッフがすべてのシフトとサービスをカバーする必要がある．

いずれにしても，思いどおりに運用するためにはトレーニングと教育が不可欠である．運用スタッフは，技術やプロセスが時間の経過とともに変化するにつれて，その職務を効果的に実行し，それらのスキルを維持する適切なスキルを持つ必要がある．クロストレーニングは，複数の個人がお互いをカバーできるようにするためにも使用できる．義務的な休暇やジョブローテーションにはほかのセキュリティ上の利点もあるが，複数の人でスキルを共有することも目的の1つとして，トレーニングを奨励している．

## 7.9 災害復旧プロセス

災害復旧（Disaster Recovery：DR）とは，緊急事態からサービスを復元するプロセスである．DRは通常，レスポンス，人員，コミュニケーション，評価，復元および訓練を含むいくつかの分野で実行され，記録される．このプロセスは文書化する必要がある．自然災害のようなストレスの多いイベントの際には，判断が損なわれる可能性があるため，人員は文書化された計画に頼るべきであり，臨時の解決策に依存してはならない．

取締役会および経営幹部は，企業全体の事業継続性テストのポリシーを策定し，テスト戦略およびテスト計画の実施に従うビジネスラインとサポート機能の期待値を設定する必要がある．ポリシーは，時間の経過とともに範囲と複雑さが増すテストサイクルを確立する必要がある．そのため，ビジネス条件の変更に適応し，拡張された統合テストを実装することで，テストポリシーを継続的に改善する必要がある．

テストポリシーには，企業全体およびビジネスラインの継続性テスト戦略を開発

するための事業影響度分析（BIA）およびリスクアセスメントを組み込む必要がある．また，ポリシーは，重要な役割と責任を特定し，頻度，範囲およびテスト結果報告のベースライン要件を含んだ，組織の事業継続性テストの最小要件を確立する必要がある．

テストポリシーは，組織の規模とリスクプロファイルによって異なる．すべての組織は，企業全体でテストポリシーを策定し，テストプロセスに必要な従業員を含める必要があるが，この度合は組織がサービスプロバイダーに依存しているかどうか，またはシステムを社内で管理するかどうかによって異なる．

サービス組織のテストポリシーには，組織とそのサービスプロバイダーとの間のテストに対処するためのガイドラインが含まれている必要がある．また，サービス組織は，重要なサービスプロバイダーとのテストに参加して，組織の従業員が復旧プロセスを完全に理解できるようにする必要がある．

社内システムのテストポリシーは，システムとデータファイルをテストする際の人員の積極的な関与を必要とする．また，バックアップメディアを復旧サイトに送信し，バックアップサービスプロバイダーの従業員が処理することがよくある．しかし，これは組織の事業継続計画（Business Continuity Planning：BCP）の十分なテストとならず，効果的ではないとみなされている．組織の従業員がテストプロセスに直接関与していないためである．つまり，結果として組織はテストが適切に実施されたことを確認することができず，本当に災害が発生した時に組織の担当者が復旧手順や関連する物流に精通していない可能性があると判断されるためである．

通常，テストの範囲と目的，様々なシナリオとテスト方法を実装したテスト計画を含むテスト戦略の開発を通じてテストポリシーが作られる．

## 7.9.1 計画の文書化

地域ごとに復旧戦略が策定され，実施されたら，次のステップは計画自体を文書化することである．この計画には，計画のアクティブ化手順，使用する復旧戦略，復旧作業の管理方法，人員問題の取り扱い方法，復旧コストの文書化と支払い方法，社内外の利害関係者への復旧のコミュニケーション方法，各チームと各チームメンバーの詳細な行動計画が含まれる．その後，この計画は，役割を持つすべての人に配布する必要がある．

技術環境の復旧のための文書は詳細に記述し，説明する必要がある．これまでに手順を実行したことがない，同様のスキルセットを持つ人物が，復旧を実行する際

| イベント管理の要件 |
| --- |
| ☐ 戦略は，イベントに関係なく一貫している必要がある |
| ☐ イベントの評価プロセスが確立している必要がある |
| ☐ イベントのオーナーシップを定義する必要がある |
| ☐ 管理チームを特定する必要がある |
| ☐ レスポンスチームを特定する必要がある |
| ☐ 主要な意思決定者を招集するプロセスが必要である |
| ☐ コミュニケーションの方法を定義する必要がある |

**図7.2** イベント管理プロセスの要件

に利用できるようにするためである．しかし，文書化のタスクは後回しにされる傾向にある．しかも，実稼働環境でこの機能を実行する人や，最後のテストでインフラストラクチャーとアプリケーションを復元した人が，災害時に利用できるという保証はない．さらに，災害は多数の要望が一気に沸き起こり，混沌とする傾向がある．適切な文書がなければ，熟練した復旧戦略が崩壊し，混乱する可能性がある．そして，アプリケーションの復元が難しいことがある．また，竜巻によって破壊されたばかりのデータセンター全体を復元することは，適切な文書化がなければ，不可能ではないにしても圧倒的に困難になる可能性がある．

　文書は復旧機能のある場所に格納する必要があり，復旧がテストされるたびに，文書は復旧参加者によって使用され，必要に応じて更新され，管理される必要がある．文書の信頼度が高くなると，専門家の観察下で，手順を実行したことのない人にこれを試させる．特定のテストでは復旧時間が若干遅れることがあるが，一度完了すると文書の信頼性が向上する．

　セキュリティ専門家は，実際の復旧手順に加えて，あらゆる種類のイベントの復旧を管理するために使用されるプロセスも文書化する必要がある．文書のバージョン管理も，セキュリティ専門家にとっての観点が必要である．正確なバージョンの文書が常に利用可能であることを保証することは，この分野のセキュリティ専門家にとって重要な責任である．イベント管理プロセスの要件については**図7.2**を，イベント管理プロセスの目標については**図7.3**を参照すること．イベント管理は，コミュニケーションとレスポンスに関するものである．問題が災害のレベルに達していない時でもこの2つが必要なため，記述している．イベント管理は，組織の構造の一部となり，どのようにして問題を管理するかが重要である．

　イベント管理プロセスには，プロセスを開始させるトリガーが必要である．この

**イベント管理の目標**

☐ 情報を一元管理すること
☐ トリアージを行うこと
☐ 迅速なエスカレーションを行うこと
☐ 一貫した問題管理を行うこと
☐ 噂をコントロールすること
☐ 誰もが皆，認識し実施すべき事項を確認すること
☐ 解決のため，問題解決プログラムを許容すること
☐ 重要な役割と責任を文書化した実践マニュアルを用いること

**図7.3** イベント管理プロセスの目標

トリガーはイベントである．イベントとは，すでに組織の中断を引き起こす可能性のあるものか潜在的なもののいずれかとして定義されている．ハードウェア障害，停電，ネットワーク障害，建物の避難など，これらはすべてイベントである．

## 7.9.2 レスポンス

イベントが特定されると，そのイベントは中央の組織グループに報告されなければならず，そのグループはその後，イベントに対応しなければならない人々およびイベントの影響を受ける人々への伝達を開始する責任を持つ．問題は24h×7daysいつでも発生するため，問題発見者から最初の報告を受け取るグループは，その間，稼働する必要がある．組織内のすべての人々が，問題を報告するために，中央組織で管理している番号を利用できるようにする必要がある．一般的に，これらの通知が行われるということは，組織のヘルプデスク，技術運用センター，物理セキュリティスタッフまたは組織内の誰でも，監視の役割を担っていると言ってよい．

異なるイベントには異なるイベントオーナーが存在する．この通知をサポートするために，緊急通知リストはイベントタイプによって作られる．停電，漏水，火災などの施設で発生したイベントは施設スタッフが所有し，ネットワーク障害はネットワーク通信スタッフが所有する．さらに，各イベントは，物理的な場所や使用されている技術に応じて異なる組織の人々に影響を及ぼす．

発生したイベントは，まず評価チームに報告される．評価チームの唯一の目的は，問題がさらにエスカレーションを必要とするかどうかを判断し，必要であれば，誰がこのイベントについて知る必要があり，誰がこの問題を解決できるかを判断する

ことである.

　イベントがさらにエスカレーションとコミュニケーションを必要とすると判断された場合,そのイベントタイプの最初のエスカレーションチームに連絡がとられる.最初のエスカレーションチームは,イベントオーナー,イベントレスポンダー,およびこの種の障害が発生した場合,当該イベント発生状況下で実施されるビジネスまたはミッションに直接的かつ直ちに影響を持つと判断されるすべての者から構成される.

　多くの組織では,このコミュニケーションを電話会議で管理している.電話会議は,仮想的な指令センターとして機能し,通知やレスポンスを管理する.1つ目の会議ブリッジは,レスポンダーと問題の修正担当者の間を管理できるもの,2つ目のブリッジは,イベントオーナーがイベントの影響を受ける者とコミュニケーションできるものとする必要がある.彼らは,問題の内容,問題の現状,解決するまでの時間,影響を受けるもの,次回の更新情報の提供時期と方法などを伝達する.ただし,会議ブリッジや電話システム自体がイベントの影響を受ける可能性があることも忘れてはならない.そのような状況では,代替となるコミュニケーション手段を計画する.内部および外部とのコミュニケーションは,緊急時対応計画が成功するかどうかを決定する重要なプロセスである.

　組織のシニアリーダーシップチームは,一般的に,最初の段階で問題に対応する必要はない.しかし,ある時点では,問題が存在することを彼らに認識させる必要がある.なぜなら,問題が持続するか,または重大な影響がある場合は,組織への影響を管理する方法を決定する必要があるためである.

　ワークステーションに影響を与えた配管損傷などの小さなイベントから,台風,ハリケーン,竜巻などの大規模なイベントに至るまで,このプロセスを通じて企業が持つすべてのイベントを管理する必要がある.また,緊急時対応計画を設計して使用する場合,それを頻繁に参照し,把握する必要がある.災害が発生した時に必要な情報や助けを得るために,すべての人が,どのように連絡をとり合い,どこに行くべきかを理解するためである.イベント管理は実践的なものである必要がある.

　イベント管理計画は,BCPおよびDRP(Disaster Recovery Planning:災害復旧計画)の一部である.BCPまたはDRPの実行を決定することは,イベントに対する1つの有用なレスポンスである.イベント管理計画では,災害を宣言する権限を持つ人物は誰か,宣言がどのように行われたか,「宣言する」決定がなされた時に,レスポンスが必要なチームにどのように伝達されるのかを特定する必要がある.

　経営幹部の緊急事態管理チームは,組織やほかの組織へのサービスの復旧に全面

| 危機管理と危機リーダーシップ | | |
|---|---|---|
| **管理** | VS. | **指導** |
| 対応 | | 予測 |
| 短期 | | 長期 |
| プロセス | | 原則 |
| 狭い（限定的） | | 広い視野 |
| 戦術 | | 戦略 |

**図7.4** 危機管理と危機リーダーシップ

的な責任を負う，組織内の上級幹部で構成されるチームである．緊急時に必要に応じて，これらの参画者は復旧努力と計画の実行のために確立された仮想的または物理的な指令センターに加わる．この際の計画には，経営層のための正式かつ統合されたレスポンスプロセスと，緊急時のオンサイトカバレッジおよびサポートの両方が文書化される．

　経営幹部チームは，通常の状況下で組織の日々の業務を直接管理しないため，緊急事態からの復旧作業を管理する日常的な責任を負うことは期待されていない．しかし，経営幹部チームは，方向性を示すことが必要な問題の解決に対応し，支援する必要がある．彼らはメディアに対する組織のスポークスパーソンとなり，イベントがビジネスに与える影響をどのように管理するかについて決定を下す役割を担う．

　ほとんどの組織の役員は，戦術的な面ではなく，戦略的な問題に関心を持っている．緊急事態管理チームは，イベントからの戦術的対応について説明責任を負う必要があるが，経営幹部チームは戦略的対応に重点を置く必要がある．これは，危機自体を管理するのではなく，危機を通じて組織をリードするということである．危機管理と危機リーダーシップの違いを**図7.4**に示す．

　緊急事態管理チーム（Emergency Management Team）は，指令センターに直接報告する責任，緊急事態レスポンスチームによる復旧および復元プロセスを監督する責任を持つ各個人により構成されている．また，経営幹部チームに復旧のステータスを伝え，復旧作業を支援するために必要な決定を下す責任がある．緊急事態管理チームのリーダーは，復旧チームと経営幹部チームとのコミュニケーション全般について責任を負う．緊急事態管理チームの目標と機能は次のとおりである．

- 被害の評価を行う．
- 経営幹部に，現状，組織への影響，行動計画を通知する．

- 必要に応じて災害宣言を発令する．
- 緊急時に計画を発動する．
- 復旧作業のコントロールの中心点としての指令センターを整える．
- 復旧作業の事務的サポートを整え，提供する．
- 問題管理機能を統治し，指示する．

　緊急事態レスポンスチーム (Emergency Response Team) は，そのサイトの重要な組織機能の継続性や復旧に必要な復旧プロセスを実行する責任を負う各個人で構成されている．これらの個人は，復旧プロセスを実行するための重要な機能について代替サイトに状況を報告する．彼らは，緊急事態レスポンスチームのリーダーを通じて，緊急事態管理チームに報告する．緊急事態レスポンスチームは，復旧作業を容易にするために，それぞれ独自のリーダーを持つサブチームに分割することができる．
　これらのチームのメンバーの主な責任は次のとおりである．

- オフサイトストレージから，オフサイトレコードと復旧に必要な情報を取得する．
- 既定の手順で，特定の代替サイトに報告する．
- 担当領域の組織復旧手順を，優先順位の高い順に実行する．
- 必要に応じて，復旧の状況を指令センターに伝える．
- 解決のために緊急事態管理チームに伝達する問題を特定する．
- 復旧チームのメンバーが復旧の努力を24h×7days体制でできるようシフトを確立する．
- 必要に応じて，代替サイトの人員との連絡を確立する．
- 通常の運用に戻るための努力をサポートする．
- 災害の影響を受けた運用のサポートを再確立する．
- 復旧作業に必要で，通常の運用に復帰するために必要な交換用機器やソフトウェアを特定する．

　指令センター (Command Center) は，緊急時のコミュニケーションと意思決定の中心的な場所として設立する．指令センターは，災害に対応して設置され，災害時に必要な計画書やその他の資料のコピーを備える．また，復旧作業に関連するコストをトラックし，必要な消耗品の購入や交換用機器の支払いを迅速に行うことが重要である．さらに，財務問題を処理するための手順も計画に含める必要がある．

組織に複数の拠点がある場合，組織がビジネスを行う各サイトの初期対応計画が必要である．その計画には，次のことが文書化される．

- そのサイトで稼働する組織や技術
- 組織や技術の復旧戦略
- 意思決定者
- 建物に戻ることができない場合，行かなければならない場所
- そのサイトの災害を宣言するプロセス
- 代替サイトの場所
- 代替サイトに行くための移動手段
- 代替サイトにおける座席の割り当て
- 代替サイトの近くのホテル，交通サービスおよび供給すべきほかの事項

各復旧戦略については，災害時に復旧戦略を実行する方法について詳細な実行手順を文書化する必要がある．同様のスキルセットやバックグラウンドを有した人が，これまで本対応を行う経験がなかったとしても，その手続きを理解し，実行できるように記述する必要がある．

計画を文書化する際には，ビジネスが正常な時に当然なすべき単純な事項を忘れないでおく必要がある．考慮すべきいくつかの領域は，事務用品の代替サイトへの配送計画，UPS社やAirborne Express社（エアボーン・エクスプレス）[2]のような代替サイトへの荷物配送アカウントの登録設定，代替サイトへの郵便料金メーターの設置，郵便局の場所の把握などがある．

組織がサイト間にわたって内部でメールを配信するためにメールゾーンを使用する場合は，代替サイトの計画でも同様に設定を要する．代替サイトで働いている従業員に新しい電話帳を公開できるようになるまで，代替サイトに「交換台オペレーター」または自動サービスを準備する必要がある．このオペレーターまたはサービスは，個人用の新しい電話番号が公開されるまで，適切な利害関係者に迅速に公開できる中央電話番号を管理する．

## 7.9.3 人員

多くの計画から除外されている共通の要因の1つは人員（Personnel）に関する問題である．災害とは，個人に対して大きな影響を与える可能性のある出来事であり，

復旧に参加する従業員には会社の責任を文書化することが重要である．災害時に組織のニーズに対応するために，組織はレスポンスチームの家族に課せられた苦労を認識する必要がある．最も必要で，最善を尽くすべきことは，家族が安全であることを伝えて従業員を安心させることであり，それが確立されるのであれば，復旧作業に従事する従業員の不在は過度の苦難にはならないはずである．

　チームメンバーへの支援のレベルは，災害そのものの性質によって明確に定義される．自然災害で，従業員の家族が危険にさらされる可能性がある場合で言えば，家族が一時的に引っ越したり，従業員の復旧現場に同伴できたりすることである．それは，ケアサービスの促進，従業員の帰宅や帰国，家族の復職地への移動，家族のニーズに対応するための現金給与など，多岐にわたる方法がある．この計画のセクションでは，イベント中に発生する従業員の傷害または死亡を，会社がどのように処理するかを文書化する必要もある．

　復旧チームの一員として事務サポートを含めることを忘れてはならない．事務サポートスタッフは速やかな対応は難しいが，復旧の際に必要な役割である．彼らは，電話に応答したり，復旧スタッフとコミュニケーションを図ったり，復旧スタッフのために交通手段を手配したり，復旧場所で食べ物を注文したり，ステータスミーティングの議事録を残したり，コピーを作ったり，宅配便を手配したり，従業員の所在を追跡したりといった，ほかの人が対応する時間のとれない事務および人員関連機能を遂行する．

## 7.9.4　コミュニケーション

### ▶従業員への通知

　緊急事態が発生した場合，緊急通報リストのメンバーである従業員には，担当の管理チームメンバーから直接連絡がとられる．そのため，セキュリティ専門家は，イベントと復旧作業について，組織が残りの従業員とどのようにコミュニケーションするかのプロセスを文書化する必要がある．

　これを実施するには，従業員に起こったことと復旧の進捗状況に関する情報を得るための従業員緊急連絡網を確立するのが一般的な方法である．これを実施しやすくするために，多くの組織では，従業員バッジの裏のステッカーや，従業員が家に持ち帰って冷蔵庫に貼るマグネットの上に情報を貼り付けている．同じ連絡先は，悪天候の場合に，オフィスの閉鎖，早期開始または開始遅延の通知を会社が伝えるためにも使用することができる．

## 潜在的な利害関係者

- ☑ 従業員とその家族
- ☑ 請負業者およびビジネスパートナー
- ☑ 施設やサイト管理者
- ☑ スタッフマネージャー(HR, ITなど)
- ☑ 経営幹部, 取締役会
- ☑ 機関投資家および株主
- ☑ 保険販売員
- ☑ サプライヤーと販売代理店
- ☑ 顧客
- ☑ 政府の規制当局や政治家
- ☑ 競合会社
- ☑ 広告代理店
- ☑ 組合
- ☑ コミュニティ
- ☑ インターネットユーザーまたはブロガー
- ☑ 業界の活動家グループ

**図7.5** 潜在的な利害関係者

計画は，すべての利害関係者に対して，組織のコミュニケーションがどのように管理されるかを文書化する必要がある(図7.5).

通常の業務として顧客またはクライアントと話す従業員には，復旧作業に関する声明や声明のリストを提供する必要がある．誰もが同じ話をすることが重要である．提供された回答に満足していない顧客またはベンダーは，管理者または組織のコミュニケーション担当者に連絡する必要がある．

復旧が進むにつれて，会社はすべての利害関係者に復旧状況の更新を提供する必要がある．状況が正直かつ簡潔であることが重要である．また，各利害関係者の様々なニーズと懸念事項を検討することも重要である．従業員は自分の仕事について心配しているかもしれないし，株主が会社の株式への影響をより心配しているかもしれない．顧客は，製品やサービスが必要な時にそこに存在するかどうかを知りたいというシンプルな要求があるだけである．

セキュリティ専門家は，復旧時に発生する問題の報告と管理のプロセスを文書化する必要がある．昨日計画がテストされ，すべてが完璧に機能したとしても，復旧中に予期しない問題が発生する可能性がある．それを文書化し，トリアージし，伝達し，修正し，報告する計画には，プロセスが必要である．すでに正式な問題管理や変更管理プロセスを持っている場合は，計画段階でそれを使用する．そうでない場合は，復旧を行うため，復旧についてテストをしつつ，問題管理プロセスをテストする．

日々問題を管理するプロセスがあり，それに従って問題を中心のグループに報告し，チケットをレスポンダーに割り当てているのであれば，この問題管理プロセスを復旧でも用いる．組織のユーザーが代替サイトの準備状況の確認に来ている代替サイトテスト中であっても，データセンターのリカバリーテストを行っている最中

であっても，問題が処理される前に，まずチケットを呼び出すようにすべきである．

　復旧作業中に，復旧に関する問題を伝達し，様々な復旧拠点間におけるコミュニケーションを調整するための会議ブリッジを確立するのが有効である．復旧の様々な部分で複数の会議ブリッジが利用される．この場合，技術用語の障壁が混乱を招く可能性があるため，技術グループと組織パートナーとの間の議論を別々に執り行うことがよくある．

## 7.9.5　評価

　イベント中に，イベントの重大度に関する決定を行う必要がある．緊急時対応チーム内の人やプロセスは，イベントが組織とその使命に及ぼす影響を判断し，適切な対応を決定する必要がある．決定は，次のような階層またはカテゴリーを使用して行われる．

- **非インシデント**（Non-Incident）＝これらのイベントは通常，システムの誤動作または人為的ミスによって発生し，範囲はサービスの軽微な中断に限定される．短期間の停止時間があり，代替処理または保管施設の利用は必要ない．
- **インシデント**（Incident）＝施設全体またはサービスが長時間にわたって機能しなくなるイベント．これらのイベントでは，災害復旧計画の制定と情報および状況の経営幹部への報告が必要であり，危機管理が必要となる可能性がある．
- **重大インシデント**（Severe Incident）＝組織の任務，施設および人員に対する重大な破壊または中断．これらのイベントは，災害復旧計画の制定を必要とし，新たな主要施設の建設を伴う可能性がある．これらのイベントには，経営幹部による報告と危機管理が必要である．

## 7.9.6　復元

　文書化された計画の最後の段階として記載されるのは，主要環境の復元（Restoration）と通常の運用への移行に関するものである．組織のある部門は代替サイトで稼働する組織の再開に重点を置いているが，一部のスタッフは，主要施設の実稼働環境を復元するために必要なものに焦点を当てる必要がある．

　このプロセスのオーナーは，イベントの影響を受けたものに依存する．ほとんど

の場合，建物を元の状態に復元するか新しいスペースを取得して構築する施設スタッフと，影響を受けたハードウェア，ソフトウェアまたはネットワークコンポーネントを修理または交換する技術スタッフと，紛失あるいは破損したレコードを復旧するレコード管理者とが連携することになる．

組織の法務スタッフと保険代理店は，イベントからの復元と復旧に関与している．両方に連絡がとれるまで復旧作業を開始する必要はないが，影響を受ける領域をさらに広げないようにする必要がある．

通常の状態に戻すための移行(Transition)は，事実上の復旧よりも簡単である．計画し，すべてを一度に戻すことができる．または，計画では運用を遡り，さらに別のイベントを防ぐために操作を戻すことができる．この戻すプロセスについては一般的に，移行計画を文書化する必要があるが，組織が復旧するイベントの種類に応じて，特定の問題がある場合を想定して対応するための詳細な計画を作成する必要がある．組織の業務を元に戻すことは困難だが，通常はデータセンターを移動させるよりも簡単である．しかし，データセンターがこのイベントの影響を受けた場合，組織はデータセンターの移行プロジェクトを開始し，管理する必要がある．

例えば，組織が代替サイトを利用することになるケースとして，地震の発生後15カ月間のケースと，ハリケーンの発生後2カ月間のケースが挙げられる．代替サイトへの暫定的な移行計画が実行され，従業員の就労環境は2つの暫定稼働サイトに分散され，地震の9週間後にプライマリーサイトが修復，構築された．暫定稼働サイトでは，倉庫やその他の敷地内の機器や家具を使ってスペースを利用することができた．データセンターを再配置する時期になった時，代替サイトで使用されていた技術を移動する代わりに，資産交換する方法がとられた．

資産交換には，新規または復元されたデータセンターにデータを移すための機器を提供するベンダーとの交渉が含まれる．これにより，実際の移動前に新しい設備と建物のインフラストラクチャーを構築してテストすることが可能になる．環境の復元が完了したあと，代替サイト内の機器が適切なベンダーに返却されたり，保管場所に戻されたり，場合によっては販売されたりする．設備が売買された場合，組織は適切な撤去と無害化措置を遵守しなければならない．

## 7.9.7 訓練の計画

計画の目的と中身を関係者が知ることが最も重要である．会社内のすべての人物が緊急時に何をすべきかを知ることが重要である．事業の継続性は，組織の文化に

組み込まれる必要がある．これを達成するためには，セキュリティ専門家は，すべての利害関係者を対象とした訓練と意識啓発プログラムを導入する必要がある．

　必要な訓練のタイプは，組織の人数によって異なる．また，主導するチームには危機管理訓練が必要である．復旧における彼らの役割は，復旧を実行するのではなく，組織を正常に戻すことである．テクニカルチームは，復旧を実行する手順だけでなく，行き先やその到達手段といった物流について知る必要がある．

　セキュリティ専門家は，様々なユーザーに対して意識啓発プログラムを設計する必要がある．ユーザーの必要性に応じて，訓練および意識啓発プログラムについて様々な手段を利用することができる．組織が提供するWebサイトの中でイントラネットは，計画を一般従業員に伝える優れた手段である．

　組織の顧客は，会社が復旧計画を有しているかどうか，知ることを求める場合がある．彼らは，災害発生時の計画された行動方針，代替連絡先番号および期待される運用手順の変更を認識しておく必要がある．この場合に，一般公開されている組織のWebサイトは，情報を伝達するためのよい手段である．

　従業員は，計画の基本情報と彼らの役割を知る必要がある．これには，避難後の再開エリア，リーダーシップチームのメンバー，イベント後の連絡手段，そこに到着するための行程を含む代替サイトの場所，代替サイトに向けて報告する時期などが含まれる．

　指導演習はまた，復旧に直接的な役割を果たす人々のための訓練の一形態である．演習が机上演習であろうと，代替サイトでの実際演習であろうと，呼び出し演習であろうと，その演習中にチームは彼らの役割を訓練するはずである．計画が実行されればされるほど，復旧チームは現実に起こる場面を想定し，自信が持てるようになる．

　新規雇用の従業員に向けたオリエンテーションセッションでBCPプログラムに関するセクションを作成することは，大きな対策手段である．この情報により，計画の全体的な範囲，災害発生時に組織に期待すべきこと，プログラムに関する追加情報をどこで入手できるかについて，説明することが可能になる．

## 7.9.8　計画の演習，評価，維持

　計画が完了し，復旧戦略が完全に実装されたら，計画のすべての部分をテストして，実際のイベントで有効かどうかを検証することが重要である．テストポリシーには，個々のビジネスラインにおける期待を定めた企業規模のテスト戦略が含まれている必要がある．ビジネスラインには，計画，実行，測定，レポート作成および

テストプロセスの改善を行うことを組み込んだテストライフサイクルにわたって，ITや施設管理などの社内外のサポート機能がすべて含まれている．テスト戦略には次のものが含まれている必要がある．

- 事業影響度分析（BIA）とリスクアセスメントに合致した事業継続性テストの目標達成を実証するビジネスラインおよびそのサポート機能に対する期待
- 達成されるべきテストレベルの深さと幅の記述
- 職員，技術，施設の関与
- 内部および外部の相互依存性テストに対する期待
- テスト戦略を開発する際に使用する仮定についての妥当性の評価

　テスト戦略には，どの機能，システムまたはプロセスがテストされるのか，どのようなテストを成功とみなすのかを明確に定義する必要がある．また，実施するテストの範囲と目的を含める必要がある．テストプログラムの目的は，事業継続計画プロセスが，悪い条件下でも正確に機能し，適切であり，実行可能であることを保証することである．したがって，事業継続計画プロセスは，少なくとも年に一度はテストし，事業運営に重大な変更が生じた場合には，それに応じてより頻繁にテストを実施することが必要となる．テストには，BIAで特定されたアプリケーションおよびビジネス機能が含まれている必要がある．BIAは，目標復旧時点（Recovery Point Objective：RPO）と復旧時間目標（Recovery Time Objective：RTO）を決定し，適切な復旧戦略を決定するのに役立つ．RPOとRTOの検証は，それらが達成可能であることを確認するために重要である．

　テストは，単純なものから開始し，複雑さと範囲を徐々に増やしていくべきである．個々のテストの範囲は，継続的に拡大し，最終的にベンダーおよび主要市場参加者を含めた企業全体を対象にしたテストとなる．以下の目標を達成することで，計画には対策レベルの確実性と信頼性を得ることができる．最低限のテストの範囲と目標は次のとおりである．

- 通常の業務を危険にさらさない．
- 複雑さ，参加レベル，機能，関連する物理的な場所を徐々に増やす．
- より多くのリソースと参加者を徐々に巻き込み，複雑な危機状況下での様々な管理と対応の習熟を実証する．
- テスト手順を改訂できるように不備を明らかにする．

- 既定のテストスクリプトには含まない，計画外のイベントもテスト対象とすることを検討する．例えば，キーとなる個人やサービスの損失などが対象となる．
- 復旧機能のための適切な容量と機能を確認するために，すべての種類の十分な量のトランザクションを処理できるかを検証する．

　テストポリシーには，テスト戦略の一部として確立された，事前に定義したテストの範囲と目標に基づくテスト計画がある．テスト計画には，テスト計画のレビュー手順と，様々なテストシナリオ，メソッドの開発が含まれる．管理者は，様々なタイプのテストシナリオのリスクとメリットを評価し，特定した復旧ニーズに基づいてテスト計画を策定する必要がある．テスト計画は，各テスト目的に対して定量の値を設定し，テストの前に検討して，設計どおりに実施できることを確認する必要がある．テストシナリオには，様々な脅威，イベントの種類，危機管理の状況が含まれている必要があり，孤立したシステムの障害から広範囲の混乱に至るまで様々なものが必要である．シナリオはまた，主要な取引相手および第三者のサービス提供者のプライマリーおよび代替施設に対してのテストを促進するべきである．包括的なテストシナリオでは，重要なビジネス機能，情報システムおよびネットワーク間の内部および外部の依存関係に着目する．統合されたテストは，個々のコンポーネントのテストを超えて，社内外の関係者，サポートシステム，プロセスおよびリソースのテストを含む．そのため，テスト計画には，適切な場合に関しても，地方および大規模な混乱に対処するシナリオを含める必要がある．ビジネスライン管理は，アプリケーションデータフローやその他の脆弱性に関する知識のあるITスタッフの支援を得て，内部および外部の相互依存関係を効果的にテストするためのシナリオを開発する必要がある．また，組織はビジネスおよび運用環境の変化を反映するために，テストシナリオを定期的に再評価して，更新する必要がある．

　テスト計画では，定義済みのテストの範囲と目標を明確に伝え，参加者に以下のような関連情報を提供する必要がある．

- すべてのテストの目標を網羅するマスターテストスケジュール
- テストの目標と方法の具体的な説明
- サポートスタッフを含む，すべてのテスト参加者の役割と責任
- テスト参加者の指定
- テストの意思決定者と継承計画

- テスト場所など
- テストエスカレーション条件と，テスト連絡先情報

# 7.10 テスト計画のレビュー

　管理者は，不合格または無効の判定につながる可能性のある弱点を特定するために，テストの前に各テストのスクリプトを準備し，レビューする必要がある．レビュープロセスの一環として，主要人員，ポリシー，手順，施設，機器，アウトソーシング関係，ベンダーまたは重要なビジネス機能に影響を与えるその他のコンポーネントの変更を考慮して，テスト計画を改訂する必要がある．さらに，テストプロセスの予備段階として，管理者はBCPの徹底的なレビュー（チェックリストレビュー）を実施する必要がある．チェックリストレビューでは，BCPのコピーを各クリティカルビジネスユニットのマネージャーに配布し，各部門に適用可能なプランの一部をレビューして，その手順が包括的かつ完全であることを確認するよう要求する．

　このために「テスト」という言葉の使用を止め，「演習」という言葉を使い始めることは賢明であると言える．それらを「演習」と呼ぶ理由は，「テスト」という言葉が使われる時，人々は合格か不合格かを考えているからである．実際に緊急時の対応で，テストをし，失敗するということは実際にはない．セキュリティ専門家がすべて機能していることを知っていれば，わざわざテストしない．テストする理由は，動作しないものを見つけることで，実際に起こる前に修正するためである．

　テストの方法は，必要な準備とリソースに応じて，単純なものから複雑なものまで様々である．そして，それぞれが独自の特徴，目的，利点を持っている．組織が採用しているテスト方法の種類や組み合わせは，組織の年齢や事業継続計画，規模，複雑性，ビジネスの性質などの要因によって決まる．

　テストの方法には，事業復旧と災害復旧の両方の演習が含まれる．事業復旧の演習は，主にビジネスラインの運用テストに重点を置き，災害復旧の演習は，システム，ネットワーク，アプリケーション，データなどの技術コンポーネントの継続性のテストに重点を置いている．2つ以上のサイトがビジネスラインのワークロードの一部をサポートするような，単一ではない処理構成をテストする場合がある．この際のテストは，代替サイトが顧客固有の要件と作業量，そしてサイト固有のビジネスを効果的に支援することを示すためのプロセスである必要がある．包括的なテストでは，1日の作業量のピーク時に処理を実行して見極めた上で，機器の十分な容量を確保し，RTOとRPOを達成できるようにする必要がある．

より厳密なテスト方法をとることと，より多くのテストを行うことで，ビジネス機能の継続性はより確かなものになる．包括的なテストでは，時間，リソース，コーディネーションに多大な投資を必要とするが，詳細なテストは真の災害をより正確に表し，復旧プロセスに関わる個人の実際の対応を評価する上で管理者を支援する．さらに，すべての重要な機能とアプリケーションの包括的なテストにより，管理者は潜在的な問題を特定することができる．したがって，管理者は災害発生前にBCPの実行可能性を確保するために，本節で説明する，より徹底的なテスト方法の1つを使用する必要がある．

セキュリティ専門家が実行できる様々な種類の演習がある．いくつかは数分，ほかは数時間または数日かかる．必要な行動計画の量は，行動の種類，行動の長さおよびセキュリティ専門家が実施する予定の行動範囲に完全に依存する．最も一般的なタイプの演習は，呼び出し演習，ウォークスルー演習，シミュレーションまたは実際演習，そしてコンパクト演習である．

## 7.10.1 机上演習／構造的なウォークスルーテスト

机上演習（Table-top Exercise）や構造的なウォークスルーテスト（Structured Walk-Through Test）は，テストプロセス全体における予備段階のテストで，効率的な訓練ツールであると考えることができるが，好ましいテスト方法とは言えない．このテストの主目的は，すべての分野の幹部職員がBCPに精通しており，計画が災害から復旧する組織の能力を正確に反映していることを確認することにあり，以下で特徴づけられる．

- BCPプロセスにおいて重要な役割を果たす事業部の管理職および従業員の参画
- BCPによって定義された各人の責任についての議論
- BCPに概説されているステップバイステップ手順のウォークスルーを含む，個人およびチームの訓練
- 重要な計画要素およびテスト中に指摘された問題の明確化と強調

## 7.10.2 ウォークスルードリル／シミュレーションテスト

ウォークスルードリル（Walk-Through Drill）とシミュレーションテスト（Simulation Test）は，参加者が特定のイベントシナリオを選択してBCPを適用するため，机上演習と

構造的なウォークスルーテストより多少複雑である．これには以下を含む．

- BCP手順の実施を担当する，すべての運営要員およびサポート要員の出席
- 具体的な機能的対応能力の実践と検証
- 知識とスキルのデモンストレーションだけでなく，チームのやり取りや意思決定能力にも焦点を当てること
- 重要なステップを実行し，困難を認識し，脅威のない環境で問題を解決するために，代替の場所／施設でシミュレートされた対応を行うこと
- 実際の復旧処理を行わずに適切な調整を実施する危機管理／レスポンスチーム全員または一部の動員
- 計画の内容とロジックを強化するために，シミュレートされたものとは対照的に，実際の通知とリソースの動員の程度を様々に変化させること

## 7.10.3 機能ごとのドリル／パラレルテスト

機能ごとのドリル（Functional Drill）やパラレルテスト（Parallel Test）は，コミュニケーションを確立し，BCPに示されている実際の復旧処理を実行するために，人員をほかのサイトに実際に動員することを含む，最初に実施する種類のテストである．これの実施目標は，代替処理サイトで重要なシステムを復旧できるかどうか，従業員が実際にBCPで定義された手順を展開できるかどうかを判断することである．これは以下を含む．

- すべての従業員を対象とするBCPの完全なテスト
- 指示，制御，評価，運用，計画などの一連の対話による連携機能を実行するいくつかのグループの緊急事態管理機能のデモンストレーション
- 医療上の対応と警告の手順についてのテスト
- 実際の通信機能を使用して代替の場所または特定の施設への，実際または机上の対応
- 様々な地理的場所で人員や資源を動かすテスト．これには，人事責任を果たすため従業員が避難する経路や手順をテストする避難訓練を含む
- 並列処理が実行され，トランザクションが実施結果と比較されるように，シミュレートされたものとは対照的に，実際の通知とリソースの動員の程度を様々に変化させるテスト

## 7.10.4 完全停止／全体テスト

完全停止（Full-Interruption）や全体テスト（Full-Scale Test）は，最も包括的なタイプの
テストである．全体テストでは，現実の緊急事態が可能な限り厳密にシミュレート
される．したがって，このタイプのテストでは，事業運営に悪影響を及ぼさないた
めの包括的な計画が必要である．組織は，復旧サイトでバックアップメディアを使
用してデータとトランザクションを処理することによって，BCPの全部または一
部を実装している．このテストには以下を含む．

- 内部環境および外部環境を管理するレスポンスチームの全社的な参加と相
  互作用．なお，これには外部組織の全面的な関与を伴う
- 危機対応機能の検証
- 知識と技術の実証，経営陣の対応と意思決定能力
- 現場での調整と意思決定の役割の実行
- シミュレートされたものとは対照的な，実際の通知，リソース動員，意思
  決定のエスカレーション
- 実際の対応場所や施設で行われる活動
- バックアップメディアを使用したデータの実際の処理活動
- 危機事態においてそうであるように，課題事項が十分に進化し，関係する
  すべてのグループのロールプレイングを実施するための，より長い期間に及
  ぶ演習

セキュリティ専門家が指揮するすべての演習後，結果が公開され，明らかになっ
た問題に対処するためのアクション項目が特定される．アクション項目は，解決さ
れるまで追跡され，必要に応じて計画が更新される．その後のテストで組織が同じ
問題を抱えていた場合，それは単に誰かが計画を更新しなかったためである．

## 7.10.5 計画の更新と保守

すべてのチームメンバーは，変更管理プロセスに参加する義務がある．計画文書
および関連するすべての手順は，各演習のあとに，運用やITシステムまたは組織
環境への各種，重要な変更を行い，さらにその後も継続的に更新する必要がある．
手順は3カ月ごとに見直され，手順の正式な監査は毎年実施されるべきである．各

演習後に作成されたレポートは，内部監査に提供されるべきであり，内部監査は定期的な監査サイクルの一環として，計画文書およびテスト結果のレビューを含むべきである．図7.6に，データセンターの演習レポートのサンプルを示す．

データセンターの演習レポートには，各プラットフォームとアプリケーションの復旧に関する次の情報が含まれている．

- 復元された技術またはアプリケーションの名前
- アプリケーションのRTO
- 最後にテストした日付
- テスト中にアプリケーションがRTO内に復旧したかどうか
- RTOを満たさなくてもアプリケーションがすべて復旧したかどうか
- 現在の文書化されたリピート可能な復旧プロセスがオフサイトに格納されているかどうか
- アプリケーションにバッチサイクルがあった場合は，それが実行され，成功したかどうか
- アプリケーションオーナー

現在のバージョンの計画を使用していることを誰もが確認できるために，計画にはバージョン管理番号が必要である．この計画は，役割を持つ全員に公開する必要がある．また，災害から生き残るだけでなく，災害直後にアクセスできる安全なオフサイトの場所に格納する必要がある．

## ▶ プロジェクトからプログラムへの移行

緊急時対応計画プログラム（Contingency Planning Program）は，進行中のプロセスである．プログラムを構築するために最初に定義されたタスクは，すべて定期的に繰り返される必要がある．それをサポートするために，プログラムには，それの遵守を維持するために計画チームが完了する必要のある年次要件がある．これは，図7.7のレポートカードのサンプルを参照すること．

以下は，緊急時対応計画プログラムとその構成要素の簡単な説明である．

緊急時対応計画プログラムは，実行可能な組織機能の緊急時対応計画の策定と維持を支援するために設計されている．

組織の緊急時対応計画プログラムは，組織の中断が発生した場合に企業の重要な組織機能の継続を提供する．プログラムは，緊急事態対応と復旧計画を文書化し，

**2014年9月から12月における災害復旧演習レポート**

| アプリケーション／プラットフォーム | RTO | 最終テスト日 | オフサイトの文書化された計画 | RTO未満の復旧 | 復旧の成否 | エンドユーザー検証 | パッチ1の成否 | パッチ2の成否 | サポートチーム |
|---|---|---|---|---|---|---|---|---|---|
| アプリケーション | | | | | | | | | |
| コールセンターアプリケーション | 24時間 | 8-Jun | | | | | N/A | N/A | Joe Smith |
| 企業財務管理アプリケーション - ABC | 72時間 | 8-Jun | | | | | N/A | N/A | Dave Brown |
| 財務管理アプリケーション - 一般会計 | 72時間 | 8-Jun | | | | | N/A | N/A | Linda Jones |
| 財務管理アプリケーション - 人事 | 72時間 | 8-Jun | | | | | N/A | N/A | Mark Swain |
| 財務資金運用システム | 72時間 | 8-Jun | | | | | N/A | N/A | Scott Gray |
| アカウント管理アプリケーション | 24時間 | 8-Jun | | | | | | | Mike Beta |
| 人事給与システム | 72時間 | 8-Jun | | | | | N/A | N/A | Michael Green |
| インフラストラクチャー | | | | | | | | | |
| AS400 | 24時間 | 7-Nov | | | | N/A | N/A | N/A | Joe Myer |
| CATスイッチ | 12時間 | 7-Nov | | | | N/A | N/A | N/A | Bob Gerang |
| CICS | 12時間 | 7-Nov | | | | N/A | N/A | N/A | Chris Alpha |
| Ciscoルーター | 12時間 | 7-Nov | | | | N/A | N/A | N/A | John Crank |
| Cleartrust | 24時間 | 7-Nov | | | | N/A | N/A | N/A | Tom Skye |
| DB2 | 12時間 | 7-Nov | | | | N/A | N/A | N/A | Lucy James |
| DNS/DHCPゲートウェイ | 12時間 | 7-Nov | | | | N/A | N/A | N/A | Ned Young |
| DS3 | 12時間 | 7-Nov | | | | N/A | N/A | N/A | Dave Anderson |
| LAN | 12時間 | 7-Nov | | | | N/A | N/A | N/A | Sam Okra |
| Linux | 24時間 | 7-Nov | | | | N/A | N/A | N/A | Frank Perry |
| メインフレームIPL | 12時間 | 7-Nov | | | | N/A | N/A | N/A | Mike Night |
| RS6000 | 24時間 | 7-Nov | | | | N/A | N/A | N/A | Jim Dyer |
| SUN | 24時間 | 7-Nov | | | | N/A | N/A | N/A | Liz Harris |
| 代替サイトネットワーク | 2時間 | 7-Nov | | | | N/A | N/A | N/A | Mike O'Toole |
| Windows | 24時間 | 7-Nov | | | | N/A | N/A | N/A | Lucas Kerry |

**図7.6** データセンター演習レポートのサンプル

実行するために，会社の様々な分野を支援し，準備する．

　各事業所のシニアマネージャーは，組織の存続を確保する責任がある．これを促進するために，各シニアマネージャーは，各分野の組織機能の緊急時対応計画およ

**事業継続計画のステータスレポート**

| 本社ビジネスエリア | BCP窓口 | 緊急通知リスト | アイデンティティ機能 | 代替サイトの要件 | 技術的レビュー | 相互依存性 | 公開計画 | コールテスト | ウォークスルーテスト | 代替サイトテスト |
|---|---|---|---|---|---|---|---|---|---|---|
| DC運用 | Dave Caster | | | | | | | | | |
| ヘルプデスク | Mike Lamp | | | | | | | | | |
| 施設 | Priscilla Jones | | | | | | | | | |
| 資金 | Jen Kato | | | | | | | | | |
| 運用 | Pam Halpern | | | | | | | | | |
| プロセス支援 | Jennifer Potts | | | | | | | | | |
| メールルーム | Joe Kalyn | | | | | | | | | |
| 法律顧問室 | Linda Logan | | | | | | | | | |
| 人事 | Steve Riley | | | | | | | | | |
| 監査 | Mary French | | | | | | | | | |

**図7.7** レポートカードのサンプル

---

び対応作業を調整し，事業継続プランナー（Business Continuity Planner）を任命する．

　緊急事態管理組織（Emergency Management Organization：EMO）は，管理のための正式な対応プロセスと，大規模な緊急事態におけるオンサイトのカバレッジ，サポートおよび専門知識の両方を提供するように形成されている．EMOは，あらゆるタイプの重大な停止が発生した場合に，すべての場所と運営地域が適切かつ調整された対応を受けるようにする．

　EMO管理チームはEMOの意思決定機関であり，通常は以下の分野を含む緊急事態への対応に重要な役割を果たすよう構成されている．

- セキュリティ
- 不動産設備
- システム
- 人員
- 組織のコミュニケーション
- コンプライアンス
- リスクと保険の管理
- 組織の緊急時対応計画

　これらのグループのそれぞれは，緊急事態の際，以下を含む特定の責任を負う．

- インシデントや緊急事態への対応
- 差し迫った緊急事態または実際の緊急事態の程度の決定
- 経営幹部とのコミュニケーションの確立と維持
- 従業員と顧客とのコミュニケーション
- メディアコミュニケーション，セキュリティ，システム，施設の管理
- 事業継続プランナーの調整と統合

　組織の緊急事態運用センター（Emergency Operations Center：EOC）は，EMOが起動されるたびに組織の再開プロセスを管理する．このセンターは，そのために必要なすべてのリソースを備えた場所を提供するために設置される．

## ▶役割と責任

　組織の緊急時対応計画グループ（Contingency Planning Group）は，自社の世界的な事業緊急時対応計画プログラムを開発，実装，維持している．このグループは，重要な組織機能の統合された継続性を維持するためのリーダーシップとガイダンスを提供し，組織が中断した場合に組織の業務を適時に復旧するための管理を支援する．グループの役割と責任は次のとおりである．

- 事業継続と効果的な緊急事態管理を確実にするために，すべての組織単位の戦略的方向性と計画を設定する．
- 組織の性質上必要な場合には，組織単位での緊急時対応計画プロセスを統合する．
- シニアレベルの緊急時対応マネージャーにコンサルティングサービスと指導を提供する．
- 緊急時対応機関の活性化を組織単位で調整し，統合する．
- 定期的に管理状況とステータスを報告する．
- 経営幹部が緊急時対応計画プログラムを遵守することを確実にする．
- すべての重要な組織機能と要件の特定と保守を確実にする．
- 企業の業務の復旧を支援するために使用される代替サイトの調達と管理を行う．
- すべての組織単位が従うべきポリシーとガイドラインを策定，実施，維持する．
- すべての緊急時対応組織のテストおよび保守プログラムを開発し，維持

する.

- 承認済みの緊急時対応計画ツールの訓練，保守，サポートを提供する.

事業継続プランナーは，緊急時対応計画や緊急事態対応など，あらゆる状況において自社にとって重要な役割を果たす．セキュリティ専門家は，組織の中断時に行動を指示する一連のタスク，手順および情報の統合を計画する．これは，混乱を低減し，コミュニケーションを改善し，タイムリーな組織の継続／再開を達成するためである．事業継続プランナーの役割と責任は次のとおりである.

- 中断している最中に対応および調整を実施するための，主要な連絡先を提供する.
- 責任範囲内における，緊急時対応計画のための対応要員として行動する.
- すべての緊急時対応計画チームおよび緊急時対応チームにおける，チームメンバーの任命，トレーニングの実施，バックアップの実施を確保する.
- 代替サイトの設計と保守を支援する.
- 図7.8に記載されているすべての成果物を含む，すべての緊急時対応計画文書の普遍性を維持する.

# 7.11 事業継続とその他のリスク領域

情報セキュリティと事業継続およびその他のリスクマネジメント領域（物理的なセキュリティ，記録管理，ベンダー管理，内部監査，財務リスクマネジメント，運用リスクマネジメント，法令遵守［法律や規制上のリスク］など）との間には重大な相互関係がある．また，これは，全体的なリスクマネジメント（Risk Management）の枠組みに属している.

物理的なセキュリティの実践がきわめて不足しており，権限のない個人が簡単に会社のスペースにアクセスできる場合，それは，ファイアウォールやパスワードの強さの徹底以前の問題である．また，記録管理の実装がきわめて悪いために，組織の復旧に必要なデータをオフサイトで利用できない場合に至っては，会社が代替サイトを持っているかどうかはもはや問題ではない．これらの取り組みはすべて，企業全体で行われている．それらは様々な点でお互いに関わり合い，1つの領域の対策の程度がほかの領域に悪影響を与える可能性がある．これらの各領域は，リスクを効果的に管理するために協力して作業する必要がある.

| | 現在のBCP成果物 | 説明／記載事項 | 期日 |
|---|---|---|---|
| 1 | マネジメント契約 | ・BCPの指定<br>・BCPのための目標確立<br>・経営責任者への提出 | 継続的に実施 |
| 2 | BCP契約 | ・月次のBCP会議への招集<br>・訓練への参加<br>・BCP成果物リストへの積極的関与 | 継続的に実施 |
| 3 | 主要な従業員への携帯電話 | ・イベント管理リストの更新 | 継続的に実施 |
| 4 | 公表された緊急通知リスト | ・主要な人員に，緊急電話会議の番号と手順を公表し，配布する | 四半期ごと |
| 5 | 会議ブリッジの手順 | ・緊急電話会議の番号と手続きを，主要な人員に配布する | 毎年 |
| 6 | ビジネス機能とその時間的制約を特定する | ・グループが実行する全機能の特定<br>・評価が「A」未満かに関わらず，コアまたはミッションクリティカルな機能の特定 | 半年ごと |
| 7 | 代替サイトの要件定義 | ・機能を果たすために必要な文書システムおよび人員 | 半年ごと |
| 8 | 技術レビューの実行 | ・ビジネス機能で使用されるハードウェアとソフトウェアのインベントリーと評価<br>・復旧技術の検証への参画 | 毎年 |
| 9 | 相互依存性の定義 | ・内部または外部のあらゆる依存性の特定 | 毎年 |
| 10 | 公開計画 | ・指導者による署名 | 毎年 |
| 11 | 呼び出し演習 | ・結果報告 | 半年ごと |
| 12 | ウォークスルー／机上演習 | ・結果報告 | 毎年 |
| 13 | 代替サイトの演習 | ・結果報告 | 半年ごと |

**図7.8** 緊急時対応計画の文書リスト

## 7.11.1 境界セキュリティの実装と運用

　物理面での保護プログラムの主な目的は，施設へのアクセスを制御することである．多層防御（Defense in Depth）の概念では，障壁は10層に配置され，セキュリティのレベルは，中央または最も高い保護領域に近づくにつれてますます高くなる．複数の配置で資産を守ることで，攻撃が成功する可能性を減らすことができる．1つの防御層が機能しなくなった場合でも，うまくいけば別の防御層で攻撃を防ぐことができ，その防御層が機能しなくなっても，さらに別の防御層で攻撃を防げる（図7.9）．この設計では，攻撃者が標的とする資産にアクセスするために，複数の防御メカニズムを回避する必要がある．多層防御を実装するには，セキュリティ担当責任者がセキュリティの目標を理解する必要がある．基本的にセキュリティは，可用性，完全性，機密性という3つの基本要素に絞り込むことができる．可用性の面では，正規のユーザーが必要とするリソースを提供するために対処する．完全性は，情報が完全であり，真の状態を維持するという概念に関連している．機密性とは，正当なアクセス権を持つ個人のみがデータを利用できるようにすることである．

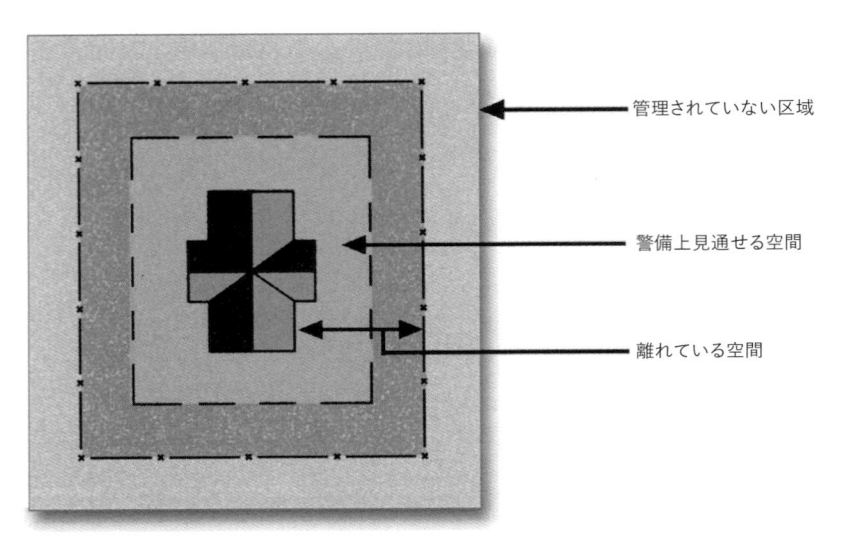

管理されていない区域

警備上見通せる空間

離れている空間

**図7.9** 複数の対策で多層的に資産を守ることにより, 攻撃が成功する可能性を減らすことができる. 1つの防御層が機能しなくなった場合, うまくいけばもう1つの防御層により攻撃を防ぐことができる. （Bosch Security Systems 社[ボッシュセキュリティシステムズ]の提供）

　例えば, 人や資産を保護するために, 複数かつ多くの手段を採用している地方銀行のセキュリティ層を考察する. たとえ要塞のような外観と防御で保護されているという評判があっても, おそらく銀行強盗に対する抑止力にはなるが, すべての場面で有効というわけではない. 抑止力や容疑者の検挙, 資産復旧の手段として機能する次の防衛線はセキュリティカメラである. ただし, このセキュリティ層には明らかに不足がある. 銀行強盗のビデオが実証しているように, 容疑者を何度も捕らえられなかったために, カメラに効果がないと考えられる場合がある. それを踏まえ, 用意する次の層は警備員である. 抑止の意味合いと物理的な対策として重要である. ただし, これは, 侵入者が警備員を無力化することができるため, 100%有効とは言えない.

　もし警備員が突破された場合, 次の層には防弾ガラスや電子ロックドアなどのハードウェアが必要である. もちろん, すべての支店がこのように強化されているわけではなく, 銀行窓口の脆弱性は残る. この場合, 出納係は無音警報ボタン, 染料パック, 強盗訓練の成果に頼らなければならない. いくつかの支店では, 人が入退出する際にわずかにタイミングを遅らせるようにしている, 2重のタイムリリースドアを設けている場合もある. また, 金庫室自体は, 特定の時間にのみ開くよう

に制御されており，重金属構造，さらにアクセスする必要のある複数のコンパートメントなど，複数の防御層により守られている．

多層防御の原則は，「最弱のリンクを探して強化する」原則と矛盾しているように見えるかもしれない．なぜなら，最弱のリンクを強化するよりも，基本的に全体で防御する方が強いと言っているからである．しかし，ここに矛盾はない．コンポーネントが重複しないセキュリティ機能を持っている場合，ここに「最弱のリンクを探して強化する」という原則が適用されるからである．しかし，冗長的なセキュリティ対策になると，実際には，全体で提供される保護は，単一のコンポーネントによって提供される保護よりはるかに強くなる可能性がある．

もちろん，銀行がこのように多くのセキュリティを持っていても，これらの防御すべてがあれば，決して首尾よく奪われないことを保証するものではない．攻撃者が銀行で強盗を働くことを望むなら，攻撃者は最善の努力をするはずである．

しかし，これらすべての防御の全体があることで，いずれの単独の防御よりはるかに効果的なセキュリティシステムになることは明らかである．ただし，既知の，すべての保護措置があらゆる状況において一律的に利用されるべきという意味ではない．リスク，脆弱性および脅威の評価に従い，管理者が費やしたいと考えている財務，人的および組織的なリソースと，徹底的な防御アプローチによって提供されるセキュリティとのバランスをとらなければならない．

システムの運用が成功する鍵は，脅威からターゲットを保護するシステムに対して，人，手順および機器を統合管理することである．十分に設計されたシステムは，多層防御を提供し，時にコンポーネントが故障してもその影響を最小限に抑え，バランスのとれた保護を行う．そして，物理的な保護は情報セキュリティそのものであり，プロセスも一致する．組織は脅威分析を行い，次に機器と手順を含むシステムを設計し，それをテストする．システム自体には通常，抑止-検知-遅延-対応といった多くの要素がある．

抑止は敵が狙いを定めないように施設を守ることを意図しており，うまくいくと攻撃者は侵入または攻撃を諦める．具体的な抑止の例としては，警備員の存在，夜間の適切な照明，標識，窓の柵や棒などの障壁の使用などがある．抑止は敵の攻撃を阻止するのに非常に役立つが，たとえこのように防御の仕組みがあっても，それに関係なく攻撃を行う敵を止めることはできない．銀行強盗を働いて死んでしまった強盗がいるように，奪おうとすることは止められない．ただ，本当の保護システムの抑止力は非常に高く，攻撃の際に資産を保護することができる．

検知には，アクセス試行や未許可のアクセスが発生したことを通知するための適

切なデバイス，システムおよび手順を使用する．それは，悪意のない侵入を防ぎ，また，意図的な侵入の試みを検出し，容易に突破されないようにするために利用される．まず，防護壁およびセンサーといった1つ以上の防御層を持つ．階層化された防御の使用は，犯人の侵入を遅らせるように作用する．それは，攻撃を遅らせて，対応要員が対抗して迎撃する十分な時間を確保できるようにするのである．

　対応の際には，権限のない人が施設に侵入しようとしている場合，または施設に入った場合，対応要員とのコミュニケーションが必要である．また，攻撃が発生したり，完了したりする前に，敵を迎撃するような対応要員が必要である．

　セキュリティシステムは，保護された資産を包囲する複数の防護壁，すなわち「保護の輪（保護連携：Rings of Protection）」を利用して，最適に設計されている．多層防御の設計は，被害を回避するための知識，技能および才能を高める必要がある場合に有利に働く．攻撃者グループは必要なスキルを持つ多くの要員を集めなければならなくなるため，グループの秘密を維持することが難しく，発見される可能性が高くなる．多層防御は，各層を迂回するのに時間をかける必要があるので，階層が増えればより大きな時間遅延をもたらすことになる．これは，対応時間が比較的遅いイベントで，必要な時間を稼ぐのに役立つ．

　次に示す重要な建物要素は，メインエントランス，車両ロータリー，駐車場およびメンテナンスエリアから離れて配置する必要がある．これが不可能な場合は，必要に応じた強化が求められる．

- 燃料システム，デイタンク，消火スプリンクラー，給水システムを含む緊急発電機
- 燃料貯蔵
- 電話配電とメインスイッチ装置
- 消火ポンプ
- 建物管理センター
- 重要な機能を制御する無停電電源装置（Uninterrupted Power Supply：UPS）システム
- ビル制御に必要な場合は，HVAC（Heating, Ventilation, Air-Conditioning：暖房，換気，空調）システム
- エレベーターおよび制御装置
- 階段，エレベーター，付帯設備のシャフト
- 緊急電力用の重要な分配フィーダー

# ▶ゲートとフェンス

## ▶防護壁

防護壁(Barrier)は，自然物または製造物で構成することができる．必要なことはアクセスを妨げる，または拒否するように，指定区域を定義することである．自然による防護壁は，川，高密度な茂み，水路または溝などがある．製造物による防護壁は，壁，フェンス，ドアまたは建物そのものなどがある．壁，フェンス，ゲートは，施設の防衛の第一線として古くから指定されている．防護壁は数多くあり，同じ目的の下に運用されている．侵入者を中に入れず，侵入に手間をとらせて，安全な距離に保つ．しかし，十分な時間と労力をかけられると，防護壁が破られる可能性がある．したがって，主な目的は，法執行機関またはセキュリティチームが対応できるようになるまで，侵入を遅らせることである．

## ▶フェンス

図7.10に示すように，フェンス(Fence)は，侵入者を中に入れないために設計され，構築された境界である．しかし，ほとんどの組織では，排除する方法をよしとしないため，資産を保護するほかの救済策を模索している．そして，組織，場所および資金調達に応じて，フェンスは様々な手段と保護レベルで作られる．

最も一般的に使用されるフェンスはチェーンでつながれたフェンスであり，最も手頃な価格である．標準的なものは，6フィート[3]の高さのフェンスで，2インチ[4]のメッシュの正方形の開口部を備えている．材料はナインゲージのビニールまたは亜鉛メッキを施された金属で構成する必要がある．ナインゲージは住宅地に設置される典型的なフェンス材料である．さらに，フェンス上部から斜めに垂らした有刺鉄線を保護区域から45°の角度で配置し，3本の撚り線が上を走るようにすることを推奨する．この際，7フィートのフェンスが作られる．Ｖ字型の有刺鉄線を使用する「トップガード」の使用法や，従来の3本撚り線の「トップガード」の代わりとなっている蛇腹ワイヤーの使用方法にはいくつかのバリエーションがある．

フェンスは，6フィートごとにコンクリートに設置され，隆起した金属ポストに固定される必要があり，これはコーナーおよびゲート開口部に追加の補強を施す必要がある．

フェンスの底は，フェンスが押し下げられたり，底から引き上げられたりするのを防ぐために，底に沿って柱を取り付けることによって，下を這う侵入者に対して防御を高めるべきである．土壌が砂質の場合は，フェンスの下端を地面の下に設置する必要がある．

**図7.10** 左から右へ：装飾フェンス，3本の針が出ているワイヤーを備えたセキュリティフェンス，3本の有刺鉄線を備えた高セキュリティフェンスおよび有刺鉄線の別角度からの外観（Bosch Security Systems 社の提供）

　セキュリティ設計を最大限にするために，2つのフェンスの間に配置された蛇腹型の鉄状網で2重の防御を実装することは，最も効果的な抑止力とコスト効率の高い方法である．この設計では，侵入者は，フェンスに対抗するために，広範囲に対応できるはしごと機器を使用する必要がある．

　フェンスの安全性を高めるためのセキュリティ対策が追加で講じられない限り，ほとんどの場合，きわめて容易に侵入することができる．ほとんどのフェンスは，主に心理的抑止に過ぎず，単なる境界の印でしかない．フェンスを切断したり，登ったりするのを検知する電子的監視を行う場合は，フェンスに取り付けられたセンサーを使用することができる．

#### ▶ゲート

　ゲート（Gate）は，アクセスを円滑に行わせるとともに，制御するために存在する．権限のある人と車両だけが通過するようにゲートを制御する必要がある．これには，様々な管理策が使用されている．開放することは常に潜在的な脆弱性が存在す

るため，ゲートやアクセスポイントの数は最小限に抑えることが最善である．各ゲートは，電子アクセス制御または警備員を置くかどうかに関わらず，特定のリソースを必要とする．エントリーポイントの数が少なければ少ないほど，施設の管理がしやすくなる．

### ▶ 壁

壁（Wall）はフェンスと同じ目的を果たす．作られた壁は一般的に，フェンスよりも構築するのに費用を要する．一般的な壁の種類は，ブロック，石材，レンガ，石である．より穏やかな外観を好む人に対しては，美的価値を提供する傾向がある．使用される壁の種類に関わらず，防御壁としての目的はフェンスと同じである．最も効果的にするには，7フィートの高さで，その上に3〜4本の有刺鉄線を敷設する必要がある．これはより効果的な抑止力を持つ．また，壁は，領域の視界を妨げるという欠点も有する．チェーンやワイヤーによるフェンスを構築することで，視認性を高める効果もある．

## ▶ 境界侵入検知

施設を保護するために必要なセキュリティの程度に応じて，外部または境界センサーは，広々とした空間を横切ってアクセスしようとする侵入者またはフェンスを破壊しようとする侵入者を発見し，組織に警告する．これにより，あらゆる脅威を評価し，封じる十分な機会がもたらされる．一般に，開放型地形センサー（Open Terrain Sensor）は平らで見通しのよい領域で最も効果的である．一方で，大きなあるいは不規則な構造物がある領域では，開放型地形センサーシステムは役立たない．開放型地形センサーには，赤外線，マイクロ波システム，その組み合わせ（デュアルテクノロジー），振動センサー，ビデオコンテンツ解析，モーションパス解析（CCTV：Closed Circuit Television）システムなどがある．

### ▶ 赤外線センサー

パッシブ赤外線センサー（Passive Infrared Sensor）は人体検知用に設計されているため，近づく誰かを検出するのに最適である．パッシブ赤外線センサーは，放出される熱をアニメーション形式によって検出する．すべての生命体が熱を放出するため，特定の区域で不正侵入を検出する手段となる．ユニットが検知区域の温度変化を記録した際には，検知パラメーターに従って変化を測定するプロセッサーに情報を伝送する．変化がパラメーターを超えた場合，プロセッサーはユニットのアラー

ムに信号を送る．アクティブ赤外線センサー（Active Infrared Sensor）は，送信機を介して赤外線信号を送信する．これを，受信機が受信する．通常，赤外線信号の中断は，侵入者または物体が赤外線の経路を遮断したことを示す．ビームの焦点範囲は狭くてもかまわないが，障害物のない軌道上に投影する必要がある．

### ▶ マイクロ波

　マイクロ波センサー（Microwave Sensor）には，バイスタティック（Bistatic）とモノスタティック（Monostatic）の2つの構成がある．この両方のセンサーを用いて，制御されたパターンのマイクロ波エネルギーを保護区域に放射することによって動作する．送信されたマイクロ波信号が受信され，正常時に正常レベルの「侵入なし」信号が確立される．侵入者の動きを捉えると，受信信号が変更され，アラームが送信される．マイクロ波信号はコンクリートや鋼鉄を通過するため，障害物があっても使用が可能であるが，道路または隣接する建物がカバレッジ区域の近くにある場合は，注意して適用する必要がある．これは，反射されたマイクロ波のパターンが検出され，迷惑アラームが発生することがあるためである．バイスタティックセンサー（**図7.11**）は，送信機と受信機の間の不可視空間での検知フィールドを捉えて送信する．モノスタティックマイクロ波センサーは，送信機能と受信機能の両方を組み込んだ単一の検知ユニットを使用する．これは，トランシーバーからビームを放射し，調節可能な範囲において制御が容易な3次元空間検知パターンを生成する．そして，多くのモノスタティックマイクロ波センサーにはカットオフ回路が付いている．これにより，選択された領域内の区域のみをカバーするようにセンサーを調整することができる．これは迷惑アラームを減らすのに有効な機能である．

### ▶ 歪みに敏感な同軸ケーブル

　これらのシステムでは，同軸ケーブル（Coaxial Cable）がフェンスの素材を縫って使用される（**図7.12**）．同軸ケーブルは電場の強弱変化を送る．フェンスに登ったり，切断されたりすることによって生じるフェンス素材の歪みで同軸ケーブルが動くと，ケーブル内で電場の変化が検出され，警報が発生する．同軸歪み検出システムは容易に入手可能であり，気象および気候特性に起因する現場条件に対し，高度に調整可能な方法である．いくつかの同軸ケーブルシステムは，電磁干渉および無線周波数干渉の影響を受けやすい．

**図7.11** バイスタティックマイクロ波センサー
（Bosch Security Systems社の提供）

**図7.12** 歪みに敏感な同軸ケーブル
（Bosch Security Systems社の提供）

## ▶ 時間領域リフレクトメトリーシステム

　時間領域リフレクトメトリー（Time Domain Reflectometry：TDR）システムは，誘起された無線周波数（Radio Frequency：RF）信号をフェンス素材に接続されたケーブルに送

る．侵入者がフェンスに登ったり，曲げたりすると，警報信号に変換できる信号経路の異常を作り出す．導体ケーブルが曲がると，信号の一部が発信点に戻る．この反射信号の侵入ポイントに移動して戻るまでの時間を計算することによって，侵入ポイントを特定することができる．ケーブルを切断するためにボルトカッター以上の工具を必要とする，強固な外装ケーブルによっても構築することができる．これらのシステムは独自のプロセッサーユニットを必要とし，ケーブルが切断された場合はほかの検出経路で検出できるように，閉じたループで構成される．

### ▶ ビデオコンテンツ解析とモーションパス解析

　ビデオコンテンツ解析（Video Content Analysis）およびモーションパス解析（Motion Path Analysis）侵入検知は，カメラ画像の高度なソフトウェア分析である．CCTVカメラシステムは侵入検知システムとして使用されることが増えている．複雑なアルゴリズムをデジタルCCTVカメラ画像に適用することにより，CCTVシステムが侵入者を検出することが可能になる．ソフトウェアのプログラミングは，ピクセル変化を検出し，真のアラームイベントから通常のビデオイベント（風になびく葉や降雪）を区別してフィルタリングするのに十分なほど賢くできている．ソフトウェアによる判定ルールの適用については，ウサギが駐車場を横切って飛び回るのと，駐車場への不審者の侵入とを区別するために，さらに進化する余地があり，対処する必要がある．CCTVデジタル画像への複雑なソフトウェアアルゴリズムの適用は，カメラおよびプロセッサーが「スマートビデオ」となり，人間のオペレーターをエミュレートし始める人工的カメラの態様をとる．スマートカメラと人間のオペレーターの違いは，カメラには，複雑なソフトウェアプログラミングとそれに関連するルールが必要であるという点にある．これは，ビデオイベントを区別して評価できるようにするためである．

　ビデオコンテンツ解析とモーションパス解析の利点は，カメラシステムには疲れがないことである．数百のビデオイベントを監視したあと，「警告」を出す．ビデオコンテンツ解析システムは，より多数のカメラを，より少ないオペレーターで効果的に監視することができ，コスト削減にもつながる．これにより，より少ないディスパッチセンターと指令スタッフでの運用が可能になり，技術が人的要素を支援することになる．

### ▶ 照明

　暗闇の時間中に警備員が視覚的に観察を維持できるように，施設全体および境界の照明として，セキュリティ照明（Security Lighting）を採り入れることができる．そ

れは，施設，駐車場または施設への侵入の手段として暗闇の覆いを使用しようとする侵入者に対して，現実的で心理的な抑止力を提供する．このように照明を使用すると，警備員と従業員は，夜間に75フィート以上の距離にいる人に気づき，約33フィートで人の顔を識別することもできる．これらの距離によって，警備員は安全な距離を保ちながら個人を退けたり，防御的行動をとったりすることができる．セキュリティを確保する目的の照明は，暗闇の間に警備員またはCCTVの視覚範囲を広げることによって，警備員およびCCTVの有効性を高める．また，自然光が届かないか，不十分な区域の照度を増加させることができる．照明はまた，犯罪を犯す機会を探している人には抑止力として機能する．通常，セキュリティ照明は，作業区域での照明よりも強度が低くなる．要求される照度について，出入口には例外もある．

　照明は比較的安価な方法であり，潜在的な攻撃者による潜伏や奇襲の機会を減らす．これによって個人の保護を強化し，警備員の必要性を低減できる可能性がある．全体的には，人員の適切な識別を確実にするために，敷地への立ち入りを許可する入口で十分な照明を提供することが求められる．また，実用的な場所であれば，可能な限り高い位置に照明器具を配置することで，より広範囲でより自然な配光を実現できる．これは，より少ない数の設置場所が望ましく，美的にも好ましい．

### ▶照明システムの種類

　使用される照明システムの種類は，全体的なセキュリティ要件に依存する．セキュリティ照明システムには，次の4種類の照明が使用されている．

- **連続照明**(Continuous Lighting)は最も一般的な照明システムである．それは，重複する光のコーンで暗闇の間に連続的に所定の区域を照らすものである．これは，固定的に配置された一連の照明器具で構成される．
- **スタンバイ照明**(Standby Lighting)は，連続照明と同様のレイアウトで設置する．ただし，光は連続的に点灯しない．警備員または警報システムによって疑わしい活動が検出または疑われた場合にのみ，自動的または手動でオンになる．
- **可動式照明**(Movable Lighting)は，手動で操作される可動式のサーチライトである．何時間も暗闇の中で点灯するか，必要な場合のみ点灯する方法をとる．システムは通常，連続照明またはスタンバイ照明を補うために使用される．
- **緊急照明**(Emergency Lighting)は，上述のシステムの一部または全部と重複する照明のバックアップ電源システムである．その使用場面は，停電で正常なシステムが動作不能になった場合や，その他の緊急事態が起こった場合のみに

限られる．これは，設置された発電機や携帯用のバッテリーなどの代替電源のキャパシティに依存する．セキュリティ照明について，適切であると判断される緊急電源やバックアップ電源を考慮する必要がある．

施設の性質に応じて，保護照明が配備されるべきであり，施設の境界のあらゆる外部からの進入路は照らされるべきである．また，境界の内部区域および建物に集中的に使用される．米国連邦規則では，境界内の保護区域の照明については，0.2フートキャンドル(fc)という特定の要件が記載されている．

保護区域内の隔離区域およびすべての屋外区域には，監視および観察の要件に十分な照明が与えられなければならない．これには，地面で水平に測定された際に，0.2fc以上でなければならないという基準がある．また，0.5fcは，外観や道路への設置に適したレベルである．しかし，本職のセキュリティ専門家の立場では，誰がこのfcの意味するところを決めたのかが問われる．境界照明(0.5fc)の基本的な考え方は，12×12フィートの部屋で40Wの電球を使用することと同じ程度である．これは，柔らかい琥珀色の輝きであるので，見るには十分な光を放つが，部屋全体を完全に照らすものではない．

### ▶ 光源の種類

保護区域内で使用できる光源(Light)にはいくつかの種類がある．それらには，蛍光灯，水銀灯，ナトリウムランプおよび石英ランプが含まれる．

- 蛍光灯(Fluorescent Lights)は非常に効率的で，費用対効果が高い．しかし，温度に敏感であり，屋外照明システムとしては効率的ではない．この光源は建物や施設内での利用により適している．
- 水銀灯(Mercury Vapor Lights)は，強い白青色の光を届けるセキュリティに良好な光源である．光源の寿命が長いという特徴がある．ただし，スタジアムの光源に特有の，起動時に能力を発揮するまでに時間がかかるという欠点がある．
- ナトリウムランプ(Sodium Vapor Lights)は柔らかい黄色の光で照らす．水銀灯よりも効率的である．この光源は，光の重複が問題となる区域で使用する．
- 石英ランプ(Quartz Lamps)は，非常に明るい白色光を放射し，すぐに点灯する．通常, 1,500から2,000までの高いワット数を提供し，高い視認性があるため，昼間の光景が必要とされる境界および厄介な区域で使用することができる．

アメリカ建築家協会によると，エレベーター，ロビー，階段の室内照明レベルは5 〜 10fcである．外部の照明要件は，場所によって異なる．一般的な照明レベルは次のとおりである．

- 建物の入口（5fc）
- 歩道（1.5fc）
- 駐車場（5fc）
- 敷地景観（0.5fc）
- 建物を囲む周辺区域（1fc）
- 道路（0.5fc）

　　活動を監視するために十分な照明を備えることが重要である．さらに，照明は犯罪を抑止する役目を果たし，不必要な訪問者を妨げ，建物の利用者に安心感や安全感を与える．CCTV監視に使用される照明は，一般に，少なくとも1 〜 2fcの照明を必要とするのに対して，駐車場やガレージなどの屋外区域における安全性の考慮に必要な照明はより大きい（少なくとも5fc）．

### ▶赤外線照明

　　人間の目は赤外線（Infrared：IR）の光を見ることができない．しかし，ほとんどのモノクロCCTV（白黒）カメラでは，確認が可能である．したがって，赤外光を使用して場面を照らすことができるため，追加の人工照明を必要とせずに夜間の監視が可能である．図7.13を参照のこと．IRビーム形状は，CCTVカメラの性能を最適化するように設計することができる．そして，表立たずに監視を行うことが可能となり，目に見える照明がなくてもよいため，近隣の人に警告したり，迷惑をかけたりすることはない．これは，暗い場所では非常に効果的であり，監視による防御を行う際に暗闇の中で状況を確認することができる．

## 7.12 アクセス制御

　　アクセス制御システム（Access Control System：ACS）の主な機能は，許可された要員のみによる管理区域内アクセスを保証することである．これには，特定の区域への出入りを規制することも含まれる．管理対象者には，従業員，訪問者，顧客，ベンダーおよび一般の人々が含まれる．特定のセキュリティ，コスト，運用目標を達成する

**図7.13** 赤外線カメラは，暗い場所では非常に効果的であり，監視による防御を行う際に暗闇の中で状況を見る能力を提供することができる．（Bosch Security Systems社の提供）

ためには，アプリケーションごとに異なるアクセス制御対策を実施する必要がある．

　駐車場のような区域を含めて，施設の周辺に対する制御を開始することができる．その後，建物における外壁の入口を制御することができる．施設内では，経営陣の裁量で任意の区域を管理することができる．しかし，制御は通常，特定したリスクと保護すべき価値レベルの整合性を図り，適用されるのが前提である．保護された区域には，外部の道路に面した出入口，ロビー，荷積みドック，エレベーターなどがあり，顧客データ，専有情報，機密情報などの資産を収容している重要な内部区域が含まれる．

　アクセス制御プログラムの目的は，犯罪が発生する機会を抑えることにある．潜在的に犯罪を行う可能性のある人物が，金融資産，データファイル，コンピュータ機器，プログラム，文書，書式，操作手順およびその他の機密情報にアクセスできない場合，施設に対して犯罪を実行する能力は最小限に抑えられる．したがって，許可された特定の要員だけが，制限区域への通行を許可されるべきである．ACSの基本的なコンポーネントには，カード読み取り装置，電気制御のキー，警報およびACSを監視および制御するためのコンピュータシステムが含まれる（図7.14）．

　許可された従業員をシステムで識別するためには，ACSは，アクセス制御装置の割り当ておよび利用許可に使用される何らかの登録方法を有する必要がある．ほとんどの場合，バッジの作成，従業員への識別子発行が行われ，アクセス可能な特定の区域を従業員に割り当てるための登録機能を有している．一般に，ACSは，個人

図7.14 カード読み取り装置は、アクセス制御システムの基本コンポーネントの1つである.

のバッジと検証されたデータベースを比較して認証する. ここで認証された場合，ACSは許可された担当者がゲートやドアなどの管理された区域を通過できるようにするための出力信号を送信する. このシステムは，エントリーの試み（許可されたものや，許可されていないもの）のログ記録およびアーカイブの機能を有する.

## 7.12.1 カードの種類

　磁気ストライプ（マグストライプ）カード（Magnetic Stripe Card）は，クレジットカードのようなPVC（ポリ塩化ビニル）素材の表面に溶着された磁気ストライプで構成されている. 磁気ストライプカードは，読み取り装置を通してスワイプするか，スロット内の位置に挿入することによって読み取られる. このカードのスタイルは古い技術である. 誤使用により物理的に損傷を受ける可能性があり，そのデータは磁場の影響を受けることがある. そして，磁気ストライプカードは簡単に複製される.

　近接型カード（Proximity Card：プロキシーカード）は，カード内のチップに接続された埋め込みアンテナワイヤーを使用する. このチップは，一意のカードIDでエンコードされている. 近接型カードを読み取ることができる距離は，製造元や設置場所によって異なる. リーダー機器は，カードから数分の1インチ以内に配置する必

要がある．これでカードが認証され，ドアの磁気ロックが解除される．

スマートカード（Smart Card）は，マイクロチップが埋め込まれた資格情報カードである．スマートカードには，アクセストランザクション，個人が保持するライセンス，資格，安全トレーニング，セキュリティアクセスレベル，バイオメトリックテンプレートなどのデータを格納することができる．このカードは，ドアのアクセスカードとしての役割を果たし，コンピュータへの認証として使用することができる．米国連邦政府は，データと施設のセキュリティを向上させるために，すべての従業員と請負業者の身元を確認する目的で，スマートカードにPIV（Personal Identity Verification：個人識別情報検証）を提供するように指示した．このカードは，施設やデータへのアクセスだけでなく，個人の識別にも使用されるようになっている．

PIN（Personal Identification Number：個人識別番号）コード付きのキーパッドまたはバイオメトリック読み取り装置を使用した，追加のセキュリティ対策を採用することができる．コード化されたデバイスは，一般にPINと呼ばれる一連の割り当て番号を使用する．この一連の番号はキーパッドに入力され，ACSに保存されている番号と一致するようになっている．これにより，バッジを紛失したり，盗まれたりした場合には，ATMバンクカードと同様に，正しいPIN番号がなければ，管理区域が有効にならず，認証できないため，セキュリティ機能が強化されたと言える．バイオメトリックス（Biometrics）は，カードが盗まれたとしても，バイオメトリック（生体情報）とカード内のバイオメトリックデータを一致させなければならないため，同様のセキュリティ強化機能を提供している．

## ▶アクセス制御ヘッドエンド

CPUに内蔵されたアプリケーションソフトウェアは，オペレーターによりすべてのACSアクティビティに対して，監視，記録，指示，制御がなされるようにインテリジェントコントローラーを提供している．現在の最先端のアクセス制御システムにおいては，各ローカルセキュリティパネルは，関連するデバイスのシステムロジックを保持することができる．CPUは，システム特有のプログラミングを保持し，許可された人員の入力（アクセス）を許可し，許可されていない人員のアクセスを拒否する．

CPUとローカルアクセス制御パネル間の通信が失敗すると，新規ユーザーにはシステムへのエントリーが許可されない．ただし，システムは，パネルがすでにインストールされている人物については認識している．そして，許可されたバッジホルダーにアクセスを許可するように設定している．これらのシステムは，CCTV

と統合して視覚的な警報のアクティベーションを提供することで，セキュリティ対応を行うオペレーターに対して，セキュリティ対応チームが活動を行う前に，視覚的な情報を提供することができる．

## 7.12.2 CCTV

CCTV（Closed Circuit Television：閉回路テレビ）は，セキュリティイベントの表示と記録を可能にするカメラ，レコーダー，スイッチ，キーボードおよびモニターなどを含む．CCTVシステムは通常，セキュリティプログラム全体に統合され，セキュリティの中央的な管理組織で集中監視される．

過去数年間でCCTV業界が発展し，特に画像解像度，マイクロプロセッサーベースのビデオスイッチャー，圧縮帯域幅比でネットワークを介してビデオを伝送する機能が強化された．

CCTVは非常に柔軟な監視と監視方法を提供している．1つの利点は，即時出力である．機器が正常に動作するかどうかは疑う余地がない．さらに，遠隔制御が可能なデバイス，レコーダー，コンピュータイメージングを使用して，強盗，許可のない入室，従業員による盗難など，あらゆる犯罪を防ぐことができる．セキュリティサービスとしてのCCTVシステムの使用には，以下に説明するようないくつかの異なる機能が含まれている．

- **監視**（Surveillance）＝CCTVカメラを使用して監視する人物は，中央の遠隔監視場所から複数の場所に対して，視覚的に判別可能なイベントを認識することができる．CCTVカメラ技術は，通常は（あちこち動き回る）複数の人的資源によってのみ得られるはずの視覚情報を利用可能なものにする．
- **アセスメント**（Assessment）＝警報通知によって組織に異常が警告されると，CCTVカメラは，セキュリティコントロールセンターのオペレーターまたはほかのCCTV視聴者が状況を評価し，どのようなタイプの対応が必要であるかどうかを判断する．一例は，遠隔施設の侵入警報である．視覚的な確認で，予告なしの保守作業員が仕事中であることを判別できる．この状況は，オペレーターが施設からラップトップを取り外す未知の個人を見た場合とは異なる方法で処理される．
- **抑制**（Deterrence）＝訓練された秘密武装勢力とは対照的に，CCTVカメラは，慣れていない泥棒に対してはより効果的であり，発見や訴追のおそれによる

盗難，破壊行為または侵入を抑止する可能性がある．

- **証拠資料アーカイブ**（Evidentiary Archives）＝アーカイブされた画像の検索は，侵入者，破壊者またはほかの侵入者の特定および訴追に役立つ．

## ▶カメラ

　カラーで撮影できるカメラ（Camera）は，車両の色や被験者の衣服など，より多くの情報を提供する．一部の超薄型カラーカメラは，境界の光の状態を自動的に感知し，暗い場所ではカラーから白黒に切り替えることができる．カメラは，昼光の変化する色温度および夜間視界に必要な人工照明に合わせて，自動ホワイトバランスを実装しなければならない．白黒カメラは，低照明や暗闇でより敏感に映像を取得する．カラーカメラは，白黒カメラよりも高い照明レベルを必要とする．通常，高品質のカラーカメラはfcレベルの照明条件下までの撮影に適しているが，標準の白黒カメラは0.5fcしか必要としない．これらの照明レベルの要件は，カメラのモデルや製造元によって異なるため，カメラの観察に必要な照明レベルを指定し，監視する特定の区域の照明レベルと併せて注意深く調整する必要がある．さらに，遠隔監視区域内のすべての活動を捕捉して見るためのカメラの配置も，セキュリティ専門家にとって重要な検討事項である．

### ▶屋外カメラ

　屋外カメラ（Outdoor Camera）の設置は，カメラを外的環境下で収容し，暖め，換気する必要があるため，屋内カメラよりもコストがかかる．カメラを屋外に設置する場合，照明の必要条件は時刻と天候によって変化する．このため，屋外カメラでは次の点を考慮する必要がある．

- カメラの視界内の灌木，樹木およびその他の植生が，視認性の妨げになることがある．セキュリティ専門家は，カメラの配置場所を決定する際にこれを認識する必要がある．また，モーション検出システムは，視野内の植物が風の強い状態で動く場合，フォールスポジティブがありうるが，これをあらかじめ登録することができる．
- 寒い季節にヒーターブロワーパッケージを提供する．
- 屋外カメラは常に自動絞りレンズを使用すること．絞り機能はカメラに到達する光の量を自動的に調節し，それによってその性能を最適化する．また，絞りは，強い太陽光によってイメージセンサーが損傷するのを防ぐ役割もある．

**図7.15** 壁掛けカメラ

- 自動絞りレンズは常に，暗い場所で焦点を合わせること．太陽光で調整すると焦点は合いやすくなるが，夜間に絞りが開放され，焦点が合わなくなる．
- ニュートラルデンシティ（ND）フィルターと呼ばれる特殊なダークフォーカスフィルターは，1回以上露出を抑えることで，光の量を減らすのに役立つ．これらのフィルターは画像の色には影響しない．
- 画像には，常に直射日光を避ける必要がある．直射日光が当たると，センサーチップ上の小さなカラーフィルターが永久に白くなり，画像に縞ができる．可能であれば，太陽を避けてカメラを設置すべきである．
- カメラを屋外で使用する場合，あまり空にレンズを向けるべきではない．コントラストが大きくなることから，カメラは空の光に対する視認性レベルを上げるために調整され，本来評価する必要がある風景や対象物が暗く映り過ぎることがある．これらの問題を回避する1つの方法は，カメラを地上の高い位置に取り付けることである（図7.15）．必要に応じて柱を使用すること．取り付ける際には，カメラを日の出や日没の太陽の方角に向けないように設置するが，これは季節ごとに変更する必要がある．これは，焦点距離の長いレン

ズで特に重要である．これらのレンズは取り付け位置を少し動かしただけでも，大きく影響を受ける．建物への取り付けは，一般的に柱への取り付けよりも安定している．

### ▶位置固定カメラ

位置固定カメラ (Fixed Position Camera) は回転またはパンすることができない．固定カメラの優れた用途は，検出と監視である．静的な視界であるために，動きのある対象の監視が動的なカメラよりも容易である．また，稼働のためのモーターや制御配線がないため，固定カメラの設置とコストは低い．

固定カメラは，警報区域の静的ビューが存在するため，プリアラームレビューに適している．プリアラームでは，警報が発生する直前の時間のビデオ情報のレビューが可能である．静的ビューのため，固定カメラは動的イベントのトラッキングには適していない．

### ▶パン／チルト／ズームカメラ

パン／チルト／ズームカメラ (Pan/Tilt/Zoom [PTZ] Camera) カメラのマウントにより，カメラの回転，パン，チルト，ズームが可能である（図7.16）．PTZカメラは，駆動モーター，ハウジングおよび制御用の配線を備えているため，固定カメラより通常，3倍から4倍高価である．しかし，オペレーターは，固定カメラを使用するよりも，区域全体をはるかによく把握できる．PTZカメラは，警報状態を表示し，評価するためによく使用される．PTZカメラは，警報区域に常に集中していない可能性があるため，プリアラーム評価にはあまり適していない．CCTV監視を設計する際には，カメラが固定位置にズームした時に，カメラが確認できる視野以外の失われたカバレッジを考慮する．

### ▶ドームカメラ

ドームカメラ (Dome Camera) は，総コスト（設置，部品およびメンテナンス）を考慮すると，PTZカメラよりも実際には安価である（図7.17）．ドームカメラは，硬化したプラスチック製のドームに取り付けられている．このドームは通常，カメラを隠すために暗い色を使うが，明るいドームを使用すると，低照度での撮影性能が向上する．ドームカメラは，環境からカメラを保護する必要があるアプリケーションや，スキャンカメラの視野範囲や視界を隠す必要があるアプリケーションに最適な設計ソリューションである．ドームカメラの一般的な用途は，吊り天井のオフィスビル

**図7.16** パン／チルト／ズーム(PTZ)カメラ

**図7.17** ドームカメラ

である．ドームカメラは，標準的なカメラユニットより美的によい．製品設計の改良により，パッキングも1/4の天井タイルのスペースに収まるようになった．また，ドームカメラのPTZ機能は，別個のPTZドライブユニットを備えた従来のカメラよりも実質的に速く動く．

### ▶インターネットプロトコルカメラ

インターネットプロトコルカメラ(Internet Protocol [IP] Camera)は，デジタルでビデオ画像をキャプチャーする．IPカメラは，LANに設置され，稼働している．ビデオデータは，LAN経由でビデオサーバーに送信され，そこからエンドユーザーおよび大容量ストレージサーバーにビデオを転送する．これは有利と思われるかもしれないが，長所と短所がある．IPカメラは，最も安全性の低いCCTVシステムではあるが，ネットワーク経由での遠隔からの視聴や，大容量低遅延ネットワークで運用される用途には適合性がある．IPカメラシステムでは，システム上のカメラ画像を表示するために，サイト間のネットワーク接続が必要である．そのため，IPカメラの欠点の1つは，標準のアナログ(非IP)カメラよりもコストがかかることである．インターネットのセキュリティ上の懸念から，IPカメラは一般にリスクの高いプロジェクトには使用されない．考えられる例外は，遠隔地にある低優先度資産のCCTV監視である．

### ▶レンズの選択

CCTVシステムの設置におけるもう1つの重要な考慮点は，レンズの適切な選択である．焦点距離は，レンズの表面から焦点までの距離(ミリメートル単位)である．レンズは，固定焦点距離または可変焦点距離を有する．マニュアルによる可変焦点距離レンズは，「バリフォーカルカメラレンズ」と呼ばれている．レンズの焦点距離は通常，ミリメートル(mm)の単位で与えられる．ほとんどのCCTVカメラレンズの焦点距離は，固定焦点距離レンズでは3.6mmから16mmまで，ズームレンズでは70mmを超えるまで様々である．視認性要件の高い倉庫内のセキュリティカメラでは，2.8または4mmのレンズ(幅が広く，やや遠い視野)が最良の選択である．カメラから25フィート離れた人物を積極的に特定する必要がある場合，3.6mmの短焦点距離レンズは視野が大きい(37フィート×26フィート)ため，認識が不確実なものとなってしまう．8mmまたは12mmのレンズの方がはるかによい(図7.18参照)．

### ▶照明要件

CCTVシステムの1つの設計パラメーターは，監視空間における適切な明暗比の指定である．明暗比は，最も暗い(最も反射の少ない)面に対する，最も明るい(最も反射する)面の光強度(フートキャンドルまたはルクスで測定)を指す．良好なCCTV画像明瞭度のための適切な明暗比は4：1である．最大比率は8：1である．比率が高すぎると，影が黒く表示され，影の中のどの形も見ることができない．常に達成可能と

図7.18 3.6mmのレンズ(左上), 4.3mmのレンズ(右上), 6mmのレンズ(中央左),
12mmのレンズ(中央右)および25mmのレンズ(下)のカメラの視野
(Bosch Security Systems社の提供)

は限らないが，設計者は4：1の明暗比を目指すべきである．

　一部のカメラは，昼間の色から夜間の白黒に自動的に切り替わり，低照度の状態
での表示が可能になる．これは，夜間のような照明レベルが低すぎる状況でもカ
ラーカメラの使用を可能にするために，効果的な解決策となるが，いずれにしても
昼間の状況ではカラーカメラの使用が望まれる．数多くのCCTVカメラメーカー
がオートスイッチングカメラを提供している．

### ▶解像度

　解像度は，画像の"粒状性"を指す．画像が鮮明になればなるほど，ピクセルは多

くなる．さらに，ファイルが大きくなればなるほど，帯域幅は消費される．CCTV
デジタルビデオレコーダー（Digital Video Recorder：DVR）システムのデフォルト解像
度である352×288は，640×480の画像データの1/4であるため，伝送コストを抑
え，かつ満足のいく画像を生成する．720および1080ラインで動作する高精細（High
Definition：HD）カメラがいくつかあるが，セキュリティ専門家は，HD装置を利用す
る場合，必要な帯域幅，ストレージおよび処理リソースを理解している必要がある．

### ▶ フレーム/秒

　CCTVカメラは画像フレームでビデオを送信する．ビデオの再生の「滑らかさ」
の尺度は，フレーム/秒（fps）で定量化される．1秒間に多くのフレームを選択すれ
ばするほど，各カメラに必要なネットワーク容量と必要なデータストレージが増
える．30fpsは証拠および調査目的としては必要以上に高くなってしまう．さらに，
CCTVカメラには，警報状態と非警報状態の2つのイメージレートでビデオを送信
するオプションがある．より低い非警報fpsを使用することにより，CCTVシステ
ムのより低い帯域幅の伝送や，より低容量の記録を可能にすることによって，プロ
ジェクト費用を削減することができる．警報またはオペレーターがリアルタイムで
画像をキャプチャーしたい場合，フレームレートを下げてDVRで2秒ごとに画像
を記録するよりも，フレームレートを実際の動きにあわせて増加させることが望ま
しい．一般的に，必要な帯域幅は使用されるフレームレートとともに増加する．

### ▶ 圧縮

　ハードドライブ上のスペースを節約し，伝送を高速化するために，デジタル画像
やデジタルビデオは圧縮することができる．通常，圧縮率は10 〜 100である．標
準的な市販の圧縮アルゴリズムがいくつかあるが，最も一般的なものはMPEG-4
である．MPEG（Moving Picture Experts Group）は，オーディオとビデオの圧縮技法で，
画像のディテールの損失に対する圧縮のバランスをとる．

　圧縮が大きければ大きいほど，より多くの情報が失われる．MPEGは任意の解
像度で提供することができる．MPEG-4では，「アンカー」画像が送信され，画像
内の何かが変わるまで別の画像が送信されないような送信形式が可能である．これ
により，動きがない時に送信される画像の数が最小限に抑えられる．MPEG-4は，
経済的であり，すべての明確さと使いやすさを備えていることから，実証済みの圧
縮規格になっている．

### ▶ デジタルビデオレコーダー

　現在のCCTVシステムでは，デジタルビデオレコーダー（Digital Video Recorder：DVR）がCCTVシステムの中心的なものとして扱われている．DVRは，主にカメラの画像を記録し，履歴情報を保存するため，ハードドライブにこれをダウンロードする媒体として使用される．古いシステムで使用していたVHSテープは段階的に廃止された．このシステムでは，テープを保管するために毎日交換する必要があり，事故が発生した時にはモニターの前に座ってテープ全体を確認しなければならなかった．DVRは現在，数十GBから数TBまでのメモリー記憶容量を有し，追加のハードウェアを使用して記憶容量を増やすことができる．DVRは通常，8ポートまたは16ポートのバージョンで提供される．つまり，8または16台のカメラを同時に録画できる．ほとんどのDVRには，保存されたデータをアーカイブまたは移動するための内蔵DVD機能が装備されている．多くのセキュリティ仕様では，CCTVシステムが最低45日間のカメラ画像を保持できる必要がある．45日間で必要なストレージの量は，カメラの数，圧縮率，解像度，フレームレートなど，様々な要因によって異なる．ほとんどのシステムは動き検出に設定することができ，無駄な画像でデータベースをいっぱいにすることはない．例えば，DVRが真夜中から午前4時までの荷積みドックエリアを記録することが必要なのだろうか．カメラの前に動きがあると，システムは記録を開始する．これは，監視員がリアルタイムの画像を見ることができないことを意味するものではなく，メンテナンスにとって重要性のない画像は保存されないということである．ここでも，この画像について各セキュリティ専門家は，自分が利用したいかどうかを判断することができる．

## ▶ モニター表示

### ▶ 単一画像表示

　単一のCCTVカメラ画像が表示される．受付係または警備員が任務を割り当てられている，エントリードアの位置の監視が典型的な用途である．

### ▶ 分割画面

　分割画面は，複数のCCTVカメラ画像を1つのディスプレイに表示する方法であり，最も一般的に使用されている．表示画面は通常，正方形のパターンに分割される．通常，16ポートDVRを使用する場合，画面は16個のビューを監視するようインストールされる．その画面は，職員，警備員または受付係が，特定の視聴のために分割画面から1つのビューを選択して表示したり，順次表示する選択画面を1秒

**図7.19** 電力設備の大型ディスプレイ

ごと表示される大きなビューに変更したりするために，使用される．

### ▶大型ディスプレイにおけるマトリックス表示

LCDやフラットスクリーンのプラズマディスプレイ（図7.19）は，いくつかのカメラ画像を表示するようプログラミングするのに適している．その構成は，正方形に並べて表示するのが最適である．正方形のマトリックスは，固定ビュー表示または画像の切り替えを行うため，追加モニターによる「警報呼び出し」が可能な5×7マトリックス構成を表示できるようにし，カメラ画像を一方向または他方向に歪ませたり，伸ばしたりすることを回避する．

### ▶警備員

警備担当者は，作動した警報への対応を行うとともに，物理的な監視の存在であり，施設への不正な侵入に対する抑止力となる．すべての警報技術で人間の介入が必要である．警報に対応し，侵入者と接触し，従業員と対話し，必要に応じて応急処置を施す．

警備担当者は，建物の内部，外部，駐車場を歩いて巡回する必要がある．許可されていない入場や禁止品目の持ち込みを防ぐため，出入口などの指定された場所にいる人員や，固定された場所が割り当てられている人員も存在する．警備担当者のほかの責任は，従業員を識別するバッジをチェックし，訪問者には一時的なバッジ

を発行し，登録することによって，施設へのアクセスを制御することである．また，担当者は，火事，安全保障，医療的な緊急事態に対応する必要がある．必要に応じて支援を行い，重要な出来事に関する書面や口頭による報告を警備管理者に提出する．また，指定された訪問者——通常は建設や保守契約者——に対して，施設への営業時間外のアクセスや，機密情報や専有情報を擁する区域へのアクセスを誘導する．そして，故障した照明や漏水したスプリンクラーヘッド，漏れた蛇口，トイレの停止，壊れた床や滑りやすい床面，つまずく危険など，潜在的に存在すると考えられる危険な状態や修理が必要な項目を報告する必要がある．

### ▶独自

独自のセキュリティの利点としては，人材の質，セキュリティプログラムに対する統制度，会社に対する従業員の忠誠心，従業員と会社の両方にとっての威信などが挙げられる．独自の治安部隊にはよりよい訓練が提供され，それは会社の運営により適合したものであり，訓練を向上させることでより改善された任務実施が可能となる．従業員の忠誠心が強くなり，オーナーシップに対する意識が強くなる．職員は自分自身をチームの一員とみなし，会社やほかの従業員の利益のためにいっそうの努力をする．彼らは，同社の長期的な成功に関心がある．独自の警備員は，団結心やコミュニティ感覚の恩恵を受けている．独自の従業員に対してはよりよい賃金を支払うことが可能であるため，専業警備員を雇用する組織では売上高が低いかもしれない．

独自のセキュリティを利用することで，企業は特定のニーズを満たすセキュリティプログラムを設計し，処理し，管理することができる．多くのマネージャーは，会社の給与で直接従事している人員の方が統制度がはるかに高いと感じている．独自の従業員の方が忠誠度が非常に高いことがよくある．契約関係にある警備員は，様々なクライアント間で移動することが多く，特定のクライアントとの関係や忠誠心を育てることが困難である．結局，彼らが保護しているのは，給与支払い小切手にサインをする契約会社であり，クライアントではないということである．

しかし，独自のセキュリティ運用には，コスト，管理，人員配置，公平性，専門知識などの点で欠点もある．独自のセキュリティ運用を進めるために必要な管理には，ログ，監査およびその他のセキュリティプログラムコンポーネントの維持だけでなく，警備員の募集，審査，訓練も含まれる．契約型サービスを採用すれば，管理作業負荷が大幅に減少することに疑問の余地はない．

独自のサービスの大きな欠点は，セキュリティ責任者の選択，多数の職位の執行，

必要とされる具体的な訓練など，自社のプログラムを確立する必要があり，これに時間がかかることである．企業は，ほかの企業や外部のセキュリティ会社と競争するためには，競争力のある賃金と利益を提供しなければならない中で，社内サービスにかなりの金額と時間を費やすことになる．もう1つの欠点は，長年勤める社内の警備員が，友人関係を構築し，ほかの従業員との関係が希薄になり，その結果，えこひいきや職務遂行能力欠如の結果を招く可能性があることである．

### ▶ 契約

　外部との契約によるセキュリティは，突然の予期せぬ状況によってスタッフの必要性が増減しても，独自システムよりも簡単にスタッフレベルを調整することができる．独自スタッフを雇用，訓練，装備するコストは，契約サービスの利用時よりも高くなることが多いため，スタッフの急速な増減が難しい．契約による警備サービスでは，給与，保険，管理費，制服および給付費用がすべて1時間ごとの価格の形で増えていく．これは予算の想定に役立ち，明確であるため，隠されたコストはない．

　契約先のセキュリティ会社の従業員は，一連の方針を実施するために社外から給与を受け取り，個人的な関係や圧力によって手順を守らない可能性が低いため，公平であるとみなしてよい．従業員と警備会社との間に縛りはなく，また，見返りシステムが成立し始めた場合，アカウントマネージャーに電話をかけて，その警備員を簡単に置き換えることもできる．

　契約先のセキュリティ会社は，ビジネスのサポート機能ではなく，ビジネスとしてのセキュリティに焦点を当てている．そのため，独自の運用で実施するよりもメリットを得ることができる．クライアントがセキュリティサービスの人員を雇う際，そのサービスの管理者を招くことで，全体的なセキュリティプログラムの指導を受けることができる．契約先のセキュリティ会社は幅広いレベルの経験を提供し，それを持った独自のセキュリティ組織を自社で構築するには時間がかかる．

　スタッフのニーズに対応するために，警備会社はすでにスタッフの採用と雇用のプロセスを確立している．彼らの事業は個人を割り当てられるようにすることである．これは，独自の従業員の休暇取得と違い，必要な賃金支払いがないため，負担が軽減する．契約による警備サービスにおいては，3人の警備員が必要な時は3人を求めるし，3人も必要ない時は2人を求める．契約のもう1つの大きな利点は，契約警備員が適さない場合，簡単に変更できることである．アカウントマネージャーに連絡して交換を依頼するだけである．

　契約によるセキュリティは通常，独自の人員の賃金が契約社員を上回るため，独

自のセキュリティよりもコストがかからないはずである．独自のシステムの立ち上げコストもまた，契約によるセキュリティサービスを安価にしている．

### ▶ ハイブリッド

契約により迎えた警備担当者の方が理にかなっていることもあれば，自社独自の警備員が理にかなっていることもある．場合によっては，同じ機関で両者を混在させる方が理にかなっていることもある．このハイブリッドシステムは，組織がセキュリティプログラムをより詳細にコントロールしながら，契約によるセキュリティでコストと管理の削減を実現することを可能にする．ハイブリッドシステムの使用は，契約によるセキュリティと独自のセキュリティの両方の利点をもたらすと同時に，両方の弱点を緩和できるため，有効な解決策とみなされる．

## ▶ 警報監視

すべてのカメラ，警報システムおよびロックが施設全体に設置されたとして，その後，「誰が警報を監視し，対応するか」という疑問が残る．すべての警報，CCTVおよびアクセス制御信号は中央ステーションにつながれている．組織は通常，所有施設内に中央ステーションを設置しており，独自の，または契約による警備サービスによって監視される．

セキュリティコンソールセンター，セキュリティコントロールセンターまたはディスパッチセンターとも呼ばれる中央センター（図7.20）は，アクセス制御，CCTVおよび侵入検知システムの中央監視および評価検討場所として機能するエリアである．このスペースでは，オペレーターは警報状態を評価し，適切な対応を決定する．これにより，対応部隊の派遣が必要になる場合がある．通常，中央ステーションには，1日24時間，週7日間，訓練を受けたスタッフを配置している．

24時間週7日のセキュリティコントロールセンターを維持するには，最低でも2人の職員がシフトで必要になる．この人員は，警報，アクセス制御，CCTVおよび火災の監視を担当しており，警報，騒乱，未知なイベントを調査するために，職員を派遣することが求められる．

このような状況で，ハイブリッドシナリオは，セキュリティコントロールセンター内の独自職員と契約職員を活用する実用的なアプリケーションとなる．また，コントロールセンター内で組織は，会社に対する，より高いレベルのコミットメントと，知識と行動におけるパフォーマンスの継続性が求められる．契約職員は，コントロールセンターの独自職員の人員配置に課題がある場合のために訓練を受けて

**図7.20** セキュリティコンソールセンター，セキュリティコントロールセンターまたはディスパッチセンターとも呼ばれる中央センターは，アクセス制御，CCTVおよび侵入検知システムの中央監視および評価検討場所として機能するエリアのことを指す．
（Bosch Security Systems社の提供）

いる．これは，休暇，病気または一時的な任務において期待されるサポート要素となる．契約先の経営陣は雇用人員の卸しとなることを好まないが，契約職員は，独自職員のポストに空席ができた時には，その潜在的な交代要員とみなされる可能性がある．

多くの組織では，中央ステーションの人員配置レベルを指定するため，高度なセキュリティ施設を扱う際に，UL（Underwriters Laboratories：米国保険業者安全試験所）1981規格を利用している．UL 1981は，警報信号の受信を保護現場の警報パネルで確認したあと，あらかじめ定義された期間を超えて，すべての警報信号を確認したり，ディスパッチや検証の処置が開始されたりすることがないようにモニタリング施設の人員配置を求めている[25]．

### ▶設計要件

コントロールセンターは，洪水のおそれがない限り，メインフロアまたは施設の地下に配置される．入室は管理され，許可された人員のみがセンター内への立ち入りを許可される．また，コントロールセンターには，1次および2次電源が提供される．2次電源は，少なくとも24時間の通常の稼働を提供できるバッテリーバックアップまたはUPSシステムで構成する必要がある．コントロールセンターへの電

力を途切れさせないために，エンジン駆動発電機システムを充電型バッテリーシステムの補完として使用することも推奨される．

## 7.12.3 内部のセキュリティ

### ▶内部の侵入検知システム

施設内では，セキュリティレベルを維持する必要がある．多層の対策アプローチでは，施設の境界内において追加のセキュリティ対策が提供される．具体的には，全従業員が携帯電話置き場などの重要区域にアクセスする必要はなく，ましてやデータセンターへのアクセスが必要なわけでもない．そして，施設内のあらゆるセキュリティポイントに警備員を駐留させることは，実用的でも経済的でもない．しかし，アクセス制御システムは建物全体に必要なセキュリティコントロールを提供することができる．

カード読み取り装置は，特定の部屋へのアクセスを制御することができる．これは，セキュリティコントロールセンター内で管理されるアクセス制御ソフトウェアを利用することで可能である．個人が特定の部屋にアクセスできる場合，従業員は自分のバッジを読み取り装置に読み込ませ，電子ロックを解除して入室する．この内部アクセスの制御に必要なほかの要素は次のとおりである．

- **バランス型磁気スイッチ**(Balanced Magnetic Switch：BMS) ＝このデバイスは，磁気または機械的な接触を使用して，警報信号を開始すべきかどうかを判断する．一方の磁石はドアに取り付けられ，もう一方の磁石はフレームに取り付けられる．ドアが開かれた時，磁場は破壊される．バランス型磁気スイッチは，標準的な磁気スイッチと異なり，関連するリードスイッチとともに2つの整列した磁石を機構に組み込んでいる．外部磁石がスイッチの領域に入ると，警報信号を受信するように，平衡磁界を反転させている．標準的な磁気スイッチは，スイッチの近くに磁石を維持することによって警報を鳴らさないようにすることができる．金属を用いて機械的に接触点を閉じた状態に保つか，テーピングによって閉じた状態を維持することで，アラームを鳴らさないようにすることができる．バランス型磁気スイッチは外部磁場の影響を受けず，細工されると警報を鳴らす．これらのスイッチはドアや窓に使用される(図7.21)．
- **モーション起動カメラ**(Motion Activated Cameras) ＝ビデオモーション機能を備えた固定カメラを内部侵入ポイントセンサーとして使用することができる．こ

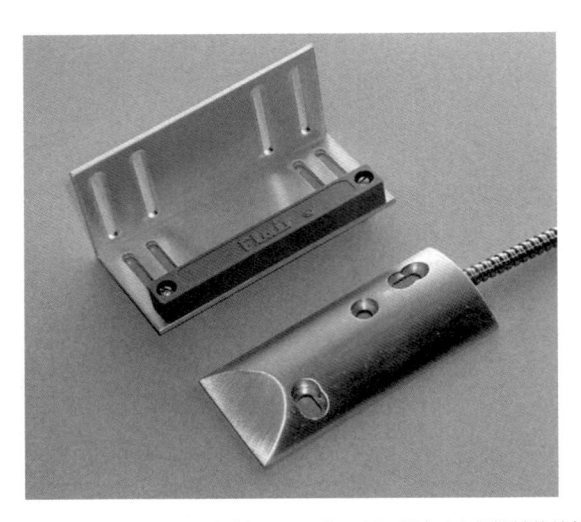

図7.21 ドアや窓に使用されるバランス型磁気スイッチ(BMS)は，磁気または機械的接触を使用して，警報信号を開始すべきかどうかを判断する．
（Bosch Security Systems 社の提供）

のアプリケーションでは，カメラを入口のドアに向けて，侵入者が視界に入った時に警報信号を発信する．さらに，このデバイスには，イベントについてビデオイメージを利用できるというさらなる利点がある．これにより，カメラを監視しているセキュリティ担当者に警報を通知することができ，その場に警備要員を派遣する必要性を判断することができる．典型的な方法としては，1つのカメラを廊下に沿っていくつかのドアに関連付け，設置する．そして，ドアが強制的に開かれると，カメラの録画を開始させて，警備員を派遣する前にすべての情報をオペレーターに向けて送信する．ここでは，警報の作動の1分前から開始するビデオビュー情報を監視員に提供することができる．このように，このシステムは警備員を補う技術を使用している．必要な時に作動することができ，警報作動中に，実際に起こっているイベントの詳細な映像をコントロールセンターのオペレーターに与えることができる．

- **音響センサー**（Acoustic Sensors）＝このデバイスは受動的に音を収集するデバイスを使用して，建物の空間を監視する．これは通常，昼間の勤務時間内にのみ使用される事務棟に適用される．ビルは，セキュリティ監視を行う中央ステーションによって監視され，かつパスワードで保護された入口を制御している．典型的な使い方としては，音響検知システムは，このシステムと結び

ついている．誰かが正しいパスワードで建物に入ると，音響センサーの反応は無効になる．しかし，建物が安全で，人が不在の場合，音響センサーが起動される．例えば，数時間後，侵入者が騒音を発生させた場合，それは音響アレイによって拾われ，警報信号が生成される．この手段の欠点は，空調や電話着信音などの騒音を拾うことによる誤った警報の割合がありうることである．したがって，この製品は，ノイズのない場所に設置する必要がある．音響センサーは，潜んでいた侵入者のための検出手段として機能する．システムを使用する1つの方法は，監視装置としての機能である．警報が発動すると，システムはインターホンを開き，監視員はその区域の音を聞くことができる．侵入者がいない場合，警報はキャンセルされる．

- **赤外線リニアビームセンサー**(Infrared Linear Beam Sensors) ＝多くの人々はこのデバイスをスパイ映画から思い出す．それは，秘密のエージェントや銀行強盗が，アクティブな赤外線ビームの作動を避けるために，特別なゴーグルを着用しているという不朽のイメージである．しかし，これは，ガレージのドアなど多くの家庭で見られるデバイスである．集光された赤外光ビームは，エミッターから投射され，検出領域の反対側に配置されたリフレクターから反射される（図7.22）．エミッターに組み込まれた逆反射光電ビームセンサーは，人の通過または赤外線ビームの経路内にある物体の存在によって赤外線ビームが遮断された場合にそれを検出する．この場合，ドアが停止するか，ライトが点灯する．このデバイスは，警備が低下する夜間に，廊下に人がいることを警備に通知するためにも使用できる．

- **パッシブ赤外線センサー**(Passive Infrared [PIR] Sensors) ＝パッシブ赤外線センサー（図7.23）は，最も一般的なインテリアボリューメトリック侵入検知センサーの1つである．ビームを出さないので，パッシブ（受動型）と呼ばれる．PIRは，赤外線受信を典型的な背景赤外線レベルと比較することにより，侵入者からの熱信号（赤外線放射）を拾う．赤外線は，電磁スペクトル上，可視光よりも長波長側に存在する．人間の目では確認できないが，検出することができる．熱を発生する物体が赤外線を発生させ，そうした物体には動物や人間が含まれる．パッシブ赤外線センサーは，暖かいか，寒いかに関わらず，温度変化を判定し，それが設置されている環境とは異なる物体を区別するように設定されている．通常，作動差は華氏3度[*5]である．これらのデバイスは，安定し，環境的に制御されたスペースで最適に動作することができる．

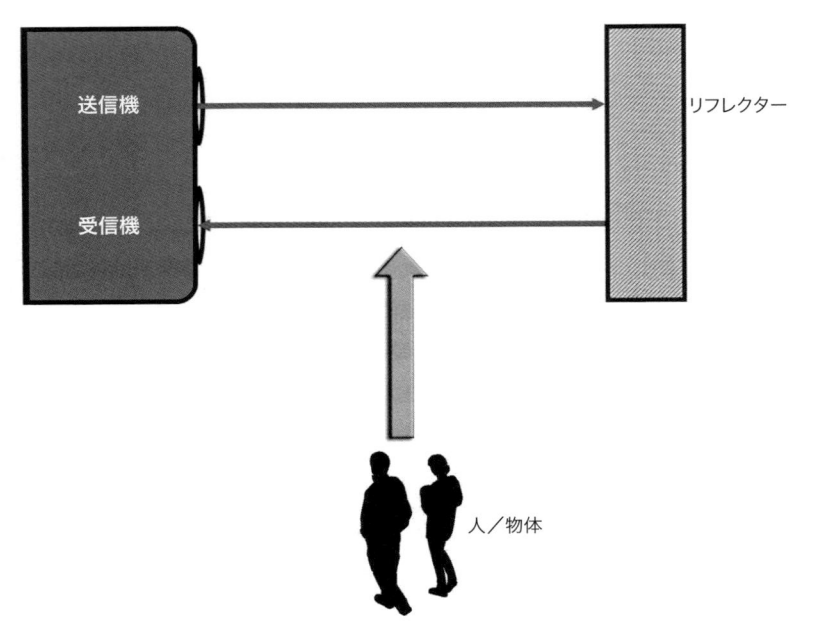

送信機

受信機

リフレクター

人／物体

**図7.22** 赤外線リニアビームセンサー

**図7.23** パッシブ赤外線(PIR)センサーは，最も一般的なインテリアボリューメトリック侵入検知センサーの1つである．
ビームを出さないので，パッシブ(受動型)と呼ばれる．
（Bosch Security Systems社の提供）

パッシブ赤外線センサーは動きを検出する機器であり，センサーに取り付けられた電子機器パッケージが，赤外線エネルギーの量のかなり急激な変化を探るので，静止している人には反応しない．人が歩行すると，視界内の赤外線エネルギーの量が急速に変化し，容易に検出される．センサーは，夜間に歩道が冷えるなど，よりゆっくりとした変化を検出しない．

パッシブ赤外線センサーは，45°の角度で突き出た装置に入っており，8〜15m離れた物体を確認することができる．さらに，360°の仕様のパッシブ赤外線センサーがある．これは保護された部屋で使用し，エントリーを確認するとパッシブ赤外線センサーが作動する．これらの動き検出装置は，保護空間内に配置された警報に関する操作ができるようにプログラムすることもできる．動きが検出されると，個人がバッジをスワイプするか，パスコード情報をキーパッドに入力している間に，所定の時間，待機を開始するようにプログラムすることができる．識別が成功した場合，パッシブ赤外線センサーは中央ステーションに侵入者の警報通知を送信しない．

セキュリティアプリケーションだけでなく，パッシブ赤外線センサーは，磁気的にロックされたドアの自動解除要求（Request to Exit：REX）装置としてもよく使用される．このアプリケーションでは，自動解除要求（図7.24）は，磁気的にロックされたドアの場合，接近する人を出口方向に検出して警報を無効にする自動センサーとして機能する．

- デュアルテクノロジーセンサー（Dual-Technology Sensors）＝誤った警報の割合を低減するための常識的なアプローチである．例えば，この技術では，1つの筐体内にマイクロ波とパッシブ赤外線センサー回路を組み合わせて使用している．警報状態は，マイクロ波およびパッシブ赤外線センサーの両方が侵入者を検出した場合にのみ生成される．2つの独立した検出手段が関係しているので，誤った警報レートはこの設定により減少する．統合されたデバイスは，警報を発生させるために同時に反応する必要がある．ますます多くのデバイスがデュアルテクノロジーを採用しており，複数のデバイスの必要性を減らし，誤った警報の割合を大幅に削減する．

## ▶誘導と訪問者のコントロール

施設にいる人，訪問の時間枠，訪問した人などの説明責任を維持するため，そして，緊急の場合にはすべての人員の安全に関わる説明責任を果たすため，施設に入るすべての訪問者（Visitor）は，訪問者記録に，入室および退室の記録を残す必要がある．

**図7.24** 自動解除要求(REX)装置(出口標識上に位置)は，磁気でロックされたドアに提供され，接近する人を出口方向に検出して，人が出る時には警報を停止する自動センサーとして働く．

　すべての訪問者は精通した受付係に迎えられる．受付係は，すぐに訪問先の従業員に連絡し，訪問して会うことができるかどうか，順番にコンタクトがされる．ロビー内には管理された待合室があり，受付係は訪問者を見守り，以前に会ったことがない場合には従業員をその訪問者に案内することができる．

　訪問者には一時的にバッジが与えられるが，このバッジはアクセスカードを兼ねない．一時的なバッジは，訪問者が訪問の目的を特定し，訪問された従業員の承認を受けたあとで初めて，入口制御地点で発行される．一部の組織では，特定の従業員だけが訪問日時とともに訪問者のアクセスの承認権限を持つ場合がある．多くの場合，訪問者は施設内で常時誘導(エスコート)される．訪問者が到着すると，運転免許証などの写真付き身分証明書を受付係に提出し，身分を確認される．一部の訪

問者のバッジは紙で用意され，あらかじめ定めた期間が経過すると破棄するように記載されている場合がある．通常，パスは日付が設定され，一定期間（通常は1日）発行される．ほとんどの場合，訪問者は訪問者であることを識別し，誘導が必要かどうかを明確に示すように，目立つバッジを着用する（多くの場合，色分けしたバッジで行う）．誘導が必要な場合は，指定された人物を名前で識別し，施設内では常時訪問者としての責任を負わなければならない．訪問者管理システムは，施設への訪問者に関する基本情報を記録するペンと紙のシステムとすることができる．典型的な登録情報には，訪問者の名前，訪問の理由，訪問日，チェックインとチェックアウトの時間が含まれる．

ほかのタイプの訪問者管理システムは，コンピュータベースのシステムまたは特定のビジターソフトウェア製品を使用する．それらは受付係によってシステムに手作業で登録され，ハイエンドの訪問者管理システムでは，訪問者は受付係に運転免許証や政府または軍用IDなどの識別情報を提供し，受付係はその人の身分証明書を読み取り装置に読み込ませる．システムは自動的にデータベースにID情報を入力し，IDが形式どおり適切に記述されているか否か確認する．そこで，訪問者を登録している受付係は，訪問者がゲストか，クライアントか，ベンダーか，請負業者か，その所属するグループを識別する．その後，バッジが印刷される．

従業員がロビーエリアに来て，訪問者を迎えるのが最善である．これは，適切な識別，誘導および訪問者の動きの制御に必要なセキュリティを提供でき，一般的な礼儀以上のものとなる．いくつかの企業では，訪問者を適切に識別し，訪問者管理システムに登録することで，いかにも健全なセキュリティプラクティスを実践しているが，訪問者が訪問先を探して，会社のホールをさまようことを許容している場合がある．これは，訪問者を識別してバッジを提供する前段のプロセスを，完全に無にしていることになる．

## 7.12.4 建物と内部のセキュリティ

### ▶ドア

ドアアセンブリーには，ドア，そのフレームおよび建物への固定具が含まれる．バランスのとれた設計手法の一環として，外装のドアはドアフレームにぴったりと収まるように設計し，隙間を防ぎ，簡単な方法での侵入を防ぐ．ドアフレームとロックも，良好な保護を提供するために，ドアと同様安全でなければならない．

周囲のドアは，中空のスチールドアまたはスチールフレームを備えたスチールク

ラッドドアで構成する必要がある．ドアチェーンとフレームアンカーの強度が，つまりドアとフレームの強度に等しい．可能であれば，緊急出口を備え，限定的な数のドアを通って通常の退出を許可する設計が望ましい．居住区域へ向かう外部のドアは外側に開くことを確認する必要がある．制限区域の内部に蝶つがいを配置する．ドアの外側にはセキュリティヒンジを使用して，脆弱性を減らす．

　周囲のドアがガラスでできている場合は，材料がラミネート材またはそれより強い材料で構成されていることを確認する．ガラスドアで構成する場合は，施設の公共またはロビーエリアへのアクセスのみを許可するようにすること．アクセスが制御されるロビーエリア内には，もっと高いセキュリティドアを設置する必要がある．電話機クローゼット，ネットワークルーム，またはアクセス制御を有する区域などの重要な区域に設置されているすべてのドアには，自動ドア閉鎖装置を備える必要がある．

## ▶ ドアロック

### ▶ 電気錠

　電気錠（Electric Lock）は，ドアを制御する安全な方法である．電気錠がドアボルトを作動させる．安全なアプリケーションでは，デュアルロック方式を使用できる．場合によっては，ハンドル操作に連携して電力が供給される仕組みになっており，電気錠ドアオペレーターがボルトを引っ込める代わりに，ユーザーがボルトを引っ込めることができる．ほとんどの電気錠には，内蔵されたスイッチと自動解除要求可能なハードウェア機構がある．高いセキュリティレベルを提供するが，電気錠は高価である．ワイヤーハーネスと内部ハードウェアをドアに取り付けることができる特別なドアヒンジが必要である．電気錠は通常，改造のためには，新しいドアを購入する必要がある．

### ▶ 電気ストライク

　電気ストライク（Electric Strike）と電気錠の違いは，作動するドアの機構にある．電気錠のドアでは，ボルトが動かされる．電気ストライクのドアでは，ボルトは固定されたままで，ストライク部分が後退してドアを開くことができる．電気錠の場合と同様に，電気ストライクは，フェイルセーフあるいはフェイルセキュアに倒れるように構成することができる．論理は同じである．フェイルセーフ構成では，電力が失われ，電源が切れると，ストライクが後退する．これにより，パブリック側からドアを開くことができる．フェイルセキュアな構成では，ストライクは定位置

**図7.25** 磁気ロック

にとどまるため，パブリック側からドアはロックされる．パブリック側からドアを
ロック解除するために手動でキーを入力する必要がある．また，電気錠と同様，安
全な側から出る時には，ドアハンドルまたはレバーを手動で作動させることによっ
て，妨げられることなく，外部へのアクセスが可能になる．改造する状況では，電
気ストライクは，ほとんどドアの交換が必要ではなく，ドアフレームも交換するこ
となく行うことができる．

### ▶磁気ロック

　磁気ロック（Magnetic Lock）は，既存のドアに簡単に後付けすることができるため，
一般的によく利用される（図7.25）．磁気ロックは，ドアとドアフレームの表面に実
装されている．磁石に連続的に通電して，ドアを閉じたままにする仕組みである．
磁気ロックは通常フェイルセーフだが，セキュリティ上の問題がある．

　米国の生命安全基準（Life Safety Codes）では，磁気ロックを備えたドアには，ドア
ロックを無効にするために，1つの手動装置（緊急手動無効化ボタン）と自動センサー

（通常はパッシブ赤外線［PIR］センサーまたは自動解除要求［REX］装置）が必要である．出口の方向に向かい，ドアに近づくと，ドアロックを無効化する[26]．すべてのロックは，カード読み取り装置によって制御され，カード読み取り装置が作動すると，ドアの固定された側部を解放し，施設に入ることができる．建物全体の安全性を高める一方，これらの機能の装置を追加することにより，ドアロックに対して不正アクセスを可能にする．このシナリオでは，REXが磁気ロックとともに使用される場合，個人が出る時に警報をオフにするだけでなく，ロックデバイスを非稼働な状態にする．悪意を持った者がドアに何かを通過させる，または下に入れることで，REXに磁気ロック解除を引き起こすことができる問題が発生する可能性がある．

### ▶ アンチパスバック

　高セキュリティ区域では，カード読み取り装置がドアの入口側と出口側の両方に利用される．これを利用すると，誰が出入りしたかの記録を保持できる．アンチパスバック（Anti-Passback）は，区域や施設に入場するために資格証明を提示し，その資格証明を再度使用して「退出」させる戦略である．これにより，ある人がある区域にどれぐらいの時間滞在しているのかを知ることができ，その区域にいる人が誰なのかをいつでも知ることができる．この要件はまた，緊急事態または危険なイベントの間などに対する人員の所在について，説明責任を果たすという利点を有する．アンチパスバックの仕組みは，制限区域にアクセスするために，カードやPIN番号を他人に与えることで不正が行われるのを防ぐ．厳格なアンチパスバック構成では，資格証明またはバッジを使用して区域に入り，同じ資格証明を使用して退出する必要がある．資格証明の所有者が正しく「退出」しないと，保護区域への入室が拒否される可能性がある．

## ▶ ターンスタイルとマントラップ

　セキュアACSにおいて一般的に不足している，いわば抜け穴は，チェックポイントにおいて，権限を与えられた人の後ろを権限のない人物が通過できてしまうことであり，これは「ピギーバック（Piggybacking）」または「テールゲート（Tailgating）」と呼ばれている．
　昔からある解決方法は，「マントラップ（Mantrap）」と呼ばれるエアロック式の配置で，1人が1つのドアを開き，次のドアが開く前に，最初に開いたドアが閉じられるのを待つ方法である（図7.26）．歩行検知フロアを追加し，通過する人が1人だけであることを確認することができる．正しく構成されたマントラップまたはポータ

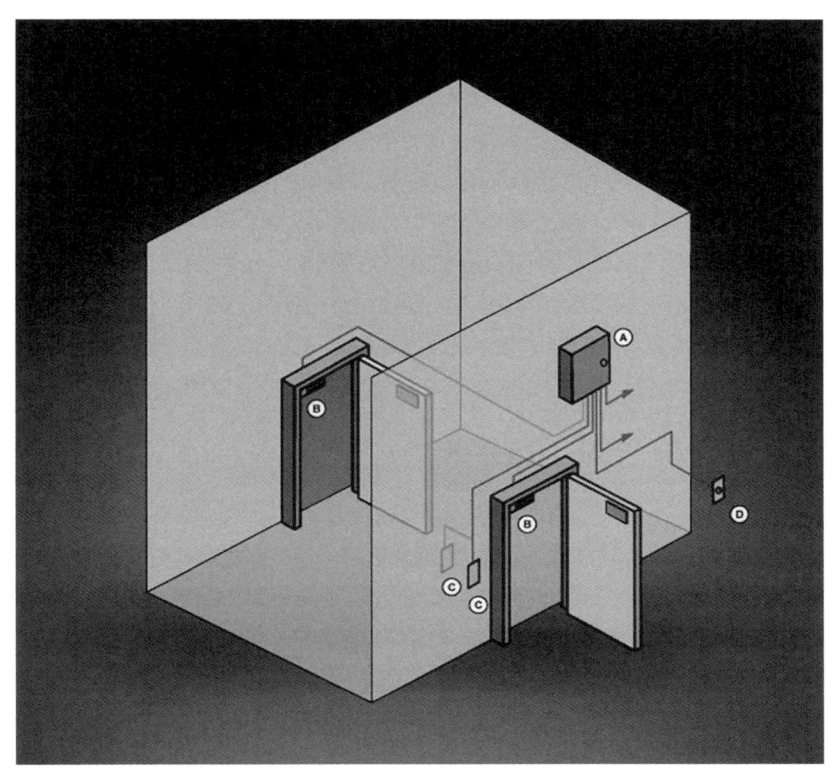

**図7.26** マントラップ
（Bosch Security Systems社の提供）

ルは，キャリーバッグ，ブリーフケース，およびほかの大きなパッケージであって
も迷惑警報を引き起こすことなく，テールゲート検知を提供する．ここで，横並び
に入ることを試みても，オプションのオーバーヘッドセンシングアレイによって検
出されることになる．マントラップのコントローラーは，不正アクセスが試みられ
た場合に，セキュアな区域への侵入を防ぐことができる．

　ほかにも利用可能なシステムがある．保護区域へのアクセスを制御し，警備員ま
たは受付係を支援する補足的な制御として使用することができるターンスタイル
（Turnstile：回転式改札口）である．スポーツイベントに出席したことがある人は誰も
がターンスタイルを通過して入場したことがあるだろう．このアプローチでは，個
人のバッジを使用して自動改札機器のアームを制御し，施設へのアクセスを許可す
る．これについては，図7.27を参照すること．

図7.27 保護区域へのアクセスを制御し，警備員または受付係を支援する補足的な制御として，ターンスタイルを使用することができる．

よりハイエンドのターンスタイルは光学式ターンスタイルであり，混み合った建物のロビーで安全なアクセス制御を提供するように設計されている．このシステムは，進入または退出が可能なレーンを形成し，台座にセットされるように設計されている．各バリアには，光電ビーム，ガードアーム，ロジックボードが装備されている．図7.28を参照すること．

建物の内部にアクセスすることを許可された人は，光学式ターンスタイルでアクセスカードを使用する．そして，アクセスカードが検証されると，ガードアームが下に下がり，光電ビームが一時的に遮断され，カード保有者は警報を鳴らさずに通過する．これらのオプションの背後にあるコンセプトは，建物の内部に，さらにセキュアな境界を作り，許可された人だけが建物内にさらに進んで，安全な作業環境を確保できるようにすることである．

## ▶キー，ロックおよび金庫

### ▶ロックの種類

キーロック（Key Lock）は，建物，人員，財産を保護するための基本的な安全策の1つであり，一般的にドアや窓を保護するために使用される．UL規格437によれば，ドアロック（Door Lock）とロックシリンダー（Locking Cylinder）は，ピッキングテスト，インプレッションテスト（ロックは，ワックスまたはプラスチックなど，順応性のある材料をキーの溝に挿入し，複製を作ることによって，こっそり開けられる），強制試験および屋外使

**図7.28** よりハイエンドのターンスタイルは光学式ターンスタイルであり，
混み合った建物のロビーで安全なアクセス制御を提供するように設計されている．
（Boeing Canada社[ボーイング・カナダ]の提供）

用を目的とした製品の塩水噴霧腐食試験により，攻撃に耐えるものとする必要がある．ドアロックとロックシリンダーは，UL規格では，10分間のピッキングやインプレッションに抵抗できることが求められている[27]．

### ▶ リムロック

図7.29に示すリムロック（Rim Lock）は通常，ドアの表面に取り付けられたロックまたはチェーンである．デッドボルト（本締）タイプのロックと関連付けられている．

### ▶ 埋め込み錠

図7.30に示す埋め込み錠（Mortise Lock）は，ドアの表面に取り付けられるのではなく，ドアの端に埋め込んだロックまたはチェーンである．この構成では，ハンドルとロック装置が1つの構成にまとめられている．

### ▶ ロックシリンダー

ピンタンブラーシリンダー（Pin Tumbler Cylinder）は，ロックの2つの内部パーツに

**図7.29** リムロックは通常，ドアの表面に取り付けられたロックまたはチェーンである．
（Bosch Security Systems社の提供）

**図7.30** 埋め込み錠は，ドアの表面に取り付けられるのではなく，ドアの端に埋め込んだロックまたはチェーンである．
（Bosch Security Systems社の提供）

一致する円形の穴にはまる円形ピンタンブラーで構成されているロックシリンダーである（図7.31）．ピンタンブラーは，プラグ（内側の円筒）の内部に完全に配置されなければならないという原則に基づいて機能する．それぞれのピンは高さが異なり，キーの隆線が変化する．ピンの高さが揃った時にプラグを回すことができるようになり，ボルトのロックが解除できる．

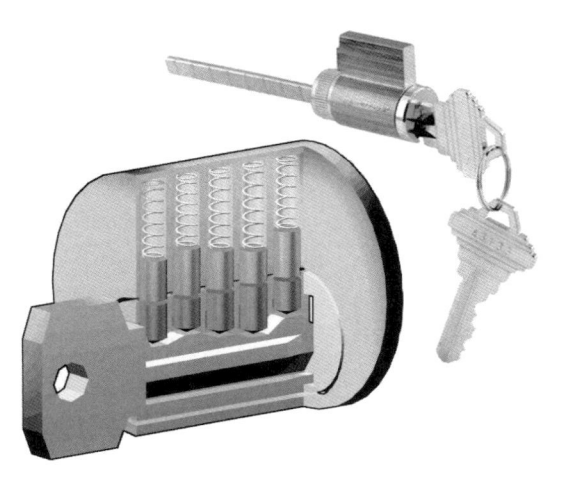

**図7.31** ピンタンブラーシリンダーは，ロックの2つの内部パーツに一致する円形の穴にはまる円形ピンタンブラーで構成されているロックシリンダーである．（Bosch Security Systems社の提供）

### ▶暗号ロック

図7.32に示す暗号ロック（Cipher Lock）は，通常5 〜 10桁の機械式キーパッドで制御される．正しい組み合わせで押すと，ロックが解除され，入室が許可される．欠点は，肩先から覗けばその組み合わせを見ることができることである．しかし，電子的な表示の暗号ロックも開発されており，ディスプレイ画面が自動的に数字を移動させて並びを変更するため，操作者の真後ろにでも立たない限り，指し示された数字を特定することができない．

ロック装置は，取り付けられている壁やドアと同等であり．また，ドアフレームやドア自体が簡単に破損する可能性がある場合，ロックは有効でない．最終的にこのロックは破られるため，主な目的は攻撃者の侵入を遅らせることにある．

### ▶ハイテクキー

すべてのロックシステムとキーシステムが標準的な金属複合材であるとは限らない．便利で信頼性の高いアクセス制御を提供する主要技術の開発が行われている．

「インテリジェントキー（Intelligent Key）」はマイクロプロセッサーを内蔵したキーであり，このマイクロプロセッサーは個々のキー保有者に固有で，キー保有者を個別に識別する（図7.33）．ロックには，ミニコンピュータと鍵交換データも含まれており，キー保有者に設定されたパラメーターに基づいて，有効なアクセスを決定で

図7.32 暗号ロックは，数桁の機械式キーパッドで制御される．
正しい組み合わせで押すと，ロックが解除され，入室が許可される．
（Bosch Security Systems 社の提供）

図7.33 「インテリジェントキー」は，個々のキー保有者に固有で，
キー保有者を個別に識別するマイクロプロセッサーを内蔵している．

きる．例えば，キーは，通常の営業時間後に従業員が施設へのアクセスを許可され
ているかどうかをチェックする．そうでない場合，キーは機能しない．また，施錠
されたドアにアクセスするため，誰のキーが，いつ試行されているかを追跡する．
従業員が辞職すると，関連するキーは無効になる．

図7.34 金庫は，通貨，有価証券および同様の貴重品の保管に使用される，
耐火性および盗難防止の鉄鋼製の収納箱である．
（Bosch Security Systems社の提供）

「インスタントキー（Instant Key）」は，マスターキーを1回回してロックを変更できる
ようにすることで，キーを無効にする迅速な方法を提供する．ロックを変更するこの
方法は，マスターキーが失われた場合に時間とお金を節約できる．製造業者によれ
ば，50階建ての銀行ビルは，2人の警備員によって6時間以内に再調整することができ
きる．システムは再固定する前に10〜15回の変更を行うことができる．

## ▶ 金庫

金庫（Safe）は，攻撃者から資産を守る最後の砦である．いくつかの種類の金庫は
盗難防止だけでなく，火災や洪水の防止にも役立つ．金庫（図7.34）は，通貨，有価
証券および同様の貴重品の保管に使用される，耐火性および盗難防止の鉄鋼製の収
納箱として定義されている．

金庫のカテゴリーは，どの程度セキュリティが必要かによって異なる．ULは金
庫に関するいくつかの分類を列挙しており，以下に一例を示す．

ツール耐性安全クラス（Tool-Resistant Safe Class）TL-15．このタイプのコンビネーショ
ンロック金庫は，以下の要件を満たすように設計されている．

- 次のツールを組み合わせて使用した場合に, 15分の正味作業時間の耐性(ドアを開けたり, ドアに6インチの穴を開けたりすること)を持たなければならない.
  - 1/2インチのサイズを超えない, 機械式または携帯式電動ハンドドリル
  - 研削点, 超硬ドリル(磁気ドリルプレスその他の加圧機構, 研磨ホイール, 回転のこぎりを除く)
  - チゼル, ドリフト, レンチ, ドライバー, プライヤー, 8ポンド[6]の重量を超えないハンマーとスレッジ, 5フィートの長さを超えないバーとリッピングツールのような一般的なハンドツール
  - 特別な金庫製品に特化して設計されたものではないピッキングツール
- 少なくとも750ポンド以上の重量があること. あるいは, 大きな金庫であれば, コンクリートブロックに埋め込んだり, 敷地内の床に固定したりするためのアンカーを備えていなければならない.
- 本体は, 硬質で鋳造された, 厚さ1インチ以上, 引っ張り強度50,000ポンド/平方インチ(psi)のオープンハース鋼が用いられ, 最大引っ張り強度50,000psiのオープンハース鋼で1/4インチの溶け込み溶接を施すことによって床に固定されていること.
- 直径が1/4インチ以下の警報装置用の導電体を挿入できる穴を, 本体の上面, 側面, 底面または背面に設置すること. ただし, ドアやロックの機構を直接見せてはならない.
- グループ2, 1または1RロックのUL規格768の要件を満たすコンビネーションロックを装備すること.
- コンビネーションロックが穿孔されている場合, ドアを効果的にロックする再ロック装置が装備されていること.

ULの分類は, ツールを使用して侵入するためには, ツール耐性安全クラスTL-30で30分かかることを意味している. カテゴリーでは, 道具, トーチ, 爆発物に耐えることができる金庫まである.


## ▶金庫室

金庫室(Vault:図7.35)は, 貴重品の保管および安全確保のために設計された部屋または区画として定義され, 1人または複数の人の入退室を許可する大きさと形状を有する. 金庫室は一般的に, 侵入しようとする人や自然の脅威に抵抗できるように建設されている.

図7.35 金庫室は，貴重品の保管および安全確保のために設計された部屋または区画であり，
1人または複数の人の入退室を許可する大きさと形状を有する

　ULは，金庫室の床，壁および天井の建設に使用する金庫室ドアおよび金庫室モ
ジュラーパネルの規格を取り決めている．規格は，一般的な機械工具，電気工具，
切削トーチ，またはそれらの任意の組み合わせによる，突破に耐えられる時間の長
さに応じて，金庫室ドアおよび金庫室モジュラーパネルの侵入耐性レーティングを
確立することを意図している．侵入に影響を及ぼす正味稼働時間に基づくレーティ
ングは，以下のとおりである．

- **クラスM** = 1/4時間
- **クラス1** = 30分
- **クラス2** = 1時間
- **クラス3** = 2時間

## ▶コンテナ

　コンテナ（Container）は，専有情報および機密情報を保管するために使用できる補
強されたキャビネットである．分類されたコンテナの規格は，通常，政府からの指

**図7.36** クラス6のコンテナは，機密情報，最高機密情報，部外秘情報の保管用として認可されている．
（Bosch Security Systems 社の提供）

定がある．例えば，米国政府は，機密情報，最高機密情報，部外秘情報の保管用に認可されたものとして，クラス6コンテナ（図7.36）をリストアップしている．コンテナは，秘密工作による侵入の場合で30分，不法侵入の場合で20時間の保護要件を満たさなければならない．

## ▶キーコントロール

キーコントロール（Key Control），より正確に言えばキーコントロールの欠如は，企業や資産所有者が直面する最大のリスクの1つである．そして，強力なロックとより強力なキーコントロールは，高度なセキュリティロックシステムにおける2つの重要な要素である．ほとんどの場合，建物のシステムで，マスターキーとサブマスターキーが必要である．これにより，清掃やその他の保守担当者が建物に入館できるようになる．したがって，すべてのキーの管理は，キーロックシステムの重要な要素になる．すべてのキーは，購入日から即座にロックシステムの担当者によっ

て厳重に管理される必要がある.

キーコントロールシステムがなければ，組織は，誰がキーを持っているか，またはどの程度多くのキーが作成されたのかを確かめることができない．特別に管理されたキーシステムを持たないため，不正な重複が発生し，不正アクセスや従業員の盗難につながる可能性がある．ほとんどのキーコントロールシステムは，特許を取得済みのキーとシリンダーを利用している．これらのロックシリンダーは非常に正確なロックシステムを採用しており，そのシステムはシステムが持つユニークなキーによってのみ操作することができる．シリンダーとキーは特許を取得しているので，キーの複製は，工場で認可されたプロのロック専門家によってのみ行うことができる.

キーブランクとロックシリンダーは，同じ工場で認可されたプロのロック専門家のみが使用できる．必要に応じて，組織が別のセキュリティ専門家と契約するための手続きが用意されている場合がある.

すべての高セキュリティキーコントロールシステムは，キーの作成または複製を行うためには，特定の許可手続きを必要とする．これらの手続きを踏むことで，資産所有者または管理者に，キーの所有者とその数を常に保証することができる．従業員がキーを返却すると，キーの複製が作成されていないことを合理的に保証することができる．ほとんどのシステムにはシリンダーがあり，既存のハードウェアを改造してシステムの構築が可能であるため，取得コストを抑えることができる．一部のシステムでは，システム内で様々なレベルのセキュリティが採用されており，依然として特別な管理が行われているが，必要のないところに特別高いセキュリティは必要ない．これらは，コストコントロールの対象となる.

ほとんどのシステムはマスターキーを設けることができる．また，いくつかの方法では既存のマスターキーシステムと連携する実装方法がある．既存のシステムの改造のために，交換可能なコアシリンダーを利用したシステムがある.

ロック，キー，ドアおよびフレーム構造は相互に関係しており，すべてが同じく有効でなければならない．1つのリンクが弱い場合，システムが破られることがある．Medecoの「キーコントロールポリシーとプロシージャーの開発と管理のガイド（Guide to Developing and Managing Key Control Policies and Procedures）」には以下の記載がある[28].

2．以下は，キーコントロールにおける基本要素と最重要要素を表しており，キーコントロールの仕様には最低限含まれていなければならない．

2.1．施設はキーコントロール機関またはキーコントロール管理者を任命し，

キーコントロールのポリシーとプロシージャーを策定，実施，施行すること．

2.2. すべてのキーの発行および収集のためのポリシーおよび方法が策定されること．

2.3. キーとキーブランクは，保護された区域にある，ロックされたキャビネットまたはコンテナに保管されること．

2.4. キーコントロール管理プログラムが利用されること．専用のコンピュータソフトウェアアプリケーションが好ましい．

2.5. すべてのキーは発行施設の財産でなければならない．

2.6. キーは正当かつ公式な必要性を持つ個人にのみ発行されるべきである．

2.6.1. ほかの手段(ロックされていないドア，入室申請，インターホン，タイマーなど)によってアクセスが可能な場合，アクセスの必要性のみでは，キーに対する資格ありとは認められない．

2.7. すべてのキーは返却され，把握されなければならない．

2.8. 従業員は，キーを保護し，正しく使用することを確実にする必要がある．

# 7.13 人員の安全

物理的および環境的なセキュリティを設計する際に，人員(Personnel)は最大の資産である．人員はより移動性が高くなり，プライバシーに関してより懸念を持つようになっている．情報セキュリティ専門家は，環境的に影響を与える可能性のあるプライバシーに関する法律や期待を認識し，出張中でも人員が物理的セキュリティの懸念を認識できるようにする必要がある．また，情報開示などを強要されている人員は，対応について備えと訓練を必要とする特殊な状況に置かれている．

## 7.13.1 プライバシー

すべての個人はプライバシー(Privacy)が保護されることを期待している．この期待は文化や人によって異なるが，セキュリティ専門家は国の法律に従って監視するとしても，限界があることを理解しなければならない．CCTVカメラを公共の駐車場に設置することは一般的に容認可能であると考えられるが，世界のほとんどは，シャワーやロッカールームなどのプライベート区域にCCTVカメラを設置するこ

とは認めない．これらの例は極端であるが，ほかの例は「グレー」領域に分類される．例として，ホームオフィスが含まれる．組織は，私宅を含めて，業務が実行されている場所を監視する権利があるか？　プライバシー保護の専門家のほとんどはこの質問に対して「いいえ」（許容されない）と答えるだろうが，セキュリティ専門家や調査官の中には「はい」（許容可能）と答える人もいるだろう．これは主に視点の違いによるものである．調査官は証拠収集に関心があり，セキュリティ専門家は個人の安全と組織の情報セキュリティを確保することに関心がある．

　ほとんどの場合，組織のプライバシーポリシーに関して伝えることは，プライバシー関連で受ける苦情を最小限に抑えるために重要である．多くの組織では，CCTVやほかのタイプの監視を実施しているが，目立つようにしている．これは攻撃者に監視を警告していると主張する人もいるが，現実には攻撃者はすでにカメラがあることを想定している．しかし，攻撃者が想定しなかった場合，掲示により，強く抑止されたり，断念させられたりする可能性がある．いずれにしても，監視を掲示したり，目立たせたりすることは利点がある．

## 7.13.2 出張

　従業員を監視し，組織の情報の安全性を海外でも確保しようとすることは非常に困難である．組織の施設で利用可能なコントロールの多くは，海外では利用できない．そのため，情報セキュリティ専門家は，優れた人材トレーニングと技術コントロールによって補う必要がある．米国国家防諜責任者（National Counterintelligence Executive）は，海外の出張者に以下のヒントを提供している[29]．

### ▶あなたが知っておくべきこと

- ほとんどの国では，インターネットカフェ，ホテル，オフィスまたは公共の場でプライバシーは期待できない．ホテルのビジネスセンターや電話網は，多くの国で定期的に監視されている実態がある．一部の国では，ホテルの部屋を検索することがよくある．
- ファックス機，携帯情報端末（PDA），コンピュータ，電話など，電子的に送信されるすべての情報は傍受される可能性がある．ワイヤレスデバイスは特に脆弱である．
- セキュリティサービスと犯罪者は，あなたの携帯電話やPDAを使用してあなたの動きを追跡し，あなたのデバイスのマイクがオフになっていると

思っていても，オンにすることができる．これを防ぐには，バッテリーを取り外すしかない．

- セキュリティサービスと犯罪者は，あらゆる接続を経由して，悪意あるソフトウェアをあなたのデバイスに挿入することもできる．使用しているデバイスがワイヤレスで使用可能になっている場合は，ワイヤレスでも行うことができる．ホームサーバーに接続していれば，「マルウェア」はあなたのビジネス，機関またはホームシステムに移動し，あなたのシステムの目録を作成し，情報をセキュリティサービスまたは潜在的な悪意あるアクターに送り返すことができる．

- マルウェアは，USB ドライブ（USBスティック），コンピュータディスクおよびその他の「ギフト」を通じて，あなたのデバイスに移動することもできる．

- したがって，海外から，機密の政府関係情報，個人情報や財産情報を送信することは危険である．

- 企業や政府関係者が最も危険にさらされているが，あなたはターゲットになるほど重要ではないと想定してはならない．

- 外国のセキュリティサービスと犯罪者は，「フィッシング」に熟達している．つまり，個人情報や機密情報を取得するために信頼に足る人物のように振る舞うことができる．

- 税関当局があなたの機器を検査することを要求した場合，または機器が室内にあって，あなたが不在の間にホテルの部屋を検索された場合，その機器のハードディスクドライブがコピーされたと仮定する必要がある．

## ▶あなたが出張する前に

- デバイスなしで出張することができれば，そうすべきである．

- 重要な連絡先情報を含め，必要のない情報は持たないこと．あなたの情報が外国政府や競争相手によって盗まれた場合の結果を考慮すること．

- あなたが持つすべての情報をバックアップすること．バックアップされたデータを自宅に残すこと．可能であれば，通常のものとは別の携帯電話やPDAを使用し，使用していない時はバッテリーを取り外すこと．いずれにしても，返品時にあなたの機関または会社がデバイスを検査するようにすること．

- 公式のサイバーセキュリティ注意喚起情報を以下で求めること．
  - https://www.consumer.ftc.gov/features/feature-0038-onguardonline

- ○ https://www.us-cert.gov/ncas/tips

自身のデバイスについては：

- 強力なパスワード（数字，大文字，小文字，特殊文字を交え，少なくとも8文字以上）を作成する．パスワード，電話番号，サインオンシーケンスは，どのようなデバイスやケースにも保存しないこと．
- 定期的にパスワードを変更すること（そして，帰国後すぐに）．
- 最新のウイルス対策，スパイウェア対策，OSセキュリティパッチおよびパーソナルファイアウォールをダウンロードすること．
- デバイス上のすべての機密情報を暗号化すること（注意：一部の国では，税関職員が暗号化情報の持ち込みを許可しない場合がある）．
- 厳格なセキュリティ設定でWebブラウザーを更新すること．
- 必要のない赤外線ポートと機能を無効にすること．
- システムに加えられたすべての変更が仮想環境内で隔離実行されていることを確実にするため，出張中は仮想マシンを使用してデスクトップを実行すること．

## ▶あなたが出張中は

- 受託手荷物でのデバイス輸送は避けること．
- 可能であれば，デジタル署名と暗号化機能を使用すること．
- 電子機器を無人で放置しないこと．ただし，それらをどこかに格納する必要がある場合は，バッテリーとSIMカード（Subscriber Identity Module Card）を取り出し，あなたと一緒にそれらを保管すること．
- 与えられたUSBドライブを使用しないこと．被害に遭うかもしれない．同じ理由で，自分のUSBドライブを外国のコンピュータで使用しないこと．とにかくそれを行う必要がある場合は，侵害されていると仮定すること．できるだけ早くデバイスをクリーンアップすること．
- パスワードを見られることから保護する．多くのWebサイトで「remember me」機能を使用しないこと．毎回パスワードを再入力すること．
- あなたの画面を誰かが見ていないか注意すること．特に，公共の場所では．
- 使用していない時には，接続を終了すること．
- 使用するたびにブラウザーをクリアすること．具体的には，履歴ファイル，キャッシュ，Cookie，URLおよび一時インターネットファイルを削除する

7
8

第7章｜セキュリティ運用

1301

こと．

- 不明な送信元からの電子メールや添付ファイルを開かないこと．電子メールのリンクをクリックしないこと．使用のたびに「ゴミ箱」と「最近の」フォルダを空にすること．
- できるだけWi-Fiネットワークの利用を避けること．セキュリティサービスによって管理されている国もある．すべての場合において，安全ではない．
- 端末や情報が盗まれた場合は，すぐに自組織と大使館または領事館に報告すること．

### ▶あなたが戻ったら

- パスワードを変更すること．あなたの会社または機関で，悪意あるソフトウェアが存在するかどうかを調べること．
- 一般的な旅行警報および情報については，以下を参照すること．
  - https://travel.state.gov/content/passports/en/alertswarnings.html

これらのヒントは，ビジネスのために出張している人や，何らかの理由で出張中に機密情報にアクセスしている人にとって，健全な考慮事項である．人は，気づきと訓練を通して，海外で狙われることがあるということを思い出すべきであり，たとえ休暇中であっても，楽しんでいる間も警戒し続けるべきである．

## 7.13.3 脅迫

脅迫（Duress）は，平常時には何もない人員が危害の脅威にさらされると，何らかの行動や，何らかの漏洩に関係してくるという話である．例えば，侵入者がデータセンターに侵入し，受付係に警報を止めさせ，警察に誤った警告であると伝えることを要求する場合がそうである．さもなければ，攻撃者は，受付係に危害を加える可能性がある．こうした状況は，きわめて迅速に行われる可能性があるため，人員の安全を確保するために適切な訓練を行うことが重要である．

銀行の出納係は，脅迫の例として最も適している．銀行強盗の際，出納係は，危害を避けるために，銀行の資金を放棄するという，やむを得ない場面に直面する．強要の状況を理解するための鍵は，組織の資産と資産へのアクセスおよび組織としての代替案を知ることである．組織の資産を特定し，脅迫状況がどこで発生しうるかをセキュリティ専門家が理解する必要がある．これは，企業の建物かもしれない

し，特別な特許を持ったエグゼクティブの出張場所であるかもしれない．しかし，資産がどこにあるかに関わらず，セキュリティ専門家は，保護と脅迫に関するリスクは，資産と資産へのアクセスによることを覚えていなければならない．資産にアクセスできる人材は通常，脅迫を受ける対象である．攻撃者が資産にアクセスしようとしている間，言葉を用いた，または肉体的，精神的な虐待や嫌がらせの犠牲者になることがある．すべての場合において，脅迫される状況で作業を行う場合，個人の生命と安全が最も重要である．

シナリオ分析 (Scenario Analysis) は，利用可能な代替案を決め，脅威にさらされている個人に対して適切な訓練と教育が行われることに寄与する．シナリオ分析は，資産，アクセスおよび代替案が様々に異なる"ストーリー"に紐付けられ，状況がどのように変化して進むかを判断するリスク分析の一種である．より多くのシナリオが検討され，参加者の知識が豊富であればあるほど，良好な結果を導くことができる．この結果は，資産にアクセスできる人材の訓練に使用する必要がある．例えば，銀行の出納係は，強盗に与えるお金に染料パックを入れるように訓練されている．このパックは爆発し，金銭を価値のないものにする，また，消せないインクで強盗に印をつけて識別することができる．さらに，受付で警報を消すように指示された場合，警報をオフにするだけでなく，脅迫を受けていることを警察に通報し，すぐに来るよう特別警戒コードを入力することがある．

脅迫の状況は非常に困難であり，時には命に関わり，人生を左右する結果をもたらす．情報セキュリティ専門家は，脅迫訓練や被害を緩和する施策の設計と実施において，この分野に特化した法執行機関やその他の専門家の支援を求めなければならない．

## Summary
### まとめ

　運用のセキュリティとセキュリティ運用は，両面が揃ってこそ価値を生む．運用のセキュリティは，主に中央集中型および分散型環境における情報処理資産の保護とコントロールに関係している．また，セキュティ運用は，主に，セキュリティサービスを確実かつ効率的に運用するための日常業務に関係している．運用のセキュリティとは，維持する必要のあるほかのサービスの品質を指し示す．そして，セキュリティ運用は，それ自体が一連のサービスである．

---

注

★1───http://www.dfrws.org/

★2───Edmond Locard（エドモン・ロカール）博士およびLocardの原理についての全文は，次を参照のこと．

http://www.forensichandbook.com/locards-exchange-principle/

★3───SWGDEについて，詳しくは次を参照のこと．

https://swgde.org/

★4───http://www.cert.org/incident-management/

★5───媒体の分析について，詳しくは次を参照のこと．

http://www.cscjournals.org/csc/manuscript/Journals/IJS/volume3/Issue2/IJS-13.pdf《リンク切れ》

★6───Farfinkel, Simson and Spafford, Gene, *Web Security, Privacy & Commerce*, O'Reilly Media, 2001.

http://www.oreillynet.com/network/2002/04/26/nettap.html (Accessed July 14, 2014)

★7───ハードウェアおよび組み込み機器のフォレンジックについて，詳しくは次を参照のこと．

http://nvlpubs.nist.gov/nistpubs/Legacy/SP/nistspecialpublication800-72.pdf (Published, November 2004)

http://nvlpubs.nist.gov/nistpubs/SpecialPublications/NIST.SP.800-101r1.pdf (Published, May 2014)

★8───ステガノグラフィーに関する説明については，次を参照のこと．

Kessler, Gary C., "Steganography: Hiding Data within Data," http://www.garykessler.net/library/steganography.html, September 2001.

★9───https://www.sei.cmu.edu/productlines/frame_report/config.man.htm

★10───IAMのソリューションに関するさらなる情報は，次を参照のこと．

http://www.csoonline.com/article/2120384/identity-management/the-abcs-of-identity-management.html

★11───「全人的」というコンセプトおよびそのクリアランスに関する米軍のアプローチについて，詳しくは次を参照のこと．

http://www.dhra.mil/perserec/currentinitiatives.html#Guides《リンク切れ》

★12───http://laws-lois.justice.gc.ca/eng/acts/O-5/

★13───http://www.asianlii.org/cn/legis/cen/laws/gssl248/

★14───http://www.legislation.gov.uk/ukpga/1989/6/section/8

★ 15──FIPS 199：http://csrc.nist.gov/publications/fips/fips199/FIPS-PUB-199-final.pdf

　SP 800-60：http://csrc.nist.gov/publications/nistpubs/800-60-rev1/SP800-60_Vol1-Rev1.pdf

★ 16──消磁について，詳しくは次のリソースを参照のこと．

　http://www.nsa.gov/ia/_files/government/MDG/NSA_CSS-EPL-9-12.pdf《リンク切れ》

★ 17──http://www.whitehouse.gov/sites/default/files/omb/memoranda/fy2006/m06-19.pdf《リンク切れ》

★ 18──https://www.spamhaus.org/rokso/

★ 19──http://glastopf.org/

★ 20──http://www.specter.com/default50.htm

★ 21──https://code.google.com/p/ghost-usb-honeypot/

★ 22──http://www.keyfocus.net/kfsensor/

★ 23──http://www.amtso.org/feature-settings-check-main.html《リンク切れ》

★ 24──http://www.nasa.gov/offices/ocio/ittalk/06-2010_cloud_computing.html

★ 25──http://ulstandardsinfonet.ul.com/scopes/scopes.asp?fn=1981.html《リンク切れ》

★ 26──http://www.nfpa.org/codes-and-standards/document-information-pages?mode=code&code=101&
DocNum=101&cookie_test=1《リンク切れ》

★ 27──http://ulstandardsinfonet.ul.com/tocs/tocs.asp?doc=s&fn=0437.toc《リンク切れ》

★ 28──http://www.medeco.com/Other/Medeco/support/Medeco_Key_Control_Policy_Guide.pdf, p.3.

★ 29──http://www.ncix.gov/publications/reports/docs/traveltips.pdf《リンク切れ》

　セキュリティ専門家のためのほかのサイトについては，次を参照のこと．

　http://www.nationsonline.org/oneworld/travel_warning.htm

　　　　訳注

☆ 1──翻訳書は，ARMA東京支部から入手できる．

　http://www.arma-tokyo.org/publication.htm

☆ 2──現在はDHL社の1部門．

☆ 3──1フィートは12インチ（約30.48cm）なので，約182.88cm.

☆ 4──約5.08cm.

☆ 5──摂氏に換算すると，1.668℃.

☆ 6──1ポンドは約0.4536kgなので，8ポンドは約3.6288kg.

# レビュー問題
## Review Questions

1. 有効なIDSが機能しているが，システム監査がないことによって機密情報を窃取することができるのは，以下のうちどれが**最も**適切か.
   A. 悪意あるソフトウェア（マルウェア）
   B. ハッカーまたはクラッカー
   C. 不満を持つ従業員
   D. 監査人

2. 特権ユーザー機能に対し，制御され，傍受されることのないインターフェースを提供するのは，次のうちどれか.
   A. リングプロテクション
   B. アンチマルウェア
   C. メンテナンスフック
   D. 信頼できるパス

3. 火災発生時にデータセンターのドアが勢いよく開くが，これは，以下のうちどれに該当する例か.
   A. フェイルセーフ
   B. フェイルセキュア
   C. フェイルプルーフ
   D. フェイルクローズ

4. 冗長性とフォールトトレランスを保証するものとして，適切なものは次のうちどれか.
   A. コールドスペア
   B. ウォームスペア
   C. ホットスペア
   D. アーカイブ

5. レジリエンスよりも速度が優先される場合，次のどのRAID構成が最も適して

いるか.
- A．RAID 0
- B．RAID 1
- C．RAID 5
- D．RAID 10

6．複数の場所でレコードを更新するか，データベース全体を遠隔地にコピーすることで，フォールトトレランスと冗長性の適切なレベルを保証する手段は，次のうちどれか.
- A．データミラーリング
- B．シャドウイング
- C．バックアップ
- D．アーカイブ

7．バックアップ領域がすべてのデータをバックアップするのに十分でなく，バックアップデータからの可能な限り早い復元が必要な場合，高可用性バックアップ戦略として，次のうちどれが**最適な方法**か.
- A．フルバックアップ
- B．増分バックアップ
- C．差分バックアップ
- D．フルバックアップを実行できるようにバックアップ領域を増やす

8．立ち入り制限のある施設では，訪問者は身分証明書を提出するように要求され，事前に承認されたリストに照らして，警備員により入口で確認される．これは，次のどれに該当するか.
- A．最小特権
- B．職務の分離
- C．フェイルセーフ
- D．心理的受容性

9．機密情報が重要ではなくなったが，レコード保持ポリシーで扱うべき範囲にある場合，その情報は，どのように処理するのが**最善**か.
- A．破棄される

B．再カテゴリー化される

C．消磁される

D．公開される

10．個人のアクセスと適性を決定するのは，以下のうちどれが**最も**適切か．

A．職位または役職

B．セキュリティチームとのパートナーシップ

C．役割

D．バックグラウンド調査

11．監視に必要なログだけを確実に収集する助けになるのは，次のうちどれか．

A．クリッピングレベル

B．アグリゲーション

C．XML構文解析

D．推論

12．セキュリティイベント情報管理（SEIM）システムとログ管理システムの主な違いとして，SEIMシステムがログの収集，照合および分析において，次のどのような観点で有用であると考えられるか．

A．リアルタイムに分析を行う点

B．過去情報の分析を行う点

C．裁判所における認容性の点

D．パターンで識別する点

13．一度DVD-Rに保存された機密情報が媒体に残留しないようにするためには，どの方法が最適か．

A．削除

B．消磁

C．破壊

D．上書き

14．根本原因を特定するだけでなく，内在する問題に対処するプロセスは，次のうちどれか．

A．インシデント管理

B．問題管理

C．変更管理

D．構成管理

15．実稼働システムにソフトウェアアップデートを適用するにあたって，**最も**重要なことは何か．

A．パッチによって対処する脅威に関する情報が完全に開示されていること

B．パッチ適用プロセスが文書化されていること

C．実稼働システムがバックアップされていること

D．独立した第三者がパッチの妥当性を証明していること

16．コンピュータフォレンジックとは，コンピュータサイエンス，情報技術，および情報工学と次の何との融合か．

A．法律

B．情報システム

C．分析的思考

D．科学的方法

17．犯罪において，犯人が資産を盗みながら痕跡を残している場合，調査官が犯人の刑事責任を特定できるようになるのは，どのような原則からか．

A．Meyerの法的刑事責任の原則

B．犯罪捜査学の原則

C．IOCE/G8のコンピュータフォレンジックの原則

D．Locardの交換の原則

18．5つの証拠規則の一部となるのは，次のうちどれか．

A．真正であり，冗長であり，認容できるものであること

B．完全であり，真正であり，認容できるものであること

C．完全であり，冗長であり，真正であること

D．冗長であり，認容でき，完全であること

19．インシデントレスポンスのフェーズとして言及されていないものは，次のうち

どれか.
- A．文書化
- B．訴追
- C．封じ込め
- D．調査

20．法律学者および学者の著書の影響を受けて，法律の抽象概念を**最も**強調するものは次のうちどれか.
- A．刑法
- B．民法
- C．宗教法
- D．行政法

21．コンピュータフォレンジックのガイドラインとして正しいものは次のうちどれか.
- A．IOCE，MOMおよびSWGDE
- B．MOM，SWGDEおよびIOCE
- C．IOCE，SWGDEおよびACPO
- D．ACPO，MOMおよびIOCE

22．以下のインシデントレスポンスサブフェーズのうち，どれがトリアージに含まれるか.
- A．収集，輸送，証言
- B．トレースバック，フィードバック，ループバック
- C．検出，識別，通知
- D．機密性，完全性，可用性

23．フォレンジック対象のビットストリームイメージの完全性は以下により決定される.
- A．ハッシュ合計を元のソースと比較すること
- B．優れた記録を保持すること
- C．写真を撮ること
- D．暗号化された鍵

24. デジタル証拠を扱う場合，犯行現場は，
    A．決して変更されてはならない．
    B．法廷で完全に再現可能でなければならない．
    C．1つの国にのみ存在しなければならない．
    D．証拠の汚染はできるだけ少なくしなければならない．

25. ITシステムをアウトソーシングする場合，
    A．すべての規制要件およびコンプライアンス要件をプロバイダーに引き渡す必要がある．
    B．アウトソーシングする組織にはコンプライアンスの遵守義務がない．
    C．アウトソーシングされたITシステムには遵守義務がない．
    D．プロバイダーには遵守義務がない．

26. デジタル証拠を扱う場合，管理の連鎖は，
    A．決して変更されてはならない．
    B．法廷で完全に再現可能でなければならない．
    C．1つの国にのみ存在しなければならない．
    D．正式な文書化されたプロセスに従わなければならない．

27. 必要な場面でフォレンジックの適切な処置を確実にするために，インシデントレスポンスプログラムは，
    A．組織の法律顧問がプロセスの一部ではないことを保証することにより，利益相反を回避する．
    B．すべてのデスクトップおよびサーバーのフォレンジックイメージを日常的に作成する．
    C．法執行機関には落着したインシデントのみを伝達する．
    D．すべてのインシデントを，犯罪の可能性があるものとして扱う．

28. ハードドライブが水没した車両から回収されたが，これは裁判所での証拠として必要である．情報をドライブから引き出す最良の対応方法はどれか．
    A．ドライブが乾燥するのを待ってから，デスクトップにインストールし，通常のOSコマンドで情報を取得する．
    B．ドライブをフォレンジックオーブンに入れて乾かし，消磁器を使用して湿度

を除去したあと，ラップトップにドライブをインストールし，OSを使用して情報を取得する．

    C．ドライブがまだ濡れているうちに，フォレンジックのビット・ツー・ビットのコピープログラムを使用して，ドライブが「ネイティブ」な状態で保持されていることを保証する．

    D．データ復旧組織に連絡し，その状況を説明し，フォレンジックイメージを抽出するように要求する．

29．脆弱性評価を成功させるためには，保護対象のシステムが次の点で十分に理解されていることが不可欠である．

    A．脅威の定義，ターゲットの特定と施設の特性

    B．脅威の定義，利害管理と施設の特性

    C．リスクアセスメント，脅威の特定とインシデントレビュー

    D．脅威の特定，脆弱性の査定およびアクセスのレビュー

30．資産または施設の周りに防御階層を作る戦略として認知されているものは，次のうちどれか．

    A．セキュアな境界

    B．多層防御

    C．強化防壁

    D．合理的な資産保護

31．物理的保護システムを成功させるための鍵となるは，次のうちどれを統合することか．

    A．人，手順，機器

    B．技術，リスクアセスメント，人間の相互作用

    C．リスクの保護，相殺，移転

    D．検出，抑止，対応

32．駐車場やガレージなどの境界区域での安全上の考慮事項として，勧められる照明のレベルは次のうちどれか．

    A．3fc

    B．5fc

C．7fc

D．10fc

33．地上階に沿って窓がある建物に使用される内部センサーのうち，最も適切なものはどれか．

A．赤外線でガラス破壊を検知するセンサー

B．超音波でガラス破壊を検知するセンサー

C．音響／衝撃でガラス破壊を検知するセンサー

D．ボリューメトリックセンサー

34．CCTVの3つの機能として，**最も**適切な組み合わせは次のうちどれか．

A．監視，抑制，証拠資料アーカイブ

B．侵入検知，抑止および対応

C．光走査，赤外線ビームおよび照明

D．監視，ホワイトバランシングおよび検査

35．警報システムを提供する物理デバイスを保護する**最良の**手段は次のうちどれか．

A．耐タンパー保護

B．対象の硬化

C．セキュリティ設計

D．UL 2050

★　★　★

1．Assuming a working IDS is in place, which of the following groups is **BEST** capable of stealing sensitive information due to the absence of system auditing?

A．Malicious software (malware)

B．Hacker or cracker

C．Disgruntled employee

D．Auditors

2．Which of the following provides controlled and un-intercepted interfaces into privileged user functions?

A. Ring protection

B. Anti-malware

C. Maintenance hooks

D. Trusted paths

3. The doors of a data center spring open in the event of a fire. This is an example of

A. Fail-safe

B. Fail-secure

C. Fail-proof

D. Fail-closed

4. Which of the following ensures constant redundancy and fault-tolerance?

A. Cold spare

B. Warm spare

C. Hot spare

D. Archives

5. If speed is preferred over resilience, which of the following RAID configuration is the most suited?

A. RAID 0

B. RAID 1

C. RAID 5

D. RAID 10

6. Updating records in multiple locations or copying an entire database on to a remote location as a means to ensure the appropriate levels of fault-tolerance and redundancy is known as

A. Data mirroring

B. Shadowing

C. Backup

D. Archiving

7. When the backup window is not long enough to backup all of the data and the

restoration of backup must be as fast as possible. Which of the following type of high-availability backup strategy is **BEST**?

A. Full

B. Incremental

C. Differential

D. Increase the backup window so a full backup can be performed

8. At a restricted facility, visitors are requested to provide identification and verified against a pre-approved list by the guard at the front gate before being let in. This is an example of checking for

A. Least privilege

B. Separation of duties

C. Fail-safe

D. Psychological acceptability

9. When sensitive information is no longer critical but still within scope of a record retention policy, that information is **BEST**

A. Destroyed

B. Re-categorized

C. Degaussed

D. Released

10. Which of the following **BEST** determines access and suitability of an individual?

A. Job rank or title

B. Partnership with the security team

C. Role

D. Background investigation

11. Which of the following can help with ensuring that only the needed logs are collected for monitoring?

A. Clipping level

B. Aggregation

C. XML Parsing

D. Inference

12. The main difference between a Security Event Information Management (SEIM) system and a log management system is that SEIM systems are useful for log collection, collation and analysis
   A. In real time
   B. For historical purposes
   C. For admissibility in court
   D. In discerning patterns

13. The best way to ensure that there is no data remanence of sensitive information that was once stored on a DVD-R media is by
   A. Deletion
   B. Degaussing
   C. Destruction
   D. Overwriting

14. Which of the following processes is concerned with not only identifying the root cause but also addressing the underlying issue?
   A. Incident management
   B. Problem management
   C. Change management
   D. Configuration management

15. Before applying a software update to production systems, it is **MOST** important that
   A. Full disclosure information about the threat that the patch addresses is available
   B. The patching process is documented
   C. The production systems are backed up
   D. An independent third party attests the validity of the patch

16. Computer forensics is the marriage of computer science, information technology, and engineering with
   A. Law

B. Information systems

C. Analytical thought

D. The scientific method

17. What principal allows an investigator to identify aspects of the person responsible for a crime when, whenever committing a crime, the perpetrator leaves traces while stealing assets?

    A. Meyer's principal of legal impunity

    B. Criminalistic principals

    C. IOCE/Group of 8 Nations principals for computer forensics

    D. Locard's principle of exchange

18. Which of the following is part of the five rules of evidence?

    A. Be authentic, be redundant and be admissible.

    B. Be complete, be authentic and be admissible.

    C. Be complete, be redundant and be authentic.

    D. Be redundant, be admissible and be complete

19. What is not mentioned as a phase of an incident response?

    A. Documentation

    B. Prosecution

    C. Containment

    D. Investigation

20. Which **BEST** emphasizes the abstract concepts of law and is influenced by the writings of legal scholars and academics.

    A. Criminal law

    B. Civil law

    C. Religious law

    D. Administrative law

21. Which of the following are computer forensics guidelines?

    A. IOCE, MOM and SWGDE.

B. MOM, SWGDE and IOCE.

C. IOCE, SWGDE and ACPO.

D. ACPO, MOM and IOCE.

22. Triage encompasses which of the following incident response sub-phases?

A. Collection, transport, testimony

B. Traceback, feedback, loopback

C. Detection, identification, notification

D. Confidentiality, integrity, availability

23. The integrity of a forensic bit stream image is determined by:

A. Comparing hash totals to the original source

B. Keeping good notes

C. Taking pictures

D. Encrypted keys

24. When dealing with digital evidence, the crime scene:

A. Must never be altered

B. Must be completely reproducible in a court of law

C. Must exist in only one country

D. Must have the least amount of contamination that is possible

25. When outsourcing IT systems

A. all regulatory and compliance requirements must be passed on to the provider.

B. the outsourcing organization is free from compliance obligations.

C. the outsourced IT systems are free from compliance obligations.

D. the provider is free from compliance obligations.

26. When dealing with digital evidence, the chain of custody:

A. Must never be altered

B. Must be completely reproducible in a court of law

C. Must exist in only one country

D. Must follow a formal documented process

27. To ensure proper forensics action when needed, an incident response program must:

    A.   avoid conflicts of interest by ensuring organization legal council is not part of the process.

    B.   routinely create forensic images of all desktops and servers.

    C.   only promote closed incidents to law enforcement.

    D.   treat every incident as though it may be a crime.

28. A hard drive is recovered from a submerged vehicle. The drive is needed for a court case. What is the best approach to pull information off the drive?

    A.   Wait for the drive to dry and then install it in a desktop and attempt to retrieve the information via normal operating system commands.

    B.   Place the drive in a forensic oven to dry it and then use a degausser to remove any residual humidity prior to installing the drive in a laptop and using the OS to pull off information.

    C.   While the drive is still wet use a forensic bit to bit copy program to ensure the drive is preserved in its "native" state.

    D.   Contact a professional data recovery organization, explain the situation and request they pull a forensic image.

29. To successfully complete a vulnerability assessment, it is critical that protection systems are well understood through:

    A.   Threat definition, target identification and facility characterization

    B.   Threat definition, conflict control and facility characterization

    C.   Risk assessment, threat identification and incident review

    D.   Threat identification, vulnerability appraisal and access review

30. The strategy of forming layers of protection around an asset or facility is known as:

    A.   Secured Perimeter

    B.   Defense-in-Depth

    C.   Reinforced Barrier Deterrent

    D.   Reasonable Asset Protection

31. The key to a successful physical protection system is the integration of:

A. people, procedures, and equipment

B. technology, risk assessment, and human interaction

C. protecting, offsetting, and transferring risk

D. detection, deterrence, and response

32. For safety considerations in perimeter areas such as parking lots or garages what is the advised lighting?

A. 3 fc

B. 5 fc

C. 7 fc

D. 10 fc

33. What would be the most appropriate interior sensor used for a building that has windows along the ground floor?

A. infrared glass-break sensor

B. ultrasonic glass-break sensors

C. acoustic/shock glass-break sensors

D. volumetric sensors

34. Which of the following **BEST** describe three separate functions of CCTV?

A. surveillance, deterrence, and evidentiary archives

B. intrusion detection, detainment and response

C. optical scanning, infrared beaming and lighting

D. monitoring, white balancing and inspection

35. What is the **BEST** means of protecting the physical devices associated with the alarm system?

A. Tamper protection

B. Target hardening

C. Security design

D. UL 2050

# 第 8 章　ソフトウェア開発のセキュリティ

　　情報セキュリティではシステムレベルのアクセス制御が重視されてきたが，ソフトウェアの脆弱性に起因する情報セキュリティインシデントが多いため，エンタープライズセキュリティアーキテクチャーではアプリケーションに注目する必要がある．アプリケーションの脆弱性は，システムを攻撃する際の侵入ポイントとなりえる（Webアプリケーションの脆弱性は実際に頻繁に使用されてきた）．マルウェアは単なる「迷惑」では済まない．外部のネットワークに接続し，何らかの手段で外部のデータを内部のシステムに転送できてしまう，すべての企業が直面する大きなセキュリティリスクである．

　　社内システム，商用およびパッケージソフトウェアの開発，アプリケーションの選択，保守および構成に関するコントロールは，これまでよりももっと注目されるべきである．残念なことに，プログラミングやシステム開発の経験を持つセキュリティ専門家はあまりにも少ないという事実がある．さらに，プログラミングと開発においては，セキュリティや品質よりも，スピードと生産性を重視する傾向がある．多くの開発者の視点から見ると，セキュリティは障害であり，道を塞ぐものと考えられている．現在の開発環境ではこの認識は変化してきているが，セキュリティ専門家は，避けて通れる問題だと考えずに注意する必要がある．

　　調べると，大部分の重大インシデント，違反および停止には，ソフトウェアの脆弱性が含まれていることがわかる．ソフトウェアは，リリースごとにますます大きくなり，複雑になり続けている．さらに，使われるプログラムおよびコードなどのソフトウェア，また，関連するプロトコルやインターフェースも標準化されつつある．これはトレーニングと生産性の面で利点があるが，同時にこの特徴は，コン

ピューティング環境やビジネス環境に非常に幅広く影響を与える可能性がある．また数十年前に決定され，今まで残っている設計やレガシーコードは，現在のシステムに依然として関わっており，新しい技術や操作と相互作用することで，セキュリティ専門家が気づかないかもしれない新たな脆弱性となる可能性がある．

## ▲ トピックス

- ソフトウェア開発ライフサイクルにおけるセキュリティ
  - 開発ライフサイクルの方法論
  - 成熟度モデル
  - 運用と保守
  - 変更管理
  - 統合プロダクトチーム
- 開発環境におけるセキュリティコントロール
  - ソフトウェア環境のセキュリティ
    - プログラミング言語
    - ライブラリー
    - ツールセット
    - 統合開発環境
    - ランタイム
  - ソースコードレベルでのセキュリティの弱点と脆弱性
  - 安全なコーディングの一環としての構成管理
  - コードリポジトリーのセキュリティ
  - API（Application Programming Interface：アプリケーションプログラミングインターフェース）のセキュリティ
- ソフトウェアセキュリティの有効性
  - 変更の監査とロギング
  - リスク分析とリスク低減
    - 是正措置（ロールバック計画など）
    - テストと検証（コード署名など）
    - 回帰テスト
  - 受け入れテスト
- ソフトウェア調達時のセキュリティの評価

第8章 ソフトウェア開発のセキュリティ

(ISC)[2]メンバーの候補者に向けた情報(試験概要)によると，CISSPの候補者は次のことができると期待されている．

- ソフトウェア開発ライフサイクルにおけるセキュリティを理解し適用する．
- 開発環境でのセキュリティコントロールを強化する．
- ソフトウェアセキュリティの有効性を評価する．
- ソフトウェア調達時のセキュリティを評価する．

# 8.1 ソフトウェア開発セキュリティの概要

　セキュリティ専門家は，ソフトウェアの開発，運用および保守のプロセスで適用される，重要なセキュリティの概念を認識する必要がある．ソフトウェアには，オペレーティングシステムソフトウェアとアプリケーションソフトウェアの両方が含まれる．コンピューティング環境は階層化されている．基礎となるのは，コンピュータシステムのハードウェアとそのハードウェアに組み込まれている機能である．マイクロコード（Microcode）またはファームウェア（Firmware）の層が存在し，特定の共通操作の使用が可能であったり，容易になったりする場合もある．オペレーティングシステム（Operating System）は，コンピュータハードウェアリソースの管理と，それらを適切に操作するために必要な多数のソフトウェアおよびデータリソースを提供する．さらに，オペレーティングシステムは，システム全体のセキュリティおよび監査に必要な様々なユーティリティと機能を管理する．アプリケーション（Application）は，オペレーティングシステムおよび関連するユーティリティの上に存在する．ユーザーは，これらのアプリケーションを通じてデータとネットワークリソースを利用する．場合によっては追加の層が設けられており，特に，ユーザーまたはシステム間のインターフェースにおいて非常によく使用される．さらに，これらのシステムは現在，様々な異なるマシン上で実行されるプログラムあるいはプログラム要素として，分散環境で構築されている．

　アプリケーションのセキュリティについて調査する際には，ユーザーが仕事をしたり，オペレーティングシステムとやり取りしたりするために使用するアプリケーションについて考えなければならない．ほとんどの人は市販のオペレーティングシステムを購入しているが，アプリケーション開発の基本的な概念は，オペレーティングシステムのソフトウェア開発にも適用されることに注意する必要がある．ほとんどの企業はオペレーティングシステムコードを開発することはなく，ビジネスニーズに合った独自のアプリケーションを設計，開発，運用，保守する．オペレーティングシステムソフトウェアにおける脆弱性の重要性はアプリケーションよりも高いと言えるが，ソフトウェア脆弱性の分析と対応については，両方とも同じ概念が適用される．

　情報セキュリティ専門家は，これらの概念を自分の会社や具体的な状況に対し，注意深く適用する必要がある．ソフトウェアは，リスクマネジメントプロセスの初期段階において評価対象とされる情報資産として，また，システムに追加のリスク低減策あるいはコントロールや保護策が必要な，脆弱性を持ちうるツールとしての

観点の両方から検討する必要がある.

　オペレーティングシステムとアプリケーションソフトウェアはますます複雑なコンピュータプログラムで構成されるようになっている. このソフトウェアがなければ, 必要な目的のためにコンピュータを操作することは不可能である. 初期のコンピュータでは, 特定の機械に固有の言語を使用して, 実行する各アクティビティのコードを記述する必要があった. 生産性を向上させるために, より多くの共通的な命令を実行するためにコードのセットやライブラリーが開発された. これらの標準機能ファイルは, ユーティリティを使用して容易に使用できるようになり, プログラミング言語として知られるものの先駆けとなった. 初期の環境では, プログラマーはこれらの標準ライブラリーに精通しており, ほとんどのものを自分で作成していたと言えるだろう. 現在の状況では, 開発者は必要とする以上の機能を備えたユーティリティやライブラリーを頻繁に使用しており, プログラマーは内部構造を十分理解せずに, ツール, ユーティリティ, モジュールを操作している場合がある.

　プログラミング言語の開発は, 世代との深い関わりがある. それぞれの進化のレベルで課題は存在するが, 特に最近の環境では, 機能とオペレーションがユーザーから隠蔽され, バックグラウンドでオペレーティングシステムによって処理される傾向がある. プログラミング環境とコードライブラリーに任せきってしまうことで, 開発者は最終的な構造に含まれる依存関係や脆弱性を完全に理解することができなくなる可能性がある.

　セキュリティ専門家は, 専門のプログラマーである必要はなく, Javaなどのプログラミング言語を使用してWebアプレットコードを開発する方法や, C#などによるアプリケーションソフトウェアコードの開発の内部動作を知っている必要はない. セキュリティ専門家が, バッファーオーバーフローの悪用の主な違いや, C言語でstrcpyより str(n)cpyを優先すべき理由などの詳細なセキュリティ固有のコーディング手法を(もちろん, こうした知識は有用ではあるものの)知っている必要はない. セキュリティ専門家は, セキュリティがそのような開発に含まれることを保証する責任者である可能性があるため, ソフトウェアプログラミングの設計と開発に関わる基本的な手順と概念を知っている必要がある. つまり, セキュリティ専門家がソフトウェア開発プロセスを監視し, セキュリティが考慮されていることを検証するためには, ソフトウェア開発の基本的な概念と, 様々なアプリケーション開発プロセスのセキュリティの強みと弱みを理解しなければならない.

## 8.1.1 開発ライフサイクル

　ソフトウェア開発プロジェクトの計画，実行および管理に使用できるプロジェクト管理ツールは，システム開発ライフサイクル(Systems Development Life Cycle：SDLC)そのものであると言うことができる．SDLCは，プロジェクトアナリスト，ソフトウェアエンジニア，プログラマーおよびプロジェクト設計および開発におけるエンドユーザーを含むプロセスである．業界全体のSDLCは存在しないため，組織ではSDLC方式のいずれか1つ，もしくは組み合わせを使用する．SDLCは，ソフトウェア開発プロジェクトにおける要件の定義から実装までのフェーズに対するフレームワークを提供する．どのような方式を利用するかに関わらず，SDLCは主要なフェーズを，一体として，もしくは個別の要素として提示する．選択するモデルはプロジェクトに適したものであるべきである．例えば，長期にわたる複雑なプロジェクトに適しているモデルもあれば，短期のプロジェクトに適しているモデルもある．重要なのは，定められたSDLCが利用されていることである★1.

　フェーズの数は，3つの基本フェーズ(コンセプト，設計，実装)から，多くても数フェーズまでの範囲である．SDLCの基本的なフェーズは次のとおりである．

- プロジェクトの開始と計画
- 機能要件定義
- システム設計仕様
- 開発と実装
- ドキュメントと共通のプログラムコントロール
- テストと評価のコントロール(認証と認定)
- 本番への移行(導入)

　システムライフサイクル(System Life Cycle：SLC)は，SDLCを超えてさらに2つのフェーズを含むように拡張されている．

- 運用および保守のサポート(インストール後)
- リビジョンとシステムのリプレース

　プロジェクトは，1つまたは複数のアイデア，ビジョン，目標または目的から始まる．これらは，特定のビジネスニーズ(機能要件)を，提案された技術的解決策を

利用して解決しようとするものである．この情報は，プロジェクトの目的，範囲，戦略およびコストやスケジュールの見積もりなどのその他の要素を概説する文書に含まれている．経営陣によるプロジェクトの承認は，このプロジェクト計画書に基づいている．このフェーズでは，セキュリティも考慮する必要がある．セキュリティアクティビティは，プロジェクト初期の活動と並行して行われるべきであり，さらには，プロジェクト全体のすべてのタスクと並行して実行する必要がある．

　プロジェクトの初期段階でのセキュリティ専門家によるチェックリストには，次のようなトピックスが含まれている必要がある．

- 特定の情報は特別な価値や機密性条件があるため，特別な保護が必要となるか？
- データ自体にアクセスするために使用されているアプリケーションまたはソフトウェアパッケージには，処理しているデータとは別に，保護する必要がある独自の機能または知的財産権があるか？
- 元データの機密性条件が低い場合でも，処理された結果としての情報は高い価値を持つか？
- 情報オーナーが情報の価値を定めたか？
- 取り組むべき特別な規制やコンプライアンス要件があるか？
- 割り当てられた分類またはカテゴリーは何か？
- アプリケーションの運用により機密情報が危険にさらされるおそれはないか？
- 出力画面やレポートのコントロールには特別な手段が必要か？
- データは，公共または半公共のネットワークを通じて処理，保存，または送信されるか？
- 運用のための制限区域は必要か？
- このシステムと相互接続するシステムとデータソースは何か？
- このシステムは，組織の運営および文化に対してどのような役割を果たすか？
- 会社はそのシステムに依存し，そのシステムは事業の継続的な運営に関する特別なサポートを必要とするか？

　これらの質問は，リスクマネジメントプロセスの基礎を形成するものとして，すでに認識されていなければならず，これらの質問に対するすべての回答は，この段階で決定されていなければならない．

## ▶機能要件定義

　プロジェクト管理およびシステム開発チームは，新しいシステムがエンドユーザーのニーズを確実に満たすために，現在および将来の機能要件を包括的に分析する．チームはまた，プロジェクトの初期段階の文書をレビューし，必要に応じて改訂や更新を行う．小規模なプロジェクトの場合，このフェーズはしばしばプロジェクトの初期段階に含まれる．この時点で，セキュリティ要件も同様に形式化する必要がある．

## ▶システム設計仕様

　このフェーズには，システムとソフトウェアの設計に関連するすべての活動が含まれる．このフェーズでは，システムアーキテクチャー，システム出力およびシステムインターフェースが設計される．データ入力，データフローおよび出力の要件が確立され，セキュリティ機能が設計される．これは一般的に，企業の全体的なセキュリティアーキテクチャーに基づく．

## ▶開発と実装

　このフェーズでは，ソースコードが生成され，テストシナリオとテスト項目が開発され，ユニットと統合テストが実行される．プログラムとシステムに関して，保守と受け入れテストと本番移行のために必要な文書が準備される．ソフトウェアの品質，信頼性および操作の一貫性について注意を払うだけでなく，コードを分析して，セキュリティリスクを招く可能性がある脆弱性を排除するように注意する必要がある．

## ▶ドキュメントと共通のプログラムコントロール

　これらは，プログラム内のデータを編集する際に使用されるコントロール，プログラムが記録すべきログのタイプおよびプログラムのバージョンの保存方法である．次のようなテストや完全性チェックを含む，多数のコントロールが必要になる可能性がある．

- プログラム／アプリケーション
- 取扱説明書／手順
- ユーティリティ
- 特権機能

- ジョブとシステムのドキュメント
- コンポーネント＝ハードウェア，ソフトウェア，ファイル，データベース，レポート，ユーザー
- 再起動および復旧手順
- 共通のプログラムコントロール
- 編集における構文，合理性(正常値)，範囲チェックおよびチェックデジット
- ログ(誰が，何を，いつ)
- タイムスタンプ
- 事前および事後のイメージ
- カウント＝トータルトランザクション，バッチ合計，ハッシュ合計および残高などを含み，プロセスの完全性チェックに役立つ
- 内部チェック＝データを取得してからデータが完了するまでのプログラム内のデータ完全性をチェックする
- パラメーターの範囲とデータ型
- 有効かつ正しいアドレス参照
- 完了コード
- ピアレビュー＝同様のプログラマーにコードをレビューしてもらうプロセス
- ソフトウェアアプリケーション開発時のプログラムライブラリーまたはデータライブラリー
  - 自動コントロールシステム
  - 現在のバージョン＝プログラムとドキュメント
  - 変更の記録
- 誰に，いつ承認され，何が変更されたか
  - 変更の検証に用いるテストデータ
  - 正しいテストが行われたことを示す，ユーザーによる署名
- ライブラリー担当者は，ポリシーやプロシージャーに従ってプログラムやデータライブラリーが管理されるようにする
  - データディクショナリー，プログラム，ロードモジュールおよびドキュメントのすべてのコピーをコントロールし，バージョン管理を提供する
- 変更管理＝適切にテストされ，承認されない限り，プログラムが追加されないことを保証する
- 誤った，あるいは無効なトランザクションが検出されると，レポートに書き込まれ，開発者および管理者によってレビューされる

## ▶受け入れ

　受け入れフェーズでは，独立したグループがテストデータを開発し，コードが組織の環境で機能し，すべての機能要件とセキュリティ要件を満たしていることを確認するためにテストを実施する．職務の分離を実現するため，独立したグループが，開発全体における適切な段階でコードをテストすることが不可欠である．セキュリティテストの目的は，アプリケーションがセキュリティ要件と仕様を満たしていることを確認することである．セキュリティテストは，ユーザーがソフトウェアのセキュリティポリシーと要件に違反する可能性のある，設計上および実装上の欠陥を明らかにする．テストの妥当性を保証するためには，実稼働環境をシミュレートする環境でアプリケーションをテストする必要がある．これには，セキュリティ認証パッケージとユーザーのドキュメントが含まれている必要がある．これは，一般的に認証と認定(Certification and Accreditation：C&A)プロセスまたはセキュリティ認可(Security Authorization)プロセスと呼ばれるものの第1段階である．これについては，のちほど詳しく説明する．

## ▶テストと評価のコントロール

　テストと評価フェーズでは，環境に応じて以下のガイドラインを含めることができる．

- 　テストデータには，許容できる範囲の両端のデータ，その間の様々なポイント，予想されるデータポイントおよび許容可能なデータポイントを越えるデータが含まれている必要がある．いくつかのデータは，「特異値による問題(Off-The-Wall Problems)」を明らかにするためにランダムに選択しなければならない．しかし，一部のデータは，具体的にファジーベース(予想される適切な値または問題の値に近いもの)で，特定の領域に集中させて選択する必要がある．

- 　実績のあるテストデータを使用し，本番データは決してテストに使ってはならない．本番データによるテストを回避できない場合は，データオーナーに相談し，テストのためのデータ使用について承認を受ける必要がある．さらに，テスト中にテストデータをどのように取り扱うかを厳密に規定するコントロールは，データ漏洩やリスクを管理するために，データオーナーとテストコーディネーターの間で合意する必要がある．

- 　**データの妥当性確認**(Data Validation)：各テストの前後に，データが誤って変更

されていないことを確実にするためにデータをレビューする.

- **境界チェック**（Bounds Checking）：フィールドのサイズ，時間，日付などの境界チェックは，バッファーオーバーフローを防ぐ.
- テストデータを**サニタイズ**（Sanitize）して，機密性の高い本番データがテストプロセスを通じて漏洩しないようにする．テストデータは，最終的なユーザー受け入れテストの準備が完了するまで，本番データであってはならない．それまでは，テスト実行の結果として，そのようなアクションがとられることがないように特別な注意を払う必要がある.

テストコントロールを設計する時は，必ずすべての変更をテストする．プログラムまたはメディアの管理者は，修正をテストするための実装テストデータを管理し，何らかの調査が行われる際に使用可能なコピーを保持する必要がある．本番と並行して行われるテストでは，本番データの個別のコピーを評価に利用する必要がある．テストIDと本番IDの明確な区別が可能なように，テスト環境と実稼働環境の間の明確で十分な分離が常に維持されなければならない．本番バージョンではなく，マスターファイルのコピーを使用し，データがサニタイズされていること，またはテストの出力が本番トランザクションを生成できないことを確認する．経営陣は，テスト結果の通知を受け，了承する必要がある.

## ▶ 認証と認定（セキュリティ認可）

認証（Certification）とは，ソフトウェアまたはシステムのセキュリティ状況を，あらかじめ定められた一連のセキュリティ基準またはポリシーと照らし合わせて評価するプロセスである．認証は，システムが意図した機能要件をどの程度実現しているかも検証する．証明書または評価文書には，技術的／非技術的なセキュリティ機能と対策の分析，およびソフトウェアまたはシステムがそのミッションと運用環境のセキュリティ要件を満たしている範囲が含まれている必要がある．認証責任者は，ソフトウェアがテストされ，情報システムを保護するために適用可能なポリシー，規制および標準をすべて満たしていることを確認する．認定または認可におけるいかなる例外も，その責任者に通知される.

セキュリティアクティビティは，データ変換とデータ入力がコントロールされ，アクセスを必要とする者だけがシステム上で許可されていることを確認する．また，リスクの受容水準が決定される．さらに，情報がシステムに入力されたあと，情報の正確さを検証して妥当性確認をするためには，適切なコントロールが必要になる.

また，処理が正しく行われたことを説明する能力もテストすべきである．リスクの受容は，特定されたリスクと業務の運用におけるニーズに基づき，組織のミッションを達成するために行われる．

　経営陣は，認証についてレビューしたあと，特定の環境下で特定の期間，実稼働環境にソフトウェアまたはシステムを導入する権限を与える．認定（Accreditation）には，暫定と完全の2種類がある．暫定の認定（Provisional Accreditation）は，特定の期間のものであり，アプリケーション，システム，または認定書類に，必要な変更が記載されている．完全な認定（Full Accreditation）は，認定の決定を行うために変更が必要ないことを意味する．経営陣は，認証に失敗したシステムの認定を選択したり，システムが正式な認証を受けていても認定を拒否したりすることがある．認証と認定は関連しているが，単一のプロセスにおける2つのステップというわけではない．

### ▶ 本番への移行（導入）

　このフェーズでは，新しいシステムが受け入れフェーズから実稼働環境に移行する．このフェーズでの活動には，セキュリティ認定の取得，導入と訓練のスケジュールに従った新しいユーザーのトレーニング，システムの導入，インストールとデータ変換，場合によってはそれらの並行した実施を含む．

### ▶ リビジョンとシステムのリプレース

　システムは本番の状態にあるため，定期的な評価と監査においては，ハードウェアおよびソフトウェアのベースラインが適用されることになる．場合によっては，アプリケーションの問題は障害や欠陥ではなく，アプリケーションでまだ開発されていない追加の機能である可能性がある．アプリケーションの変更は，同じSDLCに従って，変更管理システムに記録する必要がある．

　リビジョンのレビューには，今後の問題を回避するためのセキュリティ計画と手順が含まれている必要がある．定期的なアプリケーション監査を実施し，問題が発生した時は，そのセキュリティインシデントを文書化する必要がある．システム障害を文書化することは，将来，システムを増強する理由を正当化するための貴重なリソースである．

## 8.1.2 成熟度モデル

　この点については多くの有用な技術があるが，プログラミングやソフトウェア開

発のあらゆるコースで教えられた教訓を思い出すことが，おそらく最高の対策となる．SDLC方法論や構造化プログラミングの使用など，プロセスに注意を払うようになるツールが最適のものである．

## ▶ システムライフサイクルとシステム開発

ソフトウェアの開発と保守は，情報システムの支出において非常に大きな割合を占める．ソフトウェア開発が始まった頃，その費用の多さから，業界においてコスト削減のための研究が始まり，それがその後のソフトウェアエンジニアリング分野となった．ソフトウェアエンジニアリング(Software Engineering)によると，ソフトウェア製品は，エンジニアリングの原理に基づいて計画，設計，構築，リリースされなければならないという．これには，開発前のシステムの設計に関連するソフトウェアメトリックス，モデリング，方法論，技法と，開発プロセス全体を通じたプロジェクトの進捗状況のトラッキングが含まれる．

ソフトウェア開発は，より高いコストとより低い品質につながる可能性がある多数の問題に直面している．予算の超過とスケジュールの遅延は，ソフトウェア開発の2つの大きな問題である．Windows 95は約18カ月遅れてリリースされ，推定では予算を25%超えたとされていることを覚えておく必要がある．ソフトウェアプロジェクトは規模を拡大し続けている．Windows 95に続いて，Windows NTには400万行のコードが必要であったが，Windows XPでは約3,900万行となった．約4,000万行含んでいたWindows 7と比較すると，Office 2013では約4,500万行，Facebookでは約6,100万行，Mac OS X Tigerでは約8,500万行のコードが使われた．

一方，ソフトウェア開発が急がれ，ソフトウェア開発者が短期間でプロジェクトを完了することを期待されている場合，ソフトウェア製品の品質が低下する可能性がある．400万行のコードを持つWindows NTでは，約64,000個の欠陥(バグ)が含まれていると推定され，その多くにはセキュリティ上の問題がある．IT業界のアナリストは，情報セキュリティ分野における現在の最大の問題であるソフトウェアの脆弱性に焦点を当てて取り組んでいる．今日では，ソフトウェア開発はプロジェクトとして，それも多くの場合，大規模なプロジェクトとみなされる．ほかの大規模なプロジェクトと同様に，ソフトウェア開発に，正式なプロジェクト管理の仕組みを持ったシステム開発ライフサイクルを適用することにはメリットがある．このような構造は非常に多く提案されている．単一の管理構造がすべてのプログラミングプロジェクトに恩恵を与えることはないが，組織，設計，コミュニケーション，評価，テストなどの共通する要素は，どのプロジェクトにも役立つ．

SEI（Software Engineering Institute：ソフトウェア工学研究所）は，1991年にソフトウェアの能力成熟度モデル（Capability Maturity Model for Software：CMMまたはSW-CMM）☆1を公開した★2．CMMは品質管理プロセスに焦点を当て，各レベルに複数の重要なプラクティスを含む，5つの成熟度レベルを定めた．5つのレベルは，混沌としたプロセスから，成熟し，訓練されたソフトウェアプロセスまでの進化の道を表している．CMMを利用することで，より競争力の高い企業が，高品質のソフトウェア製品を製造できるようになることを意図している．

CMMフレームワークは，開発環境の信頼性を評価するための基礎を確立する．最初のレベルでは，優れたプラクティスを繰り返すことが可能であるとみなされる．アクティビティが繰り返されない場合は，アクティビティを改善しても無駄になってしまう．組織は，ポリシー，プロシージャ，プラクティスを遵守し，組織が一貫した方法で実行できるように，それらを使用させるよう取り組む必要がある．次に，ベストプラクティスが繰り返し実行され，グループ間で迅速に共有されることが期待される．プラクティスは，プロジェクトの境界を越えて共有できるように定義する必要がある．これにより，組織全体の標準化が可能となる．最後から2番目のレベルでは，タスクのための定量的な目的が確立される．査定が可能なベースラインを形成するための措置が確立，実施，維持される．これにより，ベストプラクティスに従い，逸脱を減らすことが可能となる．最後のレベルでは，能力が向上するようにプラクティスが継続的に改善される（最適化）．

国際標準化機構（International Organization for Standardization：ISO）は，ISO 9000品質規格の中に，ソフトウェア開発をISO/IEC 90003：2004規格として組み込んだ★3．ISO/IEC 90003：2004は，コンピュータソフトウェアおよび関連サポートサービスの取得，供給，開発，運用，保守にISO 9001：2000を適用する組織に指針を提供する．ISO/IEC 90003：2004は，ISO 9001：2000の要件を追加したり，変更したりすることはない．

ISO/IEC 90003：2004は，次のようなソフトウェアへの適用に適している．

- ほかの組織との業務契約の一部であるもの
- 一般市場向けの製品
- 組織のプロセスをサポートするために使われるもの
- ハードウェア製品に組み込まれるもの
- ソフトウェアサービスに関連するもの

ISO/IEC 90003：2004は，取り組むべき課題を特定するためのもので，技術，ライフサイクルモデル，開発プロセス，一連の活動，組織が使用する組織構造とは独立の関係にある．

ISOとSEIの両方の取り組みは，ソフトウェア開発の失敗を減らし，コスト見積もりを改善し，スケジュールを満たし，より高品質の製品を生産することを目的とする．

## 8.1.3 運用と保守

このフェーズでは，システムはすでに組織全体で広く使用されている．活動には，システムのパフォーマンスを監視し，運用の継続性を確保することが含まれる．これには，欠陥や弱点の検出，システムの問題の管理と防止，システムの問題からの復旧，システムの変更の実装が含まれる．このフェーズでは，バックアップおよびリカバリー手順のテスト，データとレポート処理の適切なコントロールの確保，セキュリティプロセスの有効性の保証などのセキュリティ操作を実行する．

保守フェーズでは，重大な変更が発生した場合，機密性の高いアプリケーションの定期的なリスク分析と再認証が必要となる．重大な変更には，データの機密性や重要性の変更，物理環境の再配置や大きな変更，新しい機器，新しい外部インターフェース，新しいオペレーティングシステムソフトウェア，新しいアプリケーションソフトウェアなどが挙げられる．運用と保守のフェーズでは，手順や機能の変更によってセキュリティ機能が無効化または迂回されないことを確認することが重要である．また，当初の運用基準とセキュリティ基準に従って適用されるサービスレベルアグリーメント（Service Level Agreement：SLA）の遵守状況を検証するタスクを誰かに割り当てる必要がある．

## 8.1.4 変更管理

アプリケーションの完全性を保証するために，保守およびパッチ適用のサイクル中に，アプリケーションが許可されていない，または文書化されていない方法で変更されないように注意する必要がある．特に，ユーザーがセキュリティポリシーに違反する変更を要求できないことや，開発者がソフトウェアに，有効性が未確認の変更を加えることがないようにするためのコントロールが必要である．変更管理（Change Management）は，システムの障害，セキュリティに対する侵入，データの破損，

または情報の不適切な開示を可能にするような，コードの偶発的または意図的な変更を十分防ぐことができなければならない．

　次の項目が含まれていると，変更管理が成功する可能性は高くなる．

- 　管理を行うことと，利害関係者の目標を測定可能な指標として定義することで得られるメリットを活用し，（継続的に更新される）達成状況のビジネスケースを作成し，前提条件，リスク，依存性，コスト，投資利益率，文化的問題など，関連する作業の進捗に影響する事項を監視する．
- 　変更の理由（なぜ），導入が成功した場合のメリット（我々やあなた方にとって，それにはどのような利益があるのか），変更の詳細（いつ，どこで，誰が関わり，どれぐらいのコストがかかるのか，など）について様々な利害関係者に情報を提供する，効果的なコミュニケーションを採用する．
- 　組織に対して，効果的な教育，訓練，スキル向上のスキームを策定する（変更のタイプに応じて）．
- 　従業員からの反対には反論し，組織の全体的な戦略的方向性と整合させる．
- 　必要に応じて導入とチューニングの状況を監視する．

　変更管理プロセスは，SDLCと同じ方法で正式なサイクルを持つべきである．正式な変更要求，影響評価とリソース要件と承認，実装（プログラミング）とテスト，本番への導入，実稼働環境内でのレビューと検証が必要とされる．変更管理のキーポイントは，品質を保証するための厳格なプロセスであり，変更は依頼，承認，テスト，記録されなければならず，変更が成功しなかった時のための切り戻し計画も必要である．

　ベンダーが商用ソフトウェアのパッチ，ホットフィックスおよびサービスパックを提供する場合，パッチ管理（Patch Management）にも同じプロセスを適用する必要がある．さらに，パッチはセキュリティの脆弱性に対処するために頻繁にリリースされるため，適時に適用する必要がある．悪意あるグループが新たな攻撃コードを作成するためにリリースされたパッチを調査しているという証拠があることから，これは特に重要である．パッチ管理のための戦略を策定し，ソフトウェアメンテナンスインフラストラクチャーの一部として維持する必要がある．パッチ管理プロセスを担当するチームは，ベンダーのWebサイトでアナウンスや関連情報を調査（および出所を確認）する必要がある．

　また，パッチの使用状況が報告される可能性のあるユーザーグループなど，ほか

の情報源の調査を実施する必要がある．この要件は，様々なシステムおよびアプリケーションでの対応が必要な場合がある．対処すべき脆弱性の影響，即時性が必要なアプリケーションにおける必要性，徹底的なテストの必要性のバランスをとるために分析を実施する必要がある．パッチをテストし，それを実稼働環境に展開する．テスト環境は，実稼働環境を可能な限りミラーリングする必要がある．パッチが予期しない問題を引き起こす場合，パッチまたはシステムを前の段階に「ロールバック（Rollback）」できるように切り戻し用のポイントを準備する必要がある．最初は機密性の低いシステムにパッチを適用し，重要なシステムにパッチのエラーが影響を与えないようにする．

**Try It For Yourself**
自分でやってみよう

　セキュリティ専門家が，変更管理要求とサポート文書はどのようなものであるかを具体的にレビューできるサンプルテンプレートが，付録Iとして提供されている．テンプレートから，変更管理要求の各ステージを理解することができる．変更管理ポリシーを定義し，変更管理を導入するために必要なサポート手順を文書化することで，ライフサイクル活動に関わるすべての人物の明確な責任が文書化される．

　変更要求がどのように構成されているかを理解するには，テンプレートをダウンロードしてセクションを参照してほしい．

## 8.1.5 統合プロダクトチーム(例：DevOps)

　統合プロダクト＆プロセス開発（Integrated Product and Process Development：IPPD）は，設計，製造，サポータビリティ（支援性）の各プロセスを最適化するために，多くの専門分野のチームを活用しながらすべての重要な調達アクティビティを同時に統合した管理手法である．IPPDは，製品コンセプトからリリース，フィールドサポートも含めて，コストとパフォーマンス目標を容易に達成できるようにする．IPPDの重要な要素の1つとして，統合プロダクトチーム（Integrated Product Team：IPT）による多分野のチームワークを挙げることができる．

IPTは，チームリーダーと協力して，うまくバランスのとれたプログラムを構築し，問題を特定した上で解決し，適切なタイミングで意思決定を下すために必要な機能分野の代表者によって構成される．チームメンバーは，必ずしも100%の時間をIPTにコミットする必要はなく，1人で複数のIPTのメンバーになることもある．

IPTの目的は，顧客やサプライヤーを含む，チーム全体からのタイムリーなインプット（プログラム管理，エンジニアリング，製造，テスト，ロジスティクス，財務管理，調達，契約管理など）に基づいてチームとして判断することである[★4]．IPTは通常，プログラムマネージャーレベルの人間によって構成され，企業とシステム／サブシステムの契約者の両方のメンバーを含めることができる．例えば，プログラムレベルでの典型的なIPTは，デザインエンジニアリング，製造，システムエンジニアリング，テストと評価，外部委託，品質保証，トレーニング，財務，信頼性，保守性，サポート性，調達，契約管理，サプライヤーおよび顧客などの機能分野で構成される．

一般的に，DevOps[☆2]は，ビジネスオーナーと開発部門，運用部門，品質保証（Quality Assurance：QA）部門が協力してソフトウェアを継続的に提供し，市場機会をより迅速に獲得し，顧客からのフィードバックに対応する時間を短縮する，リーン（Lean）でアジャイル（Agile）な原則に基づくアプローチである．総合的に実装されたDevOpsは，アイデアからリリースまで，新しく，強化されたビジネス機能を引き継ぎ，効率的な方法で顧客にビジネス価値を提供する能力を持った，ビジネス推進型のソフトウェア提供アプローチである．これを行うには，開発チームと運用チーム以外の利害関係者の参加が必要となる．真のDevOpsのアプローチには，事業部門，担当責任者，経営陣，パートナー，サプライヤーなどが含まれるべきである．

DevOpsフレームワークの導入を考えている企業が利用可能なDevOpsのコンセプトには，多くの個別に改善されたバリエーションが存在する．Google社（グーグル），IBM社，Amazon.com社（アマゾン・ドット・コム），Microsoft社（マイクロソフト）などの企業はすべて，ビジネスを推進するためにDevOpsの仕組みを利用している．このような様々なバリエーションがあるにも関わらず，DevOps構造の基礎には共通のコアとなる原則がある．これらの原則は次のとおりである．

- 本番同様のシステムに対する開発とテスト
  ○ 実稼働システムのように動作するシステムに対して，開発チームおよびQAチームによる開発およびテストが可能になることで，リリースの準備をしている間に，アプリケーションの動作を確認することができることを目標とする．

- 反復可能で信頼性の高いリリースのプロセス
  - この原則は，開発と運用に対して，リリースまでのすべてのソフトウェア開発プロセスが反復可能となることをサポートする．反復可能で，頻度が高く，再現可能で，信頼性の高いプロセスを作成するためには自動化が不可欠であるため，継続的で自動化されたリリースとテストを可能にするデリバリーのパイプラインを作成する必要がある．また，頻度の高いリリースでは，チームがリリースプロセス自体をテストできるため，リリース時に失敗のリスクが低くなる．
- 運用品質の監視と妥当性確認
  - この原則は，アプリケーションの機能的および非機能的な特性を監視するための自動化されたテストが，早い段階で頻繁に実行されることを要求し，ライフサイクルの早期から監視が行われるようにする．アプリケーションがデプロイされてテストされた時には，品質メトリックスを取得して分析する必要がある．頻繁な監視により，リリース時に発生する可能性のある，運用上および品質上の問題に関して早期に警告することが可能となる．
- フィードバックループの拡充
  - この原則に基づいて，組織は，すべての利害関係者がフィードバック情報を得て，それに対応するようなコミュニケーションチャネルを確立する必要がある．

## 8.2 環境とセキュリティのコントロール

### 8.2.1 ソフトウェア開発手法

様々な要件を満たすために，いくつかのソフトウェア開発手法が進化してきた．

#### ▶ウォーターフォール

歴史的なウォーターフォール（Waterfall）ライフサイクル手法は，ソフトウェアシステムを開発するための最も古い手法である．これは1970年代初めに開発され，ソフトウェア開発プロセスに秩序というものを与えた[5]．各フェーズ（コンセプト，要件定義，設計など）には，次のフェーズが始まる前に実施および文書化されなければならないアクティビティのリストが定められている．一般的なビジネスの観点から，ウォーターフォールモデルの欠点は，計画と管理に大きなオーバーヘッドが必

要で，プロジェクトの初期段階では忍耐が必要なことである．これらの欠点は，意識的に検討と計画を強制するものであることから，セキュリティコミュニティからは利点とみなされる．各フェーズは，次のフェーズの前に完了する必要があるため，開発チームはフェーズやアクティビティの同時進行を妨げられることになる．この制限は初期の開発を遅らせるが，特別な追加は最小限に抑えられる．この手法は通常，短納期（通常6カ月未満）で開発しなければならないプロジェクトには適していない．ウォーターフォールモデルは，非反復型モデル（Non-Iterative Model）として知られている，以下のスタイルの枠組みとみなされている．セキュリティの観点からは，システム開発には非反復型モデルが適していると言える．

- **構造化プログラミング開発**（Structured Programming Development）＝プログラマーがプログラムを作成する際に，最終生産物の一貫性，網羅性，エラーの数，セキュリティに関する品質を向上させるために使用する手法．これは最も広く知られているプログラミング開発モデルの1つであり，この手法は，学術分野におけるシステム開発コースのほぼすべてで教えられている．この方法論はルールに従うことを促し，自己チェックを可能とし，コントロールされた柔軟性を提供する．定義されたプロセスとモジュール開発が求められ，各フェーズはレビューと承認の対象となる．また，正式で，構造化されたアプローチの中にセキュリティを追加することもできる．

- **スパイラル手法**（Spiral Method）＝ウォーターフォール手法の入れ子バージョンの一種．各フェーズにおける開発は，ウォーターフォールモデルを使用して慎重に設計されている．スパイラルモデルの特徴は，一般的なDeming（デミング）のPDCA（Plan-Do-Check-Act）モデル——特に，リスクアセスメントレビュー（Check）——に基づいて，ウォーターフォールの各フェーズに4つのサブステージがあることである★6．リスクアセスメントが実施されるたびに，完了するための見積もり費用とスケジュールが見直される．リスクアセスメントの結果に基づいて，プロジェクトの継続または中止を決定する．

- **クリーンルーム**（Cleanroom）＝高品質のソフトウェア開発のためのエンジニアリングプロセスとして1990年代に開発されたもので，ウェハー製造プラントで電子ウェハーを洗浄するプロセスに因んで名付けられた（ウェハーから汚染物質をテストして洗浄するのではなく，汚染物質が製造環境に侵入するのを防ぐことが目的）．ソフトウェアアプリケーション開発において，ソフトウェアの欠陥（バグ）をコントロールする手法である．作ってから問題を見つけるのではなく，最

初からコードを正しく書くことを目標とする．本質的に，クリーンルームの
ソフトウェア開発は，欠陥の除去ではなく，欠陥を作らないことに重点を置
いている．これを実現するために，テストなどの他フェーズで費やされる時
間が短縮されるという前提で，初期段階で時間を費やす．テストと修復では
なく，設計を通じて品質を達成する．テストがプロジェクトのタイムライン
の大部分を消費することが多く発生するため，テスト段階で節約された時間
は相当なものとなる．セキュリティの面では，リスクの検討が前もって行わ
れると，セキュリティはアドオンではなくシステムの中核部分となる．

### ▶反復型開発★7

　純粋なウォーターフォールモデルは高度に構造化されており，プロジェクト開始
後は変更を認めず，あとのフェーズで発見されたことを踏まえて前のステージに戻
ることはできない．一方，反復型モデル（Iterative Model）は，要件，設計およびコー
ディングの逐次的な改良を許す．プロセス途中での改善を可能とするためには，変
更管理メカニズムの実装が必要となる．また，開発のポイントごとにクライアント
が要件を変更した場合，プロジェクトの範囲を超えてしまう可能性がある．さらに，
反復型モデルは，変化する環境においてセキュリティ規定が引き続き有効であると
保証することが非常に困難になる．

- **プロトタイピング**（Prototyping）＝プロトタイピングは，ウォーターフォールモ
デルで認識された開発スピードに関する弱点に対応するために，1980年代初
めに正式に紹介された．目的は，アプリケーションの簡略化されたバージョ
ン（プロトタイプ）を構築し，レビューのためにリリースし，ユーザーのレビュー
からのフィードバックを使用して，より優れた第2のバージョンを構築する
ことである．これは，ユーザーが製品に満足するまで繰り返される．初期コ
ンセプト，初期プロトタイプの設計と実装，プロトタイプの受け入れ可能な
修正，そして最終版の完成とリリースという4段階のプロセスで構成されて
いる．

- **MPM**（Modified Prototype Model）＝Webアプリケーション開発に最適なプロトタ
イピングの一種．これにより，必要なシステムまたはコンポーネントの基本
機能を，短期間で正しく配置することが可能になる．保守フェーズは，導入
後に開始することとなっている．目標は，アプリケーションが組織のどの状
態にも影響されないようにプロセスを柔軟にすることである．組織が成長

し，環境が変化しても，アプリケーションは凍結されることなく，それとともに進化していく．

- **RAD**（Rapid Application Development）＝迅速な開発を可能にするツールに依存することで，各フェーズでの厳密な時間制限を行うラピッドプロトタイピング（Rapid Prototyping）の一形態．意思決定が拙速に行われると設計が貧弱になってしまうという欠点がある．

- **JAD**（Joint Analysis Development）＝もともとは，大型メインフレームシステムの開発を強化するために発明された．最近，JADのファシリテーション技術は，RAD，Web開発などの不可欠な要素となっている．これは，開発者が実際のアプリケーションを開発するためにユーザーと直接作業できるようにする管理プロセスを指す．JADの成功は，プロジェクトの重要な段階で主要プレーヤーがコミュニケーションをとることに基づいている．ポイントは，ソリューション設計に利用できる技術を最もよく理解している人と，実際に仕事をしている人（通常は仕事の知識を持っている人）が一緒に作業することである．JADのファシリテーション技術は，開発ライフサイクル全体を通じて，ユーザー，システム開発のエキスパートおよび技術者のチームを一緒にする．ユーザーからのインプットがあれば機能的なプログラムとなるかもしれないが，多人数が関与すると，セキュリティ上の問題を無視しようとする政治的圧力につながる可能性がある．

- **探査モデル**（Exploratory Model）＝これは，現在利用可能なもので構成された要件のセットである．システムがどのように機能するかについての仮定が行われ，さらに検討と提案を追加して使用可能なシステムを作成する．体系化が不足しているため，セキュリティ要件は拡張における主要な要件以外の項目とされることがあり，状況次第で追加されたり，されなかったりすることとなる．

### ▶ ほかの手法とモデル

次のように，「反復型／非反復型」のカテゴリーに依存しない，ほかのソフトウェア開発手法が存在する．

- **CASE**（Computer-Aided Software Engineering）[8]＝ソフトウェアの体系的な分析，設計，開発，実装および保守を支援するコンピュータとコンピュータユーティリティを使用する技術．これは1970年代に設計されたが，ビジュアルプログラミン

第8章　ソフトウェア開発のセキュリティ

グツールとオブジェクト指向プログラミングを取り込んで進化した．多くの場合，複数のソフトウェアコンポーネントと多くの人が関わる大規模で複雑なプロジェクトで使用される．プランナー，設計者，コード作成者，テスターおよびマネージャーが，ライフサイクルプロセスの各段階で，ソフトウェアプロジェクトの到達状況を共通の視点で共有するためのメカニズムを提供する．チームに組織的なアプローチがある場合，コードとデザインの再利用が可能となるため，コストを削減し，品質を向上させることができる．CASEのアプローチでは，開発者が使用するソフトウェアツールと開発者向け訓練の構築と保守が必要となる．

- **コンポーネントベース開発** (Component-Based Development)[9] ＝アプリケーションを開発するのではなく，標準化されたビルディングブロックを使用して組み立てるプロセス．コンポーネントは，標準化されたデータのカプセル化されたセットと標準化されたデータ処理方法であり，経済的なメリットとスケジューリングに関するメリットを開発プロセスに与える．セキュリティの観点からは，コンポーネントが事前にセキュリティのためにテストされている（テストすることが可能である）という利点がある．これは，オブジェクトとクラスが最初にセキュリティ手法で設計され，インスタンス化されるという，オブジェクト指向プログラミングに似ている．

- **再利用モデル** (Reuse Model)[10] ＝このモデルでは，アプリケーションは既存のコンポーネントから構築される．再利用モデルは，オブジェクトのエクスポート，再利用，または変更が可能なため，オブジェクト指向開発を使用するプロジェクトに最適である．この場合も，既知のセキュリティ特性に基づいてコンポーネントを選択することが可能である．

- **エクストリームプログラミング** (Extreme Programming：XP)[11] ＝これは，シンプルさ，コミュニケーションおよびフィードバックに価値を置いたソフトウェア開発のルールである．「極端な（エクストリーム）」という名前にも関わらず，エクストリームプログラミングは，定義された限定的な範囲のサブプロジェクトと，ペアで作業するプログラマーに依存した，かなり構造化されたアプローチである．チームは，ソフトウェアの顧客定義のニーズを満たす，一連の小型で完全に統合されたソフトウェアのリリースを製造する．この手法の経験者は，小規模のチームで最高の効果があると言っている．

### ▶ モデル選択の考慮事項と組み合わせ

　アプリケーションのプロジェクトと組織によっては，複数のモデルを組み合わせて特定の設計および開発プロセスに合わせることができる．例えば，あるアプリケーションでは，うまく進めるためには何らかのアクティビティが必要であったり，業界や政府の要件を満たすために組織が特定の基準やプロセスを必要としたりする場合がある．誰かがプログラミングモデルを決定する時には，セキュリティを考慮する必要がある．多くの開発者はセキュリティではなく，機能に焦点を当てている．したがって，開発を担当する個人およびプロジェクトを監督する管理者を教育することが重要である．セキュリティに重点を置くことを理解している開発者がプロジェクトに参加することで，機能とセキュリティの両方をコーディングすることの重要性を理解することが可能となる．

## 8.2.2 データベースとデータウェアハウス環境

　データベースシステム（Database System）は，常にコンピュータアプリケーションの主要な分野であり，それぞれ固有のセキュリティ要件を持っている．言葉どおり，データベースセキュリティのいくつかの分野はかなり難しい問題であることがわかっており，依然として独自の課題を抱えている．

　情報システムの初期の歴史において，データ処理は，独自のデータファイルセットを持ったそれぞれのアプリケーションを使用するスタンドアロンシステムで生まれた．システムが拡張され，より多くのアプリケーションが同じマシン上で実行されるにつれ，冗長なファイルが集約されていった．同じシステムのそれぞれのアプリケーションが重複した情報を持つことは，複雑さや矛盾を発生させる可能性がある．例えば，従業員の住所は，組織内の複数のアプリケーションシステム──給与計算システムと人事システムの両方──で重複している可能性がある．このような情報の重複は，ストレージスペースを無駄にするだけでなく，データに矛盾が生じる可能性がある．従業員が異動して給与計算に通知された場合（給与計算がまだ行われていないことを確認するため），給与計算のデータベースのみが更新される．人事部が何かを従業員に送付する必要がある場合，そのアプリケーションに含まれる住所には変更が反映されていない．人事部が給与計算システムの変更を見て，それをエラーと考え，新しい給与データに人事ファイルのデータを上書きした場合，別の危険が生じる可能性がある．

　データベースは，複数のソースからの情報を組み込み，システム上の複数のファ

イルに情報を複製する際に発生する可能性がある不整合を解決するために開発された．これらは，複数のアプリケーションに必要なデータを，組織のビジネスニーズをサポートする共通のストレージ領域に統合して管理する試みである．

## ▶ DBMSアーキテクチャー

多くの組織では，多数の別々のデータベースから，プログラムやユーザーによって表示，更新，処理が可能な1つの大規模データベースシステムにデータを集約する傾向がある．データベース管理システム（Database Management System：DBMS）は通常，大規模で永続的な構造化されたデータセットを管理するアプリケーションプログラムの集合体である．アドホックのクエリー機能を使用して，データを格納，保守およびアクセスすることができる．DBMSでは，データの構造と，データにアクセスして操作するための言語とが提供される．主な目的は，データを保存し，ユーザーがデータを照会できるようにすることである．DBMSは，1960年代後半に導入されて以来，大きく変化してきた．最も初期のファイルアクセスシステムは，当時のストレージ技術——主にテープ——に基づく制限があった．これらはその後，1970年代にネットワークデータベース（Network Database）に発展した．1980年代には，リレーショナルデータベース（Relational Database）が支配的になった．1990年代には，オブジェクト指向データベース（Object-Oriented Database）が登場した．企業はDBMSの的確な運用にますます依存するようになってきており，今後の需要によって，より多くのイノベーションと製品の改良が行われると予想される．

DBMSには通常，データベースエンジン本体，ハードウェアプラットフォーム，アプリケーションソフトウェア（レコード入力インターフェースやプリペアードクエリーなど），ユーザーという4つの主要要素がある．データベース要素は，永続的なデータによる，1つ（またはそれ以上）の大きな構造化セットまたはテーブルである．データベースは通常，別の要素——つまり，データを更新および照会するソフトウェア——に関連付けられている．単純なデータベースでは，1つのファイルに同じフィールドセットを含む複数のレコードが含まれ，各フィールドは一定の固定幅となっている．DBMSは，大規模で構造化されたデータセットを管理し，複数ユーザーのデータへの同時アクセスを可能にするとともに，データの完全性を維持するソフトウェアプログラムを持つ．アプリケーションとデータはハードウェア上に存在し，モニターのような表示装置を介してユーザーに表示される．

主要機能は，複数の追加コンポーネントによってサポートされることがある．それらには，仮想マシンプラットフォーム，アプリケーションとデータベースエンジ

ン間のインターフェースやミドルウェア，アプリケーションをサポートするユーティリティがあり，そして最近増えているのが，Webアクセスのフロントエンドである．関係する項目を増やすと，複雑さが増し，セキュリティのコストが増える可能性がある．データは，個々のエンティティと，それらをリンクする関係性を持ったエンティティによって構成される．データエンティティのマッピングまたは編成は，データベースモデルに基づいている．データベースモデルは，データ要素間の関係を記述し，データを体系化するためのフレームワークを提供する．データモデルは，データとそのデータ間の相関を表現するためのメカニズムを提供し，設計の基本となる．

データベースモデルは以下を提供する必要がある．

- **トランザクションの永続性**（Transaction Persistence）＝トランザクション（プロセス）発生後のデータベースの状態はトランザクション発生前と同じであり，トランザクションは永続性を持つ必要がある．
- **フォールトトレランスとリカバリー**（Fault Tolerance and Recovery）＝ハードウェアまたはソフトウェアの障害が発生した場合，データは元の状態のままになる．使用可能な復旧システムには，ロールバックとシャドウイングの2種類がある．ロールバックリカバリー（Rollback Recovery）は，不完全なトランザクションまたは無効なトランザクションがバックアウトされた時のものである．シャドウリカバリー（Shadow Recovery）は，トランザクションが以前のバージョンのデータベースに再適用された時に行われる．シャドウリカバリーでは，最後の良好なトランザクションを識別するためにトランザクションログを使用する必要がある．
- **複数のユーザーによる共有**（Sharing by Multiple Users）＝データの完全性を損なうことなく，複数のユーザーが同時にデータを使用できるようにする必要がある．データのロックによってそれが実現される．
- **セキュリティコントロール**（Security Controls）＝例えば，アクセス制御，完全性チェック，ビュー定義などを挙げることができる．

DBMSは，データベースのみ，場合によっては，特定のデータベースシステムのみを実行するように設計されたハードウェア上で動作する場合がある．これにより，ハードウェア設計者は，ネットワーク接続の数と速度を増やしたり，複数のプロセッサーやストレージディスクを組み込んで情報の検索速度を向上させたり，メ

モリーとキャッシュの量を増やしたりすることが可能となる.

　組織がデータベースを設計する場合，まずデータベースの要件を理解し，その後，その要件を満たすシステムを設計する．これには，格納される情報，アクセスが許可される人および同時にデータにアクセスする必要がある人の数を見積もることが必要となる．データベースは，属性およびキーの重複を最小限に抑え，柔軟性を最大化し，パフォーマンスを向上させるためにデータベースへのアクセスを減らす必要性とデータベースに対する要求とのバランスをとりながら構造化を行う.

　ほとんどのデータベース開発では，データベース設計は通常，データベース設計の専門家か，データベース管理者とソフトウェアアナリストの組み合わせによって行われる．データベースデザイナーは，データの内容，データの保存方法，ほかのデータとの関係，および誰がデータにアクセス・追加・変更できるかを定めたスキーマを作成する．データベース内のデータは，格納される情報のタイプに応じて，様々な方法で構成することができる．PCからメインフレームまで，スタンドアロン，分散型，またはクライアント／サーバーなどの様々なアーキテクチャーのどのようなレベルのマシンであっても，多様なデータ保存方式を利用することが可能である.

## ▶ 階層型データベース管理モデル

　階層モデル(Hierarchical Model)は，データベースモデルの中で最も古いもので，1950年代と1960年代の情報管理システムに由来している．今日においても，銀行，保険会社，政府機関，病院によって運用されている階層的なレガシーシステムが存在している．このモデルは，フィールド値(Field Value)を持つ一連のレコード(Record)にデータを格納する．特定のレコードのすべてのインスタンス(Instance)を，レコードタイプ(Record Type)としてまとめる．これらのレコードタイプは，リレーショナルモデルにおけるテーブル(Table；表)と同じであり，個々のレコードは行(Row)に該当する．レコードタイプ間のリンクを作成するために，階層モデルではツリーを使用して親子関係を表現する．弱点は，階層モデルが単一のツリーにしか対処できず，ブランチ間または複数のレイヤー間でリンクできないことである．例えば，組織であれば，従業員，施設および製品を表す複数の部門と複数のサブツリーを持つことができる．従業員が複数の部門で働いていた場合，階層モデルは1人の従業員の2つの部門間のリンクを提供することができない．現在市販されているDBMS製品では，階層モデルは使用されなくなった．しかし，これらのモデルはレガシーシステムには依然として存在する.

## ▶ ネットワークデータベース管理モデル

1971年に導入されたネットワークデータベース管理モデル(Network Database Management Model)は,階層データ構造を拡張したものであった.データベースがネットワークに格納されているのではなく,データがほかのデータにどのようにリンクされているかを指すものである.ネットワークモデルは,リンクによってネットワークを形成して,互いに関連するレコードおよびセットのネットワークの形でそのデータを表す.レコードは関連するデータ値の集合であり,リレーショナルモデルの行と同じである.それらは,レコードタイプの名前,それに関連する属性およびこれらの属性のフォーマットを格納する.例えば,従業員レコードタイプに従業員の姓,名,住所などを含めることができる.レコードタイプは,同じタイプのレコードのセットとなっている.これらは,リレーショナルモデルのテーブルと同じである.セットタイプ(Set Type)は,組織の部門とその部門の従業員など,2つのレコードタイプ間の関係を表す.セットタイプを使うことにより,ネットワークモデルはクエリーをより速く実行できるようになるが,リレーショナルモデルほどの柔軟性はない.ネットワークモデルは現在,データベースシステムを設計するためには一般的に使用されていない.しかし,いくつかのレガシーシステムが残っている.

## ▶ リレーショナルデータベース管理モデル

多くの組織では,リレーショナルデータベース管理モデル(Relational Database Management Model)のソフトウェアを使用している.リレーショナルデータベースはデータベース管理システムにおいて独占的となり,これがデータベースの唯一の形式であると考える人も多い(これは,真のリレーショナルデータベースで必要とされる完全性の機能を提供しない,ほかのテーブル指向のデータベースシステムを扱う時に問題を生じる可能性がある).リレーショナルモデルは,集合論と述語論理に基づいており,高度な抽象化を提供する[12].集合論を使用することにより,データは変数を表す列(Column)と,データの特定のインスタンスを表す行(Row)を持った一連のテーブル(Table)として構造化される.これらのテーブルは,通常のフォームを使用して構成されている.リレーショナルモデルは,プログラマーがどのようにDBMSを設計すべきかのアウトラインを定めることで,組織で使用する様々なデータベースシステムが互いにやり取りできるようになる.

目的を達成するため,基本的なリレーショナルモデルは3つの要素で構成される.

1. テーブルまたはリレーション(Relation)と呼ばれるデータ構造

2．テーブルで許容される値の完全性ルールおよび値の組み合わせ

3．数学的定義に基づく関係性と代入演算子を提供するデータ操作エージェント

リレーショナルモデルの各テーブルまたはリレーションは，属性（Attribute）と，テーブル内のタプル（Tuple；行）またはエントリーのセットで構成される．属性は，表内の列に対応する．属性は左から右に順不同であるため，位置ではなく名前によって参照される．リレーショナルモデルのすべてのデータ値は不可分である．不可分であるとは，すべての表の各行／各列の位置には常に正確に1つのデータ値のみが存在し，決して値の集合が存在しないことを意味する．テーブルを結ぶリンクやポインターは存在しない．したがって，リレーションは別のテーブルのデータとして表現される．　　　　　　　　　　　　　　　　　　　　　　'

テーブルのタプルは，テーブルの行に対応する．タプルは，リレーションがリストではなく数学的な集合であるため，上下の順は意味を持たない．また，タプルは数学的集合であるテーブルに基づいているため，重複するタプルはテーブルには存在しない（数学における集合は，その定義上，重複する要素は存在しない）．主キー（Primary Key）は，エンティティの特定のインスタンス（Instance）を一意に識別する属性または属性のセットである．データベース内の各テーブルには，そのテーブルに固有の主キーが必要である．これは，候補キーのサブセットである．主キーとなりうるキーは候補キー（Candidate Key）と呼ばれる．候補キーは，与えられたテーブル内で一意で，識別子となりうる属性を指す．候補キーの1つが主キーとして選択され，ほかのキーは代替キー（Alternate Key）と呼ばれる．

主キーは，リレーショナルモデル内で唯一，タプルのレベルでのアドレッシングメカニズムを提供する．これは，タプルを特定することができる，唯一の保証された手段である．したがって，主キーはリレーショナルモデル全体の操作において基礎的な役割を果たす．リレーショナルモデルにとって重要であることから，主キーはNull値を含むことができず，各エンティティが存在している間に変更または無効にすることはできない．一方のリレーションの主キーが，別のリレーションにおいて属性として使用される場合，それはそのリレーションにおける外部キー（Foreign Key）になる．

リレーショナルモデルの外部キーは，主キーとは異なる．外部キー値は，ほかのテーブルのエントリーへの参照を表す．一方の表の属性（値）がほかのリレーションの主キーの属性（値）と一致する場合，それは外部キーとみなされる．外部キーと主キーの間のリンク（または一致）は，タプル間の相互関係を表す．したがって，一

致することは参照を意味し，1つのテーブルが別のテーブルを参照できるようになる．主キーと外部キーのリンクは，データベースを保持するための結合要素（Binding Factors）である．外部キーは，データ内の参照完全性を維持し，エンティティの異なるインスタンス間を移動するための手段も提供する．

## ▶ リレーショナルデータベースの完全性制約

データベース内の同時並行性（Concurrency）とセキュリティの問題を解決するには，データベースがある程度の完全性を提供する必要がある．ユーザーのプログラムは，データベースから検索されたデータに対して多くの操作を実行することができる一方で，DBMSは，データベースとの間でどのデータが読み書きされるかだけ（これをトランザクション［Transaction］と言う）を意識する．ユーザーは複数のトランザクションを送信するが，各トランザクションは独立なものとして捉えられる．同時並行処理は，DBMSが様々なトランザクションのアクション（データベースオブジェクトの読み取り／書き込み）を挟み込み処理する時に発生する．トランザクションの開始時にデータベースの一貫性が確保されている場合，セキュアな同時並行性を保証するためには，各トランザクションがデータベースの一貫性を維持したままにしなければならない．

DBMSはデータのセマンティクスを理解しているわけではない．つまり，銀行口座の利息を計算しているといったような，どのようなデータが操作されているのかを理解していない．トランザクションは，すべてのアクションを完了したあとに確定（コミット）されるか，いくつかのアクションを実行したあとに中断される（またはDBMSによって中止される）．すべてのトランザクションに対してDBMSが保証する非常に重要な特性は，原子性である．原子性（Atomicity）とは，あるユーザーがXについて，1つのステップですべてのアクションが実行された状態であるか，まったくアクションを実行していない状態であると常に考えることが可能であることを意味する．同時並行処理を実現するために，DBMSはすべてのアクションを記録し，中止されたトランザクションのアクションを元に戻すことができるようになっている．データベースに対して，複数のユーザーによるデータ照会要求が干渉した際に，同時並行性に関するセキュリティ上の問題が発生する可能性があるためである．

リレーショナルモデルの2つの完全性ルールは，エンティティ完全性（Entity Integrity）と参照完全性（Referential Integrity）である．この2つのルールは，すべてのリレーショナルモデルに適用され，主キーと外部キーに重点を置いている．これらのルールは，実際にClark-Wilson（クラーク–ウィルソン）完全性モデルに由来する．

エンティティ完全性モデルでは，タプルは主キーにNull以外の一意の値を持たなければならない．これにより，タプルが主キー値によって一意に識別されることが保証される．

参照完全性モデルでは，任意の外部キー値に対して，参照されたリレーションがその主キーと同じ値を持つタプルを持たなければならない．本質的に，すべてのテーブルのリレーションや結合は，主キー同士，もしくは主キーとほかのテーブルの主キーとなっている外部キーとの一致によって実行されなければならない．結合される各テーブルは，エンティティ完全性を証明する必要があり，参照されるリレーションには，同様の主キー／外部キーの関係が必要である．参照完全性が失われるもう1つの例は，存在しない属性にタプルを割り当ててしまうことである．これが起こった場合，タプルを参照することができず，属性がなければ，それが表すものを知ることは不可能になる．

キー属性ではないNull値は，意味的にはデータベース自体の問題とされることもあるが，本来はリレーショナルデータベースの問題ではないことに注意するべきである．

## ▶ SQL

リレーショナルモデルには，いくつかの標準化された言語がある★13．その1つはSQL (Structured Query Language：構造化問い合わせ言語) と呼ばれ，ユーザーはこれを使ってコマンドを発行できる．標準言語を使用する利点は，組織がアプリケーションソフトウェアのすべてを書き直したり，スタッフを訓練したりすることなく，異なるデータベースエンジンベンダーのシステム間で切り替えられることである．

SQLはIBM社によって開発された，ISOおよびANSI (American National Standards Institute：米国国家規格協会) の標準である (ANSIは，米国の自主的な標準化および適合性評価システムを管理および調整する非営利団体である)．SQLは標準であるため，多くのシステムでコマンドはほぼ同じである．あらかじめ設計されたレポート (アプリケーションに含まれている) やアドホッククエリー (通常はデータベースエキスパートによる) など，いくつかの異なるタイプのクエリーがある．

SQLを使用するデータベースの主なコンポーネントは次のとおりである．

- **スキーマ** (Schema) ＝データベースの構造を表す．ユーザーがテーブルに含まれる情報をどのように表示できるかを制限するアクセス制御を含む．
- **テーブル** (Table) ＝データの列と行はテーブルに含まれている．

- **ビュー**(View) =ユーザーがテーブルの情報をどのように表示するかを定義する．テーブル全体が表示されるようにビューをカスタマイズしたり，ユーザーが行または列だけを表示できたりするように制限することができる．ビューは，システムによってユーザーごとに動的に作成され，きめ細かなアクセス制御機能を提供する．

SQLのシンプルさは，ユーザーにデータの高レベルのビューを提供することによって達成されている．ビューは，データベースに仮想テーブル(Virtual Table)を作り出すことが可能である．この仮想テーブルは，データベース内の実テーブル(Real Table)から生成される．システムにおいて，ビューはユーザーごと(またはユーザーのグループ)に対してセットアップすることができるので，ユーザーが仮想テーブル(またはビュー)のみを表示できるようにすることができる．また，ビュー内で行または列のみが表示されるようにアクセスを制限することもできる．ビューの価値は，ユーザーが見ることができるものをコントロールすることにある．例えば，データベース管理者は，従業員データベース内の情報の閲覧をユーザーに許可することができるが，ユーザーが十分な権限を持っていない限り，ほかの従業員の給与を閲覧させるべきではない．

ビューは，システムの多くの技術的な側面をユーザーから取り除き，代わりにDBMSソフトウェアアプリケーションに技術的な負担をかける．例えば，人事部門のすべての従業員の上司が同じ人事部長であるとする．このような関係性は，従業員ごとにデータを繰り返さないように別のテーブルに格納される．これにより，ストレージスペースが節約され，クエリーの実行に要する時間が短縮される．

SQLは3つのサブ言語で構成されている．DDL(Data Definition Language：データ定義言語)は，データベース，テーブル，ビュー，およびテーブル間のリンクを指定するインデックス(キー)を作成するために使用される．基本的にこれは管理用であり，SQLのユーザーがDDLコマンドを使用することはほとんどない．DDLはまた，DML(Data Manipulation Language：データ操作言語)によって行われる，データの照会や抽出，新しいレコードの挿入，古いレコードの削除および既存のレコードの更新などとも関係がない．システム管理者およびデータベース管理者は，DCL(Data Control Language：データ管理言語)を使用してデータへのアクセスを制御する．これはSQLのセキュリティ的側面を提供するものであり，したがって，我々にとって重要な関心事項である．DCLコマンドの一部は次のとおりである．

- **COMMIT** ＝完了した作業を保存する
- **SAVEPOINT** ＝必要に応じてあとでロールバック可能な，トランザクション内のポイントを識別する
- **ROLLBACK** ＝最後のCOMMITが行われた状態にデータベースを復元する
- **SET TRANSACTION** ＝どのロールバックセグメントを使用するかといった，トランザクションのオプションを変更する

ほかにも，データベースアプリケーションを開発するために使用できる，データベース依存のスクリプトや問い合わせ言語が存在する．

## ▶オブジェクト指向データベースモデル

オブジェクト指向（OO）データベースモデル（Object-Oriented Database Model）は，最新のデータベースモデルの1つである．オブジェクト指向プログラミング言語と同様に，OOデータベースモデルはデータをオブジェクト（Object）として格納する．OOオブジェクトは，パブリックおよびプライベートのデータと，データに対して実行できる一連の操作の集合である．データオブジェクトには個々の操作が含まれているため，データを呼び出す際には，データベース機能のすべてを利用可能にしておくことが潜在的に求められる．オブジェクト指向モデルは，関数（またはメソッド［Method］）がオブジェクト内に含まれているため，必ずしもSQLのような高水準言語を必要としない．問い合わせ言語を持たないことにより，オブジェクト指向DBMSは言語オーバーヘッドなしでアプリケーションと対話できるという利点がある．

リレーショナルモデルは，オブジェクト指向の関数とインターフェースを追加し，オブジェクト・リレーショナルモデルを構築し始めている．オブジェクト・リレーショナルデータベースシステムは，オリジナルのソフトウェアの上にオブジェクト指向のインターフェースを組み込んだ，ハイブリッドのリレーショナルDBMSである．これは，現在のシステムに別のインターフェース，もしくはコマンドを追加することによって実現することができる．ハイブリッドモデルにより，組織は，現在のリレーショナルデータベースソフトウェアを使い続けながら，新しい技術へのアップグレードが可能となる．

## ▶データベースインターフェース言語

レガシーデータベースの存在は，新たなデータベースへのアクセス要件を管理す

る上で困難な課題であることが証明されている．新しいシステムとレガシーシステムを組み合わせたインターフェースを提供するために，次のような，いくつかの標準化されたアクセス方法が進化した．

- ODBC（Open Database Connectivity）
- JDBC（Java Database Connectivity）
- XML（Extensible Markup Language）
- OLE DB（Object Linking and Embedding Database）
- ADO（ActiveX Data Objects）

　これらのシステムは，レガシーシステムと新しいシステムに含まれるデータへのゲートウェイを提供する．

### ▶ ODBC

　ODBC（Open Database Connectivity）は，標準化されたデータアクセスとして広く使われている．この標準は，Microsoft社によって開発され，維持されている．ほぼすべてのデータベースベンダーは，アプリケーションがローカルまたはリモートのネットワーク経由でデータベースと通信できるようにするために，ODBCをインターフェースの手段として使用している．これは，アプリケーションとデータベース間の接続を提供するために使用されるAPIである．特定のデータベースコマンドと機能を使用せずにデータベースと接続できるように設計されている．

　ODBCコマンドはアプリケーションプログラムで使用され，個別のデータベースシステムに必要なコマンドに変換される．これにより，最小限のコード変更だけで異なるDBMSにプログラムをつなげることができる．ユーザーは使用するデータベースを指定することも可能となり，新しいデータベース技術が市場に参入すると容易にアップデートすることができる．ODBCは強力なツールであるが，システムエンティティとして動作するため，悪用される可能性がある．ODBCのセキュリティの問題は次のとおりである．

- 　データベースのユーザー名とパスワードが平文で格納される．この情報の漏洩を防ぐためにファイルを保護する必要がある．例えば，HTML（Hypertext Markup Language：ハイパーテキストマークアップ言語）ドキュメントがODBCデータソースを呼び出す場合，平文のユーザー名とパスワードを読み取ることが

できないように，HTMLソースを保護しなければならない（HTMLはブラウザーで表示できてしまうため，HTMLは認証情報を持ったCGI［Common Gateway Interface］を呼び出す必要がある）．

- 実際の呼び出しと，戻ってくるデータは，ネットワーク経由で平文として送信される．
- ODBCアプリケーションユーザーのアクセスレベルの検証が，基準を満たしていない場合がある．
- 呼び出すアプリケーションが，複数のデータソースからのデータを結合（結果的に，データ集約が許可された状態）しようとしていないかをチェックする必要がある．
- 呼び出すアプリケーションが，ODBCドライバーを悪用して，システムへのアクセス権限昇格を行おうとしていないかをチェックする必要がある．

### ▶ JDBC

JDBC（Java Database Connectivity）は，Javaプログラムとデータベースを接続するために使用される，Sun Microsystems社（サン・マイクロシステムズ）[3]のAPIである．データベースベンダーがJava用のドライバーを開発したかどうかで，Javaプログラムがデータベースに直接接続できるか，ODBC経由で接続するかが決定される．ユーザーをデータベースに接続するために使用するインターフェースに関わらず，考慮すべきセキュリティ事項として，ユーザーの認証方法とタイミング，ユーザーアクセスの制御，ユーザー操作の監査などを挙げることができる．Javaにはセキュリティのための対策が多く準備されているので，データベース呼び出しとアプリケーションを保護するために，それらを意識的に実装すべきである．

### ▶ XML

XML（Extensible Markup Language）は，テキストファイルでデータを構造化するためのW3C（World Wide Web Consortium）の標準であり，これにより，イントラネットとWeb上で，データフォーマットとデータの両方を共有できるようになる．HTMLなどのマークアップ言語は，文書内の構造（形式）をただ識別するためだけのシンボルとルールのシステムである．XMLは，シンボルが無制限で，ユーザーまたは作成者が定義できるため，「拡張可能（Extensible）」と呼ばれている．XMLのフォーマットは，データベース，アプリケーション，および使用しているDBMSから独立した中間的な形式でデータを表現することができる．

XMLは1998年にW3C標準になった．多くの人がデータとコンテンツを統合するデファクトスタンダードだと考えている．データを交換したり，オブジェクトモデルやプログラミング言語など，様々な技術をつないだりすることができる．この利点から，現在のDBMSおよびデータアクセス標準（例えば，ODBC，JDBCなど）をWeb化し，共通のデータフォーマットを提供することによって，データおよびドキュメントを変換することがXMLに期待されている．もう1つ，そしておそらくより重要な利点は，ベースとなるXMLドキュメントを1つ作成するだけで，様々な方法やデバイスで表示できることである．WML（Wireless Markup Language）は，携帯電話，タブレットなどのモバイル機器にコンテンツを配信するXMLベースの言語の一例である．データベースインターフェースの呼び出しを行うプログラムと同様に，XMLアプリケーションは，ユーザーの認証がどのように確立され，アクセス制御が実装され，ユーザーのアクションの監査が実装，保管され，機密データの機密性が実現されているかについて，レビューすべきである．

### ▶ OLE DB

OLE（Object Linking and Embedding）は，Excelスプレッドシートなどのオブジェクトを，Word文書など別のオブジェクトの内部に埋め込んだり，リンクしたりするMicrosoft社の技術である．COM（Component Object Model）は，OLEを動作させるプロトコルである．

OLEを使用すると，特定のオブジェクトに対して単一のデータソースを共有することができる．ドキュメントには，データを含むファイルの名前とデータの画像が含まれる．ソースが更新されると，データを使用するすべてのドキュメントも更新される．一方，オブジェクト埋め込みでは，あるアプリケーション（ソース）は，別のアプリケーション（デスティネーション）のドキュメントに含まれるデータまたはイメージを提供する．デスティネーションとなるアプリケーションは，データまたはグラフィックイメージを持っているが，編集できる場合とできない場合とがある。基本的には，埋め込まれたアイテムを表示，印刷，または再生するだけである．埋め込みオブジェクトを編集または更新するためには，作成したソースアプリケーションで開く必要がある．それは，オブジェクトをダブルクリックするか，オブジェクトが強調表示されている間に適切な編集コマンドを選択することによって行われる．

OLE DB（Object Linking and Embedding Database）は，様々なDBMS間でデータをリンクするためにMicrosoft社によって設計された，低レベルのインターフェースである．ODBCの成功を基に構築された，すべての種類のデータにアクセスするた

めのオープンスタンダードである．組織は，DBMS内のデータだけでなく，ほかの種類のデータソースからのデータにアクセスする際にも，容易に情報を活用することができる（ただし，OLE DBはOLEに基づいているため，Windowsインターフェースアプリケーションに限定されていることに留意すること）．

OLE DBインターフェースは基本的に，型，フォーマット，または場所に関係なく，すべてのデータにアクセスできるように設計されている．例えば，一部のエンタープライズ環境では，組織の重要な情報が，昔からある実稼働データベースの外にあり，代わりにMicrosoft Access，スプレッドシート，プロジェクト管理プランナー，Webアプリケーションなどのコンテナに格納されている．OLE DBインターフェースはCOMに基づいており，情報ソースに関係なくデータへの一様なアクセスをアプリケーションに提供する．OLE DBは，様々なアプリケーション間でクライアントまたはサーバー上でミドルウェアとして実行できる相互運用可能なコンポーネントとして，データを分離する．OLE DBアーキテクチャーは，直接データアクセスインターフェース，クエリーエンジン，カーソルエンジン，オプティマイザー，ビジネスルール，トランザクションマネージャーなどのコンポーネントを提供する．

データベースを開発し，ODBCインターフェースまたはOLE DBインターフェース経由でアプリケーションを介してデータをリンクする方法を決定する際には，開発中にセキュリティを考慮する必要がある．OLE DBを使うのであれば，セキュリティ情報の管理をサポートするために実装することができる，OLE DBインターフェースのオプションがある．OLE DBインターフェースを使用すると，コンポーネントとアプリケーション間での，データに対するアクセスの認証と認可が可能となる．OLE DBは，オペレーティングシステムおよびデータベースコンポーネントでサポートされるセキュリティメカニズムの統一されたビューを提供する．

### ▶インターネットを介したデータベースへのアクセス

多くのデータベース開発者は，ユーザーが集中型のバックエンドサーバーにアクセスできるように，インターネットと企業イントラネットの両方をサポートする．複数種のAPIを使用し，エンドユーザーアプリケーションをバックエンドデータベースに接続することができる．すでにいくつかの利用可能なAPIについては述べたが，ADOやJDBCなど，どのようなAPI技術であっても，セキュリティ上の問題についてレビューを行う必要がある．それには，ユーザーの認証，ユーザーの承認，暗号化，不正な入力からのデータ保護，説明責任と監査，およびデータの可用性などがある．

インターネットアクセスの1つのアプローチは，階層を作ってデータを管理する，階層化されたアプリケーションアプローチである．任意の数の層が存在しうるが，最も一般的なアーキテクチャーは，プレゼンテーション層（Presentation Layer），ビジネスロジック層（Business Logic Layer）およびデータ層（Data Layer）の3層アプローチである．このアプローチは，データベースに接続するアプリケーションサーバーに接続するためにブラウザーが使用されるため，インターネットコンピューティングモデル（Internet Computing Model）と呼ばれることがある．

実装によっては，セキュリティにとって，よい面もあれば，悪い面もある．階層アプローチは，ユーザーがデータに直接接続しないため，セキュリティ強化につながる．代わりに，ユーザーは中間層（ビジネスロジック層）に接続する．ユーザーに代わってデータベースに直接接続するのは中間層である．セキュリティ上の問題点としては，データベースがセキュリティ機能を提供していたとしても，中間層を介した変換で失われてしまう可能性があることである．したがって，セキュリティを検討する際には，セキュリティ機能の実装方法だけでなく，実装されている場所や，バックエンドデータベースを使用したアプリケーションの構成がセキュリティ機能にどのように影響するかについて分析することも重要である．セキュリティに関するその他の懸念事項としては，ユーザー認証，ユーザーアクセス，ユーザーアクションの監査，階層間を移動するデータの保護，階層間のアイデンティティ管理，システムのスケーラビリティ，異なる階層の特権の設定などがある．

### ▶ ADO

ADO（ActiveX Data Objects）は，あらゆる種類のデータに対する，Microsoft社による高レベルのインターフェースである．これを使用することにより，アプリケーション，ツール，もしくはインターネットブラウザーで，フロントエンドのデータベースクライアントや中間層ビジネスオブジェクトを作成することができる．開発者は，ADOを使用してOLE DBの開発を簡素化することができる．オブジェクトは，Java，JavaScript，Visual Basicなどのオブジェクト指向言語のビルディングブロックになる．共通化され，再利用可能なデータアクセスコンポーネント（COM：Component Object Model）が利用される場合，異なるアプリケーションが，データの場所やデータフォーマットに関係なく，すべてのデータにアクセスすることができる．ADOは，典型的なクライアント／サーバーアプリケーション，HTMLテーブル，スプレッドシートおよびメールエンジン情報をサポートする．ActiveXは，それを実行するシステムへのアクセスを制限する設定を持たないため，多くのセキュリティ

専門家が懸念を示している．より新しいブラウザーでは，この脆弱性を低減するのに役立つサンドボックスと強力なActiveXコントロールを実装している．

## ▶ メタデータ

メタデータ（Metadata；文字どおり，「データに関するデータ」または「データに関する知識」）と呼ばれるデータに関する情報は，リソースを記述し，情報の検索を改善するための体系的な方法を提供する．その目的は，ユーザーが様々なソースをより正確に検索できるようにすることである．これには，説明，管理，法的要件，技術的機能，使用法および保存のために，情報システムまたは情報オブジェクトのいずれかに関連するデータが含まれる．これは，データウェアハウス（Data Warehouse）を使用する際にも，悪用する際にも，重要なコンポーネントであると考えられる．

メタデータは次の便利な機能を提供する．

- 見ることができない，データ間の関係に関する有益な情報
- これまで無関係と考えられていたデータを関連付ける機能
- データウェアハウスのクリティカルな，もしくは非常に重要なデータのロックを解除する鍵

データウェアハウスは通常，最も高い分類レベルもしくはカテゴリー化レベルに属していることに留意されたい．ただし，メタデータのユーザーは通常そのレベルにはないため，公開する必要のないデータはすべてメタデータから削除する必要がある．一般的に，これには相関データを抽出することも含まれる．相関データを抽出する元のデータは削除される必要がある．

Dublin Core（DC：ダブリンコア）メタデータ要素セットは，1995年と1996年にオハイオ州ダブリンで開催された最初のメタデータワークショップで開発された．これは，特にWeb上での情報リソースの検索を改善する必要性への対応であった．図書館，アーカイブ，政府および出版社がオンライン情報を使用するための一般的なメタデータ標準として，引き続き国際ワーキンググループによって開発されている．Dublin Core標準は電子情報コミュニティの間で広く受け入れられ，事実上のインターネットメタデータ標準となっている．

Dublin CoreのWebサイトには，いくつかのプロポーザルが掲載され，コミュニティからのコメントとレビューのために公開されている[14]．Dublin Coreメタデータグループが取り組んでいた以前のセキュリティプロポーザルは，アクセス制御のた

めのものであった．このプロポーザルでは，セキュリティ分類(Security Classification)とアクセス権(Access Rights)を異なるものとしている．正式なセキュリティラベルを伴ったセキュリティ分類は，リソースに特定のステータスを与える[15]．一部のリソースだけがそのようなラベルを持つ．アクセス権は正式なラベルを必要とせず，もっと緩やかにリソースの処理に使うことができる．例えば，コンテンツ管理システムで「公開」とマークされたリソースは公開され，「非公開」とマークされたリソースは公開されないが，リソースに関するメタデータは公開することができる．2つの修飾子の性質は異なるが，値は関連している可能性がある．例えば，セキュリティ分類が「極秘」である場合，アクセス権はこれを反映しているべきである．アクセス権とオーディエンスの違いは，オーディエンス(Audience)が，リソース内の情報がどのユーザーグループのセグメントに対して作成されたかを示す値を含むのに対し，アクセス権は，どのユーザーグループがリソースへのアクセス権を持つかを示している．アクセス権は，内容について何も言及しない(一方，オーディエンスは内容について言及する)．

　この解決策：「この改善を完全に実装するためには，名前空間(Namespace)が必要である．DCに含めることにより，実用的で便利な名前空間が利用可能になる」．詳細については，Dublin CoreメタデータWebサイトを参照[16]．データウェアハウスに含まれるデータは通常，オンライン分析処理，データマイニング——すなわち，データベースからの知識発見(Knowledge Discovery in Databases：KDD)方式——などのフロントエンド分析ツールを介してアクセスされる．

## ▶オンライン分析処理

　オンライン分析処理(Online Analytical Processing：OLAP)技術によって，アナリストがクエリーを作成し，クエリーの結果に基づいて追加のクエリーを定義することができるようになる．アナリストは，データを探索することで情報を収集することができる．収集された情報は経営陣に提示する．データアナリストはデータとしての観点を解釈する必要があるので，組織に関する深い知識を持つとともに，組織の意思決定に必要な情報を取得するためにどのような種類の知識が必要であるかを把握している必要がある．

　例えば，地域に複数の店舗を持つ小売チェーンを考えてみる．データウェアハウスがない状態で，特定のアイテムの販売促進をしようと考えてデータをレビューしようとしても，全店舗でのそのアイテムの売上情報を簡単に調べるといったことはできない．一方，データウェアハウスは，各ストアのデータを1つの中央リポジト

リーに効果的に統合することができる．アナリストは，販売促進しようとするアイテムに関する特定の情報をデータウェアハウスに照会し，その結果を販売促進に責任を持つ経営陣に提示することができる．

## ▶ データマイニング

OLAPに加えて，データマイニング（Data Mining）は，データに対してクエリーを実行してデータウェアハウス内の情報を抽出できる，もう1つのプロセス（またはツール）である．データマイニングを実行するには，大きなデータリポジトリーが必要である．データマイニングは，データウェアハウスから，隠れていた関係，パターンおよび傾向を明らかにするために使用される．データマイニングは，数学，統計，サイバネティックスおよび遺伝学の分野から得られた一連の分析技術に基づいた意思決定手法である．これらの技術は，独立して，あるいは複数組み合わせて使用することで，データウェアハウスから情報を発見する．

データマイニング技術を使用することには，いくつかの利点がある．例の1つとしては，組織の動向，顧客，業界において競争の激しい市場の状況をマネージャーに提供可能になることが挙げられる．一方，セキュリティ上の欠点もある．データマイニングによって得られる個人に関する詳細なデータは，プライバシーの侵害になる可能性がある．個人情報を，Webや保護されていないネットワークの領域に格納することは危険性を増加させ，権限のないユーザーによる利用につながるおそれがある．また，データの完全性が危険にさらされる可能性がある．大量のデータを収集し，変換してロードするため，人間によるデータ入力エラーは，関係やパターンが不正確になる可能性がある．このようなエラーはデータ汚染（Data Contamination）と呼ばれる．

セキュリティ的に価値があるデータマイニングの機能の1つとして，侵入が試みられた監査ログをツールでレビューできることが挙げられる．監査ログには通常，数千ものエントリーが含まれているため，データマイニングツールは特定の傾向や異常な動作のデータを掘り下げて異常なイベントを発見するのに役立つ．情報システムのセキュリティ担当者は，データマイニングツールのテスト環境を使用して，許可されていないデータにアクセスできてしまわないか確認すべきである．例えば，テスターは一般ユーザーに割り当てられた権限でログインし，データマイニングツールを使用して様々なレベルのデータにアクセスすることができる．このテストにおいて，機密データや権限のないデータを表示できてしまう場合は，ビューの制限などの適切なセキュリティコントロールを実装すべきである．これらのツール

およびユーティリティでは，貴重な情報が失われないようにしつつも，監査ログの肥大化を防いだり，クリッピングレベル(Clipping Level)を慎重に設定したりする必要がある．データマイニングはまだ進化し続けている技術であり，企業は様々なビジネス上の意思決定でデータを使用できるように，スタンダードとプロシージャーを整えるべきである．そこでの課題は，権限のないユーザーからデータを保護するというセキュリティ上の要件を満たしながら，ビジネスニーズに対応することである．

## 8.2.3 データベースの脆弱性と脅威

　DBMSにおける大きな懸念事項の1つはセンシティブなデータの機密性である．多くの人にとって大きな懸念事項は，多くのデータベースに健康と財務情報が含まれており，両方とも多くの国のプライバシー法によって保護対象となっていることである．DBMSのもう1つの大きな懸案事項は，データの完全性を保証し続けるためのコントロールの適用である．無効な入力や不正確な定義によるデータの完全性の喪失は，データベースの全体的な有効性を侵す可能性がある．このような場合に，データベースを復元したり，データを修正するために手作業でクエリーを作成したりするような作業は，運用に深刻な影響を与える可能性がある．DBMSの脅威には次のものがある．

- **集約**(**Aggregation**：**アグリゲーション**) ＝別々のソースからの機密性の低いデータを結合して機密性の高い情報を作成する．例えば，ユーザーが2つ以上の機密ではないデータを取り出し，それらを組み合わせて機密データを作り出すと，そのユーザーは結果的に不正アクセスしたということになる．つまり，結合されたデータの機密性は，個々のデータの機密性よりも高くなる可能性がある．長年にわたって数学者は，データを集約していくと，いつ機密レベルが高くなるかを決めることに苦慮しており，いまだに成功していない．
- **バイパス攻撃**(**Bypass Attacks**) ＝ユーザーがデータベースアプリケーションのフロントエンドのコントロールをバイパスして情報にアクセスしようとする．クエリーエンジンにセキュリティコントロールが含まれている場合，エンジン自体はすべての情報にアクセスすることができるので，ユーザーがクエリーエンジンをバイパスすると，データに直接アクセスし，操作できてしまう可能性がある．
- **アクセス制御に使用されるデータベースビューの侵害**(**Compromising Database Views**

Used for Access Control）＝ビューは，ユーザーがデータベースで参照・要求できるデータを制限する．脅威の1つは，ユーザーが制限されたビューにアクセスするか，既存のビューを変更することである．ビューベースのアクセス制御に関するもう1つの問題は，ソフトウェアがビュー処理をどのように実行するかを確認することが難しいことである．すべてのオブジェクトには，データベース内の情報の機密性を識別するセキュリティラベルが必要であるため，情報を分類するために使用されるソフトウェアには，情報の機密性を確認するメカニズムが必要となる．これを問い合わせ言語と組み合わせると，さらに複雑になる．また，ビューはユーザーから見えるデータを制限するだけで，実行される操作は制限しない．もう1つの問題は，データベースインターフェース設計で頻繁に使用される階層化モデルが，同じデータに対して複数の代替経路を提供する可能性があり，その経路すべてが保護されているとは限らないことである．あるユーザーは，提供されたビューを通じてか，データベース自体への直接的な照会によって，もしくはベースとなるシステムのデータファイルに直接アクセスすることによって，情報にアクセスすることができる．さらに，セキュリティコントロール用に設定する標準のビューについては，コントロールの粒度を慎重に検討する必要がある．ビューは情報へのアクセスをフィールド単位，さらにはコンテンツベースで制限することができるので，これらのルールに対する変更は，提供される情報の範囲が大きく変えられてしまう可能性がある．

- **同時並行性**（Concurrency）＝アクションまたはプロセスが同時に実行される時，それらを同時並行と呼ぶ．同時並行性の問題には，古いデータを使用したプロセスの実行，更新の不整合，デッドロックの発生などがある．
- **データ汚染**（Data Contamination）＝入力データエラーまたは誤った処理によるデータの完全性の喪失．これは，ファイル，レポート，またはデータベースで発生する．
- **デッドロック**（Deadlocking）＝2人のユーザーが同時に情報にアクセスしようとした時に，両方とも拒否されること．データベースにおいては，2つのユーザープロセスが別々のオブジェクトにロックを持ち，各プロセスがほかのプロセスが持つオブジェクトをロックしようとする時にデッドロックが発生する．この場合，データベースは，自動的に1つのプロセスを選択して中止し，ほかのプロセスを続行することによってデッドロックを終了する必要がある．中止されたトランザクションはロールバックされ，中止されたプロセスのユーザー

にエラーメッセージが送信される．通常，中止されたトランザクションのみが，ロールバック時のオーバーヘッドとなる．デッドロックは同時並行処理特有の問題と考えることができる．

- **サービス拒否**（Denial-of-Service）＝正当なユーザーが情報にアクセスできないような攻撃や操作のこと．これは，テーブルをロックした上で負荷を集中させる処理（テーブル内のすべての行を調べて，要求されたデータを呼び出し元のアプリケーションに返すテーブルスキャン［Table Scan］など）を求めるアプリケーションや，不適切なクエリーによってよく発生する．これは，1つのクエリーから返されるデータの行数を制限することによって，部分的に防止することができる．

- **情報の不適切な変更**（Improper Modification of Information）＝許可されていない，または許可されたユーザーが，意図的または偶発的に情報を誤った内容に変更してしまう可能性がある．

- **推論**（Inference）＝利用可能な情報を観察することで，機密情報や制限された情報を推測する（推論する）能力．ユーザーは，アクセスが許可されていないデータに直接アクセスすることなく，アクセス可能な情報から，アクセスが許可されていない情報を判断できることがある．例えば，あるユーザーが，患者に処方された薬の情報の閲覧を許可されている場合，そのユーザーは患者の病気を判定することが可能となる．推論は，コントロールするのが最も困難な脅威の1つである．

- **データの傍受**（Interception of Data）＝ダイヤルアップまたはその他のタイプのリモートアクセスが許可されている場合，セッションの傍受と転送中のデータの改ざんに関する脅威をコントロールする必要がある．

- **クエリー攻撃**（Query Attacks）＝ユーザーは，クエリーツールを使用して，信頼できるフロントエンド（通常はクエリーアプリケーションによってコントロールされているビュー）によって許可されていないデータにアクセスしようとする．SQLまたはUnicodeを使用して不正なクエリーを作成し，セキュリティコントロールをバイパスしようとすることも多く行われている．クエリーやパラメーターに対する，不適切な，または不完全なチェックによって，アクセス制御をバイパスするような例も多く存在する．

- **サーバーへのアクセス**（Server Access）＝データベースが動作するサーバーは，不正な論理アクセスからだけでなく，論理コントロールの無効化を防ぐため，不正な物理アクセスからも保護する必要がある．

- **TOC/TOU**（Time of Check/Time of Use）＝TOC/TOUは，データベースでも発生す

る可能性がある．例えば，ユーザーのクエリーが承認された時点から，データがユーザーに表示されるまでの間に，何らかの種類の悪質なコードや特権アクセスでデータが変更されてしまう可能性がある．

- **Webセキュリティ**（Web Security）＝多くのDBMSは，Web技術経由でのデータアクセスを許可している．静的なWebページ（HTMLまたはXMLファイル）は，サーバーに格納されたデータを表示する方法である．1つの方法は，アプリケーションがデータベースから情報を照会し，HTMLページにデータを表示する方法である．もう1つはクエリーのテンプレートとHTML表示コードとしてWebサーバーに格納されている動的Webページを使う方法であるが，実際のデータは格納されていない．Webページにアクセスするとクエリーが動的に作成されて実行され，情報がHTML内に表示される．ページのソースを表示すると，制限されたデータを含むすべての情報が表示される場合がある．セキュリティコントロールの方法としては，ログインプロセス中に不正アクセスから保護するための対策，サーバーからWebサーバーへの転送時に情報を保護する対策，情報がユーザーのマシンに格納されたりダウンロードされたりすることを防ぐ対策がある．

- **許可されていないアクセス**（Unauthorized Access）＝許可されていないユーザーに意図的または偶発的に情報の公開を許可すること．例としては，権限のないユーザーにシステムの性質や機能に関する情報を提供するエラーメッセージやシステムプロンプトがある．

## 8.2.4 DBMSコントロール

データベース環境の未来はより技術的に複雑になってきている．組織においては，エンドユーザーの要件を簡単かつ迅速にサポートするソリューションを見つける必要がある．これには，様々な場所にある様々なプラットフォーム上の様々なDBMSに格納されたデータにアクセスするための使いやすいインターフェースが含まれる．さらに，ユーザーは自分のソフトウェアツールを使用して自分のワークステーションからデータを操作し，ネットワーク環境内のほかの場所に更新情報を送信したがっている．

データベースセキュリティは，非常に特殊で難解な分野である．セキュリティ管理者とデータベース管理者にとっての課題は，組織のデータのコントロールを維持し，コアデータにアクセスしたり操作したりする際に，ビジネスルールが確実に適

用されるようにすることである．DBMSは，権限のないユーザーによるアクセスを防止し，さらに許可されたユーザーが同時にデータにアクセスしたり，偶発的あるいは故意に情報を上書きしたりすることのないように，様々な形でセキュリティコントロールを提供する．

権限のないユーザーによるシステムへのアクセスを防ぐ，セキュリティの最初の防御法として，DBMSは，識別，認証，認可およびその他の形式のアクセス制御を使用する必要がある．ほとんどのデータベースには，ユーザーアカウントに基づいてデータベース内のテーブルへのアクセスを制限する，ログオンとパスワードの認証制御がある．また，最初のステップとして，データベース内のデータの読み取り，書き込み，更新，クエリ，削除などの権限を，認可されたユーザーに割り当てる．

通常，追加権限や更新権限を持つユーザーは，読み取り権限およびクエリ権限を持つユーザーよりも少ない．例えば，組織の人事データベースでは，一般ユーザーは自分の住所や電話番号などを変更することができるが，人事担当者だけが従業員の役職や給与を変更することができる．

## ▶ロック制御

DBMSは，ロックを使用して誰がデータを読み書きできるかをコントロールできる．ロック（Lock）は，リレーショナルシステムの特定の行のデータや，オブジェクト指向システムのオブジェクトに対する読み取り／書き込みアクセスに使用される．

マルチユーザーシステムでは，2人以上の人が同時にデータを変更したい場合にデッドロックが発生する．デッドロック（Deadlock）は，2つのトランザクションが同じリソースにアクセスしようとする時のことである．しかし，リソースが2つの要求を同時に処理すると，完全性の問題が生じる．システムはどちらのトランザクションにもリソースを解放しないため，両方のトランザクションの処理を拒否することになる．誰もデータにアクセスできないデッドロックを防ぐために，アクセス制御によりデータの一部をロックし，1人のユーザーだけがデータにアクセスできるようにする．ロック制御（Lock Controls）によりさらに細かくコントロールでき，テーブル，行，レコード，もしくはフィールド単位でロックをかけることができる．

ロックを使用すると，一度に1人のユーザーしかデータに対してアクションを実行できない．例えば，航空会社の予約システムでフライトの最後の残り座席を予約する要求が2件あるとする．DBMSが複数のユーザー（またはプロセス）に同時に行への情報書き込みを許可すると，両方のトランザクションが同時に発生する可能性がある．これを防ぐために，DBMSは両方のトランザクションを受け，1つのトラン

ザクションにアカウントの書き込みロックを与える．最初のトランザクションが終
了するとそのロックが解除され，キューに保持されているほかのトランザクション
がロックを取得してアクションを実行できる．または，この例ではアクションは拒
否される．

　これらの要件およびその他の関連する要件は，原子性，一貫性，独立性，永続性
を表すACIDテスト（ACID Test）として知られている．これらの用語は次のように定
義されている[17].

- **原子性（Atomicity）**＝トランザクション実行のすべての部分は，すべてコミッ
トされるか，すべてロールバックされるか——つまり，すべてを行うか，
まったく行わないか——である．基本的には，すべての変更が有効になるか，
まったく変更されないかである．原子性は，システム内に誤ったデータがな
いこと，またはほかのデータに対応しているべきなのに対応していないデー
タがないことを保証する．
- **一貫性（Consistency）**＝データベースがある有効な状態から別の有効な状態に
なることである．トランザクションは，ユーザーが定義した完全性制約に従
う場合にのみ許可される．不正なトランザクションは許可されず，完全性制
約を満たすことができない場合，トランザクションは以前の有効な状態にロー
ルバックされ，トランザクションが失敗したことがユーザーに通知される．
- **独立性（Isolation）**＝トランザクションが完了するまで，そのトランザクション
の結果がほかのトランザクションには見えないことを保証するプロセスのこ
とである．
- **永続性（Durability）**＝完了したトランザクションの結果が永続的であり，将来
のシステムおよび媒体の障害に耐えられることを保証する．つまり，いった
ん完了すれば，元に戻すことはできない．これはトランザクションの永続性
に似ている．

　リレーショナルデータベースモデルおよびオブジェクト指向データベースモデル
では，アクセス制御のために任意アクセス制御（Discretionary Access Control：DAC）ま
たは強制アクセス制御（Mandatory Access Control：MAC）を使用する．任意アクセス制
御および強制アクセス制御の詳細については，「アイデンティティとアクセスの管
理」の章を参照されたい．

## ▶ その他のDBMSアクセス制御

　データベースのセキュリティは，ユーザーが使用できる操作(ビュー)を制限したり，個々のデータ項目に権限を設定したりすることによりユーザーレベルで実装でき，オブジェクト指向データベース内ではオブジェクト自体に実装できる．オブジェクトは，テーブル，テーブルのビュー，テーブルのカラム，またはビューである．例えば，SQL92標準では，オブジェクトに対する権利を個別に割り当てることができる．ただし，すべてのデータベースがSQL92に書かれている機能を提供するわけではない．SQLでできるアクションとしては，SELECT (データの読み込み)，INSERT (新しいデータのテーブルへの追加)，DELETE (テーブルからのデータの削除)，UPDATE (テーブル内のデータの変更)がある．したがって，特定のテーブルにおいて特定のオブジェクトに対する一連のアクションを許可することができる[18].

## ▶ ビューベースのアクセス制御

　DBMSの中には，ビューを適切に操作することによってセキュリティを実現できるものがある．信頼できるフロントエンドは，ビューのユーザーへの割り当てをコントロールするために構築されている．ビューベースのアクセス制御(View-Based Access Control)により，データベースを論理的に分割して，機密データを権限のないユーザーから隠すことができる．ユーザーがフロントエンドをバイパスしてデータに直接アクセスし操作することができないように，適切なコントロールが行われていることが重要である．データベース管理者は，ユーザーのタイプごとにビューをセットアップし，各ユーザーは自分に割り当てられたビューにのみアクセスできる．行と列の両方の制限が可能なデータベースビューや，データの読み取りだけでなく書き込みと更新も可能な(つまり，読み取り専用ではない)ビューもある．

## ▶ アクセス制御の許可と取り消し

　GRANT文とREVOKE文により，「権限を付与する」権限を持つユーザーが，ほかのユーザーに権限を与えたり，権限を取り消したりすることができる．許可および取り消しシステムにおいて，あるユーザーにGRANTオプションが与えられていない場合，そのユーザーはほかのユーザーにGRANT権限を与えることができない．これはある意味では，任意アクセス制御の変形である．しかし，この場合のセキュリティ上のリスクは，GRANT権限を与えられていないもののアクセス権を持つユーザーが，リレーションの完全なコピーを作成して，システムに問題をもたらす可能性があることである．オーナーではないユーザーがコピーを作成したことにより，

ユーザー（現在はコピーのオーナー）がそのコピーに対するGRANT権限をほかのユーザーに与えることができ，権限のないユーザーが元のリレーションに含まれているのと同じ情報にアクセスできるようになる．コピーには元のリレーションでの更新が反映されないが，コピーを作成するユーザーは同様のコピーを作成し続け，同じデータをほかのユーザーに提供し続けることができる．REVOKE文は，GRANT文のように機能する．REVOKE文の特徴の1つは，カスケード効果である．以前にユーザーに付与された権利が取り消されると，取り消されたユーザーによってアクセスを許可された可能性があるすべてのユーザーについて，同様の権利がすべて取り消される．

## ▶ オブジェクト指向データベースのセキュリティ

　データベースを保護するためのモデルのほとんどは，リレーショナルデータベース向けに設計されている．オブジェクト指向データベースは複雑であるため，オブジェクト指向データベースのセキュリティモデルも複雑である．オブジェクト指向モデルのビューはそれぞれ異なっているため，さらに複雑さが増す．したがって，各セキュリティモデルでは，特定のデータベースで使用されるオブジェクト指向モデルについて，いくつかの前提を設定する必要がある．

## ▶ メタデータ制御

　メタデータは情報の効果的な取り出しを容易にするほか，情報へのアクセス制限を管理することもできる．メタデータはアクセスをフィルタリングするゲートキーパー機能としてセキュリティコントロールを行うことができる．メタデータの1つの特殊な形式として，企業内で使用される様々なデータベースに関する情報の中央リポジトリーであるデータディクショナリーがある．データディクショナリー（Data Dictionary）はデータベースを直接コントロールしたり，アクセス制御機能を提供したりはしないが，様々なオブジェクトに保持されているマテリアルの機密性や分類など，社内の様々な情報を管理者が完全に把握できる．したがって，データディクショナリーは，リスクマネジメントおよびリソース保護に使用できる．

## ▶ データ汚染のコントロール

　データの完全性を保証するコントロールには，入力コントロールと出力コントロールの2種類がある．入力コントロール（Input Controls）には，トランザクション数，金額，ハッシュ合計，エラー検出，エラー訂正，再送，自己チェックデジット，コントロール合計およびラベル処理がある．出力コントロール（Output Controls）には，

照合，物理的処理手順，権限制御，予測される結果に基づく検証，監査証跡による
トランザクションの妥当性確認がある．

## ▶ オンライントランザクション処理

オンライントランザクション処理（Online Transaction Processing：OLTP）は，組織のす
べての業務トランザクションを発生時に記録するように設計されている．これは，
トランザクション指向のアプリケーションを容易にし，管理するデータ処理システ
ムである．これは，リアルタイムデータを効率的に更新するために，多くのユーザー
が同時にデータを積極的に追加したり変更したりするのに使用されるシステムとし
て考えられる．OLTP環境は，金融，電気通信，保険，小売，輸送，旅行業界でよ
く使われる．例えば，航空券代理店は旅行予約の作成や変更を行ってデータベース
にリアルタイムでデータを入力する．そして，航空会社のWebサイトや格安旅行
Webサイトを通じて，ユーザーが自分で直接予約をしたり，航空券を購入したりす
ることによって，旅行予約を利用する頻度がますます高まっている．したがって，
何百万人もの人々が毎日同じフライトデータベースにアクセスしており，同時に数
十人が特定のフライトを見ているかもしれない．

OLTPシステムのセキュリティ上の懸念は，同時並行性と原子性である．同時並
行制御では，2人のユーザーが同じデータを同時に変更できないようにしたり，別
のユーザーが変更を完了する前に変更できないようにしたりする．航空券システム
において，特に最後の座席である場合，予約を処理する代理店は取引を完了させる
ことが重要である．原子性は，トランザクションに関わるすべてのステップが正常
に完了することを保証する．1つのステップが失敗すると，ほかのステップは完了
できない．先ほどの航空券システムでは，代理店が名前データフィールドに名前を
正しく入力しないと，取引を完了できない．

OLTPシステムは監視システムとして機能し，個々のプロセスがいつ中断したか
を検出し，中断されたプロセスを自動的に再起動し，必要に応じてトランザクショ
ンを終了し，複数のマシン間でアプリケーションサーバーの複数のコピーを配布
し，動的負荷分散を実行する．

セキュリティ機能では，トランザクションログに処理前の情報を記録し，完了後
に処理済みとしてマークする．トランザクション中にシステムに障害が発生した場
合，トランザクションログを確認してトランザクションを復旧できる．チェックポ
イントリスタート（Checkpoint Restart）は，トランザクションログを使用してマシン
を再起動するプロセスであり，最後のチェックポイント，または正常なトランザク

ションまで，ログに基づいて実行される．最後のチェックポイント以降のすべての
トランザクションは，ユーザーがデータに再度アクセスできるようになる前に実行
される．

## 8.2.5 ナレッジ管理

　ナレッジ管理（Knowledge Management）には，一般的なアプリケーション環境，つま
りエンタープライズにおいてまとまっているいくつかの既存の研究分野がある．ナ
レッジ管理カテゴリーには，ワークフロー管理，ビジネスプロセスモデリング，ド
キュメント管理，データベースと情報システム，ナレッジベースシステム，そして
エンタープライズ環境の知識に関連する様々な側面をモデル化するためのいくつか
の方法論がある．ナレッジ管理の重要な機能に，人工知能（Artificial Intelligence：AI）
技術の意思決定支援への応用がある．

　ナレッジ管理システムはデータウェアハウスを利用することが多いため，ここでの
重要な用語は「企業の知（Corporate Memory）」もしくは「組織の知（Organizational Memory）」
である．この「企業の知」は，管理しなければならない，蓄積されたエンタープライ
ズナレッジを格納する働きをする．「企業の知」には，従業員の知識，顧客リスト，サ
プライヤーリスト，製品リスト，組織に関する特定の文書など，データベースに格納
されている様々な種類の情報がある．基本的には，様々なソースから入手できる，組
織に関する情報，データ，知識のすべてが該当する．

　データが有用であるためには，意味を持たなければならない．意味を持つための
データの解釈には知識が必要である．この知識は，データを解釈する上で不可欠な
要素である．組織において様々な情報源からの生データを理解しようとする場合，
知識を持った従業員がデータを組織にとっての意味に解釈しようとするだろう．こ
のプロセスを自動化するために，推論のための問題解決手法とともにナレッジベー
スシステム（Knowledge-Based System：KBS）が使用される．KBSでは，システムに知識が
含まれるが，初めてのケースではユーザーが何かを知っている，あるいは何かを学
んでいる．

　データベースからの知識発見（Knowledge Discovery in Databases：KDD）は，データの
有効かつ有用なパターンを見つける，数学的，統計的，視覚的手法である．

　これは自動分析ソリューションを提供するために進化している研究分野である．
知識発見プロセスでは，データマイニング（Data Mining）からデータを取り出し，そ
れを有用かつ理解可能な情報に正確に変換する．この情報は通常，標準的な検索技

術では取得できないが，AI技術を使用することで明らかになる．

　KDDには多くのアプローチがある．確率的手法ではグラフィカル表現モデルを使用し，異なる知識表現を比較する．モデルは確率とデータの独立性に基づいている．確率モデル（Probabilistic Model）は，計画や制御システムで使用されるような不確実性を伴うアプリケーションに役立つ．統計的アプローチ（Statistical Approach）ではルールの発見を使用し，データの関係に基づいている．学習アルゴリズムは，有用なデータ関係のパスおよび属性を自動的に選択することができる．そして，このパスと属性は，意味のある情報を発見するためのルールを構築するために使用される．このアプローチはデータ内のパターンを一般化し，そのパターンからルールを構築するために使用される．統計的アプローチの一例がOLAPである．データは，類似性に従ってグループに分類される．この一例がパターン検出およびデータクリーニングモデル（Pattern Discovery and Data-Cleaning Model）であり，大規模なデータベースをわずかな特定のレコードに減らす．

　冗長で重要でないデータを排除することで，データ内のパターンの発見が容易になる．偏差および傾向分析（Deviation and Trend Analysis）は，パターンを検出するためにフィルタリング技術を使用する．この一例が侵入検知システムであり，関連データのみが分析されるように大量のデータをフィルタリングする．

　ニューラルネットワーク（Neural Network）は，ニューロンが人間の脳内で働く方法をベースにし，分類，回帰，関連付け，およびセグメンテーションモデルを開発するために使用されるAI手法である．ニューラルネットは，データをレイヤー状に配置されたノードに編成する．そして，ノード間のリンクには特定の重み付け分類がある．ニューラルネットは，入力パターンやリレーションシップ間の関係を検出するのに役立つ．また，新しい情報が自動的にシステムに組み込まれるため，学習システムとみなされる．しかし，ニューラルネットワークによる意思決定の価値と妥当性は，与えられた経験と同程度でしかない．経験が豊富であればあるほど，意思決定はよりよいものになる．ただし，ニューラルネットは，処理を実証する個人の能力に関して問題があることに留意されたい．つまり，ニューラルネットは，迷信的な知識に依存して，実際に関係が存在しない時に関係を見つける傾向がある．

　より高度なニューラルネットワークはこの問題の影響を受けにくい．エキスパートシステム（Expert System）では，ナレッジベース（特定の問題に関するすべてのデータまたは知識の集合）と，知識および入力データから新しい事実を推測する，一連のアルゴリズムやルールを使用する．ナレッジベースは，組織に存在する人間の経験に基づく場合もある．システムが一連のルールに基づいて応答するため，ルールに問題が

ある場合は応答にも問題が発生する．また，実行時は人間の判断が除かれているため，エラーが発生した場合，人間からの反応時間は長くなる．想像のとおり，ハイブリッドアプローチは複数のシステムを組み合わせることができるので，より強力で有用なシステムを提供する．

セキュリティコントロールには次のものがある．

- データベースと同様にナレッジベースを保護する．
- 特定の入力から予想される結果に基づいて，決定を定期的に検証する．
- ルールベースのアプローチを使用する場合，ルールの変更は変更管理プロセスを経由する必要がある．
- データの出力が疑わしい場合や通常から外れている場合は，情報を確認するために追加のクエリーを実行する．
- データウェアハウス分析手法に基づく決定が正しくない可能性があるため，リスクマネジメントの意思決定を行う．
- 分析ツールから予想されるパフォーマンスのベースラインを作成する．

## 8.2.6 Webアプリケーション環境

Webページは外部から閲覧できるように設計されているため，企業で最も目に見える部分である．したがって，公開されたWebサイトを改ざんすることに喜びを感じる破壊者を引き付ける．Webページが変更されていなくても，侵入者はWebサイトに対してDoS（Denial-of-Service：サービス拒否）攻撃を実行するかもしれない．

Webサイトは電子商取引の主なインターフェースでもあるため，詐欺や完全な盗難を受ける可能性もある．攻撃者が本来は有料の情報やリソースにアクセスするだけの場合もあるが，支払いを行わずに商品を注文したり，資金を移転したりすることもある．場合によっては，トランザクションデータがWebサーバー上に保持されるため，攻撃者は，会社の活動やクレジットカード番号などの顧客の詳細に関する情報などに直接アクセスすることができる．

Webベースのシステムは，保守やデータベース情報へのアクセス，トランザクション処理などを容易にするために，実稼働システムや内部システム（またはその両方）と結びついており，プライベートネットワーク自体に侵入されてしまう可能性がある．Webサーバーが侵害される可能性がある場合，プローブやその他のアクティビティを行うための低信頼性プラットフォームを攻撃者に提供することになる．このよう

なアクセスは企業の販売やプロジェクトに関する情報を侵入者に提供するかもしれないが、ほとんどの攻撃は、さらに企業の独自の知的財産への アクセス手段を提供することにもなる。

ほとんどの攻撃は、Webサーバーアプリケーション自体、独自スクリプト、または電子商取引に使用される一般的なフロントエンドアプリケーションに対して、アプリケーションレベルで実行される。このタイプのソフトウェアは変化のペースが非常に速く、品質チェックによって脆弱性やセキュリティ問題が常に見つかるわけではない。したがって、アプリケーションソフトウェアに対する攻撃は、基盤となるプラットフォームに対する攻撃よりも、成功する可能性がはるかに高い（一般的にアプリケーションが侵害される と、オペレーティングシステムに対する攻撃も可能である）。

Webサイトには共通して、脆弱になりやすい要因がさらに存在する。まず、Webサイトは広くアクセスできるように設計されており、通常は大量に宣伝されている。したがって、非常に多くの人がサイトのアドレスに関する情報を持っている。Webサーバーソフトウェアはトラフィックのロギングができるようになっているが、多くの管理者は侵入検知システムといった標準的なセキュリティツールを使用できるが、ファイアウォールや侵入検知システムを完全にオフにする か、最小限に抑えてしまう。ファイアウォールについて言及していない。ファイアウォールの保護にはあまり適していない。ファイアウォールについて言えば、Webサイトは標準のポートを開いてリクエストを受ける必要がある。大量のデータから有用な情報を得るためには、侵入検知システム技術、アプリケーションプロキシファイアウォールの使用、不要なドキュメントやライブラリーの無効化が役立つ。

こうした公開サイトの保護にはあまり適していない。ファイアウォールについて言及していない。Webサイトには、あらゆる種類のサイトから、接続要求、フォーム情報の送信、検索エンジンのコンテンツの更新など、あらゆる種類のトラフィックが見られる。

## ▶Webアプリケーションの脅威と保護

具体的な保護のためには、Webサーバーのサインインオフプロセスの確実な実施、サーバーで使用されるオペレーティングシステムの要塞化（デフォルトの設定とアカウントの削除、権限と特権の適切な設定、最新のベンダーパッチの適用）、実運用前のWebおよびネットワークの脆弱性スキャンの実施、受動的なチェックを行う侵入検知システムと高度な侵入防御システム技術、アプリケーションプロキシファイアウォールの使用、不要なドキュメントやライブラリーの無効化が役立つ。

管理インターフェースに関しては、それらが削除されているか、適切に保護されているかを確認する。許可されたホストまたはネットワークからのみアクセスを許可し、強力な（おそらく多要素の）ユーザー認証を使用する。認証資格情報をアプリケーション自体にハードコードせず、証明書などの高信頼認証を使用して資格情報

のセキュリティを保証する．アカウントのロックアウトと拡張されたロギングと監査を使用し，すべての認証トラフィックを暗号化で保護する．インターフェースには，少なくともアプリケーションのほかの部分と同じ安全性を持たせるか，多くの場合はより高いレベルでセキュリティを確保する．

Webシステムとアプリケーションはアクセスしやすいため，入力の妥当性確認（Input Validation）は非常に重要である．この点に関してはアプリケーションプロキシーファイアウォールが適しているが，バッファーオーバーフロー，認証の問題，スクリプティング，基盤となるプラットフォームへのコマンドの挿入（SQLコマンドなどのデータベースエンジンに関連するものを含む），エンコードの問題（Unicodeなど），およびURLエンコードと変換といった問題に対処できることを確認する必要がある．特に，プロキシーファイアウォールは，独自のソフトウェアやカスタムソフトウェアへのデータ送信の問題に対処し，これらのシステムへの入力の妥当性確認を保証する必要がある（このレベルの保護は，アプリケーションに対してカスタム化したプログラムでなければならない）．

セッションに関しては，HTTP（Hypertext Transfer Protocol：ハイパーテキスト転送プロトコル）がステートレスな技術であることを肝に銘じておかなければならない．したがって，サーバーに接続されている期間は，クッキーやURLデータなどのほかの技術によってコントロールされる．これらは保護され，検証されなければならない．クッキーを使用する場合は常に暗号化する．セッションデータには時刻検証を含めることができる．この目的のために，シーケンシャルで，計算可能または予測可能なクッキーやセッションID，URLデータを使用してはならない（ランダムでユニークなインジケーターを使用すること）．

Webアプリケーションの保護はほかのプログラミングの保護と同じである．同様に，以下のような保護を使用する．すべての入力および出力の妥当性確認，フェイルセキュア（クローズド），アプリケーションやシステムをできるだけシンプルにする，セキュアなネットワーク設計，ペネトレーションテストを行ってセキュアなデザインを検証し，低減すべき潜在的な脆弱性や脅威を特定する，多層防御を用いる，などである．Webシステムで特に考慮すべき点は，セキュアなページをキャッシュしないことである．使用されているすべての暗号化が業界標準を満たしていることを確認し，コードベンダーのセキュリティアラートに注意し，重要なトランザクションとマイルストーンをすべて記録し，例外を適切に処理し，クライアントからのデータを信頼せず，ほかのサーバー，パートナー，またはアプリケーションの別の部分からのデータを自動的に信頼しないこと．

安全なWeb開発のためのフレームワークを開発した組織がいくつかある．最も一般的なのは，OWASP（Open Web Application Security Project：オープンWebアプリケーションセキュリティプロジェクト）である★19．OWASPには，Webアプリケーションの開発に使用できるガイドがいくつか用意されている．

- 開発ガイド
- コードレビューガイド
- テストガイド
- Webアプリケーションセキュリティの脆弱性のトップ10
- OWASPモバイル

Webベースおよびクラウドベースのソリューションが普及していることから，OWASPはWebアプリケーションのセキュリティのためのアクセス可能で徹底したフレームワークを提供している．セキュリティ専門家は，Webアプリケーションの脆弱性の「トップ10」やそれらを低減する方法にも精通している必要がある．

## 8.3 ソフトウェア環境のセキュリティ

### 8.3.1 アプリケーションの開発とプログラミングの概念

データと情報のセキュリティは，情報システムセキュリティの最も重要な要素の1つである．ユーザーがシステム上のデータを処理したり，アクセスしたりするのは，ソフトウェアメカニズムによるものである．さらに，ほとんどすべての技術コントロールはソフトウェアで実装されており，すべての技術的対策のインターフェースはソフトウェアで管理されている．情報セキュリティの目的は，必要な時にシステムとそのリソースが利用可能であること，データの処理とデータそのものの完全性が保証されていること，データの機密性が保護されていることを確実にすることである．これらの目的はすべて，安全で一貫性があり，信頼性が高く，正しく動作するソフトウェアに依存している．

アプリケーション開発手順はシステムの完全性にとって不可欠である．アプリケーションが適切に開発されていない場合，元のデータまたは処理された結果の完全性が損なわれるような方法でデータが処理されてしまう可能性がある．さらに，変更管理とウイルスなどの悪意あるソフトウェアからの攻撃の両方に関して，アプ

リケーションソフトウェアとオペレーティングシステムソフトウェアの両方の完全性を維持する必要がある．システムが制御するデータに特別な保護要件（機密性など）が必要な場合，保護メカニズムと保護機能（暗号化など）を最初から設計してシステムに組み込み，コード化すべきであり，あとから追加すべきでない．オペレーティングシステムソフトウェアは，データやシステムへのアクセス制御の多くも担当しているため，これらのプログラミング分野を厳重に保護することが不可欠である．

## ▶ 現在のソフトウェア環境

　情報システムは，リソースの共有だけでなく，オープンなプロトコル，インターフェース，ソースコードの使用が大幅に増加しており，より分散している．共有が増加しているため，すべてのリソースを不正アクセスから保護する必要がある．これらの対策の多くは，ソフトウェアコントロール——特に，オペレーティングシステムのメカニズムによって提供されている．オペレーティングシステムは，コンピュータのリソースを保護するコントロールを提供する必要がある．さらに，アプリケーションとオペレーティングシステムの関係も重要である．アプリケーションがオペレーティングシステムのコントロールを損なったり，迂回したりすることがないように，コントロールはオペレーティングシステムに含まれていなければならない．ソフトウェア保護メカニズムがないと，オペレーティングシステムと重要なコンピュータリソースが破損して，攻撃される可能性がある．

　情報システムはますます複雑になってきていることにも注意が必要である．以前は，アプリケーションと言えば，CPU（Central Processing Unit：中央処理装置）に常駐する，ハードウェアに組み込まれた機能を除くと，そのマシン上で実行されている単一のアプリケーションを意味していた．現在，アプリケーションには，ハードウェアプラットフォーム，CPUマイクロコード，仮想マシンサーバー，オペレーティングシステム，ネットワークオペレーティングシステムとユーティリティ，RPC（Remote Procedure Call：リモートプロシージャーコール），ORB（Object Request Broker），エンジンサーバー（データベースやWebサーバーなど），エンジンアプリケーション，複数のインターフェースアプリケーション，インターフェースユーティリティ，APIライブラリー，およびリモートクライアントインターフェースに関係する複数のエンティティが含まれる．これらのレベルの多くは相互運用性と標準化の名の下に追加されているが，これによってもたらされた複雑さにより，セキュリティとコンプライアンスの保証が困難になっている．

　アプリケーションとデータベースの主なセキュリティ要件は，有効な，許可され

た，認証されたユーザーだけがデータにアクセスできるようにすること，データの使用に関連する権限をコントロールおよび管理できること，システムまたはソフトウェアが，こうした権限をコントロールするためにある程度の粒度を提供すること，パスワードストレージなどの機密情報を保護するために暗号化またはほかの適切な論理コントロールが利用可能であること，機能的なセキュリティコントロールを保証するのに十分な監査証跡を実装し，レビューできることである．

アクセス制御，ネットワークおよび運用セキュリティにおける多くの問題は，ソフトウェアやシステムの開発に関連していることがますます明らかになっている．問題が不適切なシステム開発，不注意なプログラミング慣行，または厳しいテストの不足のいずれに起因するものであっても，広く使用されているソフトウェアには多数の脆弱性が存在し，さらに新たに生じることは明らかである．基本的に，オペレーティングシステム，アプリケーションおよびデータベースのセキュリティは，オブジェクト内およびオブジェクト間の情報の格納と転送をコントロールするソフトウェアの能力に重点を置いている．ソフトウェアセキュリティコントロールの根底にあるのは組織のセキュリティポリシーであることを忘れてはならない．セキュリティポリシーは，その組織のセキュリティ要件を反映している．したがって，セキュリティポリシーによって，あるグループのユーザーだけが情報にアクセスできるようにする必要がある場合，ソフトウェアはその特定のユーザーグループだけにアクセスを制限する機能を備えていなければならない．システムをセキュアなものと呼ぶことができるかどうかは，組織のセキュリティポリシーの信頼できる実施に基づいている点に留意されたい．

## ▶ オープンソース

「オープンソース（Open Source）」という言葉には多くの競合する定義がある．しかし，ほとんどの者は，ベンダーがソフトウェアのソースコードをリリースし，ユーザーが自分の状況に合わせて，またはさらなる開発のためにソフトウェアを修正できるようにするという基本的条件に同意するだろう．ソースがオープンである場合，ほかの人がコードについてコメントしたり，デバッグを手助けしたりできることを意味する．ベンダーは従来ソースコードを非公開にして，実行可能なものだけをマシンコードまたはオブジェクトコードの形でリリースすることによって，製品の知的財産を保護してきた．知的財産保護を，自社独自のコードの秘密性に頼ってきた．商用ソフトウェア制作会社ではオープンソースコードの方向へのトレンドがあり，多くの成功したビジネスモデルがこの活動をサポートしているが，ほとんど

のソフトウェア企業はソースコードを秘密にしており，コードの独占所有によって他社が競合製品を作ることを防いでいる．

オープンソースソフトウェアの支持者は，ソースコードが公開されているとセキュリティを向上させることができると考えている．コードを見る人が十分に多くいると，すべての欠陥（バグ）が明らかになるという考え方で[20]，これはLinus（リーナス）の法則（Linus's Law）と表現されている．ほかの開発者やプログラマーにコードをレビューしてもらい，セキュリティの脆弱性を見つける手助けをしてもらう．このオープン性が，セキュリティに関わるものを含むあらゆる問題の迅速な発見と修復につながるということである．

同意しない開発者もいる．ほかのプログラマーはセキュリティ上の脆弱性をすべて見つけることができるのか．ソースコードを公開しても，すべてのセキュリティ欠陥（バグ）が見つかるとは限らない．また，信頼できると自動的に仮定することは誤ったセキュリティ判断につながる．専有システムの信者は，不誠実なプログラマーがセキュリティの脆弱性を発見しても問題を明らかにしないかもしれないし，少なくともそれを悪用するまで明らかにしないかもしれないと言っている．実際，ブラックハット（Black Hat）コミュニティの人々が，問題を見つけた時にソフトウェアベンダーを脅かそうとした例があった．

この問題に関する最終的な決定はまだなされていない．しかし，一般的には，「隠すことによるセキュリティ（Security by Obscurity）」——すなわち，システムがほとんど知られていなければ，誰かが侵入する方法を見つけ出す可能性は低いという考え——は機能しないということが知られている．プログラムのソースを利用できるか，実行可能なバージョンしか利用できないかに関わらず，観測，リバースエンジニアリング，逆アセンブリ，試行錯誤，ランダムチャンスによって，セキュリティ上の脆弱性を発見する可能性があることが知られている．

## ▶完全な開示

関連する問題は，オープンソースモデルの考えに結びつくことが多い，完全な開示である．完全な開示（Full Disclosure）とは，セキュリティ上の脆弱性を発見した人が情報を一般に公表することを意味し，この情報には，問題を悪用する可能性のあるコードの断片やプログラムが含まれる．部分的な開示（Partial Disclosure）のモデルも多数存在する．例えば，ソフトウェアのベンダーに最初に連絡して，脆弱性とそれに続く修正の一般リリースを依頼したり，脆弱性の情報と回避策だけをリリースしたりすることが挙げられる．

セキュリティ上の理由から言えば，オープンソースソフトウェアとプロプライエタリーソフトウェアのどちらを購入するかに関するポリシーを作成するよりも，ソフトウェアがどのように設計されたかを調べる方がよいだろう．プログラミング言語，機能，プログラミングスタイル，テストと評価などの問題についての決定を行った時，セキュリティは初期の検討事項として含まれていたか？

## 8.3.2 ソフトウェア環境

ソフトウェアが動作する状況は，コンピュータ操作の基礎である．この環境は，CPU，メモリー，I/O（入出力）要求およびストレージデバイスなどを含むハードウェアリソースの標準モデルから始まる．オペレーティングシステムはこれらのリソースをコントロールし，保護のためのセキュリティメカニズムを提供し，リソースアクセス許可を提供し，誤用を防止する．エンドユーザーが使用するアプリケーションは，必要なコンピュータサービスを提供するために，オペレーティングシステムに対して——場合によっては直接デバイスに対して——要求や呼び出しを行う．一部のアプリケーションでは，セキュリティ機能がソフトウェアに組み込まれているため，アクセス制御や監査機能など，ユーザーが情報をより詳細にコントロールできる．

バッファーオーバーフロー攻撃がアプリケーション内の不適切なパラメーターチェックを悪用する場合など，アプリケーションに脆弱性が生じる可能性がある．ソフトウェアの階層化のため，あるレベルでの保護は，別のレベルの機能によってバイパスされる可能性があることに注意されたい．

さらに，今日のアプリケーションの多くには何らかの形で分散コンピューティングが含まれている．分散には様々なレベルや形があり，プログラムの単純な連携から，標準インターフェース，（オブジェクト環境における）メッセージの受け渡し，（上述のようにより広範な形での）階層化，（特にデータベースアプリケーションにおける）ミドルウェア，クラスタリング，仮想マシンまである．分散アプリケーションにはセキュリティの観点で課題がある．これは情報フローモデルの複雑さに起因する．

### ▶ プログラミング言語のセキュリティ問題

開発フェーズでは，プログラマーは様々なプログラミング言語でコードを書くことができる．プログラミング言語（Programming Language）とは，実行する操作をコンピュータに指示する一連の規則である．プログラミング言語はいろいろな世代を経

て進化しており，各言語はそうした世代の1つに特徴づけられている．下位レベルのものはコンピュータのバイナリー言語に近い形になっている．機械語とアセンブリ言語はいずれも低水準言語とみなされる．言語が容易になり，人々がコミュニケーションに使う言語に似れば似るほど，より高いレベルになる．高水準言語は低水準言語よりも使いやすく，プログラムをより迅速に作成できる．さらに，高水準言語は，コーディング標準を強制して，より高いセキュリティを提供できるため，有益であると言えるかもしれない．一方，高水準言語はいくつかの機能を自動化し，プログラミング環境やツールによってプログラムに複雑な操作を提供するため，プログラマーはその内部の詳細を理解しにくいかもしれない．したがって，高水準言語を使うことによって，開発者がわからないうちにセキュリティの脆弱性を導入する可能性がある．

　プログラミング言語は，しばしば世代で言及される．第1世代は一般に，コンピュータ自体が使う機械語(Machine Language)，オペコード(Opcode；オペレーションコード[Operating Code])，オブジェクトコード(Object Code)であると考えられる．これらは，コンピュータのCPUが直接実行できる，非常に単純な命令である．各タイプのコンピュータにはそれぞれ独自の機械語がある．しかし，16進コードやバイナリーコードは人間が理解しにくいため，主要な命令の略語に記号を使用する第2世代のアセンブリ言語(Assembly Language)が作成された．第3世代は通常，高水準言語として知られており，意味のある単語(通常は英語)をコマンドとして使用する．COBOL，FORTRAN，BASIC，JavaおよびCは，このタイプの例である．

　上述の点において，定義に異議を唱える人がいるかもしれない．非常に高水準の言語として知られている第4世代言語には，問い合わせ言語(Query Language)，レポートジェネレーター(Report Generator)，アプリケーションジェネレーター(Application Generator)がある．第5世代の言語，または自然言語インターフェースは，エキスパートシステムと人工知能を必要とする．その目的は，プログラマーが特定の語彙，文法，または構文を学ぶ必要性をなくすことである．自然言語文のテキストは，人間の話に非常によく似ている．

## ▶ プロセスと要素

　情報システムセキュリティ職に就いている人の大部分は経験豊富なプログラマーではない．したがって，以下に様々なタイプのプログラミングの概念とプロセスを簡単に説明する．これは純粋に，このドメイン内のほかのマテリアルの背景を理解するために提供されている．

機械語は，高級言語で見られるタイプのコマンドからは構成されていない．より高水準の言語は通常の人間の言語の単語を使用するので，そのプログラムは非プログラマーにとって奇妙に見えるかもしれない．しかし，プログラマーはprint，if，load，caseなどの認識可能な単語を見て，プログラム内で起こることを理解する．これは機械語には当てはまらない．

　機械語はすべて1と0だけである．1と0のパターンはコンピュータに対する指示である．オペコードと呼ばれる指示パターンは，コンピュータが使用する実際のコマンドである．オペコードは非常に短く，ほとんどのデスクトップマイクロコンピュータでは一般に，長さが1B（8bit）や2Bしかない．オペコードには1Bまたは2Bのデータが関連付けられている場合もあるが，コマンドと引数の文字列全体は通常，4B，32bitを超えない．これは4文字以下の単語に相当する．

　現在使用されているほとんどすべてのコンピュータは，von Neumann（フォン・ノイマン）アーキテクチャー（John von Neumann［ジョン・フォン・ノイマン］に因んで命名された）に基づいている[21]．von Neumannアーキテクチャーの基本的な特徴の1つは，コンピュータのメモリー内においてデータとプログラミングの間に違いがないことである．したがって，パターン4Eh（01001110）が文字"N"か，デクリメントオペコードかを判断することはできない．同様に，パターン72h（01110010）は文字"r"か，オペコード"jump if below"の最初のバイトであるかもしれない．したがって，図8.1に示すように，プログラムファイルの内容を見ると，最初は紛らわしいランダムな文字や記号の集まり，理解不能なガベージデータに直面することになる．

　最終的に，この混乱したシンボルの嵐を理解することは，機械語プログラマーやソフトウェアフォレンジックの専門家にとっては最も有用なものになるだろう．ソースコードは，特にスクリプト，マクロ，またはその他のインタープリター型プログラミングを扱う場合に利用できる．これらのオブジェクトのいくつかを説明するには，プログラミングのプロセスを調べる必要がある．

## ▶プログラミング手順

　初期のプログラマーはオブジェクト（機械またはバイナリー）ファイルを直接作成した（このスキルを維持しているプログラマーもいる．通常のデスクトップコンピュータのキーボードから直接データを入力し，印刷可能な文字のみを使用して使用可能なプログラムを作成することも可能である．しかし，こうしたことは今やゲームのレベルに追いやられており，最新の商用ソフトウェア開発とはほとんど関係がない）．コンピュータの操作命令（オペコード）と必要な引数やデータは，適切に処理するために必要な形式でマシンに提示される．このプロ

```
–d ds:100 11f
B8 19 06 BA CF 03 05 FA-0A 3B 06 02 00 72 1B B4
.........;...r..
09 BA 18 01 CD 21 CD 20-4E 6F 74 20 65 6E 6F 75 .....!. Not enou
–u ds:100 11f
0AEA:0100 B81906 MOV AX,0619
0AEA:0103 BACF03 MOV DX,03CF
0AEA:0106 05FA0A ADD AX,0AFA
0AEA:0109 3B060200 CMP AX,[0002]
0AEA:010D 721B JB 012A
0AEA:010F B409 MOV AH,09
0AEA:0111 BA1801 MOV DX,0118
0AEA:0114 CD21 INT 21
0AEA:0116 CD20 INT 20
0AEA:0118 4E DEC SI
0AEA:0119 6F DB 6F
0AEA:011A 7420 JZ 013C
0AEA:011C 65 DB 65
0AEA:011D 6E DB 6E
0AEA:011E 6F DB 6F
0AEA:011F 7567 JNZ 0188
```

**図8.1** プログラムファイルの同じセクションの表示. 最初にデータとして, 次にアセンブリ言語のリストとして.

セスに役立てるためにアセンブリ言語が作成された. アセンブリニーモニックと特定のオペコードとの間にはかなりの直接的な対応があるが, 少なくともアセンブリファイルは, 16進数または2進数の文字列ではなく, 人間が読むのが比較的簡単な形式になっている. MOV(移動), CMP(比較), DEC(デクリメント)およびADDといった, ほとんど単語のようなコードの列が**図8.1**の2番目の部分にあるのに気づくだろう. アセンブリ言語では, B8hや10101000よりも "MOV to register AX" がプログラマーにとって理にかなっているため, これらのニーモニックが追加された. アセンブラプログラムでは, メモリーのアドレッシングに関する詳細も処理されるため, プログラムに少し変更が加えられるたびにメモリーの参照と場所を手動で変更する必要はない.

　高水準(もしくは比較的高水準の)言語(いわゆる第3世代言語)の出現に伴い, プログラミング言語システムは2つのタイプに分割される. 高水準言語とは, ソースコードが理解可能な言語である. Cを使って働く人は, もちろん, この主張に異議を唱えるかもしれない. これらの言語は, 熟練したプログラマーの手に渡って, わずかなソースコードから高機能のプログラムを作成することができるが, 読みやすさが

```
OPEN INPUT RESPONSE-FILE
    OUTPUT REPORT-FILE
    INITIALIZE SURVEY-RESPONSES
    PERFORM UNTIL NO-MORE-RECORDS
    READ RESPONSE-FILE
    AT END
    SET NO-MORE-RECORDS TO TRUE
    NOT AT END
    PERFORM 100-PROCESS-SURVEY
    END-READ
    END-PERFORM
    begin.
    display "My parents went to Vancouver and all they got"
    display "for me was this crummy COBOL program!".
```

**図8.2** 異なるCOBOLプログラムからの2つのセクションのコード.
図8.1とは対照的に, プログラムがしようとしていることの意図は理解しやすい.

犠牲になる. COBOLは, おそらく最良の例である. 図8.2に示すように, COBOLプログラムの構造は, 言語の訓練を受けていない人にとっても, ソースコードを見れば明らかである.

コンパイラ型言語(Compiled Language)は, プログラムの実行準備が整う前に, 2つの別個のプロセスを必要とする. アプリケーションは, ソース(テキスト, もしくは人間が読める)コードでプログラミングする必要がある. ソースは, コンピュータが理解できるオブジェクトコード, つまりオペコードの文字列にコンパイルする必要がある. 実際にプログラミングを行う人は, これがリンカーやほかの多くのユーティリティを含むプロセスを簡単にし過ぎた説明だとわかると思うが, ポイントは, FORTRANやModulaのような言語のソースコードを直接実行できず, まずコンパイルしなければならないという点にある.

インタープリター型言語(Interpreted Language)はプロセスを短縮できる. プログラムのソースコードが書かれたら, すぐにインタープリターによって実行することができる. インタープリター(Interpreter)はソースコードを, コンピュータが使用できるオブジェクトコードにリアルタイムで変換する. この利便性のために, パフォーマンスとスピードに影響が出る. コンパイルされたプログラムは, CPUが直接(オペレーティングシステムの仲介を伴い)使用するためにネイティブであるか, 自然な形式

であるため，かなり高速に実行される．さらに，コンパイラ（Compiler）は，特定の状況に最適な関数セットを選択して，プログラムに対してあるレベルの最適化を実行する場合が多い．しかし，インタープリター型言語にも利点がある．言語はプログラムが実行されるマシン上で翻訳されるので，その言語のためのインタープリターが利用可能である限り，与えられた解釈プログラムは様々な異なるコンピュータ上で実行することができる．様々なプラットフォームで使用されるスクリプト言語は，このタイプのものである．

JavaScriptは，Webページで最も一般的に使用される言語である．しかし，それはJavaではなく，Javaとは関係がない．もともとはLiveScriptと命名され，その後マーケティング戦略に基づいて改名された．ユーザーのWebブラウザーによって解釈され，Webブラウザーのほとんどの機能をコントロールすることができる．HTMLドキュメントのほとんどのコンテンツにアクセスし，表示されたコンテンツと完全に対話する．ブラウザーによっては，システムにかなりのアクセス権を持つ場合がある．アプレットのサンドボックス制限と広範なセキュリティモデルを持つJavaとは対照的に，JavaScriptのセキュリティマネジメントは最小限に抑えられ，有効／無効のいずれかのみ設定できる．

図8.3の例のようなJavaScriptアプレットは，Webページに埋め込まれ，基礎となるコンピュータのアーキテクチャーやオペレーティングシステムに関係なく，言語をサポートするブラウザーで実行される（クロスプラットフォームについて語る時に，JavaScriptはよい例ではない．JavaScriptは，同じソフトウェア会社のブラウザーの新しいバージョンでも，同じベンダーの別のプラットフォームでも動作しない可能性がある）．ほかの大多数の技術に2つの選択肢があるのと同様に，両方の世界のベストを提供しようとするハイブリッドシステムも存在する．例えば，Javaはソースコードを，バイトコード（Bytecode）と呼ばれる一種の擬似オブジェクトコードにコンパイルする．続いてバイトコードは，CPUで実行するためのインタープリター（Java仮想マシン［Java Virtual Machine］またはJVMと呼ばれる）によって処理される．バイトコードはすでにオブジェクトコードにかなり近いため，ほかのインタープリター型言語よりもはるかに高速である．バイトコードはまだ解釈を必要とするので，JavaプログラムはJVMを持つマシン上で実行される（Javaは，BASICなどのインタープリター型言語の大多数の実装と同様に，オブジェクトコードに直接コンパイルすることもできる）．

### ▶Javaセキュリティ

Javaは，ソフトウェアと開発のセキュリティに関連する，その他の多くの例を提

```
<html>
<head>
<title>
Adding input
</title>
<!-- This script writes three lines on the page -->
<script>
document.write ("Hello, ");
document.write ("class.<br>This line ");
document.write ("is written by the JavaScript in the   header.");
document.write ("<br>but appears in the body of the   page,");
</script>
<body>
<!-- The following line is HTML, giving a line break and text -->
<br>This line is the first line that is written by HTML itself.<p>
Notice that this is the last line that appears until after the new
input is obtained.<p>
<!-- This script asks for input in a new window -->
<!-- Note that window, like document, is an object with methods -->
<script>
// Note that within scripts we use C++ style comments
// We declare a variable, studentName
var studentName;
// Then we get some input
studentName = window.prompt ("What is your name?", "student   name");
/* Although we can use C style
multi-line comments */
</script>
<!-- This script writes a single line of text -->
<script>
document.write ("Thank you for your input, " +   studentName);
</script>
</body>
</html>
```

**図8.3** すべてのブラウザーで動作するJavaScriptアプレット. このスクリプトは, 通常よりもはるかに多くのコメントを使用している.

供している. バイトコードが解釈される時点で, Javaはアプリケーションによる変数とメモリーの使用をチェックする. このチェックはセキュリティ的によいことであるが, 悪い点とも言える. プログラムはメモリーを適切に使用し, 設定された範囲を越えないため, 一般的にはよいことである. しかし, そのような機能に過剰に依存する(開発者がコード内で追加のセキュリティチェックを使用しない)と, セキュリティ上の問題を引き起こすことがある.

例えば，Javaは通常，ガベージコレクション（Garbage Collection），メモリー位置の自動レビューおよび不要になったメモリー領域の割り当て解放を非常にうまく行う．これは，プログラムが使用可能なすべてのメモリーを使い切らないことを保証し，問題が発生することを防ぐ．しかし，Javaは，メモリーに記憶されている情報の機密性を特定する方法を持たない．したがって，機密情報が不適切に開示されてしまう可能性がある．このガベージコレクションサービスを提供しない言語では，プログラマーがメモリー割り当てに関する意識的な選択をする必要がある．この選択によって，プログラマーは使用可能なメモリーの予備領域にメモリーを戻す前に，メモリーの内容を上書きすることが可能となる．

Javaプログラミング言語は，特定のセキュリティルールを実装している．これらのいくつかは，後続するプログラミング言語でも実現されている．

Javaセキュリティアプローチの3つの部分（レイヤーと呼ばれることもある）は次のとおりである．

1. **ベリファイアー**（Verifier；またはインタープリター[Interpreter]）＝型の安全を確保するのに役立つ．これは主にメモリーチェックと境界チェックを担当する．
2. **クラスローダー**（Class Loader）＝Javaランタイム環境からクラスを動的にロード／アンロードする．
3. **セキュリティマネージャー**（Security Manager）＝不正な機能から保護するセキュリティゲートキーパーとして機能する．

バイトコードをどのように作成したかに関係なく，ベリファイアーはローカルJava VM上で実行する前にバイトコードを精査する．Javaで書かれた多くのプログラムはネットワークからダウンロードされるため，Javaベリファイアーは，コンピュータと，ダウンロードされたプログラムの間のバッファーとして機能する．ベリファイアーを実行するコンピュータと，実際にダウンロードされたプログラムを実行するコンピュータは同一なので，ベリファイアーはダウンロードしたプログラムによって引き起こされる危険な動作からコンピュータを保護することができる．ベリファイアーはJava VMに組み込まれており，プログラマーやユーザーが設計にアクセスすることはできない．

ベリファイアーはバイトコードを様々なレベルでチェックすることができる．最も単純なチェックは，コードフラグメントのフォーマットが正しいことを保証するものである．また，ベリファイアーにはコード検証機能が組み込まれており，それ

を各コードフラグメントに適用する．コード検証機能により，バイトコードが不正なコードを持たないようにすることができる．例えば，ポインターを偽造する，アクセス制限に違反する，不正な型情報を使用してオブジェクトにアクセスするなどを挙げることができる．ベリファイアーがクラスファイル内の不正なコードを検出すると，検証プログラムは例外を発行し，クラスファイルは実行されない．

　Javaベリファイアーには，バイトコードの検証に時間がかかるという問題がある．遅延時間は非常に小さいものであるが，Webビジネスのオーナーは，10〜20秒の遅延によって，顧客がサイトを使用しなくなっていると考えている．これは，機能とセキュリティのトレードオフの議論が不十分な技術の例と考えることができる．ほとんどのJava実装では，バイトコードがJava VMに到着すると，クラスローダーはそのバイトコード用のクラスを用意し，ベリファイアーが自動的に検証する．クラスローダーは，モバイルコードをロードし，実行中のJava環境にクラスをいつ，どのように追加できるかを決定する．セキュリティ上の理由から，クラスローダーは，Java実行環境の重要な部分が偽装コード（クラススプーフィング［Class Spoofing］と呼ばれる）に置き換えられないようにする．また，セキュリティのために，クラスローダーは通常，クラスを取得先に応じて異なる名前空間に分割する．これは，ローカルクラスを外部クラスと区別する，重要なセキュリティ要素である．しかし，クラスローダーにおいて，場合によっては名前空間が重複する可能性があるという弱点が発見された．その後，セキュリティクラスローダーが追加され，現在は保護されている．

　このモデルの第3の部分は，セキュリティマネージャーである．このマネージャーは，アプレットが表示可能なインターフェース（Java API呼び出し）を使用する方法を制限する．危険な操作についてランタイムチェックを実行する単一のJavaオブジェクトである．基本的に，潜在的に危険な操作が試行される時はいつでも，Javaライブラリーのコードがセキュリティマネージャーに確認する．セキュリティマネージャーは拒否権を持ち，セキュリティ例外を発行することができる．標準のブラウザーセキュリティマネージャーは，信頼できないコードによって要求された時にはほとんどの操作を禁止し，信頼できるコードはすべての操作を実行できるようにする．特定の操作が許可されるか，却下されるかの最終決定を下すのはセキュリティマネージャーの責任である．

　Javaはもともと分散アプリケーション環境用に設計されたため，セキュリティモデルは，分散Javaプログラムが行えることと行えないことを厳密にコントロールすることが可能なサンドボックス（Sandbox）に実装された．モバイルコードを処理する

サンドボックスアプローチの代替方法としては，信頼できるコードのみを実行することが挙げられる．例えば，ActiveXコントロールは，コントロールに署名したエンティティを完全に信頼する場合にのみ実行する．残念ながら，ActiveXシステムの設計と実装の両方に問題があった．ActiveXには，ActiveXコントロールのアクティビティに関するサンドボックスによる制限は行われない．任意の実行可能プログラムで使用可能な任意のアクションまたは機能を実行することができてしまう．プログラムの信頼性または境界の制限に関する実行時検査は行われない．

Javaサンドボックスモデルでは，Webブラウザーは，ダウンロードされたJavaコード（アプレットなど）を実行するためのセキュリティポリシーを定義して適用する．Java対応Webブラウザーには，セキュリティマネージャーを実装するためのクラス（Javaでは，すべてのオブジェクトがクラスに属する）とともに，Javaベリファイアーとランタイムライブラリーが含まれている．セキュリティマネージャーは，重要なシステムリソースへのアクセスを制御し，Webブラウザーのセキュリティマネージャーのバージョンが正しく適用されるようにする．極端な場合，Java対応のWebブラウザーでシステムセキュリティマネージャーがインストールされていない場合には，アプレットはローカルJavaアプリケーションと同じアクセス権を持つ．サンドボックスは，セキュリティマネージャーによって実現される唯一の例ではない．どのJavaアプリケーションや環境でも，特定のセキュリティマネージャーと特定の制約を適用し，調整し，特殊な環境やアプリケーションに対して追加のコントロールを可能にする．

3パートモデルの弱点は，3つのパートのいずれかが動作しない場合，セキュリティモデルが完全に危険にさらされる可能性があることである．Javaの導入以来，いくつかの追加のセキュリティ機能がリリースされた．Javaセキュリティパッケージ（Java Security Package）もこれに含まれる．このパッケージは，暗号化プロバイダーインターフェースと一般的な暗号アルゴリズム用APIの両方を含むAPIである．暗号化を実装し，特定のアプリケーションのデフォルトセキュリティ保護を管理または変更する機能を提供する．これにより，追加のアプリケーションセキュリティが提供されるが，開発者が実装することを選択した場合に限定される．

セキュリティに関するその他のJavaリリースは次のとおりである．

- 証明書パスを構築および検証し，証明書失効リストを管理するためのJava Certification Path API.
- Kerberosを使用して通信アプリケーション間でメッセージを安全に交換するためのJava GSS-API. Kerberosを使用した，シングルサインオンのサポー

トも含まれている.

- Java認証・認可サービス (Java Authentication and Authorization Service：JAAS).
  これにより，サービスはユーザーに対してアクセス制御を認証し，実施する
  ことができる.
- Java Cryptography Extension (JCE) は，暗号化，鍵生成，鍵合意およびメッ
  セージ認証コード (Message Authentication Code：MAC) アルゴリズムのフレーム
  ワークと実装を提供する.
- Java Secure Socket Extension (JSSE) は，安全なインターネット接続を可能に
  する. これは，SSL (Secure Sockets Layer) およびTLS (Transport Layer Security) プ
  ロトコルのJavaバージョンを実装し，データ暗号化，サーバー認証，メッセー
  ジ完全性およびオプションのクライアント認証のための機能を備える.

## ▶ オブジェクト指向技術とプログラミング

オブジェクト指向プログラミング (Object-Oriented Programming：OOP) は，コンピュー
タプログラム開発のルールを変更した革命的な概念であると考えられている. 直線
的な手続きではなく，オブジェクトを中心として編成されている. OOPは，自己完
結型のオブジェクトを作成するプログラミング手法である. このオブジェクトは，
自己完結型モジュール内のあらかじめ組み立てられたプログラミングコードのブ
ロックであるが，手続き型言語の関数やプロシージャーとは異なり，独立して動作
する. モジュールは，データおよびデータを処理するために呼び出される処理命令
の両方をカプセル化する. プログラミングコードのブロックが書き込まれると，そ
れは任意の数のプログラムで再利用することができる. オブジェクト指向言語の例
には，Eiffel，Smalltalk (初期から存在する)，Ruby，Java (今日最も人気がある)，C++ (同
様に人気がある)，Python，Perl，Visual Basicなどがある. 最近の多くのオブジェクト
指向言語は，それ自体がほかの以前のオブジェクト指向言語の上に構築されており，
特別な方法でそれらを拡張する可能性がある.

オブジェクト指向言語を定義する際には，次のような重要な特徴がある.

### ▶ カプセル化 (Encapsulation；データ隠蔽 [Data Hiding] とも呼ばれる)

クラスは，それが関係する必要があるデータだけを定義する. そのクラス (すなわ
ち，オブジェクト) のインスタンスが実行されると，コードはほかのデータに誤って
アクセスすることができなくなり，セキュリティ的に有効であると言われる.

### ▶ 継承(Inheritance)

　データクラスの概念は，メイン（または上位）クラスの特性の一部またはすべてを共有するデータオブジェクトのサブクラスを定義することができる．セキュリティが高水準クラスで正しく実装されている場合，サブクラスはそのセキュリティを継承する必要がある．クラスからではなく，別のオブジェクトから導出されたオブジェクトについても同じことが言える．

### ▶ ポリモーフィズム

　オブジェクトは，データ型によって異なる処理を行うことがある．あるオブジェクトを以前のオブジェクトからインスタンス化することにより，新しいオブジェクトは元のオブジェクトから属性およびメソッドを継承するようになる．このように作成されたオブジェクトの属性およびアスペクトを変更すると，変更されたオブジェクトの操作が変更される可能性がある．残念なことに，これはセキュリティに悪影響を与える．ポリモーフィズム(Polymorphism)は，メソッドの安全性を損なう可能性があるため，慎重に評価する必要がある．

### ▶ ポリインスタンス化(なぜ犬はワンと吠え，猫はニャーと鳴くか)[22]

　より上位のクラスからインスタンス化された特定のオブジェクトは，含まれるデータに応じて動作が異なる場合がある．したがって，継承されたセキュリティプロパティがすべてのオブジェクトに対して有効であることを確認することは困難になる．一方，ポリインスタンス化(Polyinstantiation；ポリモーフィズム利用したインスタンス化)を使用すると，同一の情報の異なるバージョンを異なる機密レベルとすることができるので，データベースに対する推論攻撃を防止することができる．

　OOP環境内では，あらかじめ定義されている型はすべてオブジェクトである．プログラミング言語のデータ型は，整数，文字，文字列，ポインターなどの予約された特性を持つ値のデータのセットである．ほとんどのプログラミング言語では，限られた数のデータ型が言語に組み込まれている．プログラミング言語では通常，特定のデータ型の値の範囲，コンピュータによって値がどのように処理されるのか，それらがどのように格納されるのかを指定する．OOPでは，すべてのユーザー定義型もオブジェクトとなる．

　OOPの最初のステップは，操作したいオブジェクトとそれらがお互いにどのように関係しているかを特定することである．これはデータモデリング(Data Modeling)とも呼ばれる．オブジェクトが識別されると，それはオブジェクトのクラス(Class)と

して一般化され，それが含むデータの種類と，それを操作できるロジックシーケンスとして定義される．それぞれの異なったロジックシーケンスは，メソッド（Method）として知られている．クラスの実体は，オブジェクト（Object）またはクラスのインスタンス（Instance of a Class）と呼ばれ，これがコンピュータで実行されるものである．オブジェクトのメソッドはコンピュータの命令を与え，クラスオブジェクトの特性は関連するデータを提供する．オブジェクトとの通信およびオブジェクト間の通信は，メッセージ（Message）と呼ばれるインターフェースを通じて確立される．

　従来のプログラムを構築する場合，プログラマーは最初からすべてのコード行を記述する必要がある．OOPを使用すると，プログラマーは既定のコードブロック（オブジェクト）を利用することができる．したがって，オブジェクトは，異なるアプリケーションおよび異なるプログラマーによって繰り返し使用することができる．この再利用により，開発時間が短縮され，プログラミング費用が削減される．

## ▶ オブジェクト指向のセキュリティ

　オブジェクト指向システムでは，オブジェクトはカプセル化される．カプセル化は，オブジェクトの内部にあるものを表示したり，操作したりするダイレクトアクセスを拒否することによりオブジェクトを保護する．オブジェクトがカプセル化されていることにより，そのオブジェクトに含まれているものを見ることはできない．オブジェクトのカプセル化は，外部アクセスから内部データを保護する．セキュリティ上の理由から，ほかのオブジェクトの内部データにアクセスできるオブジェクトは存在しない．一方で，システム管理者がオブジェクトに含まれているものを特定できないと，適切なポリシーをオブジェクトに適用するのは困難になる．

　ポリインスタンス化では，変数を値（またはほかの変数）で置き換えることによって，定義済みのオブジェクトの異なるバージョンを繰り返し生成することができる．したがって，オブジェクト内のデータ間に複数の異なる距離を設定することができ，低レベルのオブジェクトが高レベルのセキュリティを必要とする情報を保持することを防ぐ．これは，同じ情報が異なる機密レベルに存在することで推測に基づく隠れチャネルができてしまうことを，回避するために使用される技術でもある．したがって，低いクラスに属するユーザーは，高いクラスに属する情報が存在することすら知ることはない．

　オブジェクト指向プログラミングでは，ポリモーフィズムは，データ型によってオブジェクトを異なる方法で処理するプログラミング言語の能力を指す．この用語は，コンパイル時にはクラスが決まらず，実行時に参照するオブジェクトによって

決定されるオブジェクトを参照する変数を指す場合もある．ポリモーフィズムはシンプルに見えるが，誤って使用するとセキュリティ上の問題が発生する可能性がある．この問題は，オブジェクトを駆動するデータと，悪意あるユーザーによるその機能の悪用が原因である．

オブジェクト指向設計の基本的なアクティビティの1つは，クラス間の関係を確立することである．継承は，クラスを関連付ける基本的な方法の1つである．オブジェクトのクラスが定義されている場合，サブクラスの定義は，上位クラスの定義を継承することができる．継承によって，プログラマーは，すべてのコードを複製することなく，既存のクラスに似た新しいクラスを構築することができる．新しいクラスは古いクラスの定義を継承し，必要なものを追加する．プログラマーは，サブクラスのオブジェクトに，それが属するクラスで一般的に利用できるデータやメソッドを独自に定義する必要がない．それにより，プログラム開発時間を短縮することができる．上位クラスで使える機能は，サブクラスでも使うことができる．

複数の継承は複雑さを招き，オブジェクトへのアクセスにセキュリティ違反をもたらす可能性がある．名前の衝突や曖昧さなどの問題は，サブクラスが上位クラスから不適切な特権を継承しないように，プログラミング言語で解決する必要がある．

## ▶分散オブジェクト指向システム

メインフレームベースのアプリケーションの時代が衰退し始めた時，分散コンピューティングの新しい時代が始まった．分散開発アーキテクチャーにより，アプリケーションはコンポーネント（Component）と呼ばれる部分に分割され，各コンポーネントは異なる場所に存在することができる．この開発パラダイムによって，ユーザーにとってシームレスな方法で，プログラムはリモートマシンからユーザーのローカルホストにコードをダウンロードすることができる．

今日のアプリケーションは，CORBA（Common Object Request Broker Architecture），Java RMI（Remote Method Invocation），EJB（Enterprise JavaBeans），DCOM（Distributed Component Object Model：分散コンポーネントオブジェクトモデル，Windowsのみ）など，分散オブジェクトに基づくソフトウェアシステムで構築されている．分散オブジェクト指向システムによって，システムの一部を企業ネットワーク内の別個のコンピュータに配置することが可能となる．オブジェクトシステム自体は，特定のビジネス機能を実行するように設計された，再利用可能な，自己完結型のコードオブジェクトの集合体である．

オブジェクトが相互に通信する方法は複雑である．特に，オブジェクトが同じマ

シンに存在せずに，ネットワーク上の複数のマシンにまたがって配置される場合が
そうである．このプロセスを標準化するために，OMG（Object Management Group：オ
ブジェクト管理グループ）は，オブジェクトの検索，オブジェクトの開始およびオブジェ
クトに対する要求の送信のための標準を作成した．標準はORBであり，CORBAの
一部である．

### ▶ CORBA

CORBA（Common Object Request Broker Architecture）は，ハードウェア製品とソフト
ウェア製品の相互運用性を実現するための一連の標準である．CORBAを使用する
と，アプリケーションはどこに格納されているかに関わらず，互いに通信すること
ができる．ORBは，オブジェクト間のクライアントとサーバーの関係を確立するミ
ドルウェアである．ORBを使用すると，クライアントは，同じマシン上またはネッ
トワークを介して，サーバーオブジェクト上のメソッドを透過的に見つけてアク
ティブにすることができる．ORBは，プロセッサーのタイプまたはプログラミング
言語に関係なく動作する．

ORBはシステム上のすべての要求を処理するだけでなく，システムのセキュリ
ティポリシーも強制する．このポリシーには，ユーザー（およびシステム）に対する許可
およびユーザー（またはシステム）のアクションに対する制限が記述されている．ORB
によって提供されるセキュリティは，ユーザーのアプリケーションに対して透過的
でなければならない．CORBAセキュリティサービスは，アクセス制御，データ保護，
否認防止および監査の4種類のポリシーをサポートする．

クライアントアプリケーションは，要求（もしくはメッセージ）をターゲットオブジェ
クトに（オブジェクトを介して）送信する．

1．メッセージはORBセキュリティシステムを介して送信される．ORBセ
   キュリティシステムの内部には，オブジェクトに関する組織のポリシーを含
   む，ポリシーを適用するコードが存在する．
2．ポリシーが，リクエスターによるターゲットオブジェクトに対するアクセ
   スを許可する場合，要求はターゲットオブジェクトに転送され，処理が行わ
   れる．

CORBAの実装を検討する時は，次の点を考慮する必要がある．

- サポートされる特定のCORBAセキュリティ機能
- 暗号化ブロックやKerberosシステムのサポートなどのCORBAセキュリティ構築ブロックの実装
- システム管理者がCORBAインターフェースを使用して組織のセキュリティポリシーを設定することの容易さ
- サポートされているアクセス制御メカニズムのタイプ
- 監査ログの取得とレビューのためのタイプ，粒度およびツール
- 技術的評価(例えばコモンクライテリア)

CORBAは分散アプリケーション環境を保護する唯一の方法ではない．Java RMIとEJBも同様である．

EJBはSun Microsystems社のモデルで，拡張性，分散処理，多層化，コンポーネントベースのアプリケーションを構築するためのAPI仕様を提供する．EJBは通信のためにJava RMI実装を使用する．EJBサーバーは，トランザクション，セキュリティおよびリソースを共有するために標準的なサービスを提供する．セキュリティ上の利点の1つは，コンポーネントを組み立てる人がEJBを使用してアクセスを制御できることである．コンポーネント開発者がセキュリティポリシーをハードコードする代わりに，エンドユーザー(すなわち，システム管理者またはセキュリティ担当者)がポリシーを指定することが可能である．その他のセキュリティ機能は，エンドユーザーにも提供されている．EJBの脆弱性は，RMIの弱点となる．例えば，RMIは通常，コードが存在しない場合に，クライアントがサーバーからコードを自動でダウンロードできるように構成されている．したがって，クライアントが安全な接続を確立できるようになる前にコードをダウンロードしたり，悪意ある攻撃者がサーバーに対してクライアントになりすまし，コードをダウンロードしたりする可能性がある．RMIのセキュリティを向上させるための改善はされているが，すべての実装をセキュリティ機能のためにレビューする必要がある．

## 8.3.3 ライブラリーとツールセット

ソフトウェアライブラリー(Software Library)は，事前に書かれたコード，クラス，プロシージャー，スクリプトおよび構成データで構成されている．開発者は，プログラムにソフトウェアライブラリーを手動で追加して，より多くの機能を実現したり，コードをゼロから作成せずにプロセスを自動化したりすることができる．これに

より開発者は，アプリケーション内で使用したり，呼び出したりする機能を作るために，必要なコードをすべて記述しなくてもよく，コードライブラリーに含まれたものを利用すればよい．例えば，数学的なプログラムやアプリケーションを開発する場合，開発者は数学的なソフトウェアライブラリーをプログラムに追加すればよく，複雑な関数を書く必要がない．ソフトウェアライブラリー内の利用可能な機能は，プログラム本体内で呼び出し／使用するだけでよく，明示的に定義する必要はない．

　安全なコーディング標準で正しく構築され，適切に実装され，セキュリティパッチと，特定された欠陥(バグ)や障害に対処するための反復フィードバックメカニズムが最新に保たれている場合，ソフトウェアライブラリーには次のような利点がある．

- **信頼性の向上**(Increased Dependability)＝現行システムで利用され，テストされたソフトウェアを再利用することは，まったく新しいソフトウェアより信頼性が高い．ソフトウェアを初めて使用する際には，設計上および実装上の欠陥が明らかになる．そのような問題は修正済みであるため，ソフトウェアの再利用は障害の数を減少させる．

- **プロセスリスクの削減**(Reduced Process Risk)＝ソフトウェアがすでに存在するのであれば，新たに開発するコストよりも，ソフトウェアを再利用するコストの方が不確実性が低い．これは，プロジェクト原価見積誤差を減らすため，プロジェクト管理にとって重要な要素である．サブシステムなどの比較的大きなソフトウェアコンポーネントを再利用する場合に特に有効である．

- **専門家の効果的な活用**(Effective Use of Specialists)＝異なるプロジェクトで同じ作業を開発者にさせるのではなく，専門家の知識をカプセル化した再利用可能なソフトウェアを開発することが可能となる．

- **標準への準拠**(Standards Compliance)＝ユーザーインターフェース標準などの一部の標準は，標準的な再利用可能なコンポーネントのセットとして実装することができる．例えば，ユーザーインターフェースのメニューが再利用可能なコンポーネントとして実装されていれば，すべてのアプリケーションがユーザーに同じメニュー形式を表示することになる．ユーザーは使い慣れたインターフェースを使用することで誤操作を減らせるため，標準的なユーザーインターフェースを使用すると，信頼性が向上する．

- **迅速な開発**(Accelerated Development)＝可能な限り早くシステムを市場に投入することは，開発コストを減らすよりも重要な場合がある．ソフトウェアの再利用は，開発と検証の両方の時間を短縮し，システムの制作をスピードアッ

プすることができる.

コンピュータプログラミングの標準ライブラリー(Standard Library)は,プログラミング言語の実装において利用できるライブラリーである.標準ライブラリーには,一般的に使用されているアルゴリズム,データ構造および入力と出力のメカニズムの定義が含まれている.ホスト言語で利用可能な構成要素に依存するが,標準ライブラリーには次のものが含まれる.

- サブルーチン
- マクロ定義
- グローバル変数
- クラス定義
- テンプレート

ほとんどの標準ライブラリーには,少なくとも以下に示す,一般的に使用されるファシリティの定義が含まれている.

- アルゴリズム(ソートアルゴリズムなど)
- データ構造(リスト,ツリー,ハッシュテーブルなど)
- 入出力やオペレーティングシステムの呼び出しを含む,ホストプラットフォームとのやり取り

セキュリティ専門家が触れる可能性がある一般的なプログラミング言語ライブラリーには以下のようなものがある.

- C言語用のC標準ライブラリー
- C++言語用のC++標準ライブラリー
- .NET Framework用のフレームワーククラスライブラリー(Framework Class Library:FCL)
- Javaプログラミング言語とJavaプラットフォーム用のJavaクラスライブラリー(Java Class Library:JCL)
- Rubyプログラミング言語用のRuby標準ライブラリー

プログラミングツール（Programming Tool）またはソフトウェア開発ツール（Software Development Tool）は，ソフトウェア開発者がほかのプログラムおよびアプリケーションを作成，デバッグ，保守，またはサポートするために使用するプログラムまたはアプリケーションである．

　ソフトウェアツールには多くのものがある．

- バイナリー互換性分析ツール
- 欠陥（バグ）データベース
- ビルドツール
- コードカバレッジ
- コンパイルとリンクツール
- デバッガー
- 逆アセンブラ
- ドキュメントジェネレーター
- GUIインターフェースジェネレーター
- ライブラリーインターフェースジェネレーター
- 統合ツール
- メモリーデバッガー
- パーサージェネレーター
- パフォーマンス解析ツールまたはプロファイリングツール
- リビジョン管理ツール
- スクリプト言語
- 検索ツール
- ソースコードエディター
- ソースコード生成ツール
- 静的コード分析ツール
- ユニットテストツール

　すべてのセキュリティ専門家が，ソフトウェア開発を行い，上述のコードライブラリーやソフトウェア開発・テストツールを使用するためのバックグラウンドと必要なスキルを持っているわけではない．セキュリティ専門家に求められることは，セキュリティ専門家に管理および保守を依頼されているシステムのセキュリティを確保するため，上述のようなツール類が存在し，利用可能となっているか，注意を

払うことである．セキュリティ専門家が，実稼働システムに上述のツール類を適用した際の影響をよりよく理解するために，必要に応じてその分野の専門家にコンタクトすることは，企業の戦略目標と目的に対応するために，多層防御アーキテクチャーを構築し，維持するというセキュリティ専門家の成功を実現するために最も重要である．

## ▶ 統合開発環境とランタイム

統合開発環境（Integrated Development Environment：IDE）は，開発者が使用するために，多くのツールの機能を1つのソフトウェアプログラムに統合したものである．IDEは，統一されたユーザーインターフェースを持つ，密接に連携したコンポーネントを提供することにより，プログラマーの生産性を最大限に高めるように設計されている．すべての開発が完了すると，IDEによって単一のプログラムが提供される．IDEは通常，ソースコードエディター，ビルド自動化ツールおよびデバッガーで構成されている．現代の多くのIDEには，オブジェクト指向ソフトウェア開発で使用するクラスブラウザー，オブジェクトブラウザーおよびクラス階層図も含まれている．コンピュータプログラマーがGUIの開発管理に使用するバージョン管理機能が含まれていることもある．オブジェクト指向プログラミング用のIDEは通常，クラスブラウザー，クラス階層図を生成するツールおよびオブジェクトインスペクターを備えている．

このような包括的なツールセットを使用することにより，プログラマーは，より少ないモード切り替えで，より多くのシステムリソースにアクセスすることができる．プログラマーは，コードを書くと同時にコンパイルし，構文エラーを確認することもできる．ウィンドウ機能を備えたグラフィカルIDEは，プログラマーの生産性を向上させることができる．ビジュアルIDEを使用すると，ソフトウェア開発者はビルディングブロックとコードノードを配置して，構造図とフローチャートを作成することができる．多くの場合，これらのフローチャートはUML（Unified Modeling Language：統一モデリング言語）に基づいており，UMLは，UML図と呼ばれるビジュアルモデルを作成するための標準化された汎用プラットフォームである．FORTRAN，Java/JavaScript，Pascal/Object Pascal，Perl，PHP，Python，Ruby，Smalltalkなどで作業するコンピュータプログラマーは，特定の言語用，もしくは複数の言語用のIDEを使用する．

ランタイムシステム（Runtime System）は，あるコンピュータ言語の，構造化された動作をまとめたものである．すべてのプログラミング言語は，コンパイラ型言語で

あれ，インタープリター型言語であれ，埋め込みドメイン固有言語であれ，APIを介して呼び出される場合であれ，何らかの形式のランタイムシステムを持つ．ランタイムシステムは，構造化された動作に加えて，型チェック，デバッグ，コード生成および最適化などのサポートサービスを実行することもある．例えば，JRE（Java Runtime Environment）は，Javaソフトウェアをダウンロードする際に導入される．JREは，JVM，Javaプラットフォームのコアクラス，およびサポートするJavaプラットフォームライブラリーで構成されている．JREはJavaソフトウェアのランタイム部分であり，Webブラウザーで実行するために必要となる．

ランタイムシステムは，実行中のプログラムがランタイム環境と対話するためのゲートウェイであり，プログラム実行中にアクセス可能なステータスの値と，プログラム実行中に相互作用できるアクティブなエンティティを含んでいる．環境変数は多くのオペレーティングシステムが持つ機能であり，ランタイム環境の一部でもある．実行中のプログラムはランタイムシステムを介してこれらにアクセスすることができる．SQL Server 2005以降，SQL Serverには，Microsoft Windows用の.NET Frameworkの共通言語ランタイム（Common Language Runtime：CLR）コンポーネントが統合されている．これにより，.NET Framework用のどのプログラミング言語（Microsoft Visual Basic .NETやMicrosoft Visual C#を含む）を使用しても，ストアードプロシージャー，トリガー，ユーザー定義型，ユーザー定義関数，ユーザー定義集計，ストリーミングテーブル値関数を記述できるようになった．

## 8.3.4 ソースコードのセキュリティ問題

設計，開発，運用の間，ソフトウェアは多くの脅威にさらされる．これらのほとんどは標準パターンに分類される．最も一般的なものについて，ここで言及する．脅威は相互に排他的ではなく，多くのものが，多かれ少なかれ重複していることに注意すべきである．ある脅威は複数のカテゴリーに属する可能性があり，関連するすべての特性を特定することが重要である．これはマルウェアに関して特に重要となる．

### ▶ バッファーオーバーフロー

バッファーオーバーフロー（Buffer Overflow）の問題は，ソフトウェア開発とプログラミングにおいて最も古く，最も一般的な問題の1つで，その起源はインタラクティブコンピューティングの導入まで遡る．これは，プログラムが，割り当てられたメ

モリーのバッファーに，そのバッファーが保持できるデータより多くのデータを書き込む場合に発生する．プログラムがバッファーの終わりを越えて書き込みを開始すると，プログラムの実行パスを変更したり，オペレーティングシステム自体が使用する領域にデータを書き込んだりすることができる．これにより，悪質なコードが挿入され，プログラムやシステムの管理者権限を得ることが可能となる．

バッファーオーバーフローは様々な方法で作成または悪用される可能性があり，以下はバッファーオーバーフローの一般的な例である．攻撃対象となるプログラムには，アプリケーションが処理するよりも多くのデータが渡される．これは，ダイアログボックスにあまりにも多くのテキストを入力したり，長すぎるWebアドレスを送信したり，必要以上に大きなネットワークパケットを作成したりするなど，様々な手段で行われる．攻撃されたプログラム（ターゲット）は，入力データ用に割り当てられたメモリーをオーバーランし，余分なデータをシステムメモリーに書き込む．余分なデータには機械語命令が含まれているため，次のステップが実行される時に，トロイの木馬やその他の種類の悪意あるコードのような攻撃コードが実行されることになる（多くの場合，送られた余分なデータの前の部分には，CPUによって「操作を実行しない」と解釈される文字列──「ノーオペレーションスレッド」──が含まれている．通常，悪質なコードは送られた余分なデータの最後にある）．

実際の攻撃方法ははるかに詳細で，対象のオペレーティングシステムとハードウェアアーキテクチャーに大きく依存している．目的は，攻撃の命令をメモリーに入れることである．これらの命令は通常，カーネルにパッチを当てるなどの方法を利用し，高い特権レベルで別のプログラムを実行する．場合によっては，悪質なコードがほかのプログラムを呼び出したり，ネットワーク経由でそれらをダウンロードしたりすることもある．

## ▶ シチズンプログラマー

デスクトップコンピュータとパーソナルコンピュータ（そして今ではアプリケーション）にはスクリプト作成ツールとプログラミングツールが装備されているため，すべてのコンピュータユーザーに対して独自のユーティリティの作成を許可することは，非常に有害な結果を招き，職務の分離の原則に違反する可能性がある．このタイプの統制されていないプログラミングが許可されている場合，1人のユーザーがアプリケーションまたはプロセスを完全にコントロールできる可能性がある．プログラマーは伝統的にセキュリティ要件の訓練をほとんど受けないが，少なくとも，ソフトウェアの品質，信頼性，相互運用性の問題に関する基本的な知識は持っている．カジュアル

ユーザーはそのような訓練を受けておらず，セキュリティと信頼性の両方の問題を伴うアプリケーションを作成する可能性がある．Microsoft Officeスイートに含まれているVisual Basicは，シチズンプログラマー（Citizen Programmer）がアプリケーションを開発したり，既存のアプリケーションを拡張したりするためによく使用される．シチズンプログラマー，またはカジュアルプログラマー（Casual Programmer）が，適切なアプリケーション設計，変更管理，およびアプリケーションのサポートを含むシステム開発活動の訓練を受けたり，それらのルールに従ったりすることはほとんどない．したがって，このような方法でのアプリケーション開発は，混乱する可能性が高く，セキュリティに関する保証がない．それは，必要に応じてポリシー，執行，意識啓発，制裁の問題として対処しなければならない．

## ▶ 隠れチャネル

隠れチャネル（Covert Channel）または閉じ込め問題（Confinement Problem）は，情報フローの問題である．これは，2つの協調したプロセスが，システムのセキュリティポリシーに違反するように情報を転送するための通信チャネルである．保護メカニズムが存在するにも関わらず，通信できないと思われるエンティティまたはオブジェクトを介して，シグナリングメカニズムを使用して権限のない情報を転送することができる場合は，隠れチャネルが存在する可能性がある．簡単に言えば，意図的または偶然的な情報の流れのことであり，情報へのアクセスを許可されていない観察者が，それが何であるか，または存在するかを推測できてしまう．これは主に，機密性の高い情報を含むシステムにおける懸念事項である．

隠れチャネルには，ストレージとタイミングの2つのタイプがある．隠れストレージチャネル（Covert Storage Channel）は，1つのプロセスによる記憶場所の直接的／間接的な読み取りと，別のプロセスによる同じ記憶場所の直接的／間接的な読み取りが含まれる．通常，隠れストレージチャネルには，異なるセキュリティレベルを持つ2つの主体によって共有されるディスク上のメモリーロケーションまたはセクターなどのリソースが含まれる．

隠れタイミングチャネル（Covert Timing Channel）は，ほかのプロセスがCPU，メモリー，またはI/Oデバイスなどのリソースにアクセスする速度に影響を与えることができるかどうかに依存する．速度の変化は，信号を伝えるために使うことができる．あるプロセスが，別のプロセスが観測することができる実応答時間に影響を及ぼすような方法でシステムリソースの使用を調整することで，別のプロセスに情報を伝えることができる．タイミングチャネルは，帯域幅が狭いため，通常はスト

レージチャネルよりも効率的ではないが，一般的に検出と制御はより困難になる．

これらの例は，アプリケーションが非常に制限されている状況で，インサイダーがアウトサイダーに情報を提供しようとする際に行われる．隠れチャネルについて完全に把握するためには，幅広い概念に基づく推論が必要であり，例えば，不審な，または許可されていない人物がシステム活動を観察することによって行われる，意図しない隠れチャネルについても想定する必要がある．

### ▶ 悪意あるソフトウェア（マルウェア）

マルウェア（Malware）には様々な種類があり，異なるオペレーティングシステムやアプリケーション，異なるマシン用に作成されている．また，マルウェアは，システムの侵害や機密情報の漏洩を試みる際に様々な攻撃を行う．

### ▶ 不正な入力攻撃

現在，ユーザーからの入力を使用する多数の攻撃が知られており，様々なシステムがそのような攻撃を検出して保護する．したがって，多くの新しい攻撃は，その入力を特殊な方法で作成しようとする．例えば，Webブラウザーを代替サイトにリダイレクトする攻撃は，不適切なサイトのURLがファイアウォールによって検出される可能性がある．しかし，URLをASCIIではなくUnicode形式で表現した場合，ファイアウォールはコンテンツを認識しないかもしれないが，Webブラウザーは情報を問題なく変換する．別のケースでは，多くのWebサイトではデータベースへのクエリーアクセスが許可されているが，アクセスを制御するために，リクエストにはフィルターが設定されている．SQLを使用するリクエストが許可されている場合，クエリー内に特定の構文構造を使用すると，フィルターを欺いてクエリーをコメントのように見せかけ，Webサイトのオーナーが意図する以上のクエリーをデータベースエンジンに送信することができる．別の例では，ブログなど，ほかのユーザーが読めるようにするためにユーザーが情報を入力できるサイトにおいて，そのような入力がスクリプトを含んでいることを検出できない可能性がある．これは，クロスサイトスクリプティング（Cross-Site Scripting：XSS）攻撃のベースである（バッファーオーバーフローは不正な入力の一種でもある）．

### ▶ メモリーの再利用（オブジェクトの再利用）

メモリー管理では，しばらくの間，1つのプロセスに割り当てられたメモリーのセクションが，その後割り当てが解除され，別のプロセスに再割り当てされる．前

のプロセスが完了したあとにメモリーのセクションが新しいプロセスに再割り当てされると，残存情報が残ることがあり，セキュリティ違反となる可能性がある．メモリーが再割り当てされた時，オペレーティングシステムは，新しいプロセスによってメモリードがアクセスされる前に，それが完全にゼロになったか，上書きされたことを保証すべきである．そうすれば，メモリーの残存情報があるプロセスから別のプロセスに持ち越されることはない．ここではメモリーの場所に関する説明を行っているが，開発者は，ディスクスペースなど，情報を含む可能性のあるほかのリソースの再利用にも注意する必要がある．ディスク上のページングファイルまたはスワップファイルが保護されない場合は多く存在し，そのような事態を防止するように注意しなければ，大量の機密情報が含まれてしまう可能性がある（メモリーまたはオブジェクトの再利用は，先に説明したように，隠れチャネルの一種として使われる可能性があることに注意が必要である）．

## ▶ 実行可能なコンテンツ／モバイルコード

　実行可能なコンテンツ（Executable Content），つまりモバイルコード（Mobile Code）は，リモートソースからローカルシステムにネットワーク経由で送信され，そのローカルシステム上で実行されるソフトウェアである．コードは，ユーザーの操作によって転送され，場合によっては，ユーザーの明示的な操作なしに転送される．コードは電子メールメッセージへの添付ファイルまたはWebページ経由でローカルシステムに届く．

　モバイルコードは，モバイルエージェント（Mobile Agent），ダウンロード可能なコード（Downloadable Code），実行可能なコンテンツ，アクティブなカプセル（Active Capsule），リモートコード（Remote Code）など，多くの名前で呼ばれる．用語は同じように見えるが，わずかな違いがある．例えば，モバイルエージェントは，ネットワーク内のホストからホストに，選択した時間や場所で移行できるプログラムである．それらは，集中的にコントロールされるのではなく，高度の自律性を持っている．モバイルエージェントは，ユーザーアクションの結果としてダウンロードされるプログラムであるアプレットとは異なり，1つのホスト上で最初から最後まで実行される．例には，ActiveXコントロール，Javaアプレットおよびブラウザー内で実行されるスクリプトが含まれる．これらのすべては，リモートソースコードのローカル実行が含まれる．

　モバイルコードは，現在のセキュリティアーキテクチャーにおいて重要な視点である．通常，オペレーティングシステムのセキュリティを考える場合，「サブジェクトXはオブジェクトYにアクセス可能か？」という質問に答えることができる．

モバイルコードでは，あるサブジェクトが別のサブジェクトの代理として行動している場合にどう対応するかが課題である．つまり，それらの要求を正しく許可／拒否するセキュリティメカニズムを導入する必要があるということになる．モバイルコードの問題の多くは，マルウェアの問題に密接に関連する．

## ▶ソーシャルエンジニアリング

システムを侵害する1つの方法は，情報を得るために，利用者を友人にすることである．システム管理のアクセス権を持つ個人は特に脆弱な存在となる．ソーシャルエンジニアリング(Social Engineering)は，人々がほかの人たちに「親切に」しようとすることを利用して，あるいは脅迫によって，機密情報を漏洩させようとする技術である．これは，ソフトウェアやハードウェアよりもむしろ人々の脆弱性に依存しているため，"People Hacking"と呼ばれることもある．「ソーシャルエンジニアリング」という言葉は情報セキュリティの管理と訓練において様々な使われ方をするが，その実，「詐欺」を異なる言葉に言い換えたに過ぎない．

ソーシャルエンジニアリングには様々な形態があるが，自分がシステムにアクセスするために情報を必要とする人物であるかのように振る舞うのが基本である．例えば，攻撃者が，システムの新しい利用者で，アクセスするために助けが必要であるふりをする方法がある．もう1つの方法は，攻撃者がシステムのスタッフメンバーのふりをして，問題がないのに，コンピュータの問題を解決するように装って情報を得ようとする場合である．したがって，ソーシャルエンジニアリングは通常，ソフトウェア開発と管理において考慮されない．しかし，システム開発と管理においてはソーシャルエンジニアリングが考慮されなければならない2つの主要分野がある．

- 1つ目は，ユーザーインターフェースとヒューマンファクターに関するものである．かつては，あるコマンドやボタンの操作に関してユーザーがプログラマーの意図を誤解したことにより，残念なことに，致命的な結果につながることも頻繁に発生した(1つの有名な事例では，医療用放射線治療機の入力画面上の投与量レベルの設定において放射線レベルの設定が変更されず，問題が発見され，修正されるまでに数十人の患者に対して致命的な過剰投与が行われた)．
- 2つ目は，悪意あるソフトウェアでの使用に関するものである．ほとんどのマルウェアは，悪質なコード本体が検出されずに実行されるように，ユーザーを騙してそのプログラムを実行させようとするコンポーネントを持っている．

## ▶ TOC/TOU（Time of Check/Time of Use）

これは，システムのセキュリティ機能が変数の内容をチェックするタイミングと，実際の操作で変数が使用されるタイミングとの間で，一部のコントロールが変更された場合に発生する攻撃のタイプである．例えば，ユーザーが午前中にシステムにログオンし，その後解雇されたとする．その結果，セキュリティ管理者はユーザーをユーザーデータベースから削除する．しかし，ユーザーはログオフしていないため，システムにはまだアクセス可能であり，アクセスしようとする可能性がある．

ほかには，2台のマシン間の接続が切断された状態を考えることができる．攻撃者が，障害が検出される前にこのリンクに使用されているポートの1つに接続することにより，侵入者は信頼できるマシンであると振る舞い，セッションを乗っ取ることができる（これを防止する方法は，何らかの認証を常に行うことである）．

## ▶ 通信路攻撃（Between-the-Lines Attack）

別の同様の攻撃は，通信路に侵入するものである．これは，許可されているユーザーによって使用されている通信回線がタップされ，不正なデータが挿入されることで発生する．これを避けるには，通信回線を物理的に安全に保ち，使用していない時には通信回線を開放しないようにする．

## ▶ トラップドア／バックドア

トラップドア（Trapdoor）やバックドア（Backdoor）は，アクセス制御手段をバイパスする隠しメカニズムである．これは，プログラムの開発中にプログラマーがソフトウェアに埋め込んだ，プログラムへの入り口であり，アクセス制御機構が誤動作してロックアウトした場合にプログラムにアクセスする方法を提供する（このような状況では，メンテナンスフック［Maintenance Hook］と呼ばれることもある）．エラー訂正には役立つが，実稼働システムに残しておくと不正アクセスの危険につながる．プログラマーやバックドアを知っている人は，プログラムがシステムに実装されたあとに，隠れアクセス手段としてトラップドアを悪用する可能性がある．不正アクセスが試みられている過程で，このような入り口が発見されることもある．

これらのソフトウェア開発における脅威のリストは，ソフトウェア開発の開発者や管理者は，注意すべき脅威の種類として認識しておく必要がある．毎日新たな脅威が発生するため，網羅的なリストにはなっていないことに注意すべきである．

# ▶ソースコード分析ツール

ソースコード分析ツール（Source Code Analysis Tool）は，セキュリティ上の欠陥を見つけるために，ソースコードやコンパイルされたコードを分析するように設計されている．理想的には，こうしたツールが，自動的に，高い信頼度でセキュリティの欠陥を確実に発見してくれるだろう．しかしながら，現実には，多くのタイプのアプリケーションセキュリティの欠陥は，最先端のツールでも発見しきれない．したがって，このようなツールは，アナリストが，コードのセキュリティ上の問題のゼロ化に向けて行う作業を支援し，欠陥をより効率的に見つけるものとして位置付けられる．

ソフトウェア開発フェーズは，開発ライフサイクルにおいてツールの利用が最も適しているフェーズの1つで，コードの開発中に，コードに発生する可能性がある問題について開発者に即座にフィードバックを提供することができる．この即時のフィードバックは，開発サイクルの後半で脆弱性を見つけることに比較して，非常に便利である．セキュリティ専門家は，開発者と緊密に協力して，必要に応じてSDLC全体でテストを実施し，テストの結果が文書化され，必要に応じて改善し，確認されたすべての脆弱性が，リリース前に対応されていることを確実にすべきである．

ソースコード分析ツールのメリットは以下のとおりである．

- **スケールが可能**（Scale well）＝大量のソフトウェアに対して，繰り返し実行することができる（夜間ビルドなど）．
- バッファーオーバーフローやSQLインジェクションの欠陥など，ツールが自動的に判別できるものを高い信頼性をもって検出するのに役立つ．
- **開発者が利用しやすい出力**（Output is good for developers）＝影響を受ける，正確なソースファイルと行番号を強調表示する．

ソースコード分析ツールのデメリットは以下のとおりである．

- 多くの種類のセキュリティ脆弱性は，認証問題，アクセス制御問題，安全性の低い暗号の使用など，自動的に見つけることが非常に困難である．現在の技術水準では，このようなツールを使って自動で発見できるアプリケーションのセキュリティの欠陥は，比較的ごく一部にとどまる．しかし，このタイプのツールは日々改善されつつある．
- 誤検知が多い．

- コンフィギュレーションの問題は，コードの中に記述されていないため，ほとんど見つけることができない．
- 検出されたセキュリティ問題が実際の脆弱性であることを証明することは困難である．
- これらのツールの多くは，コンパイルできないコードを解析することができない．アナリストは，適切なライブラリー，すべてのコンパイル命令，すべてのコードなどがないため，コードをコンパイルできないことが多々ある．

このタイプのオープンソースまたはフリーツールは以下のとおりである．

- **Google Code Search Diggity** ＝ Google Code Searchを利用して，Google Code[4]，Microsoft CodePlex[5]，SourceForge，GitHubなどが主催するオープンソースコードプロジェクトの脆弱性を検出する．このツールには，SQLインジェクション，クロスサイトスクリプティング，安全でないリモートおよびローカルファイルのインクルード，ハードコードされたパスワードなど，130を超える脆弱性に関する設定がデフォルトで含まれている．基本的に，Google Code Search Diggityは，存在するほぼすべてのオープンソースコードプロジェクトに対して，同時にソースコードセキュリティ分析を行う．
- **FindBugs** ＝ Javaプログラムのバグ(セキュリティ上の欠陥を含む)を発見する．
- **FxCop** (**Microsoft社**) ＝ FxCopは，マネージコードアセンブリ(.NET Framework共通言語ランタイムをターゲットとするコード)を分析し，可能な設計，ローカリゼーション，パフォーマンス，セキュリティ向上などのアセンブリに関する情報をレポートするアプリケーションである．
- **PMD** ＝ PMDはJavaソースコードをスキャンし，潜在的なコードの問題を探す(これはセキュリティ用のツールではなく，コード品質を高めるツールである)．
- **PREFast** (**Microsoft社**) ＝ PREfastは，C/C++プログラムの欠陥を特定する静的分析ツールである．
- **RATS** (**Fortify社**[**フォーティファイ**][6]) ＝ バッファーオーバーフローやTOC/TOUレースコンディションなどのセキュリティ問題に関し，C，C++，Perl，PHPおよびPythonのソースコードをスキャンする．
- **OWASP SWAATプロジェクト** ＝ 言語：Java，JSP (JavaServer Pages)，ASP .Net，PHP
- **Flawfinder** ＝ CおよびC++スキャン．

- **RIPS** ＝ RIPSは，PHP Webアプリケーションの脆弱性のための静的ソースコードアナライザーである．
- **Brakeman** ＝ Brakemanは，Ruby on Railsアプリケーション専用に設計された，オープンソースの脆弱性スキャナーである．
- **Codesake Dawn** ＝ Codesake Dawnは，Sinatra，Padrino，Ruby on Railsアプリケーション用に設計された，オープンソースのセキュリティソースコードアナライザーである．Rubyプログラミング言語で書かれた非Webアプリケーションでも動作する．
- **VCG** ＝ セキュリティ上の問題およびコードの欠陥に関してコメントするために，C/C++，Java，C#およびPL/SQLをスキャンする．設定ファイルを使用して，一般的にセキュリティ問題を引き起こす機能や，禁止された機能に関する追加チェックを行うことができる．

このタイプの商用ツールは以下のとおりである．

- IBM Security AppScan Source Edition（旧名称Ounce）
- Insight（Klocwork社［クロックワーク］）
- Parasoft Test
- Seeker ＝ Seekerは静的分析を実際に行うことなく，コードセキュリティを実現する．Seekerは，インタラクティブ・アプリケーション・セキュリティ・テスト（Interactive Application Security Testing：IAST）を実行し，実行時コードとデータ分析を擬似攻撃と関連付ける．実際に静的分析を行うことなく，コードレベルで結果が提供される．
- Source Patrol（Pentest社［ペンテスト］）
- CodeSecureによる静的ソースコード分析（Armorize Technologies社［アーモライズ・テクノロジーズ］）
- Static Code Analysis（Checkmarx社［チェックマークス］）
- Security Advisor（Coverity社［コベリティ］）
- VERACODE

## 8.3.5 悪意あるソフトウェア（マルウェア）

マルウェア（Malware）は，システムへの侵入，セキュリティポリシーの逸脱，悪意

ある，または有害なペイロードの持ち込み機能を含むように意図的に設計されたソフトウェアまたはプログラムを指す用語である．このタイプのソフトウェアは，バックドア，データディドラー（Data Diddler）[7]，DDoS（Distributed Denial-of-Service：分散型サービス拒否），偽装警告，論理爆弾，いたずら，RAT（Remote Access Trojan：リモートアクセス型トロイの木馬），トロイの木馬，ウイルス，ワーム，ゾンビなど，様々な形態が開発されているため，「マルウェア」とは，悪意あるソフトウェアの集合的な表現として使用される．しかし，この用語は，「ウイルス（Virus）」が単にコンピュータの問題の説明として広く使われるのと同様に，ウイルスの同義語として非常に曖昧に使われることが多い．

　ウイルスは，現在のコンピューティング環境における影響と，実際に発生した数という観点から，マルウェアにおいて最も大きな存在である．したがって，この議論ではウイルスに重点を置くが，唯一のマルウェアタイプというわけではない．

　プログラミングにおける欠陥（バグ）やエラーは，一般にはマルウェアの定義には含まれないが，マルウェアと欠陥（バグ）を厳密に区別することが困難な場合もある．例えば，プログラマーがシステムにバッファーオーバーフロー脆弱性を残し，バックドアやメンテナンスフックとして使用できる抜け穴となった場合，彼が故意にそれをしたと言えるかは難しい問題である．セキュリティ専門家は，実際にプログラマーの意図が何にあったかを知らなくても，プログラマーの意図を推測しなければならない．

　さらに，マルウェアは，攻撃者のためのユーティリティの集まりではないことに注意すべきである．一度起動すると，マルウェアは作成者またはユーザーに関係なく攻撃を続けることができ，場合によっては攻撃をほかのシステムに拡大させる．攻撃ツール，キット，スクリプトなど，攻撃者のコントロール下で動作する必要があるものとマルウェアは質的に異なり，マルウェアの定義には含まれないと考えられている．RATとDDoSゾンビは，システムへの無人アクセスを提供するため，グレーな領域に存在するが，それらはペイロードを配信するために指令を受信する必要がある．

　マルウェアは，様々な方法でシステムの完全性を攻撃し，破壊する可能性がある．ウイルスは，プログラム（またはプログラム可能であると考えられるオブジェクト）に感染する能力に基づいて定義されることが多く，何らかの形でアプリケーションの完全性を損なう必要がある．多くのウイルスやその他のマルウェアには，データファイルを消去したり，アプリケーションデータに干渉したりするペイロード（データディドラーなど）が含まれており，データの完全性を損なったり，データを完全に破壊したりする．

マルウェアを考慮する場合，完全性に関する，付加的な種類の攻撃に注意する必要がある．侵入者がターゲットのシステムをコントロールし，それを使ってさらなるシステムの探索や攻撃を行い，自身の身元を隠す攻撃と同様に，マルウェア（特にウイルスやDDoSゾンビ）は，元の作成者や攻撃者が介入しなくても，被害者のシステムをプラットフォームとして使用することができる．これにより，システムが相互に「信頼」しているドメインやイントラネット内で問題が発生する可能性がある．ビジネス上のやり取りを行っている相手にウイルス送信を行う悪だくみを生み出すかもしれない．

　前述したように，マルウェアは，プログラムやデータを利用できなくなるまでシステムを侵害する可能性がある．さらに，マルウェアは一般に，攻撃したシステムのリソースを使用し，極端な場合，CPUサイクル，使用可能なプロセス（プロセス番号，テーブルなど），メモリー，通信リンクと帯域幅，オープンポート，ディスクスペース，メールキューなどを使い尽くす．これは，直接的なDoS攻撃の場合もあるし，マルウェアの活動の副作用の場合もある．バックドアやRATなどのマルウェアは，侵入を容易にする．Goner，Klez，SirCamなどのウイルスは，システムからほかの人にデータファイルを送信する（この場合は，複製・拡散プロセスの副作用と考えられている）．マルウェアは，直接的な検索を行い，機密データを特定の関係者に送信するように記述することができ，ほかの種類の隠れチャネルを開くために使われることもある．

　あなたがウイルスに感染している，またはほかのタイプのマルウェアによって侵害されているという事実が，他人にはっきりとわかることがある．これは，あなたのセキュリティレベルに関する情報が漏洩することで機密性が侵害され，さらには広報的問題も引き起こす場合がある．ウイルスやその他のマルウェアの亜種の数は，市場に存在する特定のプラットフォームの数に直接関係していることは，長い間知られていた．特定のマルウェアが広まるかどうかは，全体的なコンピューティング環境における特定のプラットフォームの相対的な割合に関係している．

　最新のコンピューティング環境は共通要素が多い．Intel社（インテル）のプラットフォームはハードウェアの支配に成功し，Microsoft社はデスクトップをほぼ独占している．さらに，アプリケーションソフトウェアに互換性があるということ（およびそれらのアプリケーションでのプログラミング機能の追加）は，あるハードウェアおよびオペレーティングシステム環境のマルウェアが，別のハードウェアでもうまく機能することを意味する．アプリケーションマクロやスクリプト言語に追加された機能により，コンピュータのハードウェアとリソースに直接アクセスする機能や，そのようなアクセスを持つユーティリティやプロセスを簡単に呼び出す機能が提供されてい

る．これは，以前はデータであると考えられていたオブジェクト——つまり，悪意あるプログラムから除外されていたオブジェクト——についても，悪意ある機能やペイロードをチェックする必要があることを意味する．

　さらに，これらの言語は学習して使用するのが非常に簡単で，様々なマルウェアの実例がプレーンテキスト(時にはコメント付き)のソースコードで出回っているため，個人は，その技術が実際にどのように動作するかを知らなくても，テンプレートややり方の例を収集して，攻撃の仕方を学ぶのが容易になっている．これにより，こうしたソフトウェアを作成する人の範囲が大幅に拡大されることになる．

## ▶マルウェアの種類

　ウイルスは唯一のマルウェアではない．ほかの形式には，ワーム，トロイの木馬，ゾンビ，論理爆弾およびHoax(デマウイルス)が含まれる．これらのそれぞれには独自の特徴がある．マルウェアの種類によっては，複数のクラスの特性が組み合わされているため，個々の例や実体を厳密かつ迅速に区別するのは困難だが，個々の属性を念頭に置いておくことが重要である．ウイルスやトロイの木馬はRATの普及と拡大に使用されており，RATはゾンビのインストールに使用されている．場合によっては，ウイルスを拡散させるために偽のウイルスの警告が使用されている．ウイルスとトロイの木馬のペイロードには，論理爆弾とデータディドラーが含まれることがある．

## ▶ウイルス

　コンピュータウイルス(Computer Virus)は，コンピュータの所有者またはユーザーの知識と協力がなくても，コピーして分散する機能と意図を持ったプログラムである．最終的な定義は，すべての研究者にまだ合意されていない．一般的な定義は，「変更されたバージョンを含む自身のプログラムを含めるように，プログラムを改変するプログラム」である．この定義は一般に，Fred Cohen(フレッド・コーエン)によるもので，1980年代半ばの彼の精緻な研究に基づく(Cohen博士の実際の定義は数学的な形である)．「コンピュータウイルス」という用語は，1984年にCohen博士の卒業論文で最初に定義された[★23]．Cohenは，彼の指導教官であるLeonard Adleman(レオナルド・エーデルマン；RSAで有名)からこの用語の使用を提案されたとしている．

　Cohenの定義では，感染のベクターとして，ほかのプログラムに自分自身を添付するプログラムに明確に限定されている．しかし，近年の一般的な使われ方としては，知識のあるユーザーの介入なしに，データを含むことができるオブジェクトに添付されるように設計された命令のセットから構成されたものとして，ウイルスを考え

る．このオブジェクトとしては，電子メールメッセージ，プログラムファイル，文書，USBメモリー，CD-ROM，携帯電話のSMS (Short Message Service) メッセージ，または同様の情報媒体などが挙げられる．

ウイルスは，複製し，拡散する能力によって定義されるが，そのためには，何らかの形でユーザーの助けが必要となる．1人の人が病気になり，ほかの人と接触してウイルスを広め，風邪やインフルエンザが広がるのと同様に，病気の人が感染していない人を感染させることでコンピュータウイルスが広がる．

特殊な種類のウイルスとみなされるワーム (Worm) は現在のところ，ウイルスとは区別されている．なぜなら，ワームは自分自身で拡散するのに対して，ウイルスは通常，引き金となり，複製や拡散を引き起こすためにユーザー側の操作を必要とするからである．ユーザー側の操作は一般的に共通の機能であり，ユーザーは一般的にその操作の危険性，またはユーザーがウイルスを支援しているという事実を認識していない．プログラムをウイルスと定義する唯一の要件は，プログラムを複製することである．多数のウイルスが存在するが，ウイルスがペイロードを運ぶ必要はない．多くの場合（成功したウイルスのほとんどの場合），ペイロードは何らかの限られたメッセージしか含んでいない．

ウイルスはホストシステムのリソースを使用する必要があるため，ディスクまたはシステムファイルの消去などを意図的に引き起こすペイロードは通常，ウイルスの拡散能力を制限する．場合によっては，特定の日付または特定時間が経過した時に有害なペイロードを動作させる，論理爆弾または時限爆弾を持つウイルスがある．

### ▶ ウイルスの種類

ファイル感染型ウイルス，ブートセクター感染型ウイルス，システム感染型ウイルス，電子メールウイルス，マルチパータイトウイルス，マクロウイルス，スクリプトウイルスなど，機能的に異なる種類のウイルスが多数存在する．これらの用語は必ずしも厳密な区分を示すものではない．ファイル感染型は，システム感染型でもある．ほかのスクリプトファイルに感染するスクリプトウイルスをファイル感染型とみなすこともできる．ただし，このタイプのアクティビティは，理論的には可能であっても，実際には一般的ではない．また，マクロウイルスとスクリプトウイルスを厳密に区別することは困難になっている．

- **ファイル感染型ウイルス** (File Infector) ＝ファイル感染型ウイルスは，プログラム（オブジェクト）ファイルに感染する．オペレーティングシステムのプログラ

ムファイル(DOSのCOMMAND.COMなど)に感染するシステム感染型ウイルスもファイル感染型である．ファイル感染型は，オブジェクトファイルの先頭に付けることができ(Prependers)，ファイルの後ろにアタッチしたり，ファイルの先頭にウイルスコードに対するジャンプを作成したり(Appenders)，ファイルまたはその一部を上書きすることができる(Overwriters)．このタイプの動作の古典的な例は，ファイル感染型のJerusalemである．以前のバージョンの欠陥(バグ)では，ファイルに何度も何度も追加して，ファイル長の増加によって検出することができた(これは，結果として，ディスク容量を使い切ってしまうのがウイルスの特徴であるという根強い神話をもたらした．ファイル感染型の大半は，間違いなく，ファイルの長さを最小限に抑えている)．

- **ブートセクター感染型ウイルス**(Boot Sector Infector：BSI)＝ブートセクター感染型ウイルスは，マスターブートレコード，システムブートレコード，または物理ディスク上のほかのブートレコードとブロックにアタッチするか，置き換える(これらのブロックの構造は様々だが，ディスク上の最初の物理セクターは通常，ほとんどのオペレーティングシステムで特別な意味を持ち，ブートプロセスのある時点で読み込まれて実行される)．BSIは通常，物理的な最初のセクターに自分自身をコピーし，元のプログラミングの呼び出しで終了する．例としては，Brain，Stoned，Michelangeloが挙げられる．

- **システム感染型ウイルス**(System Infector)＝システム感染型ウイルスはやや曖昧な用語である．このフレーズは，ブート時にウイルスが呼び出され，オペレーティングシステムの一部の機能を横取りしてコントロールするような方法で，システムファイルまたはブートセクターに感染するウイルスを示すためによく使用される(LehighウイルスはMS-DOSマシン上のCOMMAND.COMのみに感染し，Windows環境の最近のウイルスはシステムディレクトリーのユーティリティファイルに優先的に感染することがある)．ほかには，システム感染型は，ディレクトリーテーブルまたはMS Windowsのシステムレジストリーを使用して，ホストコンピュータ上でプログラムが呼び出された時に最初に呼び出されるようにする．ディレクトリーテーブルのリンクの例としては，DIRウイルスファミリーがある．多くの電子メールウイルスがレジストリーを対象としている．MTXとMagistrは根絶するのが非常に難しいと考えられている．

- **コンパニオンウイルス**(Companion Virus)＝一部のウイルスプログラムは，ターゲットファイルに物理的に触れない．1つの方法は非常に単純で，システム内の優先順位を利用する．例えば，MS-DOSでは，コマンドが与えられると，

システムは最初に内部コマンドをチェックし，次に.COM，.EXEおよび.BATファイルを順番にチェックする．.EXEファイルを，.COMファイルと同じディレクトリーに同じファイル名で書き込むことで感染させることが可能になる．この種のウイルスは，コンパニオンウイルスとして広く知られているが，spawningウイルスという用語も使用されている．

- **電子メールウイルス** (Email Virus)＝電子メールウイルスは，偶然にではなく，明確に電子メールシステムを使用して広がる．ウイルスに感染したファイルが誤って電子メールの添付ファイルとして送信される可能性はあるが，電子メールウイルスは，電子メールシステムの機能を理解している．一般的に，特定のタイプの電子メールシステムをターゲットにし，様々なソースから電子メールアドレスを収集し，送信されたすべての電子メールに自身のコピーを追加したり，添付ファイルとして自分自身のコピーを含む電子メールメッセージを生成したりする場合がある．一部の電子メールウイルスは，すべてのネットワークトラフィックを監視し，生成されたメッセージを正当なメッセージにフォローアップすることもある．ほとんどの電子メールウイルスは，ターゲットコンピュータ上のほかのプログラムファイルに感染することはないため，技術的にはワームとみなされるが，これらを見分けることは難しくない．ファイル感染型ウイルス，マクロウイルス，スクリプトウイルス，ワームなどの電子メールウイルスの例が知られている．Melissa，LoveLetter，Hybris，SirCamがその例である．

  電子メールウイルスは，ウイルスの研究に変化をもたらした．伝統的に，ウイルスは広がるのに数カ月かかったが，コンピューティング環境では何年も昔から存在していた．多くの電子メールウイルスは，"Fast Burner"になり，世界中に広がり，数時間で数十万〜数百万のマシンを感染させるようになっている．しかし，これらのウイルスの特性がわかれば，ユーザーが添付ファイルの実行を停止することによってすぐに消滅する．

- **マルチパータイトウイルス** (Multipartite)＝「マルチパータイトウイルス」という用語は，もともとはブートセクターとプログラムファイルの両方に感染するウイルスを示すために使用された（この能力が，「2重感染型ウイルス[Dual Infector]」という代替語の起源である）．現在は，複数の種類のオブジェクトに感染する可能性のあるウイルス，または複数の方法で感染または複製するウイルスを意味する傾向がある．伝統的なマルチパータイトウイルスの例としては，Telefonica，One Half，Junkieがあるが，これらのプログラムはあまり広まら

なかった．対照的にNimdaは，ネットワーク共有やその他の手段を使って，古典的なワーム，ファイル感染型として広まった．

- **マクロウイルス**(Macro Virus) ＝マクロウイルスは，ワープロなどのアプリケーションのマクロプログラミングを使用する(ほとんどの既知のマクロウイルスは，Microsoft WordでVisual Basic for Applicationsを使用している．PowerPointプレゼンテーションやWord文書など，アプリケーションを行き来することができるものもあるが，稀である)．マクロウイルスはデータファイルを感染させ，MS WordのNORMAL.DOTなどの構成テンプレートを感染させることによって，アプリケーション自体に常駐することができる．マクロウイルスはデータファイルに感染するが，一般的にはファイル感染型とはみなされない．プログラムとデータファイルは区別される．マクロウイルスは，必要なアプリケーションプラットフォームが存在する限り，複数のハードウェアまたはオペレーティングシステムのプラットフォーム上で動作することができる(例えば，多くのMS Wordマクロウイルスは，WindowsとMacintoshの両方のバージョンのMS Wordで動作する)．例として，ConceptとCAPが挙げられる．Melissaは，電子メールウイルスであることに加えて，マクロウイルスでもある．感染した文書をターゲットに対してメールで送信した．
- **スクリプトウイルス**(Script Virus) ＝スクリプトウイルスは通常，Microsoft社のWindowsなどのインタープリターによって実行できるスタンドアロンファイルであるという点で，マクロウイルスと区別される．
- **スクリプトホスト**(Script Host；.vbsファイル) ＝スクリプトウイルスファイルは通常，単純なテキストファイルであるという点ではデータファイルとして見ることができるが，一般的にはほかのデータは含まれておらず，多くの場合，実行可能であることを示すインジケーター(.vbs拡張子など)を備える．LoveLetterは，Microsoftプラットフォーム上にあるスクリプトウイルスの例である．もう1つの例はALS.Bursted.Cウイルスで，AutoCADで使われるスクリプト言語であるAutoLISPで記述されている．

## ▶ワーム

ワーム(Worm)はウイルスのように複製されて広がる点で，ほかのマルウェアとは異なる．ワームはウイルスとは区別されるが，結果は同様である場合が多い．最も簡単に言えば，ワームは，ユーザーの操作とは独立して増殖する能力を持つウイルスと考えることができる．言い換えれば，人間による伝播のためのシステム間のデー

タ転送に頼るのではなく，多くの場合，共通のソフトウェアの既知の脆弱性を悪用して，自らネットワークに広がっていく．ユーザーが関与する必要がないということは，ワームの広がるスピードが非常に速いことを意味する．"Fast Burner"ウイルスであっても，世界中に広がるために数日を必要とするが，ワームは世界中を数時間，場合によっては数分で伝わることができる．

ワームはもともと，ネットワークや通信リンクを使用して拡散するもので，ワームはウイルスとは異なり，実行可能ファイルに直接感染しなかった．コンピュータウイルスの初期の研究では，ワームとウイルスという用語は同義語として使用される傾向にあり，技術的な区別はほとんどのユーザーにとって重要ではないと考えられていた．重要な注目を集めた最初のワームは，1988年のMorris Internet Wormであった．最近，最も多く発生しているウイルス感染の多くは厳密にはウイルスではないが，より迅速かつ効果的に感染するためにウイルスとワームの組み合わせが使用されている．LoveLetterはこの複製技術が変化した一例である．感染した添付ファイルを電子メールで送信することは最も広く公表された感染方法だが，LoveLetterは，接続されたネットワークドライブを積極的にスキャンし，様々な種類の共通のファイルに感染することによっても広がった．この技術の融合は，今後ますます問題になっていく．Code Redや多くのLinuxプログラム（Lionなど）は，近年のワームの例である（Nimdaはワームの一例だが，ほかにもいくつかの形で広がっており，電子メールウイルスやマルチパータイトウイルスであるとも言える）．

### ▶ Hoax

Hoax（デマウイルス）は通常，新しいウイルスに関する警告であるが，この新しいウイルスはもちろん実在しない．Hoaxは一般的に，使用可能なすべてのアドレスにこの警告を転送するようにユーザーに指示する．したがって，チェーンレターのように，一種の自己増殖的なスパムとなる．Hoaxは，重要な新しい情報を最初に人に教えたいという人間の心理を利用し，人々のコミュニケーション意欲や緊急性と重要性に頼るという，奇妙な種類のソーシャルエンジニアリングを行っている．

現在の環境では，信頼できる正確なウイルス警告情報を提供している実績のあるベンダーや，独立した研究者やグループなど，歴史的に正確な既知の情報源から来ていない限り，すべてのウイルス警告を疑うことが最善である．既知のウイルス情報サイト（可能であれば複数箇所で）で受け取った警告を確認することが推奨される．"Fast Burner"攻撃の初期段階では，サイトによっては，自分が満足できるレベルでサンプルを分析する時間がない場合もあり，信頼できるサイトでは，不確実な情報

は掲載されない.

　古いHoaxの例であるSULFNBK.EXEに関するものでは，この正当なユーティリティをマシンから除去してしまった人が多くいる．MagistrウイルスはWindowsシステムソフトウェアに感染し，このウイルスに感染したある人が，SULFNBK.EXEがすべてのWindows 98システムに存在していることを認識していなかったという事実を起源とする可能性が高い．このように，新しいタイプの悪意あるHoaxメッセージが現れ始め，ユーザーに自分のマシンを破壊させようとする.

## ▶ トロイの木馬

　トロイの木馬(Trojan)，またはトロイの木馬プログラム(Trojan Horse Program)は，ウイルス以外で最大のマルウェアである．しかし，この用語の使用は，特にコンピュータウイルスに関して，多くの混乱の対象となる.

　トロイの木馬は，別の望ましくないアクションを実行しながら，1つのことを実行するふりをするプログラムである．偽装の程度は様々である．初期のPCのトロイの木馬の多くは，単にファイル名と掲示板の説明を使用していた．大学生のメインフレームユーザーに人気のあるログイン用のトロイの木馬は，画面表示と通常のログインプログラムのプロンプトを模倣し，ユーザー名とパスワードを有効なログインプログラムに渡し，ユーザーデータを盗むことができた．一部のトロイの木馬では，期待される機能を実行する実際のコードを持ち，加えて，明確に文書化や定義がされていない不正な機能が存在している場合がある.

　データセキュリティに関する一部のライターは，ウイルスを単にトロイの木馬プログラムの具体例と考えている．これには一定の妥当性がある．なぜならば，ウイルスは正当なディスクやプログラムによって運ばれる際に，その中にいくつ隠れているかわからないものであり，また，どのようなプログラムであっても，ウイルスに感染することでトロイの木馬になりうるからである．しかし，「ウイルス」という用語は，ウイルス／標的の組み合わせというよりも，より正確には追加された感染コードを指す．したがって，「トロイの木馬」という用語は，意図的に欺く，あるいは変更されたプログラムで，それ自身を複製しないものを指している.

　さらなるウイルスとの混乱には，電子メールで広まるトロイの木馬プログラムが関係している．昔，トロイの木馬プログラムは，電子掲示板システムまたはファイルアーカイブサイトに登録する必要があった．静的な登録であったため，悪意あるプログラムはすぐに特定され，削除された．最近，トロイの木馬プログラムは，Usenetニュースグループのディスカッショングループへの投稿や，感染したWeb

サイトからダウンロード，またはIRC（Internet Relay Chat）チャネルの自動配布エージェント（ボット）を通じて，大量の電子メールキャンペーンによって配布されている．これらの通信チャネルのソース識別情報は簡単に隠すことができるため，トロイの木馬プログラムは複数のチャネルを通じて再配布することができ，結果として悪意あるプログラムの特定がより困難になっている．

### ▶ ソーシャルエンジニアリング

トロイの木馬のデザインの主要な特徴は，ソーシャルエンジニアリングコンポーネントである．最近の電子メールウイルスは，メッセージを生成する際に，ポルノ，ユーモア，ウイルス情報，ウイルス対策プログラム，受信者の電子メールアカウントの悪用などに関する，多岐にわたる件名を利用する．時にメッセージは曖昧で，好奇心に頼る．古典的なソーシャルエンジニアリングの手法を調べることは有益である．この問題を定型化することで，現実的で実用的なポリシーを適用し，効果的な解決策に向けて対応していくことが可能となる．このようなポリシーの効果的な実施は，よく練られたユーザー教育プログラムや経営陣の協力がなければ不可能である．

ソーシャルエンジニアリング（Social Engineering）は，単純な嘘（ファイルの機能についての偽の説明など）から，いじめや脅迫（下位層の従業員に対する情報開示への圧力），信頼できるソース（感染させたマシンからのユーザー名など）との関連付け，ゴミ箱あさり（Dumpster Diving；不用意に捨てられた，潜在的に価値のある情報を探すこと），ショルダーサーフィン（Shoulder Surfing；個人のIDとパスワードを探ること）まで，多岐にわたる．

コンピュータユーザーを対象とした悪質な攻撃のリストに最近加えられたのは，フィッシング詐欺である．フィッシング詐欺（Phishing）は，ユーザーに対し，IDを盗むための有益な情報を提供する．フィッシング詐欺メッセージはWebサイトを使うことが多く，オリジナルのサイトと同じオーナーであるかのように見せかけようとするが，ごくわずかなプログラミングと悪意で実行が可能である．フィッシングは，純粋なソーシャルエンジニアリングや詐欺である．しかし，最近のフィッシング攻撃の中には，技術的な側面を取り込んだものがある．例えば，ブラウザーフレーム内の領域をオーバーレイし，"Browser Chrome（ブラウザーのウィンドウの境界）"[24] を再現するためにフレームのないウィンドウを生成したり，サイト証明書を示す南京錠のシンボルを表示して，SSLプロトコルを用いた認証／暗号化が行われているかのように見せかけるものがある．

## ▶ RAT

RAT（Remote Access Trojan：リモートアクセス型トロイの木馬）は，論理爆弾やバックドアがシステムの開発中に仕組まれるのに比べ，開発が終わったあとであっても，多くの場合リモートからインストールされるように設計されたプログラムである．それらの作者が正しいツールであるように見せかけるために，リモート管理ツールが含まれていることが多い．すべてのネットワークソフトウェアは，ある意味ではリモートアクセスツールとみなすことができる．例えば，ファイル転送サイトとクライアント，World Wide Webサーバーとブラウザー，遠隔地のコンピュータにオンサイトにいるかのようにログオンして使用する端末エミュレーションソフトウェアなどがある．マルウェアの仲間と考えられるRATは，その範囲のどこか中ほどに収まる傾向にある．W32.Shadesrat，FAKEM，BlackShades，Back Orifice，Netbus，Bionet，SubSevenなどのクライアントがターゲットコンピュータにインストールされると，それを制御しているコンピュータはターゲットコンピュータに関する情報を取得することができる．マスターコンピュータはターゲットからファイルをダウンロードし，ターゲットにファイルをアップロードすることができる．また，そのコンピュータはターゲットにコマンドを送信することが可能で，遠隔操作者は基本的に何でもターゲットシステムで実行することができる．もう1つの機能は非常に重要である．このアクティビティはすべて，ターゲットコンピュータの所有者またはオペレーターに警告を出すことなく行われるためである．

RATプログラムがコンピュータで実行されると，インストール後にコンピュータが起動されるたびにRATプログラムがアクティブになるようにインストールされる．システムがアクティブであることは，制御しているコンピュータに（IRCなどの匿名チャネル経由で）返される．コマンドを送るコンピュータのユーザーはターゲットを探索し，ほかのリソースへのアクセスをエスカレーションし，DDoSゾンビなどのほかのソフトウェアをインストールすることもできる．

リモートアクセスツールはウイルスではないことに再度注意すべきである．ソフトウェアがアクティブになると，マスターコンピュータは，ネットワークまたは電子メール経由でほかのコンピュータにインストールプログラムを送信するコマンドを送ることができる．さらに，RATはウイルスやトロイの木馬をペイロードとしてインストールすることができる．多くのRATは現在，非常に特殊な方法で動作し，影響を受けるコンピュータをボットネット（ロボットネットワーク）の一部にする．ボットネットは，スパムメッセージの配信などに使われ，送信可能なメッセージ数を増加させるため，また，メッセージを送るターゲットから，実際の送信者を隔離する

ために，多数のコンピュータを使用する．最近，特定のウイルスがスパムボットネットに感染させるためにRATプログラムのペイロードを持ち，そのようなスパムボットネットが新しいウイルスのリリースに使用されていることが実証されている．通常のオペレーティングシステムソフトウェアを破壊したり，置き換えたりすることができるソフトウェアを含むルートキット（Rootkit）は長い間存在し続ける．ルートキットを使用するには，作業中のアカウントをターゲットコンピュータ上で破壊または作成する必要がある点で，RATとルートキットは異なる．ウイルスやトロイの木馬によってインストールされたRATは，アカウントにアクセスする必要がない．

## ▶ DDoSゾンビ

DDoS（Distributed Denial-of-Service：分散型サービス拒否）は，変化型のDoS攻撃である．DoS攻撃はデータを破棄したり，破壊したりしようとはしないが，通常の操作ができないポイントまでコンピューティングリソースを使い切ろうとする．DDoS攻撃の構造では，攻撃を制御するマスターコンピュータ，攻撃のターゲット，攻撃を実行するためにマスターコンピュータが使用する（マスターとターゲットの間の）大量のコンピュータが必要である．マスターとターゲットの間にあるこれらのコンピュータは，エージェントやクライアントと呼ばれる様々なコンピュータであるが，一般的には，動作しているゾンビプログラム（Running Zombie Program）と呼ばれる．見てわかるように，DDoSはRATやボットネットの特殊なタイプである．

DDoSプログラムはウイルスではない点に再び注意してほしいが，ゾンビソフトウェアをチェックすることは，自分のシステムを保護するだけでなく，他人への攻撃も防ぐことになる．ただし，ゾンビプログラムがアクティブでないことを確認することに最も注意を払うべきである．あなたのコンピュータがほかのシステムを攻撃するために使われている場合，あなたは損害賠償責任を負う可能性がある．このプラットフォームの有効性は，2000年代の初めに，10代の若者数名が，Yahoo!，Amazon，eBayなどの様々な著名なオンラインサービスを利用不能にしてしまった時に実証された．セキュリティ専門家にとって，企業のセキュリティ組織をDDoS攻撃に集中させて混乱させるための「おとり」としてDDoSが戦術的によく使われることを認識することも重要である．実際には，DDoS攻撃は，攻撃者がネットワークのどこかで行っている攻撃から注意を逸らすために行われているのである．DDoSは一般に，ボットネットを効果的に利用する方法として，最初の具体例であると言われる．

## ▶ 論理爆弾

　論理爆弾（Logic Bomb）は，休止状態で動作し，特定の条件または条件のセットを監視し，それらの条件の下でペイロードをアクティブにするように設定されたソフトウェアモジュールである．論理爆弾は一般に，開発中または保守中のアプリケーションの一部として組み込まれるか，コード化される．RATやトロイの木馬と違って，事後に論理爆弾を埋め込むことは難しい．このタイプの活動には多くの例があり，通常，雇用が終了した場合に会社から必要な資源を奪うためにプログラマーがとった行動に基づいている．トロイの木馬やウイルスには，ペイロードの一部として論理爆弾が含まれることがある．論理爆弾は，複製やソーシャルエンジニアリングを伴わない．

　論理爆弾の概念の変種として，サラミ詐欺（Salami Scam）と呼ばれるものがある．基本的な考え方は，多数の取引を通じて，特定の口座に少額のお金（あるやり方では，1セント未満）を入金するというものである．このタイプの活動については，企業を欺く個人または小グループの行動として説明されている．しかし，例えば，RISKS-FORUMアーカイブの検索では，ドライブスルーの窓口にあるディスプレイを乗っ取り，ほとんどの顧客から過剰にお金を集めたファストフード店員についての話ぐらいしか見つからない．このタイプのほかの例も引用されているが，これらの話は古典的なサラミ詐欺の話ではなく，ほとんど常に，顧客から不適切なお金を集めている不正な企業活動の例であることに注意が必要である．

## ▶ スパイウェアとアドウェア

　スパイウェア（Spyware）とアドウェア（Adware）について，どれが悪意があるもので，どれが正当なマーケティングツールかを定義することは非常に難しい．現在スパイウェアと呼ばれるプログラムの多くは，もともと，広告やマーケティングサービスを提供することによって，特定のプログラムの開発を支援することが目的であった．これらは当初シェアウェアに含まれていたが，広告画面を生成したり，ほかのインストールされたプログラムやユーザーのWebサーフィン活動などについて報告したりする独立した機能やプログラムとしてインストールされるようになった．時間が経つと，これらのプログラムの多くはますます侵入の度合が高まり，ユーザーの知識なしに，また，入手しようとしていたユーティリティに関係なくインストールされるようになった．

　スパイウェアやアドウェアに関与している企業は，定義や用語を積極的に混乱させようとした．スパイウェア対策プログラムのベンダーや開発者は，プログラムがスパイウェアとして識別されることが名誉毀損であると主張する訴訟の対象となる

ことがよくある.

## ▶いたずら

いたずら(Prank)はコンピュータ文化の一部であり,誰でも商用のジョークパッケージを購入して,"愚かなMac(またはPCまたはWindows)のトリック(stupid Mac tricks)"を実行することができる.シェアウェアとして利用可能な多くのいたずらもある.コンピュータがユーザーを侮辱するようなサウンドエフェクトやボイスを使用するものもあれば,特殊な視覚効果を使用するものもある.いたずらを実行することによる一貫した特徴は,何らかの形でコンピュータが機能しなくなるということである.多くのものは,コンピュータの何らかの欠陥を検出したと装う(そして,そのような欠陥を是正しようとするが,それは状況を悪化させる).ウイルスのカテゴリーに含まれるものの1つはPARASCAN(パラノイドスキャナー)である.それは実際にウイルス感染をチェックしないが,多数の感染ファイルを見つけたと装う.

一般に,何らかのアナウンスメントを作成するいたずらはマルウェアではない.実際のところ,画面や音声を生成するウイルスは非常に稀である.ジョークとトロイの木馬の区別は難しいが,いたずらは娯楽を目的とするものである.ジョークプログラムは,人々がいたずらメッセージを恐ろしいものであると考えた場合,DoSとして機能することがある.ある特定のタイプのジョークとしてイースターエッグがあり,プログラム内に隠されている機能で,一般的にいくつかの秘密のコマンドシーケンスによってのみアクセス可能となる.これらは無害であると考えてよいかもしれないが,ディスクスペースだけであってもリソースを消費し,プログラムの完全性を確保する作業をはるかに困難にすることに注意するべきである.いたずらが繰り返されると,セキュリティ上の理由から本来はエンドユーザーがヘルプデスクに連絡しなければいけないのに,しなくなってしまうおそれもある.

## ▶ボットネット

ボットネット(Botnet)は,特定の機能を実行する自動システムまたはプロセス(ロボットまたはボット)のネットワークである.ボットネットは何らかの形で悪意ある活動も行っている.ボットネットは悪意ある行動の力とスピードを大幅に拡大し,ウイルスプログラムだけでは不可能な方法で操作のチューニングと指示ができるようになった.ボットネットの分散された性質や,急速にドメイン名やIP(Internet Protocol:インターネットプロトコル)アドレスを変化させるような技術の使用により,ボットネットとその活動を検出,分析,除去することは非常に困難である.

ボットエージェントソフトウェアは，様々な方法でユーザーマシンにインストールすることができる．トロイの木馬プログラムはメールで送ることが可能で，ユーザーは自分のマシンに感染させるように誘導されたり，ソーシャルエンジニアリングを受けたりすることがある．これはウイルスのキャリアと関係している場合と，そうでない場合がある．ワームは，サーバーソフトウェアのマシンに特定の脆弱性がないかを確認することがある．ドライブバイダウンロード，ピア・ツー・ピア・ファイル共有ソフトウェア，インスタントメッセージングクライアントには，ファイルのリモート送信や，コマンドあるいはプログラムの呼び出しを可能にする機能がある．これらの方法のいずれかを動作させることができれば，任意のソフトウェアをユーザーマシンにセットし，動作させることが可能となる．一般的には，感染したマシンにボットネットソフトウェアがインストールされると，「ボットハーダー（Bot Herder)[8]」による介入は必要なく，ボットネット内の多数のコンピュータを対象としたコマンドと制御チャネルによる自動通信に反応するようになる．これには，制御チャネルへの参加や脱退も含まれる．

　最も初期のボットネットでは，IRCが最適なコマンドと制御チャネルであった．IRCは1対多の通信チャネルを提供し，これにより攻撃者は，各マシンに個別に連絡したり，感染したコンピュータが命令を受けるためにWebサーバーなどの中央の場所と定期的に接続を確立したりする必要がなかった．IRCはまた，攻撃者またはボットハーダーに匿名性も提供した．コードまたはパスワードシステムを使用することにより，ボットハーダーがほかの人にボットネットを奪われることなく，ボットネットの制御権を維持できるようになる．

　IRCは，使用可能な唯一の制御チャネルというわけではまったくない．ピア・ツー・ピア・ネットワーキングおよびファイル転送システムは，IRCと同様に分散化と匿名の機能を備えているだけでなく，新しいシステムの更新やアクセスに使用できる機能が組み込まれている．インスタントメッセージングは通常，ファイアウォールの制限を回避する手段を備えており，悪意ある制御のために使うことができる高機能な方法である．DNS（Domain Name System）などの基本的なインターネットの管理プロトコルでさえ，分散して匿名で情報を渡すために使用することができる．

## 8.3.6　マルウェア対策

　最近のセキュリティに関する業務には，システムがウイルスに感染しているかどうかを判断するためのチェックリストが含まれていることが多い．残念なことに，

そのような項目は，非常に限られた有用性しか持たないようである．そのような項目に記載された特徴は，古いマルウェアの実例を参考にしている傾向があり，また，それらは悪意あるプログラミングに関係しないものも含まれている．

　訓練と明示的なポリシーは，ユーザーの危険を大幅に減らすことができる．現在の環境で実際に役立つガイドラインは次のとおりである．

- 添付ファイルをダブルクリックしないようにする．
- 添付ファイルを送信する場合は，添付ファイルの内容に関する，明確で具体的な説明を書く．
- 最も広く使用されている製品であっても，盲目的に企業標準として使用しない．
- Windowsスクリプトホスト，ActiveX，VBScriptおよびJavaScriptを無効にする．HTML形式の電子メールを送信しない．
- 複数のウイルススキャナーを使用し，すべてをスキャンする．

　これらのガイドラインが特定の環境で受け入れられるかどうかは，リスクの受容水準に基づくビジネス上の決定である．しかし，リスクが評価され，ポリシーが明示的に開発されているかどうかに関わらず，すべての環境は一連のポリシーを持っている（一部は明示的で，一部は暗黙的）．その違いは，企業が受容することを選択したリスクの認識に基づく．

　すべてのウイルス対策ソフトウェアは本質的にリアクティブである．それは，ウイルスやほかのプログラムされた脅威がまず存在するからである．ウイルス固有のスキャン，あるいは既知のウイルススキャン（Known Virus Scanning：KVS）と，包括的な手法を区別することが一般的である．ウイルス対策ソフトウェアの技術的側面は，3つのアプローチで記述することができる．

　マルウェアからの保護ツールは通常，ウイルス対策ソフトウェアに限定されている．今日において，Fred Cohenが研究の中で最初に提示した，3つの主要なタイプが存在する．それは，既知のシグネチャースキャン，アクティビティ監視および改ざん検知である．これらの基本的なタイプの検知システムは，対応は正確ではないが，一般的な侵入検知システム（Intrusion Detection System：IDS）のタイプと比較することができる．スキャナーはシグネチャーベースのIDSと似ている．アクティビティモニターは，ルールベースのIDSまたはアノマリーベースのIDSと似ている．改ざん検知システムは，統計ベースのIDSと似ている．

## ▶ スキャナー

シグネチャースキャナー (Signature Scanner)，もしくは既知のウイルススキャナー (Known Virus Scanner) とも呼ばれるスキャナー (Scanner) は，既知のウイルスに特徴的な検索文字列を探す．感染したオブジェクトからウイルスを削除する機能を持つこともよくある．ただし，一部のオブジェクトは修復することができない．オブジェクトを修復できる場合であっても，オブジェクトを修復するのではなく，オブジェクトを置き換える方が望ましい (実際にはより安全) 場合がある．

## ▶ ヒューリスティックスキャナー

最近追加された新たなスキャナーは，現在ヒューリスティックスキャン (Heuristic Scanning) と呼ばれる，未知のコードのインテリジェントな分析である．ヒューリスティックスキャンは，新しいタイプのウイルス対策ソフトウェアではない．従来のシグネチャースキャンよりもアクティビティモニター機能に類似しており，ウイルスプログラムで共通的に見られる疑わしいコード部分を探す．通常のプログラムでも，常駐したり，ほかのプログラムファイルを検索したり，独自のコードの変更を試みたりすることもありうるが，そのようなアクティビティの兆候は，ユーザーに情報が提供され，新しい未知のプログラムの実行やインストールについて決定を下すのに役立つ．しかし，ヒューリスティックスは，多くの誤警報を生成し，"狼" があまりにも頻繁に吠えることで，初心者のユーザーを不安にさせたり，セキュリティの誤った感覚を与えたりする可能性がある．

## ▶ アクティビティモニター

アクティビティモニター (Activity Monitor) は，従来の監査が自動化された形態と非常によく似たタスク——つまり，疑わしいアクティビティ——の監視を行う．例えば，オペレーティングシステム以外のプログラムが動作している時に，ディスクをフォーマットする呼び出しや，プログラムファイルの変更や削除を試みようとするものをチェックする．より洗練されているものは，標準のシステムコールを使用せずに，ハードウェアに対して直接操作するプログラムもチェックすることができる．

ファイルを更新しているワードプロセッサーと，ファイルに感染しているウイルスの違いを見極めることは非常に難しい．アクティビティモニタリングプログラムは，アクティビティが有効であるかの確認を継続的に求めてくるので，導入の価値よりも問題の方が大きい場合がある．コンピュータウイルス研究の歴史に散りばめられた各種の提案に基づくと，ウイルスに感染しないコンピュータとシステムは基

本的に同じところにたどり着く．コンピュータが実行できる操作が制限されていれ
ば，ウイルスプログラムを排除することができるということである．残念ながら，
コンピュータの有用性の大半も同時に排除されてしまう．

## ▶改ざんの検知

改ざん検知ソフトウェア（Change Detection Software）は，システムまたはプログラム
のファイルと構成を調べ，情報を保存し，あとで実際の構成と比較する．これらの
プログラムのほとんどは，長さが変更されていなくてもファイルの変更を検出する
チェックサム（Checksum）または巡回冗長検査（Cyclic Redundancy Check：CRC）を使用
する．一部のプログラムでは，洗練された暗号技術を使用して，攻撃するマルウェ
アに耐えられるように，処理に非常に負荷のかかるシグネチャーを生成する．

改ざん検知ソフトウェアは，まったく新しいエンティティがシステムに追加された
ことについても注意する必要がある．いくつかのプログラムはこれをやっておらず，
ウイルスの感染やマルウェアの追加を許可してしまっていることが指摘されている．
改ざん検知ソフトウェアは，完全性チェックソフトウェア（Integrity-Checking Software）と
も呼ばれているが，この用語は多少誤解を招く可能性がある．比較を行う最初のベー
スラインを確立する前に，システムの完全性が損なわれてしまっている可能性がある．

十分に進歩した改ざん検知システムは，ディスクおよびコンピュータメモリーの
システム領域を含むすべての要因を考慮に入れ，ウイルスの検出を可能とする．し
かし，検出された変更がウイルス性であるか，正当なものであるかを知ることがで
きないため，改ざん検知システムは，誤警報を発する割合が最も高い．検出された
変更のインテリジェントな分析が追加されることにより，この問題は改善される可
能性がある．

## ▶レピュテーションスコアリング

サイバー犯罪者は，ほとんどの組織で最も弱いのは技術ではなく，（大部分の場合）
コンピュータの前に座っている人であることを認識している．これらの犯罪者は，
しばしば金銭目的で，YouTube，Facebook，Twitterなどのトラフィックの多いサイ
トの人気を利用して，悪質なリンクやペイロードを配信する．大多数のユーザーは，
リンクをクリックすると，マシンとネットワークを様々な脅威にさらしている可能
性があることに気づかない．この「攻撃面（Attack Surface）」は，短縮URL（例：http://
bit.la/w5AcJm）の導入によって大幅に広がった．すべてのURLが同じようにしか見え
ないのである．

攻撃者は，新しいWebサイトにアクセスするリスクについて考えているユーザーがほとんどいないことを知っており，それを利用して，悪意あるコンテンツをピギーバッグのようにトラフィックの多いサイトに乗せて送信する.

しかしながら，このコンテンツはホスト，すなわちコンテンツを配信することができるWebサイトを必要とする．Web上に悪質なコンテンツを作成するには，2つの方法がある.

1．新しいWebサイトを作成するか，既存のWebサイトを使用して悪質なコンテンツをホストする.
2．正当なサイトを侵害(ハッキング)し，悪質なコンテンツを挿入する.

サイバー犯罪者とセキュリティ機関は，常にイタチごっこである．一方が新しい悪意あるコンテンツを作成し，もう一方がそれをブロックするための対策を設計する．犯罪者にとって最良の武器は，常に変化するマルウェアホストである．効果的に攻撃するためには，現在ウイルス対策エンジンによって認識されていないWebサイトまたはマルウェアに変更することが必要である．したがって，攻撃者にとって最善の手段は，新しいWebサイトやWebサイトホストを可能な限り高い頻度で作成することとなる．これにより，これらのWebサイトがセキュリティ機関によって認識されず，結果としてブロックされなくなる．Webサイトがウイルス対策エンジンやその他のセキュリティ手段によって"キャッチ"されると，その有効性が失われ，潰されるため，別のものに置き換える必要がある.

## ▶ゼロデイ／ゼロアワー

ゼロデイ (Zero-Day)／ゼロアワー (Zero-Hour) は，新しいマルウェアホストWebサイトが作成されてから，悪意があると認識されるまでの期間として定義される．この期間中，これらのサイトでの活動は非常にリスクが高いと考えることができる.

ゼロアワーの期間中は，ウイルス対策エンジンをいくつ持っていたとしても，新しい悪意あるコンテンツをホストしているWebサイトを訪れている人は危険にさらされ，そのマシンはおそらく感染することとなる．それでは，このリスクをどう低減するのか？　レピュテーションが答えである．以前存在しなかったものを含め，特定の種類のWebサイトはすぐに「疑わしい」ものとして分類される．レピュテーションスコア (Reputation Score) をWebサイトに適用し，「疑わしい」と分類することは，積極的なセキュリティアプローチである．深刻な脅威になる前に，リスクに対

処することができる.

　Webレピュテーション(Web Reputation)は, インターネットを閲覧しているユーザーのために, Web上の現在または将来の悪質なコンテンツに対する保護を強化するために使用できる方法である. Webレピュテーションを使用している場合, Webサイトには即時および潜在的な脅威, 悪質なコンテンツおよび危険な特性が評価され, スコア(0〜100)が与えられる.

　コンテンツカテゴリー別にWebサイトを異なるカテゴリーに分類し, コンテンツに基づいて分類するのと同様に, Webレピュテーションスコアを使用して各Webサイトのリスク要因を判断する. Webサイトのスコアが決まれば, これは管理者が行動をとるのに役立つだろう. 慎重にブロックしたり, そのWebサイトへのアクセスを許可したりする.

　優れたウイルス対策エンジンは幅広い脅威カバレッジを提供し, 複数のウイルス対策エンジンは単一のウイルス対策エンジンを使用した場合よりも優れた防御を提供するが, 非常に動的な脅威環境で完全な防御を達成することは非常に困難である. Webレピュテーションは, Webサイトに「安全」評価を与え, また, 必要に応じて危険なサイトを積極的にブロックすることにより, 従来の保護メカニズムが残していた空き領域を埋めるものとなる.

　各URLにスコア(0〜100)を与える. スコアが低いほど, Webサイトがユーザーに与えるリスクは大きくなる. 概して, Webレピュテーションのスコアは通常, 5つのリスクバンドに分類される.

- 高リスク(1〜20)
- 疑わしい(21〜40)
- 中程度のリスク(41〜60)
- 低リスク(61〜80)
- 信頼できる(81〜100)

### ▶Webレピュテーション技術を使用する理由

　Webレピュテーションの利点をよりよく理解するために, 次の例を考えてほしい. あなたが休暇をとるとする. あなたが休日を計画している間, あなたは実際に予約するかどうかを決定する前に, 滞在したいホテルのレビューをチェックする. 以前に宿泊したことのないホテルが, 様々なカテゴリー(価格, 清潔度, 場所, 家族に優しいなど)でどのように評価されているかを確認しない限り, あなたはそこのホテルを予

約しないだろう.

　同じ概念がWebに適用される. Webレピュテーション指標(Web Reputation Index)は，様々な「安全変数」に基づいてエンドユーザーのWebサイトのスコアを計算し，そのサイトを訪問すべきかどうかをあらかじめ判断してくれる.

　マルウェアの脅威が増加し，常にセキュリティの状況は変化するため，従来のウイルス対策エンジンで最新の脅威からすべてのユーザーを保護するために最新の状態を維持し続けることがますます困難になっている. それぞれのウイルス対策ベンダーは，様々な種類の新種の脅威に対して，応答時間が異なる. スピードと最新の脅威に重点を置くものもあれば，長年にわたり脅威シグネチャーを使用して幅広く対応することに注力しているものもある.

　したがって，新しいゼロアワーとゼロデイの脅威から守るために，追加の防衛策を講じる必要がある. マルウェアの作成者は常にテクニックを変えており，様々な方法でウイルス対策エンジンを圧倒しようとする. レピュテーションに基づいてWebサイトやドメインを評価する機能は，新規および未知の脅威からユーザーや組織を保護するウイルス対策ソフトウェアの機能を大幅に強化する.

## ▶マルウェア対策ポリシー

　ポリシーを作成したり，安全な手段についてユーザーを教育したりすることで，ウイルスが組織に侵入した場合でも，感染するリスクを低減することができる. 特に脆弱なアプリケーションの使用を避け，ウイルスが内部に入り込む際の手段となる可能性が高いメール添付ファイルの利用を拒否するなど，利用可能な多くの事前対策が存在する. このような手段は，ウイルス対策ソフトウェアが対処していない領域に対して非常に効果的である.

　組織は，アクセス制御ソフトウェアのスイートを使用して，プログラムファイル，ディスク，ユーザー，またはこれらの任意の組み合わせの認証を強制することで，ウイルスやトロイの木馬が侵入する可能性を最小限に抑えることができる. このアプローチは，ウイルス固有のスキャンまたは一般のスキャンと組み合わせる場合がある. このような多層戦略の適用は，これらのアプローチのうちの1つのみを使用するよりもはるかに効果的であるが，脅威を回避する戦略が成功と言えるためには，多層化が伴う可能性のあるパフォーマンス低下とバランスがとれていなければならない.

　システム管理者が理解しているアクセス制御と，マルウェア制御の目的で使われるアクセス制御には大きな違いがあることを理解すべきである. アクセス制御シス

テムは，個人に対するアクセス特権の適切な割り当てを決定し，認証された個人へのシステムアクセスを許可する．言い換えれば，システムが個人を認識する場合，ユーザーは与えられた権限の許す範囲でシステムを使用することができる．ウイルスやワームは通常，信頼できる個人に(無意識のうちに)広められていくため，個人を認証するだけではマルウェア対策として不十分である．個人の身元を確認しても，利用者の善意については何もわからないが，ほとんどの人は一般的に，人事部が適切なチェックを行っていることを期待している．それには，個人がセキュリティガイドラインを遵守するか，ウイルス対策を正しく実行するかといったことがほとんど含まれていない．

一部のソフトウェアにおいては，ユーザーのウイルス感染のリスクは高くなる．これは単純な事実である．前述したように，あるオペレーティングシステムが広く使用されるほど，誰かがそれに向けてウイルスを作成する可能性が高くなる．電子メールプログラムやワープロなどのアプリケーションプラットフォームでも同様である．リスクを増減する要因はほかにもある．特定のソフトウェア設計は，ほかのソフトウェア設計よりも危険である．特定の戦略的要因により，Windowsは想像以上に脆弱になる．多くのユーザーは，ビジネスや個人的な目的を実現することを優先し，高度に安全な環境による制限を嫌う．経営陣は，会議やレポートにおいて，セキュリティが重要であると声高に言うが，実装の問題点をスキップしがちである．コンピュータユーザーは，セキュリティに関する手順の煩わしさを嫌う．つまり，厳格なセキュリティポリシーは，正当な理由なしに，しばしば無視されるか，迂回されてしまうことに注意する必要がある．

基本的な種類のウイルス対策プログラムには非常に多くのバリエーションがある．何十万ものPCウイルスと変種が知られている．スキャナーがこれらのウイルスおよび亜種をチェックすると，毎回ウイルスコードの各バイトをチェックするたびに膨大な処理オーバーヘッドが発生する．このオーバーヘッドを最小限に抑えるために，スキャナーは最小の検索文字列を確認し，それに応じて特定のウイルスの存在を推測する．スキャナーは，ウイルスの種類に応じていくつかのヒューリスティックな方法を適用する．したがって，オンアクセススキャナーとファイアウォールやネットワークゲートウェイをベースにしたものは，オンデマンドまたはマニュアルの検出機能よりも常に検出能力が劣り，場合によっては，20%程度の不正確さとなることがある．最新のウイルス対策スイートのメモリー常駐コンポーネントとオンデマンドコンポーネントは，同じ定義データベースを使用しても，同じテストセットで同じ結果スコアを付けることはできない．

### ▶ マルウェアに対する保証

マルウェアからの保護を容易にし，ユーザーの意識を高めるために，操作を過度に制限することなく，マルウェアから効果的に保護するポリシーを設定する必要がある．対策を実施する理由と，ユーザーが防御しなければならない特定の攻撃手段をユーザーに説明する．ポリシーと教育は，スキャンや対策に関係なく，マルウェアに対する有効な保護手段である．

マルウェア対策システムは，その有効性を定期的に確認する必要がある．組織がオンデマンドまたはサーバーベースのスキャナーを使用している場合は，自動スキャンに加えて手動で定期的なチェックを行う．ウイルスの隔離は必ずしも有効ではなく，マルウェアを削除したあと，感染したアイテムを侵害されていないバックアップから戻すポリシーとすべきである．

アクティビティ，特に通信を監視する．開いているポートを確認し，送信メールと受信メールをスキャンする．これにより感染からシステムを保護することはできないが，何らかの問題が現在の防御策をかいくぐってしまった場合に，様々なマルウェア関連のアクティビティを検出することが可能となる．また，これはボットネット活動のチェックとしても機能し，また，マルウェアのルートキットやステルス機能の影響を受けない．

## 8.4 ソフトウェア保護メカニズム

### 8.4.1 セキュリティカーネル，参照モニターおよびTCB

セキュリティカーネルおよび参照モニターに関連する用語が，TCB（Trusted Computing Base：高信頼コンピューティングベース）である[25]．TCBは，コンピュータシステム内のすべてのハードウェア，ソフトウェアおよびファームウェアの集合であり，セキュリティポリシーおよびオブジェクトの分離をサポートするシステムのすべての要素を含む．TCBが有効になっていると，システムは信頼できるシェルおよび信頼できるパスを持つとみなされる．信頼できるパス（Trusted Path）は，ユーザーまたはプログラムとTCBとの間の通信チャネルである．TCBは，信頼できるパスが決して不正に使用されないようにするために必要な保護メカニズムを提供する責任がある．信頼できるシェル（Trusted Shell）とは，シェルまたは通信チャネル内で起こっているすべてのアクティビティがそのチャネルから隔離されていることを意味し，信頼できない当事者またはエンティティは内部または外部のいずれともやり取りできない．

参照モニター（Reference Monitor）は抽象的な概念で，通常はセキュリティカーネルの内部で実行される参照バリデーター（Reference Validator）があり，オブジェクトのセキュリティアクセスチェックの実行，特権の操作，結果のセキュリティ監査メッセージの生成を行う．つまり，参照モニターは，サブジェクト（ユーザー）がオブジェクト（データまたはリソース）に対して行うすべてのアクセスに介入したり，コントロールしたりする抽象的なマシンとみなされる．参照モニターは，不正なアクターによる不正アクセスの試みからオブジェクトを保護するために，オブジェクトにアクセスしようとするすべてのサブジェクトが適切な権限を持っていることを保証するために機能する．参照モニターは概念的な考え，または前述のような抽象的な概念である．概念であるため，実際にそれが表す機能を実行するためには何らかの方法で実装されなければならない．セキュリティカーネルは，実際に参照モニターの概念を実装したものである．

セキュリティカーネル（Security Kernel）は，TCBのすべてのコンポーネント（ソフトウェア，ハードウェアおよびファームウェア）で構成され，参照モニターの実装と強制を担当する．セキュリティポリシーを実施するのはセキュリティカーネルであり，参照モニターメカニズムの厳密な実装である．カーネルオペレーティングシステムのアーキテクチャーは一般的に階層化されており，カーネルは最も低いレイヤーで，最も基本的なレベルになければならない．これはオペレーティングシステムのごく一部であり，情報の参照や権限の変更はすべてカーネルを通過しなければならない．カーネルは，セキュリティポリシーに従って，実装されたオブジェクト間のアクセス制御と情報フロー制御を実装する．

セキュリティのためには，カーネルは次の3つの基本条件を満たす必要がある[26]．

1．**完全性**（Completeness）＝情報へのすべてのアクセスはカーネルを経由しなければならない．
2．**分離**（Isolation）＝カーネル自体があらゆる種類の不正アクセスから保護されなければならない．
3．**検証可能性**（Verifiability）＝カーネルは設計仕様を満たすことが証明されなければならない．

TCBで使用する製品のセキュリティ機能は，以前の高信頼コンピュータシステム評価基準（Trusted Computer System Evaluation Criteria：TCSEC）や現在のコモンクライテリア（Common Criteria）基準などの様々な評価基準によって検証できる[27]．

## ▶プロセッサー特権状態

プロセッサー特権状態(Processor Privilege State)は，プロセッサーおよびプロセッサーが実行するアクティビティを保護する．最初期には，プロセッサーが特権状態で動作している時にのみ変更できるレジスターにプロセッサーの状態を記録する方法が採られた．I/O要求などの命令は，このレジスターへの参照を含むように設計されている．レジスターが特権状態にない場合，命令はアボートされる．通常，ハードウェアが特権モードへの移行をコントロールする．例えば，Intel vProプロセッサーはシステムコードとデータの上書きを防ぐが，ほとんどの場合，これらの保護機能は直接使用されない．特権レベルのメカニズムで，低い特権レベルからより高い特権レベルへのメモリーアクセス(プログラムまたはデータ)を防がなければならない．ただし，コントロールが呼び出され，ソフトウェアで適切に管理されている場合に限る．特権レベルは通常，リング構造で参照される．

例えば，多くのオペレーティングシステムでは，ユーザー(またはプロセス，問題，プログラム)モード(User [Process, Problem, or Program] Mode)とカーネル(またはスーパーバイザー)モード(Kernel [Supervisor] Mode)という2つのプロセッサーアクセスモードが使用されている．ユーザーアプリケーションコードはユーザーモードで実行され，オペレーティングシステムコードはカーネルモードで実行される．特権プロセッサーモード(Privileged Processor Mode)はカーネルモードと呼ばれる．カーネルモードでは，プロセッサーはすべてのシステムメモリー，リソースおよびすべてのCPU命令にアクセスできる．

アプリケーションコードは非特権モード(ユーザーモード)で実行され，使用可能なインターフェースセットが限られていて，システムデータへのアクセスも制限されており，ハードウェアリソースに直接アクセスできない．オペレーティングシステムがアプリケーションソフトウェアより高い特権レベルを有することの利点は，問題のあるアプリケーションソフトウェアがシステムの機能をダウンさせることがないことである．現代のデスクトップ処理における主要なセキュリティ障害は，オペレーティングシステムとアプリケーションがスーパーバイザーモードまたはカーネルモードで常時実行されている場合に，最も被害が大きい．

ユーザーモードプログラムがシステムサービスを呼び出すと(ストレージから文書を読み込むなど)，プロセッサーは呼び出しをキャッチし，呼び出し要求をカーネルモードに切り替える．呼び出しが完了すると，オペレーティングシステムは呼び出しをユーザーモードに戻し，ユーザーモードプログラムを続行できるようにする．最も安全なオペレーティングポリシーでは，オペレーティングシステムとデバイスドラ

イバーは，リングレベル0（カーネルレベルまたはシステムレベルの権限とも呼ばれる）で動作する★28．この権限レベルでは，プログラムができることに制限はない．このレベルのプログラムには無制限のアクセス権があるため，機密情報が含まれているマシンでは，デバイスドライバーの提供元に気をつける必要がある．

　アプリケーションとサービスは，ユーザーレベルまたはアプリケーションレベルの特権とも呼ばれるリングレベル3で動作する必要がある．このレベルでアプリケーションまたはサービスに障害が発生すると，トラップ画面（一般保護違反［General Protection Fault］とも呼ばれる）が表示されるが，それは消去でき，オペレーティングシステムには影響がない．通常のアプリケーションと同じ特権レベルでサービスを実行するのは，サービストラップの際にオペレーティングシステムが引き続き動作しなければならないという考えに基づいている．

　モノリシックなオペレーティングシステムは，一連のプロシージャーからなる大きなプログラムとして存在する．ほかのプロシージャーによってどのプロシージャーが呼び出されるかについての制限はない．これは，大半のオペレーティングシステムとデバイスドライバーコードが，カーネルモードで保護されたメモリー空間を共有することを意味する．いったんカーネルモードになると，オペレーティングシステムとデバイスドライバーコードはシステムスペースメモリーに完全にアクセスでき，オブジェクトにアクセスするセキュリティをバイパスできる．オペレーティングシステムのコードのほとんどはカーネルモードで実行されるため，カーネルモードのコンポーネントはセキュリティ機能に違反しないように慎重に設計することが重要である．システム管理者がサードパーティのデバイスドライバーをインストールすると，カーネルモードで動作し，すべてのオペレーティングシステムデータにアクセスできる．デバイスドライバーインストールソフトウェアに悪意あるコードが含まれていると，そのコードもインストールされ，不正なアクセスに対してシステムがオープンになってしまう可能性がある．

　特権状態の障害は，アプリケーションプログラムに障害が発生した場合に発生する可能性がある．アプリケーションの障害において最も安全なのはシステム停止である．例えば，アプリケーションのエラーによってオペレーティングシステムプログラムに障害が発生した時には，ユーザーはオペレーティングシステムを使用してアプリケーションとデータを復元できる．この脆弱性が悪用されると，攻撃者がアプリケーションをクラッシュさせて，アプリケーションを起動したユーザーのIDと特権でオペレーティングシステムにアクセスできてしまう．

## ▶ バッファーオーバーフローのセキュリティコントロール

　特権状態に関しては，バッファーオーバーフロー（Buffer Overflow）に関わる，無効パラメーターのチェック（Ineffective Parameter Checking）と呼ばれる問題もある．バッファーオーバーフローは，プログラムへの入力の不適切な（または欠落した）境界チェックによって引き起こされる．本質的にプログラムは，割り当てられたメモリースペースに対して提供されたデータが大きすぎるかどうかを確認することができない．プログラムは実行時にメモリーにロードされるため，オーバーフローが発生した場合，データをどこかに移動する必要がある．そのロードされたデータが実行可能な悪質なコードである場合，プログラムであるかのように実行されたり，実行環境に変更を加えて攻撃者が悪用したりすることがある．

　バッファーオーバーフローを修正するには，プログラマーが修正するか，システムメモリーに直接パッチを当てる必要がある．それらはリバースエンジニアリング（プログラムの逆アセンブル）やアプリケーションの操作を見ることによって，検出して修正することができる．ハードウェアの状態やその他のハードウェア制御によってバッファーオーバーフローを不可能にすることができるが，企業がこのレベルでハードウェアを指定することはめったにない．境界の強制と適切なエラーチェックによっても，バッファーオーバーフローを止めることができる．

## ▶ 不完全なパラメーターチェックと強制のコントロール

　オペレーティングシステムがすべてのパラメーターの正しさと完全性をチェックしない場合，セキュリティリスクが存在する．パラメーターのチェックがなければ，バッファーオーバーフロー攻撃が発生する可能性がある．最近のパラメーターチェック攻撃としては，ファイル名の長さが64Kを超える，電子メールの添付ファイルがある．アプリケーションにおいて添付ファイル名を64K未満にする必要があったため，名前の長い添付ファイルがプログラムの命令を上書きしてしまうのである．

　この脆弱性に対抗するために，オペレーティングシステムはある種のバッファー管理を提供する必要がある．プログラマーがパラメーターチェックを実装し，許容されない文字，長さ，データ型および書式について入力データをチェックする．望ましいプログラミングコマンドやスタイルがあり，奨励または義務付けられるべきである．バッファーオーバーフローを防止するためのほかの技術には，カナリア（Canaries；バッファー領域の終わりのインジケーターデータ値の使用と監視）がある．

## ▶プロセス分離とメモリー保護

　プロセスは，メモリー内で実行されるコンピュータプログラムのインスタンスとして定義することができる．コンピュータは複数のプロセスを同時に実行することができる．プロセスが共存するためには，必要に応じてリソースにアクセスしてミッションを成功裏に実行できるように管理する必要があるが，同時に，互いに邪魔しないようにする必要がある．ただし，プロセスがメモリー，データ，システムリソースを共有できるため，複雑になることがある．オペレーティングシステムの完全性およびプロセスとそのプロセスがアクセスしているデータの完全性を常に維持するために，複数のプロセスが同じシステムリソースに同時にアクセスしようとしないようにする必要がある．

　コンピュータ内でプロセスを互いに分離する要求は管理され，例外なく，効率的かつ完全にプロセス分離(Process Isolation)が行われていることを保証する必要がある．オペレーティングシステムは，このプロセス分離が確実に行われるようにするためのプログラムであり，CPUと連携しながら割り込みとタイムスライスを使用してプロセス分離を実行する．割り込みを使用することにより，オペレーティングシステムは，必要な機能を実行するために，必要な時にCPUにアクセスするのに十分な時間が与えられていることを保証するが，ほかのプロセスが必要とするリソースを浪費したり，ロックしたりすることもない．プロセス分離の概念を実現するには，オペレーティングシステムで使用できる次のいずれかの方法を使用する．

- オブジェクトのカプセル化
- 共有リソースの時分割多重化
- 名前による識別
- 仮想メモリーのマッピング

　プロセスをカプセル化するということは，あるプロセスがほかのプロセスの内部プログラミングコードを知ったり，やり取りしたりできないことを意味する．カプセル化(Encapsulation)によってプロセス同士は，明確に定義されたインターフェースを介し，構造化され，コントロールされた方法で相互に情報を交換することができる．カプセル化によってほかのプロセスから内部動作を隠すことができ，データ隠蔽(Data Hiding)を効果的に行える．データ隠蔽によってプロセスは完全性のメカニズムを得て，機能および実行をコントロールすることができる．さらに，プロセスおよびオペレーティングシステム全体のプログラミングにおけるモジュール性(Modularity)

の概念を実現することができる.

コントロールされ, 厳密に管理されたスケジュールに従ってリソースを使用する必要があるプロセスに対して, オペレーティングシステムは時分割多重化(Time Multiplexing)により, 明確に定義され, 構造化されたアクセスを提供できる. このスケジュールはごく短い時間(タイムスライス)として定義され, プロセスによって必要とされるシステムリソースへのアクセスを許可し, 期間が終了した時点でそのアクセスを終了する. マルチプロセッサーコンピューティングシステムによってパフォーマンスが向上するが, 時分割多重化に関してはより複雑になる. コンピュータの各CPUが複数のコアまたは複数のプロセッサーを持つことができるため, コンピュータがプロセスからリソースへの複数のアクセス要求を同時に処理できる能力は増す. 同時に複数の要求を処理する総合的な能力の向上, つまりマルチタスキング(Multitasking)によって, Gordon Moore(ゴードン・ムーア)の予測した, コンピューティングパワーと能力の持続的な成長がもたらされた[29].

各プロセスにオペレーティングシステムのコンテキスト内で一意のIDが割り当てられるように, 名前による識別(Naming Distinction)が行われる. 各プロセスに一意の名前とプロセスIDまたはPIDが与えられることにより, オペレーティングシステムが参照する時に, どのプロセスがどのリソースによってアクセスされているかについての混乱がないことを保証する. 図8.4に, Windowsタスクマネージャーで実行中のプロセスのプロセスIDを示す「PID」列の使用が示されている. ユーザーが[PID]チェックボックスをチェックすると「PID」列が「Processes」タブビューに追加され, ユーザーはPIDの閲覧とプロセス名との相互参照ができるようになる. オペレーティングシステムは, プロセスが実行されると自動的にこれを照合する. または, 情報を提供するために別のプロセスから呼び出される. Linuxオペレーティングシステムでは, ユーザーはコマンドシェルからtopまたは/procを使用して同様の情報にアクセスできる.

仮想アドレスメモリーマッピング(Virtual Address Memory Mapping)により, 各プロセスは実行時に自身のメモリー空間にアクセスすることができる. これは, オペレーティングシステムによるメモリーマネージャーの使用によって強制される. メモリーマネージャー(Memory Manager)は, プロセスがお互いのメモリー領域に不正にアクセスして, 完全性と機密性の喪失や情報の破損につながることのないようにするために使用される.

オペレーティングシステムでは, 次の目標を達成するためにメモリー管理を使用する.

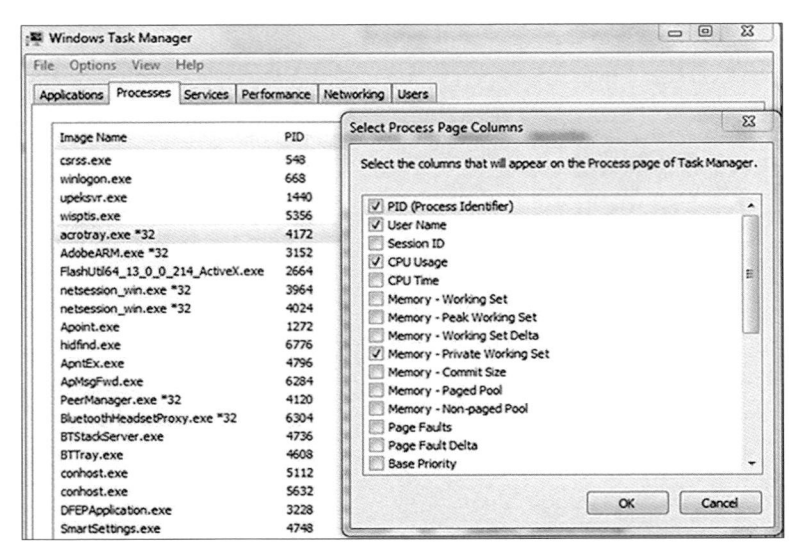

**図8.4** Windowsタスクマネージャーの「Processes」タブに「PID」列を追加する

1．プログラマーに抽象化されたレベルを提供する．
2．システムで利用可能な限られたメモリー容量（物理RAM）でパフォーマンスを最大化する．
3．メモリーにロードされたオペレーティングシステムとアプリケーションを保護する．

　メモリーマネージャーは，異なるタイプのメモリーがどのように使用されているかを追跡するオペレーティングシステムの機能である．実行プロセスの必要に応じて異なるメモリータイプを割り当てたり，割り当てを解除したり，プロセスが自身のメモリーセグメントとのみやり取りできるようにアクセス制御を実施したり，必要に応じてRAMからハードドライブへのメモリー内容のスワップを管理したりする．
　さらに，メモリーマネージャーは次の5つの責任を持つ．

1．**再配置**（Relocation）＝必要に応じてRAMとハードドライブ間でコンテンツを移動またはスワップし，情報がメモリー内の別の場所に移動された場合はアプリケーションにポインターを提供する．
2．**保護**（Protection）＝メモリーセグメントのアクセス制御を行い，プロセスに

割り当てられたメモリーセグメントとのみやり取りするようにプロセスを制限する．

3．**共有**(Sharing)＝異なるアクセスレベルの複数のユーザーが実行中のアプリケーションやプロセスとやり取りすることを許可し，共有メモリーセグメントを使用しているプロセス間の完全性と機密性をコントロールする．

4．**論理構成**(Logical Organization)＝抽象レベルでアドレッシングスキームを提供し，DLLプロシージャーなどのソフトウェアモジュールの共有を可能にする，すべてのメモリータイプのセグメンテーション．

5．**物理構成**(Physical Organization)＝割り当てのための物理メモリー空間のセグメンテーション．

ここで取り上げておくべきメモリー管理プロセスに，レジスターの使用がある．レジスター(Register)によってオペレーティングシステムは，プロセスがメモリーマネージャーによって割り当てられた，定義されたメモリーセグメントとのみやり取りできるようになる．メモリーアドレスを識別するためにCPUが使用するレジスターには2種類ある．ベースレジスター(Base Register)はプロセスに割り当てられた開始アドレスを識別するために使用される．リミットレジスター(Limit Register)は，プロセスに割り当てられた終了アドレスを識別するために使用される．CPUは，プロセスを実行するために1つまたは複数のスレッドを作成する．スレッド(Thread)とは，プロセスが実行を要求した特定のアクティビティを実行できるように，プロセスが生成した命令セットである．CPUはスレッドを使用して，実行に必要な命令とデータが格納されているメモリーのアドレスを参照し，プロセスがアクションを実行できるようにする．CPUは，プロセスが要求したアクセスがそのプロセスに割り当てられ，許容されているメモリー空間内にあり，保護されている外部またはほかのメモリー空間内にないことを保証するために，アドレスをベースレジスターおよびリミットレジスターと比較する．

メモリー保護(Memory Protection)は，メインメモリーへのアクセスを制御することに関係している．複数のプロセスが同時に実行されている場合，あるプロセスが使用しているメモリーを別のプロセスの不正アクセスから保護する必要がある．したがって，プロセスが互いのローカルメモリーを干渉できないようにメモリーを分割し，共通メモリー領域が不正アクセスから保護されるようにする必要がある．これにより，メインコンピュータが実際に持つメモリーを超えてアプリケーションが実行可能となる．オペレーティングシステムは，より大きなメインメモリープールの

ように見えるセカンダリーメモリー（記憶装置）を使用してもよいし，各ユーザーからは実際のマシンよりも小さいメモリーを有する仮想マシンに見えるようにユーザー間でメインメモリーを分割してもよい．こうした状況では，追加のコントロールが必要な場合がある．

特権コードとデータの完全性および機密性を維持するためには，オペレーティングシステムで使用されるメモリーを保護する必要がある．メモリー保護はアドレッシングを扱うため，多くの保護メカニズムでは，プロセスで使用可能なアドレス空間の外に配置することによってメモリーを保護する．対処すべきメモリー保護の課題には，アドレス参照の妥当性確認，メモリーセグメントへのアクセス権，メモリー内のデータ型に割り当てられた保護レベル，許可されていないアドレスの作成または操作によるプロセスのアクセスなどがある．

ユーザープロセスがほかのプロセスまたはオペレーティングシステム自体のアドレス空間を不注意または故意に破損しないように，メモリー保護のために使用される方法が4つある．

第1の方法では，カーネルモードのシステムコンポーネントが使用するシステム全体のデータ構造およびメモリープールに，カーネルモードの間だけアクセスできるようにする．したがって，ユーザーモード要求はこれらのページにアクセスできない．アクセスしようとするとハードウェアがフォールトを生成し，メモリーマネージャーがアクセス違反を発生させる．Windows 95やWindows 98などの初期のWindowsオペレーティングシステムでは，システムアドレス空間の一部のページがユーザーモードから書き込み可能であったため，アプリケーションのエラーにより重要なシステムデータ構造を破損してシステムをクラッシュさせてしまった．ハードウェア抽象化レイヤー（Hardware Abstraction Layer：HAL）の実装とメモリー管理技術の向上によりこうした挙動がなくなり，その結果，最近のWindowsベースのオペレーティングシステムではこのような現象が発生しない．これにより，デスクトップOSのWindows 7/8，サーバーOSのWindows Server 2008/2012など，より安定したオペレーティングシステムの実装が可能になった．

第2に，いくつかの例外を除き，各プロセスは別のプロセスの要求によるアクセスから保護された別個のプライベートアドレス空間を有する．要求がアドレスを参照するたびに，仮想メモリーハードウェアはメモリーマネージャーとともに介入して，仮想アドレスを物理アドレスに変換する．この制御メカニズムは，アドレス空間配置のランダム化（Address Space Layout Randomization：ASLR）と呼ばれる．ASLRは多くのオペレーティングシステムに実装されており，メモリーマネージャーは，プロ

セス実行に使用するメモリー空間アドレッシングを，常に効果的に変更またはランダム化することができる．Windows 7/8/8.1，OpenBSDなどのオペレーティングシステムでは仮想アドレスの変換方法を制御しているため，あるプロセスで実行されている要求が別のプロセスに属するページに不適切にアクセスすることはない．

　第3に，最新のプロセッサーでは，読み取り／書き込みアクセスなど，ハードウェア制御やソフトウェア制御のメモリー保護を提供する．この保護メカニズムは製造元によって実装が異なるが，一般的にデータ実行防止（Data Execution Prevention：DEP）と呼ばれている．提供される保護のタイプはプロセッサーによって異なる．例えば，メモリー保護オプションにPAGE_NOACCESSがある．この領域でコードの読み取り，書き込み，または実行を試みると，アクセス違反が発生する．DEPには，システムメモリーの特定の領域を実行不可としてマーキングすることで，実行するプロセスが使用できないようにする機能がある．これには，メモリーマネージャーが管理する使用可能なメモリー領域を減少させ，プロセスで実行するために使用可能なメモリー領域を減少させるという2つの利点がある．これにより，オペレーティングシステムはパフォーマンスをさらに最適化してトランザクションを高速化するだけでなく，攻撃を実行するために攻撃者がアクセスできるメモリー領域を削減することもできる．

　第4の保護機構では，アクセス制御リストを使用して共有メモリーオブジェクトを保護し，プロセスがそれらをオープンしようとするとセキュリティチェックを受けるようにする．別のセキュリティ機能には，マップされたファイルへのアクセスがある．ファイルにマップするには，要求を実行しているオブジェクト（またはユーザー）が，少なくともファイルオブジェクトへの読み取りアクセス権を持っている必要がある．さもなければ操作は失敗する．

## ▶隠れチャネルのコントロール

　隠れチャネル（Covert Channel）または閉じ込め問題（Confinement Problem）は，セキュリティコントロールによって制御されない情報フローである．これは，2つの協調するプロセスがシステムのセキュリティポリシーに違反する方法で情報を転送することを可能にする通信チャネルである．保護メカニズムが存在していても，シグナリングメカニズムまたはほかのオブジェクトを使用して権限のない情報を転送できる場合は，隠れチャネルが存在する可能性がある．アプリケーションセキュリティで使用される標準的な例は，1つのプログラムによってプロセスが開始および停止され，そのプロセスの存在が別のアプリケーションによって検出される状況である．

したがって，プロセスの存在自体がひとりでに情報を伝達するために使用されうる．

　ここで注意すべきチャネルは，セキュリティポリシーに違反しているチャネルだけである．正当な通信経路と同等のチャネルは懸念する必要がない．隠れチャネルの種類には違いがあるが，共通の条件がある．それは，チャネル上の送受信オブジェクトが共有リソースにアクセスしなければならないことである．

　最初のステップは，潜在的な隠れチャネルを特定することである．2つ目のステップは，これらのチャネルを分析して，チャネルが実際に存在するかどうかを判断することである．次のステップは，チャネルがセキュリティ上の懸念を生むかどうかを確認するための，手動による検査と適切なテスト手法に基づく．

## ▶暗号

　暗号技術は，暗号化スキームを介してデータを変換することによって情報を保護し，情報の機密性と完全性を確保するために使用される．暗号技術はしばしば電気通信システムで使用される．しかし，分散システムが増加したために，オペレーティングシステムでも使用される場合が増えている．暗号アルゴリズムを使用して，オペレーティングシステム内の特定のファイルを暗号化することができる．例えば，グループ権限などのユーザー情報を含むデータベースファイルは，一方向ハッシュアルゴリズムを使用して暗号化され，データをより高度に保護する．

## ▶パスワード保護技術

　オペレーティングシステムとアプリケーションソフトウェアでは，ユーザーを認証するための便利なメカニズムとしてパスワードを使用している．通常，オペレーティングシステムはパスワードを使用してユーザーを認証し，システム，ファイル，アプリケーションなどのリソースに対するアクセス制御を行う．オペレーティングシステムによって提供されるパスワード保護には，パスワードの選択方法やパスワードの複雑さ，パスワードの時間制限およびパスワードの長さのコントロールがある．

　コンピュータシステムに格納されたパスワードファイルは，オペレーティングシステムの保護メカニズムによって保護されていなければならない．パスワードファイルは不正なアクセスを受けやすいが，最も一般的な解決方法は一方向暗号アルゴリズム（ハッシュ［Hashing］）を使用してパスワードファイルを暗号化することである．ただし，選択したパスワードが辞書に載っている場合は辞書攻撃に弱い．パスワードセキュリティのためにオペレーティングシステムによって提供されるもう1つの機能には，オーバーストライク（Overstrike）またはパスワードマスキング（Password-Masking）

機能がある．これにより，入力されたパスワードを他人がショルダーサーフィンによって読み取れなくなる．

## ▶ 不十分なコントロールの粒度

　セキュリティの粒度（Granularity）が十分でない場合，ユーザーは必要以上のアクセス権限を得ることができる場合がある．ユーザーはオブジェクトAにアクセスできないが，オブジェクトAにアクセスできるプログラムにはアクセスできる場合，セキュリティメカニズムがバイパスされる可能性がある．セキュリティコントロールがプログラムとユーザーの両方に対処できるほどの十分な粒度がある場合は，こうした開示を防ぐことができる．コントロールの粒度が十分でない場合，最小特権の概念を適切に実装し，ユーザーに合理的な制限を設定することによって対処できる．また，職務と機能の分離についても対応する必要がある．プログラマーは決してシステム管理者やアプリケーションのユーザーであってはならない．ユーザーには自身の仕事をするために必要な権限のみを与える．

　ユーザーはサーバールームやレガシープログラムにアクセスする必要はない．プログラマーやシステムアナリストは，実稼働プログラムへの書き込み権限を持ってはならず，インストールされたプログラムコードを変更することを許可されない．プログラマーは，実稼働プログラムへの継続的な直接アクセス権を持たないようにする．クラッシュしたアプリケーションを修正するためのアクセスは，障害の原因となった問題を修復するために必要な時間に制限する必要がある．メインフレームのオペレーターにはプログラミングを許可しない．メンテナンスプログラマーは開発中のプログラムにアクセス権を持つべきではない．システム特権の割り当てと共有責任は，厳格に管理する必要がある．

　具体的に言うと，粒度とは，アクセス制御メカニズムを細かく調整することを意味する．オペレーティングシステムでは，オブジェクトはファイルであり，そのファイル内の構造体ではない．したがって，ファイルへのアクセスを許可されたユーザーはファイル全体を読み取ることができる．データベース内のレコードやフィールドなどのファイルの特定の部分へのアクセスを制限するには，データベースアクセスアプリケーションに追加のコントロールを組み込んで，対象となる領域を確実に保護する必要がある．

## ▶ 環境のコントロールと分離

　ソフトウェア開発には，次のような種類の環境がある．

- 開発環境
- 品質保証環境
- アプリケーション(実稼働)環境

　セキュリティの問題は，各環境がアプリケーションとデータにどのようにアクセスし，それらを分離させるためのメカニズムを提供するかをコントロールすることである．例えば，システムアナリストとプログラマーは，開発環境でコードを書き，コンパイルし，アプリケーションの実装と機能の初期テストを実行する．アプリケーションが成熟し，実稼働環境に移行する準備が整うにつれて，ユーザーと品質保証担当者は品質保証環境で機能テストを行う．品質保証構成は，実稼働環境を可能な限り厳密にシミュレートする必要がある．ユーザーコミュニティがアプリケーションを受け入れると実稼働環境に移行する．混合環境は，これらの環境の1つ以上を合わせたもので，一般にコントロールが最も困難である．

　様々な環境を保護する対策としては，環境の物理的隔離，各環境のデータの物理的または時間的分離，アクセス制御リスト，コンテンツによるアクセス制御，ロールベースの制約，役割定義の安定性，説明責任，職務の分離などがある．

## ▶レースコンディション対TOC/TOU攻撃[★30]

　同時に複数の実行スレッドが存在する場合，TOC/TOU (Time of Check/Time of Use)攻撃が可能である．TOC/TOU攻撃は，マルチタスキングオペレーティングシステムで発生するイベントがタイミングに依存していることを利用する．TOC/TOU攻撃の例としては，以下のような2つのプロセスと2つのファイルを使用するものがある．プロセス1は，ユーザーが「File A」という標準テキストファイルを開くことを許可するためにユーザーの資格情報の検証に使用され，プロセス1がユーザーアクセスを認可すると，プロセス2が呼び出されてファイルにアクセスする．プロセス1がユーザーアクセスを許可したあとから，プロセス2が，「File-A」と呼ばれるセキュアでないファイルを取得してアクセスするために，渡された要求を実行する前までの間に，攻撃者がプロセス2をリダイレクトして，給与ファイルなどのセキュアなファイルを開くことができる場合，攻撃者はTOC/TOU攻撃を実行したことになる．オペレーティングシステムのプログラミングコードの欠陥によりこの種の攻撃が可能になる．

　TOC/TOU攻撃を回避するには，オペレーティングシステムでソフトウェアロックの概念を使用する必要がある．ソフトウェアロック (Software Locking)によって，プロ

セスはアクセスしているファイルまたはリソースにロックメカニズムまたはブロッキングメカニズムを適用する．これにより，オペレーティングシステムは，アクセスが検証されている間にファイルを別のファイルに置き換えることができないようにできる．これによりプロセスが完了した時に，ユーザーはプロセスが最初に要求したファイルのみにアクセスする．

　TOC/TOU攻撃の例として，レースコンディションが使用されることが多い．レースコンディション（Race Condition：競合状態）は，2つのプロセスが1つのリソースに対してタスクを実行する必要がある場合に発生する．プロセスは正しい順序——プロセス1が最初で，プロセス2がその次——で実行される必要がある．その順序が攻撃者によって混乱させられる可能性がある場合，攻撃者は2つのプロセスを結びつけたアクションの結果の出力を操作し，意図したものとは異なる結果を作成できる可能性がある．

　例えば，オペレーティングシステムにおいて，認証と認可のセキュリティ機能を2つの異なるプロセスによって処理する場合，何が起こるだろうか．結果はほぼ常に，完全に正常で許容できるものである．つまり，システムにログインすると最初に認証され，次にグループメンバーシップとリソース権限に基づいて，必要に応じてシステムリソースへのアクセスが認可される．しかし，攻撃者が認可プロセスの前に認証プロセスを強制的に実行できる場合はどうなるか．結果的にユーザーは，自分のアイデンティティの認証なしで，システム内のリソースへのアクセスが許可される．

　システム内のレースコンディション攻撃から保護するために，セキュリティ専門家は，オペレーティングシステムのアーキテクチャーと設計およびその上で実行されるプログラムが，重要なタスクの実行を分割しないようにする必要がある．このために，不可分操作の使用をシステム内で強制する必要がある．

　レースコンディションとTOC/TOU攻撃の違いは微妙であるが，セキュリティ専門家にとっては理解することが重要である．レースコンディションとは，2つのプロセスが正しくない順序で実行され，攻撃者が結果をコントロールまたは操作できるようにすることを意味する．TOC/TOU攻撃は攻撃者が実行中の2つのプロセスの間に自分自身を挿入することによって発生し，結果をコントロールまたは操作するために何らかの方法で2つ目のプロセスをリダイレクトする．

## ▶ソーシャルエンジニアリング

　攻撃者が，自分自身の利益を求めて，通常のプロセスや技術コントロールを覆すために，ユーザーに対して社会的影響力の利用を試みる方法としては，威嚇，脅し，地位の利用，罪悪感の悪用，特別扱いの嘆願，助けたいという自然な感情の悪用，

地位の低い者の破壊的な性質の利用などがある．ソフトウェア——特に，悪意ある
ソフトウェア——のソーシャルエンジニアリングは，シンプルな傾向があるが，す
べての形式に注意する必要がある．

　ソーシャルエンジニアリング（Social Engineering）攻撃に対する保護のために，ユー
ザーとヘルプデスクスタッフには適切なフレームワークが必要である．スタッフは，
ルールが実際にどうなっているか，自分の責任は何か，苦情や問題が発生した場合
に利用できるリソースは何かについて，よく理解する必要がある．彼らはまた，困
難なユーザーとの揉め事がある場合，ポリシーに従っている限り，経営陣の支援を
得られることを知る必要がある．

　ソーシャルエンジニアリングは，幅広い定義があり，パスワードの盗用から，有
用な情報を求めてのゴミ箱あさり，悪意ある偽情報の流布まで，様々な活動を網羅
しているので，わかりにくい．問題は，現在受け入れられているソーシャルエンジ
ニアリングの定義が，この種の脅威に対処することを任されている人々のニーズを
満たしているかどうかである．マルウェアにおけるソーシャルエンジニアリングの
使用の例がセキュリティ専門家に有用かもしれない．

　Swenワームは自分自身を，Microsoft社から送信されたメッセージだとごまかした．
Swenワームはメールの添付ファイルがWindowsの脆弱性を取り除くパッチだと主張し
ていた．多くの人々はその主張を本気にし，それが実際にはワームだったとしても，偽
の「パッチ」をインストールしようとした．メールワームのNimdaとAlizは，Microsoft
Outlookの脆弱性を悪用した．被害者が感染したメッセージを開いたり，プレビュー
ウィンドウのメッセージにカーソルを置いたりするとワームファイルが起動し，システ
ムに感染した．もう1つの例は，求人Webサイトから収集した電子メールアドレスに送
信されたトロイの木馬ウイルスである．サイトに登録していた人は偽の求人情報を受
け取ったが，それにはトロイの木馬ウイルスが含まれていた．その攻撃は主に企業の
電子メールアドレスを対象としており，サイバー犯罪者はトロイの木馬を受け取った
人々が転職先を探していて感染したことを雇用者に伝えたくないことを知っていた．

　ソーシャルエンジニアリング攻撃を防止する最良の方法は，ユーザーに脅威を認
識させ，通常と違っていたり，普通に見えたりする情報要求を処理するための適切な
手順を伝えておくことである．例えば，ユーザーがパスワードを要求する「システム
管理者」から電話を受けた場合，ソーシャルエンジニアリングの脅威に気づき，シス
テム管理者にオフィスに来てもらい，対面でその問題を話せるように依頼すべきであ
る．電話の相手がシステム管理者で，電話回線上の通話が改ざんされていないことを
ユーザーが100％確信していたとしても，ユーザーが他人にパスワードを伝えなけれ

ばならない――とりわけ電話で伝えなければならない――状況はまず想像できない．

## ▶ バックアップコントロール

　オペレーティングシステムとアプリケーションソフトウェアのバックアップにより，システムがクラッシュした場合の生産性が保証される．システムクラッシュが発生した場合でも，ソフトウェアのコピーを利用できるようにする必要がある．また，オフサイトの場所にソフトウェアのコピーを保存することは，建物が利用できなくなった場合に役立つ．データ，プログラム，ドキュメント，コンピューティング，通信機器の冗長性により，緊急時にも情報を利用できるようになる．カスタム設計されたソフトウェアのソースコードをエスクローに保管すると，ソフトウェアベンダーが廃業した場合に，アップグレードやサポートが必要になった時にソースコードを使用したり，ほかのベンダーに提供したりすることが可能になる．緊急時対応計画書は，緊急時に業務を正常に戻す計画を立てるのに役立つ．ディスクミラーリング，RAID (Redundant Array of Independent Disks)などは，実稼働サーバーのクラッシュ時に情報を保護する．

## ▶ ソフトウェアフォレンジック

　ソフトウェア――特に悪意あるソフトウェア――はこれまで，攻撃者のためのツールの観点から見られてきた．このようなソフトウェアの研究で見られた唯一の価値は，悪質なコードに対する保護である．しかしながら，ウイルス研究分野における経験や最近の盗作検出の研究により，ソフトウェアそのものの調査から，意思の兆候や文化的および個人的なアイデンティティが得られることがわかっている．ほとんどの場合，ソフトウェアフォレンジック(Software Forensic)はソフトウェアの開発と調達における保証のツールとみなされるが，保護手順にも多くの用途がある．ウイルス研究以外では，フォレンジックプログラミングはほとんど知られていない分野である．しかし，コンピュータ科学の世界において，ソフトウェアフォレンジックが注目され始めている．これには，プログラムの意図や作者の証拠を判断したり，提供したりするためのプログラムコード―― 一般に，オブジェクトコードまたは機械語コード――の分析が含まれる．

　ソフトウェアフォレンジックには様々な用途がある．悪質であることが疑われるソフトウェアの分析は，問題が不注意の結果であるのか，意図的にペイロードとして導入されたのかを判断するために使用できる．プログラマーの背後にある作者と文化，そして関連するプログラムが書かれた順序についての情報が得られる．これ

は，疑わしいプログラムの作成者についての証拠を提供したり，知的財産の問題を判断したりするために使用できる．ソフトウェアフォレンジックを支えている技術は，失われたソースコードを復旧するために使用されることもある．

　ソフトウェアフォレンジックは一般的に，2つの異なるタイプのコードを扱う．1つ目はソースコードであり，これは人が比較的読みやすいものである．ソースコードの分析はしばしばコード分析（Code Analysis）と呼ばれ，文章分析と密接に関連している．2つ目はオブジェクトコード，または機械語コードの分析で，一般にフォレンジックプログラミング（Forensic Programming）と呼ばれる．

　文章分析（Literary Analysis）はコード分析に多く寄与してきており，成熟した分野である．作者分析，文体論，計量文体学，フォレンジック言語学，またはフォレンジック文体論など様々に呼ばれている．メッセージやテキストの文体分析またはスタイロメトリック分析によって，アイデンティティの識別や確認に使用できる情報と証拠が得られる．

　証拠としての人間の指紋は，その指紋の持ち主を見つけることができないという意味において加害者を特定するのに役立たないことが多い．しかし，容疑者が特定されると，指紋によって身元を確認したり，犯罪現場にその人がいたことがわかったりする．同様に，メッセージのテキストやメッセージの本文を分析して収集された証拠は，特定の個人または容疑者が不正な投稿を作成した人物であることを確認するのに役立つ．テキストの内容と構文的構造の両方により，個人に関連する証拠を提供することができる．

　発見された証拠の中には個人に関連しないものもある．いくつかの情報，特にテキストの内容や言い回しに関する情報は，一緒に働いて互いに影響を与えたか，単一の外部ソースの影響を受けた人々のグループに関係している場合がある．それでも，こうしたデータは，作者が関連しているかもしれないグループに関する手がかりを提供したり，ライターのプロフィールを構築したりするのに役立つかもしれないという点で，依然として私たちの役に立つ可能性がある．

　グループは共通のツールを使用しているかもしれない．ワードプロセッサーやデータベースなど，様々な種類のツールをグループで共通に使用していることにより，同様の証拠を提供することがある．ソフトウェア分析では，言語，特定のコンパイラおよびその他の開発ツールの兆候が見つかるかもしれない．コンパイラはプログラムに明確な痕跡を残すので，特に識別が可能である．言語は，サポートされている関数と構造体の型に兆候を残す．ほかのタイプのソフトウェア開発ツールは，プログラムの構造アーキテクチャーまたはモジュールの規則性および再利用に

貢献する可能性がある．

　プログラミングに関しては，プログラミングにおける文化やスタイルの兆候を追跡することが可能である．非常に一般的な例としては，Microsoft Windows環境とUNIX環境におけるプログラムの設計の違いがある．Windowsプログラムは，大規模でモノリシックな傾向がある．メインプログラム，大規模な中央プログラムファイル，および関連するアプリケーション関数ライブラリーへの呼び出しに組み込まれている最も完全な関数セットがある．UNIXプログラムは，多くの単一機能ユーティリティを呼び出すことで，1つ1つが小さくなる傾向がある．

　文化的影響の証拠は機械語コードのレベルにまで存在する．アセンブラと機械語コードを扱う人は，1つの関数を様々な方法でコーディングできること，そして同じ目的を達成するための多くのアルゴリズムがあることを知っている．例えば，特定の関数について，最小限のメモリー空間（タイトコード），最小限のマシンサイクル数（高性能コード），最小限のプログラマーの手間（ずさんなコード）のいずれを意図して作成されたかがわかる．

　テキストの構文は特徴的な傾向がある．作者は常に単純な文章を使用しているか．常に重文を使用しているか．フォームの組み合わせを使用する場合は特定の好みを持っているか．紙の文書における盗用を検出するプログラムでは，構文パターンが使用されている．同じ種類の分析をプログラムのソースコードに適用して，機能単位を考慮しなくても，コード全体の構造を識別することができる．このような盗用検出プログラムが多く利用可能であり，使用されている手法はこのタイプのフォレンジック研究を支援することができる．テキストやプログラムのエラーは，分析に非常に役立つ可能性があり，今後の検討のために特定する必要がある．

　作者分析を行う時には文体と計量文体学（計量文献学）の問題を区別することが重要である．文学批評や執筆の経歴を持つ人は，内容を無視してほかの要素に集中する技術に偏見を持っているかもしれない．Cusum分析などの技術は実際に役に立つことが証明されているが，内容や意味とはまったく関係ない特徴を持つ可能性があることを理解していない多くの人々から理不尽な反対を受けている．

　無意味な特徴を証拠として使うのは奇妙に思えるかもしれない．しかし，Richard Forsyth（リチャード・フォーサイス）は，研究と実験から，文字列の短い一部が作者を特定するのに有効であることがわかったと報告している．1文字の使い方に関する相対的なカウントでさえ，作者の特徴となりうる．

　特定のメッセージフォーマットから追加の情報が得られることがある．多くのMicrosoft電子メールシステムでは，送信されるメッセージにデータブロックが含ま

れている．ほとんどの読者にとって，このブロックは無意味なゴミである．しかし，送信者のマシン上にあるファイルシステムの構造の一部，送信者の登録されたアイデンティティ，使用中のプログラムなど，様々な情報を含んでいる場合がある．

　利用可能な情報を付加するプログラムはほかにもある．例えば，Microsoft社のワープロソフトであるWordは，電子メールで送信する文書を作成するために頻繁に使用される．Word文書には，ファイルシステムの構造，作成者の名前（場合によっては会社名），グローバルユーザーIDに関する情報が含まれている．このIDは，Melissaウイルスの証拠として分析された．MS Wordはさらに多くのデータを提供することができる．テキストのコメントと「削除された」セクションはWordファイルに保持され，単に表示されないように，hiddenとしてマークされる．簡単なユーティリティツールによって，ファイルからこの情報を復旧することができる．

## ▶ モバイルコードコントロール

　プログラムをWebページに追加するというコンセプトは，セキュリティに非常に大きな影響を与える．しかし，適切な技術コントロールを使用すれば，ユーザーはページ閲覧によるセキュリティの影響を考慮する必要はない．むしろコントロールが，ユーザーはページを閲覧できるかどうかを判断する．セキュリティで保護されたシステムでは，モバイルコード（Mobile Code；アプレット［Applet］）が，ファイルシステム，CPU，ネットワーク，グラフィックディスプレイ，ブラウザーの内部状態などのシステムリソースにアクセスすることを制限する必要がある．さらに，システムはメモリーのガベージコレクションを行って，悪意あるメモリーリークや偶発的なメモリーリークを防止する必要がある．アプレットがほかのアプレットやブラウザー以外の環境に影響を及ぼすようなシステムコールやその他のメソッドは，システムで管理する必要がある．

　基本的に，コードの安全な実行に関する問題は，システムリソースへのアクセスに行きつく．実行中のプログラムは，タスクを実行するためにシステムリソースにアクセスする必要がある．伝統的には，すべての通常のユーザーリソースに対するアクセス権が与えられている．しかし，モバイルコードでは，安全のためにリソースへのアクセスが制限されていなければならない．ただし，必要な機能を実行するにはいくらかのアクセス権が必要である．

　プログラムが必要とするリソースを特定し，実行可能プログラム（モバイルコードなど）の安全な環境を作成する際に脅威から守るために，これらのリソースへのアクセスを制限することが重要である．リソースに対する脅威の例には以下のようなも

のがある.

- ユーザーまたはホストマシンに関する情報の開示
- 正当な目的でのリソース使用を妨害する DoS 攻撃
- データの破損または変更
- ユーザーの画面に猥褻な画像を表示するなどの迷惑攻撃

リソースの中には, 完全なアクセス権を与えることが, ほかと比べて明らかに危険なものがある. 例えば, 未知のプログラムにファイルシステムへの完全なアクセス権を与えなければならないようなセキュリティポリシーは考え難い. 一方, ほとんどのセキュリティポリシーでは, プログラムがほぼ完全にモニターディスプレイにアクセスすることを制限しない. このように, モバイルコードの安全な実行を提供する際の重要な問題の1つは, 特定のコードにアクセスを許可するリソースを判断することである. つまり, モバイルコードにどのような種類のアクセス権を与えるかを決めるセキュリティポリシーが必要である. 次の2つの基本的なメカニズムを用いてユーザーへのリスクを限定することができる.

- サンドボックスなどの, 害のない制限された環境でのコード実行を試行する.
- 暗号による認証を使用して, コードの責任を持つユーザーの表示を試行する.

## ▶サンドボックス

モバイルコードのコントロールメカニズムの1つがサンドボックス (Sandbox) である. サンドボックスはプログラム実行のための保護領域を提供する. プログラムが消費できるメモリーとプロセッサーリソースの量には制限がある. プログラムがこれらの制限を超えると Web ブラウザーはプロセスを終了し, エラーコードを記録する. これにより, ブラウザーのパフォーマンスの安全性が保証される. Java サンドボックスセキュリティモデルでは, この領域の境界を制限するなど, Java コードが必要な処理を行うための領域を提供するオプションがある. サンドボックスは, ある種の強制メカニズムなしではコードとその動作を制限することができない. Java セキュリティマネージャーは, 制限されたコードをすべてサンドボックス内にとどめる. 信頼できるコードはサンドボックスの外に, 信頼できないコードはサンドボックス内にある. デフォルトでは, Java アプリケーションはサンドボックスの外にあり, Java アプレットはサンドボックスの内部に限定されている.

アプレットは，サンドボックスアプレットまたは特権付きアプレットのいずれかである．サンドボックスアプレット（Sandbox Applet）は，一連の安全な操作のみが許可されるセキュリティサンドボックス内で実行される．特権付きアプレット（Privileged Applet）は，セキュリティサンドボックスの外で実行でき，クライアントにアクセスするための幅広い機能を備えている．

署名されていないアプレットはセキュリティサンドボックスに制限され，ユーザーがアプレットを受け入れた時にだけ実行される．信頼された認証局の証明書によって署名されたアプレットは，サンドボックス内でのみ実行することも，サンドボックス外で実行するためのアクセス権を要求することもできる．いずれの場合でも，ユーザーはアプレットのセキュリティ証明書を受け入れる必要がある．さもなければ，アプレットの実行がブロックされる．

サンドボックスアプレットはセキュリティサンドボックスに制限され，次の操作を実行できる．

- 送信元のホストへのネットワーク接続を行うことができる．
- java.applet.AppletContextクラスのshowDocumentメソッドを使用して，HTMLドキュメントを簡単に表示することができる．
- 同じページ内のほかのアプレットのpublicメソッドを呼び出すことができる．
- ローカルファイルシステム（ユーザーのCLASSPATH内のディレクトリー）からロードされたアプレットには，ネットワーク経由でロードされたアプレットのような制限はない．
- セキュアなシステムプロパティを読み取ることができる．
- JNLP（Java Network Launch Protocol）を使用して起動すると，サンドボックスアプレットは次の操作も実行できる．
  - クライアント上のファイルを開いたり，読み込んだり，保存したりすることができる．
  - システム全体の共有クリップボードにアクセスできる．
  - 印刷機能にアクセスすることができる．
  - クライアントにデータを保存したり，アプレットをダウンロードしてキャッシュする方法を決定したり，その他多くのことができる．

サンドボックスアプレットは次の操作を実行できない．

- ローカルファイルシステム，実行可能ファイル，システムクリップボード，プリンターなどのクライアントリソースにはアクセスできない．
- サードパーティのサーバー(元のサーバー以外のサーバー)に接続したり，リソースを取得したりすることはできない．
- ネイティブライブラリーをロードすることはできない．
- `SecurityManager`を変更することはできない．
- `ClassLoader`を作成することはできない．
- 特定のシステムプロパティを読み取ることはできない．

特権付きアプレットにはサンドボックスアプレットに課せられたセキュリティ制限がなく，セキュリティサンドボックス外で実行できる．サンドボックスは，信頼できないアプリケーションがシステムリソースへのアクセス権を得ることができないようにすることを目的としている．新しいマルウェアはサンドボックスを検出することができ，中には抜け出せてしまうものもある．

## ▶ プログラミング言語サポート

プログラムを安全に実行するには，Javaのようなタイプセーフ(Type-Safe)なプログラミング言語(強い型付け[Strong Typing]とも呼ばれる)を使用すべきである．タイプセーフな言語，つまり安全な言語は，特定の方法で間違いを起こさないプログラムである．配列は境界内にとどまり，ポインターが常に有効であり，コードが変数型指定に違反しない(コードを文字列に配置してから実行するなど)ことを保証する．セキュリティの観点からは，ポインターがないことが重要である．ポインターによるメモリーアクセスは，CまたはC++の欠陥(バグ)とセキュリティ上の問題の主な原因の1つである．Javaでは，静的型付け(Static Type Checking)と呼ばれる内部チェックを実行する．このチェックでは，実行中にオペランドが取得する引数が常に正しい型かどうかを調べる．型の条件を検証して強制するプロセス(型付け)は，コンパイル時(静的型付け)または実行時(動的型付け)のいずれかで行われる．言語の仕様が型付けのルールを厳しく求める(すなわち，情報を失わない自動型変換のみを許容する)場合，プロセスは強い型付けと呼ばれ，そうでない場合は弱い型付け(Weakly Typing)と呼ばれる．

## 8.4.2 構成管理

ソフトウェアの場合，構成管理(Configuration Management：CM)は，プログラムま

たはドキュメントの変更を監視および管理することを指す．その目的は，ソフトウェアコード，設計ドキュメント，その他のドキュメント，コントロールファイルなど，すべてのシステムコンポーネントの正しいバージョンの完全性，可用性および使用を保証することである．

　構成管理では，システムに加えられたすべての変更をレビューする．これには，すべての変更を特定し，コントロールし，説明し，監査することが含まれる．最初のステップは行われた変更を特定することである．すべての変更が何らかの文書化の対象であり，権限のある者によってレビューおよび承認されなければならない場合にコントロールタスクが発生する．説明とは，変更手続きを通してソフトウェアまたはハードウェアの設定を記録し報告することを指す．最後に，完了した変更は監査タスクで検証することができる．特に，その変更が，実装されているセキュリティポリシーや保護メカニズムに影響しないことを確認する．

　変更をコントロールする最良の方法は，変更が合意された方法で確実に実行されるように構成管理計画を立てることである．計画からの逸脱があれば，システム全体の設定が変更されてしまい，安全で信頼できるシステムであるという証明が基本的に無効になってしまう可能性がある．プロジェクトにおいて構成管理とは，プロジェクトの範囲または要件に対する変更をコントロールすることを指す場合が多い．構成管理が不十分であることによって，範囲が不安定になって要件が絶えず変化してしまい，プロジェクトが完了しなかったり，確かなものにならなかったりすることがある．

　本質的に，CMは異なるバージョンのアーティファクトの存在によってもたらされる混乱と誤りを排除することを目的とする．アーティファクトは，ハードウェア，ソフトウェアまたはドキュメントの一部である．エラーを修正したり，機能を拡張したり，単に製品定義の進化的な改良を反映したりする目的で変更が加えられる．強制的なCMプロセスがなければ，チームメンバーがそれぞれ意図せずに，異なるバージョンのアーティファクトを使用することになるかもしれない．つまり，個人個人で適切な権限なしにバージョンを作成することができてしまい，間違ったバージョンのアーティファクトが誤って使用される可能性がある．成功したCMでは，明確かつ制度化されたポリシーと基準がきちんと定義されていなければならない．

- CMの管理下にあるアーティファクトのセット（構成項目）
- アーティファクトの命名方法
- アーティファクトがどのようにコントロール対象になったり，コントロー

ル対象から外れたりするか

- CM下のアーティファクトの変更がどのように許されるのか
- CM下にあるアーティファクトの様々なバージョンがどのように使用できるようになるか，そしてどのような条件でそれぞれが使用できるか
- CMを有効にし，適用するために，CMツールをどのように使用するか

これらのポリシーと基準はCM計画で文書化されて，CMの実施方法が組織内の全員に知らされる．

### ▶ 情報保護管理

ソフトウェアを共有する場合は，ポリシー，開発コントロールおよびライフサイクルコントロールが確実に行われるようにして，不正な変更から保護する必要がある．さらに，ユーザーはセキュリティポリシーとプロシージャーを習得する必要がある．ソフトウェアコントロールとポリシーには，実装前のソフトウェアの変更，受け入れおよびテストの手順が必要である．これらのコントロールおよびポリシーでは，ソフトウェア変更に経営陣の承認と変更管理手順への準拠が必要である．

## 8.4.3 コードリポジトリーのセキュリティ

セキュリティ専門家は，開発中，使用中および保管時に，企業内でコードの安全性を確保する方法に関心を持つ必要がある．コードリポジトリーのセキュリティは，いくつかの理由でセキュリティ専門家にとって困難なものであるかもしれない．オフショアアプリケーション開発への移行に伴い，開発中のコードが企業で直接利用できない可能性があり，同様に開発環境も管理や調査ができない可能性がある．以下は，GitHubがホストするコードを保護するために実施したセキュリティ対策の概要である．

### ▶ 物理セキュリティ

データセンターへのアクセスは，データセンター技術者と認可されたGitHubスタッフに限定される．データセンターへのアクセスはバイオメトリックスキャンで制限される．データセンター内のすべての場所で，セキュリティカメラによる監視が行われる．毎日24時間，週7日ずっと，オンサイトスタッフが不正な侵入から保護する．目立たないように，施設には印をつけない．独立企業による監査が行われる．

### ▶ システムセキュリティ

要塞化され，パッチ適用されたOSを使用したシステムインストールが行われる．システムへの不正なアクセスをブロックするために，専用のファイアウォールとVPN（Virtual Private Network：仮想プライベートネットワーク）サービスが使用される．システムへの不正なアクセスを防ぐ追加のレイヤーを提供するために，専用の侵入検知デバイスを使用する．業界をリードするソリューションによるDDoS対策サービスが導入される．

### ▶ 運用セキュリティ

主なデータセンターの運用は，独立企業がISAE（International Standard on Assurance Engagements）3000/AT 101 Type 2 Examination規格によって定期的に監査する．システムアクセスは，監査のためにログに記録され，追跡される．すべての機密情報に対する安全な文書破棄ポリシーが適用される．完全に文書化された変更管理手順が存在する．

### ▶ ソフトウェアセキュリティ

GitHubでは，1年中ずっとサーバースペシャリストを雇用し，ソフトウェアとその依存関係を最新の状態に保ち，潜在的なセキュリティ上の脆弱性を排除している．サイトへの攻撃を防止および排除するための幅広い監視ソリューションを採用している．

### ▶ コミュニケーション

GitHubとの間で送受信されるすべてのプライベートデータは，常にSSLを介して送信される（例えば，ダッシュボードがHTTPSで送信されるのはこの理由による）．プライベートデータの送受信はすべて，認証された鍵によるSSH（Secure Shell）か，GitHubのユーザー名とパスワードを使用してHTTPS経由で行われる．

送受信に使用されるSSHログイン認証情報は，シェルまたはファイルシステムにアクセスするために使用することはできない．すべてのユーザーはバーチャルであり（マシン上にユーザーアカウントを持たない），ピアレビューされたオープンソースのgit-shellでアクセス制御される．

### ▶ ファイルシステムとバックアップ

使用されているすべてのハードウェアには同一のコピーが用意されており，ハードウェアやソフトウェアの障害が発生した場合に即時にホットスワップされる．保管されているすべてのコードは，隕石がデータセンターに落ちた万が一の場合（そうならないように祈っているが）に備えたオフサイトのバックアップを含め，少なくとも3

つの異なったサーバーに保存される．ユーザーが誤ってリポジトリーを削除した場合に元に戻す必要が生じる可能性があるため，ユーザーが削除した時点で，遡ってバックアップからリポジトリーを削除することはない．

　ディスク上のリポジトリーは暗号化しない．なぜなら，それ以上安全にはならないからである．Webサイトとgitバックエンドがオンデマンドでリポジトリーを復号する必要が出てきてしまい，応答時間が遅くなる．ファイルシステムへのシェルアクセスを持つすべてのユーザーは復号ルーチンにアクセスできるため，暗号化によるセキュリティは無効になる．したがって，マシンとネットワークを可能な限り安全にすることに重点を置いている．

### ▶ 従業員アクセス

　GitHubの従業員は，サポートに必要でない限り，プライベートリポジトリーにアクセスすることはできない．ファイルストアで直接作業するスタッフは，圧縮されたGitデータベースにアクセスする．ユーザーのコードは，ローカルの複製のようにプレーンテキストファイルとして存在することはない．サポートスタッフはユーザーのアカウントにサインインして，サポート問題に関連する設定にアクセスする場合もある．稀に，スタッフがコードの複製を取得しなければならない場合があるが，ユーザーの同意がある場合にのみ行われる．サポートスタッフはリポジトリーを複製するための直接アクセス権を持っていない．複製を引き出すには，スタッフのSSH鍵をユーザーのアカウントに一時的に追加する必要がある．サポートの問題を解決する際には，できるだけプライバシーを尊重するよう最善を尽くしている．つまり，問題を解決するために必要なファイルと設定にのみアクセスする．サポートの問題が解決されるとすぐに，複製されたリポジトリーはすべて削除される．

### ▶ セキュリティの維持

　レートリミットによって総当たり攻撃からログインを保護している．すべてのパスワードはすべてのログからフィルタリングされ，bcryptを使用してデータベース内で一方向に暗号化される．ログイン情報は常にSSL経由で送信される．

　また，GitHubアカウントにアクセスする際のセキュリティ対策として，2要素認証（2FA）を使用することもできる．2FAを有効にすると，アカウントにアクセスするためにパスワードと携帯電話のセキュリティコードへのアクセスが必要になり，アカウントのセキュリティが高まる．

　新しい攻撃経路の特定と防止のために常勤のセキュリティスタッフがいる．潜在

的な攻撃を排除するために，XSS保護Wikiなどの新しい機能をテストし，ページがクッキーにアクセスできないようにしている．

　また，GitHubとそのコードの定期的なペネトレーションテストと継続的な監査を行う，評判の高いセキュリティ企業との関係を維持している．これらの企業には，Lift Security社とMatasano Security社がある．

　我々はセキュリティに非常に関心があり積極的だが，多くの企業がファイアウォールの外側にコードをホストしたくないということを認識している．これらの企業には，自社ネットワーク内のサーバーにインストールできるGitHubのバージョンであるGitHub Enterpriseを提供している．

### ▶ クレジットカードの安全性

　GitHubで有料アカウントにサインアップする際，ユーザーのカード情報を我々のサーバーに保存しない．カード情報は，機密データをPCI（Payment Card Industry：決済カード業界）準拠サーバーに保存することを専業としているBraintree Payment Solutions社（ブレインツリー・ペイメント・ソリューションズ）に引き渡される[31].

　これまでに概説したセキュリティ上の予防措置に基づけば，GitHubにはホストしているコードの安全性を保証する強力なセキュリティアーキテクチャーがあることは明らかである．アーキテクチャーは複数のレイヤーで構成され，有効性を測定するために使用されるすべての標準を満たしている．セキュリティ専門家は上述の措置を慎重に検討し，エンタープライズアーキテクチャーにおいて，どれが価値あるものかを理解することを強く勧める．ただし，セキュリティ専門家が関与するように求められる懸念や問題のすべてが，GitHubで使用されているようなエンタープライズセキュリティアーキテクチャーの幅広い範疇に当てはまるとは限らない．

　別の観点から問題にアプローチする場合はどうだろうか．コードセキュリティと可視性に関して，セキュリティ専門家として対処するように求められる問題に，次のシナリオが合致する場合はどうすればよいか．以下に例を挙げる．

　X社のソースコードリポジトリーは現在，オフショア開発サイトでホストされており，インターネットやVPN経由での外部アクセスはない．これは確かにセキュリティ上の観点から望ましいことであるが，開発者が実際にしている作業を把握することはできない．

　セキュリティ専門家Aidan（エイダン）は，オフショア開発サイトのディレクターに，自分をコミットのメーリングリストに入れるように依頼した．ディレクターは，すべての開発者は同じ部屋に座っているので，そのようなシステムを持っていないと

答えた．さらに，開発者は毎日自分の受信トレイにたくさんのコミットメールを取得したくない．

　Aidanはメール通知を設定するのにどれくらいの時間がかかるかを聞き，ディレクターはそれを調べると言った．数日後，ディレクターはAidanに，導入はそれほど簡単ではないと言い，Aidanがこの情報をほしがっている本当の理由が何であるかを知りたがっている．

　これを解決するために，Aidanは独自のSubversionリポジトリーを作成し，オフショアサイトからソースコードをマージすることに決めた．このようにしてAidanはコードの完全な制御権を持ち，許可，ブランチ，電子メール通知を設定することができる．さらに，新しいサーバーは，あとで準備が整った時に継続的な統合サーバーとして機能する．次の大きな課題は，それをどうやって行うかである．Aidanはどのようにして自分のSubversionリポジトリーを安全に設定したか．

　GitHub，AWS Elastic Beanstalk，Unfuddle，SVNRepository.comなどの商用ホスティングソリューションなど，多くのオプションがある．さらに，Aidanは自社のSubversionリポジトリーを企業内で直接セットアップしてメンテナンスすることができる．

　Apache Subversionは，より優れたConcurrent Versions System（CVS）として設計された，フル機能を持つバージョン管理システムである．subversion.apache.orgのWebサイトによると，Subversionは広く知られており，オープンソースの集中型バージョン管理システムとして採用されている．Subversionは，貴重なデータの安全な避難所としての信頼性，モデルと使用法の簡単さ，そして個人から大規模な企業業務まで，幅広いユーザーとプロジェクトのニーズをサポートする能力によって特徴づけられる．

　Apache Subversionの主な機能は次のとおりである．

- **ディレクトリーはバージョン管理されている**（Directories are versioned）＝ Subversionは，ファイルのようにファーストクラスのオブジェクトとしてディレクトリーをバージョン管理する．
- **コピー，削除および名前の変更はバージョン管理されている**（Copying, deleting, and renaming are versioned）＝コピーと削除はバージョン管理された操作である．名前の変更もバージョン管理された操作である．
- **自由形式のバージョン管理されたメタデータ**（Free-form versioned metadata）＝ Subversionは任意のメタデータ（プロパティ［Properties］）を任意のファイルまたはディレ

クトリーに付加することができる。こうしたプロパティはキー／値のペアであり、付加したオブジェクトと同じようにバージョン管理される。Subversionはまた、リビジョン（コミットされたチェンジセット）に任意のキー／値のプロパティを付加する方法も提供する。これらのプロパティはバージョンスペース自体にメタデータを付加しているのでバージョン管理されないが、いつでも変更できる。

- **アトミックコミット**（Atomic commits）＝部分的なコミットはコミット全体が成功するまで有効にならない。リビジョン番号はファイル単位ではなくコミット単位であり、コミットのログメッセージは、そのコミットによって影響を受けるすべてのファイルに重複して保存されるのではなく、そのリビジョンに付加される。

- **ファイルロック**（File locking）＝ Subversionは、複数のユーザーが同じファイルを編集しようとすると警告を表示できるように、ファイルのロックをサポートしている（ただし必須ではない）。ファイルを編集する前にロックが必要であるとマークすることができる。この場合、Subversionはロックを取得するまでファイルを読み取り専用モードで表示する。

- **シンボリックリンクのバージョン管理が可能**（Symbolic links can be versioned）＝ UNIXユーザーはシンボリックリンクをバージョン管理下に置くことができる。リンクはUNIXの作業コピーでは再作成されるが、win32の作業コピーでは再作成されない。

- **実行可能フラグは保持される**（Executable flag is preserved）＝ Subversionは、ファイルが実行可能であることを認識し、そのファイルがバージョン管理下に置かれた場合、ほかの場所にチェックアウトされた時にも実行可能性が維持される（Subversionがこれを記憶しておくために使用するメカニズムは、単にバージョン管理されたプロパティである。そのため、必要に応じて実行可能性を編集することができる。これは例えば、Microsoft Windowsで間違った拡張子を持つなど、ファイルの実行可能性を認識しないクライアントからでも同様である）。

- **WebDAV/DeltaVプロトコルによるApacheネットワークサーバーオプション**（Apache network server option with WebDAV/DeltaV protocol）＝ Subversionは、ネットワーク通信にHTTPベースのWebDAV（Web-Based Distributed Authoring and Versioning）/DeltaVプロトコルを使用し、Apache Webサーバーはリポジトリー側のネットワークサービスを提供する。これにより、SubversionはCVSよりも相互運用性の点で優れており、認証や送信時圧縮などの機能を、管理者がよく知っている方法で提供することができる。

- スタンドアロンサーバーオプション (Standalone server option；svnserve) ＝ 誰もが Apache HTTPDサーバーを実行したいわけではないので，Subversionはカスタムプロトコルを使用してスタンドアロンサーバーオプションを提供する．スタンドアロンサーバーは，inetdサービスまたはデーモンモードで実行でき，HTTPDベースのサーバーと同じレベルの認証／認可機能を提供する．また，スタンドアロンサーバーはSSHでトンネリングすることもできる．
- リポジトリーの読み取り専用ミラーリング (Repository read-only mirroring) ＝ Subversionは，読み取り専用のスレーブリポジトリーを（プッシュまたはプルで）マスターリポジトリーと同期させるためのユーティリティsvnsyncを提供する．
- プログラミング言語へのバインド (Bindings to programming languages) ＝ Subversion APIは，Python，Perl，Java，Rubyなどの多くのプログラミング言語にバインドされている (Subversion自体はC言語で書かれている)．
- チェンジリスト (Changelists) ＝ Subversion 1.5にはチェンジリストが導入されている．これにより，ユーザーは変更されたファイルをクライアント側の名前付きグループに入れてから，特定のグループを指定してコミットできる．同じディレクトリーツリー内で論理的に別々のチェンジセットを同時に処理する人にとって，チェンジリストは物事を整理するのに役立つ．

## ▶どのように実現するか

Subversionに精通していない場合は，GUIクライアントの方が優れている (Subversionプロジェクトは，コマンドラインベースのクライアントのみをメンテナンスしているが，サードパーティの多くはAPIをベースにしたGUIクライアントをメンテナンスしている)．Subversion GUIクライアントについてはWeb検索で探してほしい．

## ▶既存のディレクトリーを新しいリポジトリーの作業コピーにする方法

ステップ1は，Apache Subversionの最新の作業ビルドをダウンロードすることである．次のURLを使用されたい．

http://subversion.apache.org/download/

次のコマンドは，ファイルを含む./my-directory/を，新しく作成するリポジトリーの作業コピーに変換する．

### ▶UNIXの場合

```
$ mkdir -p $HOME/.svnrepos/
```

```
$ svnadmin create ~/.svnrepos/my-repos
$ svn mkdir -m "Create directory structure." file://$HOME/.
svnrepos/my-repos/trunk file://$HOME/.svnrepos/my-repos/
branches file://$HOME/.svnrepos/my-repos/tags
$ cd my-directory
$ svn checkout file://$HOME/.svnrepos/my-repos/trunk ./
$ svn add --force ./
$ svn commit -m "Initial import"
$ svn up
```

▶ Windowsの場合

```
> set REPOS_DIR=C:¥repos¥my-repos
> mkdir C:¥repos
> svnadmin create %REPOS_DIR%
> svn mkdir -m "Create directory structure." "file:///%REPOS_
DIR%/trunk" "file:///%REPOS_DIR%/branches"
"file:///%REPOS_DIR%/tags"
> cd my-directory
> svn checkout "file:///%REPOS_DIR%/trunk" ./
> svn add --force ./
> svn commit -m "Initial import"
> svn up
```

## 8.4.4 APIのセキュリティ

セキュアだと思われるデバイスには，信頼できない人やプロセスが何らかのタスクを実行するために呼び出すことのできる，ある種のAPI（Application Programming Interface：アプリケーションプログラミングインターフェース）がある．例えば，JavaScriptを有効にすると，ブラウザーはAPI（Javascript）を公開する．JavaScriptは，訪問したWebサイトのオーナーが様々なことを行うために使用できる．セキュアなオペレーティングシステムでは参照モニターやほかのラッパーを使用してアプリケーションプログラムが行える呼び出しを制限し，高いレベルの情報が低いレベルに流れるのを防ぐなどのポリシーを実施することができる．

APIは，IoT（Internet of Things）をつなぐコネクターであり，デバイス同士が互いに通信することができる．しかし同時に，エンドユーザーからは見えず，存在を知られていないため，APIはインターネットの「未知の目に見えない力」である．しかし，APIはどこにでもある．フィットネスリストバンドがジョギング時間をWebサイトに送信する時に，APIを使用する．モバイルアプリで自動車の遠隔ロックを解除する時に，APIが使用される．自宅のサーモスタットの温度をオフィスから遠隔で変更する時に，APIを使用している．こうしたAPIは，管理して保護する必要がある．したがって，IT組織にとっての課題は，開発者やパートナーが利用する機能を安全に公開することである．中には未知の相手もいる．それと同時に，ITは依然として，企業のシステムや企業やユーザーのデータに対するセキュリティと保護を提供するという主要な任務を果たす必要がある．包括的なデータセキュリティによって，アプリケーションからAPI，バックエンドサービスまで，デジタルバリューチェーン全体を保護する必要がある．APIのセキュリティおよびAPIが実行されているインフラストラクチャーのセキュリティは，デジタル資産を公開している企業にとって非常に重要である．

もう1つの例は，Microsoft社がNGSCB（Next Generation Secure Computing Base：次世代セキュアコンピューティングベース）または "Trusted Computing" と呼んでいるものである．このイニシアチブにより，今日出荷されているPCとMacのマザーボードのほとんどには，安全な暗号鍵ストレージ用のTPM（Trusted Platform Module）チップが直付けされている．Microsoftによれば，将来のアプリケーションは，従来と同じようにWindows上で実行される従来の「安全でない」部分と，Nexusとして知られている新しいセキュリティカーネル上で実行される「安全な」部分——すなわち，NCA（Nexus Computing Agent）——とから構成されている．Nexusは正式に検証されており，ソフトウェア攻撃に対する耐性がはるかに高い．NexusとNCAは，アプリケーションの暗号鍵やその他の重要な変数を保護する．しかし，アプリケーションとNCAの間のインターフェースをどのように保護するかという問題が提起される．つまり，信頼されたコンピュータが信頼性の低いコンピュータと会話する際に使用される言語が重要である．信頼性の低いデバイスは，信頼されたデバイスを騙して本来利用できない情報を得るために，あらゆる種類の予期しないコマンドの組み合わせを試す．

インターネット上を駆け巡る個人データのレベルが高まり，さらに現在はデバイス間でもやり取りされるため，セキュリティ専門家はこれまで以上にセキュリティ上の課題を懸念している．所有権の問題のほかに，データが邪魔されることなく必

要な場所に安全に到着することに，誰が責任を負うかという問題がある．セキュリティ専門家は，様々なレベルでAPIセキュリティを理解する必要がある．これらの様々なレベルを結びつけられる最も包括的なフレームワークが，データガバナンス（Data Governance）の概念である．データガバナンスにより，システムのライフサイクルの最初の段階から，すべてのデータ交換を管理・保護するために使用されるAPIを，構造化およびコントロールされた形で開発・実装できるようになる．データはプロセスのあらゆる段階で確実に保護されるようになる．

2013年後半には，Tesla社（テスラ）が独自開発したREST（Representational State Transfer）APIを使用したモデルS車へのアクセスで，セキュリティ上の問題が発生していたことが明らかになった．Tesla社は，モデルSのオーナー向けにAndroidやiPhoneのアプリケーションを提供している．これは車のバッテリーをチェックし，車の位置と状況を追跡し，エアコンやサンルーフなどのいくつかの設定を微調整するのに使用できる．また，モデルSのドアのロックを解除するためにも使用できる．問題は，Tesla社がAndroidおよびiPhoneアプリケーションからのアクセスを提供するために使用するREST APIに，深刻なセキュリティ上の欠陥がいくつか存在することであり，これにより悪い攻撃者が侵入できてしまう．George Reese（ジョージ・リーズ）がO'Reilly Media社（オライリー・メディア）のために書いた記事によると，Tesla社がモデルSのAPIを設計した時に，一般に認められているベストプラクティスを使用しなかったようである．

「これは考えられないような欠陥である．Tesla社はAPI認証に関する慣例をほとんど無視して，独自のAPIを書いていた．私はOAuth（REST APIの使用者を認証する標準で，Twitterが使用している）の弱点について話しているが，このシナリオはOAuthを使ってくれと叫びたくなるようなものだ」と彼は書いている[32]．

RESTは，URLパス要素によってシステム内の特定のエンティティを表現する手段である．RESTはアーキテクチャーではないが，Web上でサービスを構築するためのアーキテクチャースタイルである．RESTを使用すると，システムから特定のアイテムを要求する複雑なリクエストボディやPOSTパラメーターではなく，単純化されたURLを使用して，Webベースのシステムと対話できる．

REST APIは広く使用されているため，セキュリティ専門家にとって，APIセキュリティに関連した重要な課題の中心にある．REST APIは今日どこでも使用されている．Webサービスに関して，REST制約に従うAPIはRESTfulと呼ばれる．RESTful APIは，次のような観点から定義される．

- ベースURI（例：http://example.com/resources/）
- データのインターネットメディアタイプ．これは多くの場合JSON（JavaScript Object Notation）であるが，その他の有効なインターネットメディアタイプ（XML，Atom，マイクロフォーマット，画像など）でも構わない．
- 標準のHTTPメソッド（GET，PUT，POST，DELETEなど）
- 参照状態へのハイパーテキストリンク
- 関連するリソースへのハイパーテキストリンク

　RESTベースのAPIはセキュアにすることができるが，セキュリティ専門家は，RESTを介してデータに触れたり，使用したり，提供したりするすべてのシステム内だけでなく，企業全体にわたって，セキュリティを正しく一貫して実装する必要がある．RESTベースのAPIセキュリティを確保するために，API開発者が行う必要のある次の推奨事項は，セキュリティ専門家にとっても役立つ．

1．組織が導入するWebアプリケーションと同じセキュリティメカニズムをAPIに採用する．例えば，XSS対策のためにWebフロントエンドでフィルタリングしている場合，APIにもできれば同じツールを使用して行う必要がある．
2．独自のセキュリティソリューションを作成して実装しない．ピアレビューおよびテストされたフレームワークや既存のライブラリーを使用する．安全なシステムを設計することに慣れていない開発者は，自分自身でやろうとすると，欠陥のあるセキュリティ実装を作り出すことが多く，その結果，APIが攻撃に対して脆弱になってしまう（Tesla社の例を思い出してほしい）．
3．APIが無料の読み取り専用の公開APIでない限り，単一の鍵ベースの認証は使用しない．これでは十分ではなく，パスワード要件を追加する必要がある．
4．暗号化されていない静的鍵を渡さない．HTTPを使用して有線経由で送信する場合は，必ず暗号化する．
5．最も安全な，ハッシュベースのメッセージ認証コード（Hash-Based Message Authentication Code：HMAC）を使用するのが理想的である．SHA-2以上を使用する．SHAとMD5は，既知の脆弱性と欠陥（バグ）があるので避ける．

　さらに，セキュリティ専門家は，エンタープライズ内のREST APIに関して，認証プロトコルの使用に関するガイダンスを提供する必要がある．セキュリティ専門家が熟知すべき3つの主要な方法があり，さらに対処する必要があるビジネス要件

に応じた多くのバリエーションがある.

### ▶ TLSを使用したベーシック認証

ベーシック認証(Basic Authentication)はほとんどの場合,追加のライブラリーなし
で実装できるため,3つの実装の中で最も簡単である.ベーシック認証を実装する
ために必要なものは通常,標準のフレームワークまたは言語ライブラリーに含まれ
ている.ベーシック認証の問題点は「ベーシック」ということであり,使用可能な共
通プロトコルの最も低いセキュリティオプションしか提供していないことである.
このプロトコルを使用するための高度なオプションはなく,Base64でエンコードさ
れたユーザー名とパスワードを送信するだけである.ユーザー名とパスワードの組
み合わせは簡単にデコードできるため,ベーシック認証はTLS(以前はSSLと呼ばれて
いた)暗号化なしで使用してはならない.

### ▶ OAuth 1.0a

OAuth 1.0aは,3つの一般的なプロトコルの中で最も安全である.プロトコルは,
トークンシークレット,nonce,およびほかのリクエストベースの情報を組み合わせ
た値,署名(通常はHMAC-SHA1)を使用する.OAuth 1の大きな利点は,トークンシー
クレットを直接送信することは決してないことである.これにより,送信中に誰か
がパスワードを見る可能性が完全に排除される.これは3つのプロトコルのうち,
SSLなしで安全に使用できる唯一のものであるが,転送されるデータが機密である
場合はSSLを使用する必要がある.ただし,このセキュリティレベルにはコストが
かかる.署名の生成と検証は複雑なプロセスになる可能性がある.厳密なステップ
で特定のハッシュアルゴリズムを使用する必要がある.すべての主要プログラミン
グ言語にはこれを処理するライブラリーがあるため,これはもはや問題にならない.

### ▶ OAuth 2

OAuth2の現在の仕様では署名がなくなったため,暗号アルゴリズムを使用して
署名を生成したり,検証したりする必要はなくなった.すべての暗号化はTLSに
よって処理され,必須である.OAuth 2ライブラリーはOAuth 1.0aライブラリーほ
ど多くないので,このプロトコルをAPIに統合するのは難しい場合がある.

セキュリティ専門家は,KMIP(Key Management Interoperability Protocol) V1.1のよう
なソリューションを検討してもよい[33].また,クライアント証明書やHTTPダイ
ジェストを,セキュアなソリューションを作るためのオプションとして検討するこ

ともできる．

　REST APIベースのセキュリティニーズと懸案事項を検討する際にセキュリティ専門家が考慮するもう1つのリソースは，OWASP「RESTセキュリティチートシート」である[34]．OWASP「RESTセキュリティチートシート」で提供されるガイダンスの1つの例が以下のものである．

> 「RESTful Webサービスでは，POSTを使用してセッショントークンを確立するか，POSTボディの引数またはCookieとしてAPIキーを使用することによって，セッションベースの認証を使用する必要がある．ユーザー名とパスワード，セッショントークンおよびAPIキーはURLに現れてはならない．なぜなら，URLはWebサーバーのログ内に取り込まれる可能性があり，ログが有益な情報となってしまうからである．

**良い例**

```
https://example.com/resourceCollection/<id>/action
https://twitter.com/vanderaj/lists
```

**悪い例**

```
https://example.com/controller/<id>/action?apiKey=a5
3f435643de32
```

（APIキーがURLに含まれている）

```
http://example.com/controller/<id>/action?apiKey=a5
3f435643de32
```

（トランザクションがTLSで保護されておらず，APIキーがURLに含まれている）」

# 8.5　ソフトウェアセキュリティの有効性の評価

## 8.5.1　認証と認定

　米国の連邦政府機関は，政府用に情報を処理，保存または送信するシステムのセキュリティ認証を行うことを義務付けている．認証（Certification）とは，運用環境内の情報システムのセキュリティコンプライアンスの技術検証または評価である．ユーザーとマネージャーは，システムやアプリケーションが機能要件を満たしてい

ることの承認を行い，ほとんどの場合，承認に関して独立した検証が行われる．認証プロセスに続いて，認定または認可が行われる．認定（Accreditation）または認可（Authorization）プロセスでは，認定（または評価）情報を審査し，情報システムを本番で使用するための公的な認可を与える．経営幹部による正式な承認である．米国国立標準技術研究所（National Institute of Standards and Technology：NIST）は，SP 800-37 Revision 1「連邦政府情報システムに対するリスクマネジメントフレームワーク適用ガイド」を作成した．この中で，セキュリティ認可ガイドラインとプロシージャーを推奨している[35]．本番運用に入る米国連邦行政政府システムおよびアプリケーションは，導入前に認証と認定プロセスを経なければならない．

1．NIST SP 800-37 Revision 1ガイドは，認証と認定を取り巻く伝統的な思考プロセスに変化をもたらすように努めてきた．改訂されたプロセスでは，以下の点に重点を置く．
2．管理面，運用面および技術面での最先端のセキュリティコントロールを適用することによって，連邦政府の情報システムに情報セキュリティ機能を組み入れる．強化された監視プロセスを通じて，情報システムのセキュリティ状態に関する意識を継続的に維持する．
3．情報システムの運用および使用により生じる組織の業務や資産，個人，ほかの組織および国家に対するリスクを受容するか否かについての判断を容易にするために，重要な情報をシニアリーダーに提供する．

従来の認証と認定（C&A）プロセスは，6段階のリスクマネジメントフレームワーク（Risk Management Framework：RMF）に形を変えている．リスクマネジメントプロセスは，C&Aの伝統的な焦点，つまり静的かつ手順による活動を，よりダイナミックなアプローチへと変化させ，より効率的に情報システム関連のセキュリティリスクを管理できるようにする．複雑で洗練されたサイバー脅威，ますます増加するシステムの脆弱性，急激に変化し続けるミッションといった高度に多様な環境に置かれているためである．

RMFには次の特徴がある．

- 堅牢で継続的な監視プロセスの実施により，リアルタイムに近いリスクマネジメントおよび情報システムの継続的な運用認可の概念を促進する．
- 主要な任務および業務上の機能をサポートする情報システムに関して，費

用対効果が高く，リスクベースの意思決定を行うのに必要な情報をシニアリーダーに提供するために，オートメーションの利用を促進する．

- エンタープライズアーキテクチャーおよびシステム開発ライフサイクルに情報セキュリティを組み入れる．
- セキュリティコントロールの選択，実施，評価，監視，ならびに情報システムの運用認可に重点を置く．
- リスクエグゼクティブ(機能)を通じて，情報システムレベルのリスクマネジメントプロセスを，組織レベルのリスクマネジメントプロセスにリンクさせる．
- 組織の情報システムに導入され，それらのシステムによって継承されるセキュリティコントロール(すなわち，共通コントロール)に対する責任と説明責任を定める．

米国政府とその取引先は正式な承認手続きを受ける必要があるが，民間組織でも採用するいくつかの理由がある．

- 認証と認定プロセスによりコントロールフレームワークが選択され，常に組織全体に適用される．
- 変更管理プログラムの一部として実装されている場合，システム認可プロセスは比較的低コストである．
- セキュリティ認可標準では，標準の使用を義務付けている．組織全体の標準化は，効率性の向上と予期しない変更の減少につながる．
- 適切に実装されている場合，セキュリティ認可プログラムには，物理的，訓練，環境および相互接続を含むシステムのセキュリティのすべての側面が含まれる．これらは純粋に技術的なアプローチでは見逃される可能性がある．

## 8.5.2 変更の監査とロギング

システムおよびネットワーク機器のレポートは，システム全体の健全性とセキュリティにとって重要である．すべてのネットワーク機器，オペレーティングシステムまたはアプリケーションには，何らかの形式のロギング機能がある．ログからは，プロセスのオーナー，開始されたアクション，開始されたタイミング，発生した場所，プロセスが実行された理由が明確にわかる．ログは，コンピュータシステム上で行われたアクションおよびイベントの記録である．ログは，システムおよび

ネットワークのアクティビティの記録を保持する主要なものである．セキュリティコントロールに障害が発生した場合，何が起きたのか，なぜ起きたのかをセキュリティ専門家が理解するのに役立つ適切な情報を得る際に，ログは特に役立つ．企業にとって，適切な監査ポリシーを定め，ネットワークやシステムで起きている重要なイベントに関する情報を効率的にログの形で収集し，適切に管理することが最大の関心事である．ログの形式で利用できる，イベントに関する情報によって，ネットワーク管理者やシステム管理者だけでなく，上級レベルの幹部などのすべての関係者が以下を理解し，評価できるようになる．

- ベースラインを確立する必要性
- 様々なサーバーとシステムのパフォーマンス
- アプリケーションの機能上および運用上の問題
- 侵入が試みられたことの効率的な検出
- フォレンジック分析
- 様々な規制法の遵守

　セキュリティ専門家は，エンタープライズセキュリティアーキテクチャーの成功に不可欠な要素として，変更と変更管理を理解する必要がある．変更を計画し，きちんと定義したライフサイクルによって管理し，文書化し，必要に応じてロールバックする能力は，セキュリティ専門家が身につけなければならない重要なスキルである．どのようなシステムが導入され，どの技術が企業で使用されているかによって，セキュリティ専門家が見るべきベストプラクティスガイダンスがある．VMware社（ブイエムウェア），Microsoft社，Oracle社（オラクル），Cisco Systems社（シスコシステムズ）などのテクノロジープラットフォームはすべて，それぞれのテクノロジープラットフォーム上で安全にロギングと監査を設定する方法の詳細についてのガイドを公開している[36]．NISTが公開しているガイドの多くには，監査とログ記録に関するガイドラインとベストプラクティスの推奨事項が含まれている．NIST SP 800-92「コンピュータセキュリティログ管理ガイド」では，特にこれらの問題を直接扱っている[37]．さらに，NIST SP 800-137「連邦情報システムおよび組織のための情報セキュリティの継続的監視（ISCM）」では，監督とガイドを提供している[38]．様々な領域で利用できる，多くのCERT（Computer Emergency Response Team）ガイダンスの中で，CERT-In（Indian Computer Emergency Response Team）は，CERT-InセキュリティガイドラインCISG-2008-01「監査およびロギングに関するガイドライン」を公開している[39]．

## ▶ 情報の完全性

　処理されたものと処理されることになっていたものを比較または照合するためのプロシージャーを導入する必要がある．例えば，コントロールによって合計を比較したり，シーケンス番号をチェックしたりすることができる．これにより，適切な操作が適切なデータに対して実行されたかどうかをチェックできる．

## ▶ 情報の正確さ

　入力精度をチェックするには，適切なアプリケーションにデータ検証チェックを組み込む必要がある．文字チェック（Character Check）は，入力文字と想定される文字タイプ（数字や文字など）を比較する．これはサニティチェック（Sanity Check）と呼ばれることもある．範囲チェック（Range Check）は，入力データをあらかじめ決められた上限および下限と照合する．関係チェック（Relationship Check）は，入力データとマスターレコードファイルのデータを比較する．合理性チェック（Reasonableness Check）は，入力データと想定される標準とを比較する，別の形式のサニティチェックである．トランザクション限度チェック（Transaction Limits Check）は，特定のトランザクションにおいて管理上設定された上限に対して，入力データをチェックする．

## ▶ 情報の監査

　ソフトウェアライフサイクルには脆弱性が存在するため，攻撃が発生する可能性がある．監査手順は，異常なアクティビティを検出するのに役立つ．安全な情報システムでは，権限のある人員が，機密情報へのアクセス，損傷，あるいは何らかの形での影響を引き起こす可能性のある行動を監査できるようになっていなければならない．監査のレベルとタイプは，インストールされたソフトウェアの監査要件と，システム上で処理または格納されるデータの機密性に依存する．重要な要素は，どのような種類の不正行為が行われたのか，誰があるいはどのプロセスがその行動をとったのかに関する情報を監査データが提供することである．

　システムリソースは，使用可能な時に保護する必要がある．セキュリティソフトウェアまたはソフトウェアのセキュリティ機能が何らかの形で無効になっている場合は，適切な人に通知する必要がある．セキュリティ機能をバイパスする機能は，システム管理者や情報システムセキュリティ責任者など，そのレベルのアクセス権を必要とする人に限定する必要がある．ハードウェアおよびソフトウェアは，既存システムまたは補完システムとの互換性を評価する必要がある．

### 8.5.3 リスク分析と低減

　リスク(Risk)とは，発生する可能性があるイベントで，発生した場合にプロジェクトにプラスまたはマイナスの影響を与える可能性のあるものと定義される．リスクには1つ以上の原因があり，発生した場合は1つ以上の影響がある．例えば，プロジェクトを設計するために割り当てられた人員が限られているという原因がある．リスクイベントは，割り当てられた人員がその活動に適していない可能性があることである．そのイベントが発生した場合，プロジェクトのコスト，スケジュールまたはパフォーマンスに影響を与える可能性がある．すべてのプロジェクトはリスクの要素を想定しており，プロジェクトの結果に影響を及ぼす可能性のあるイベントを監視して追跡するためにツールと技術を適用するのがリスクマネジメント(Risk Management)である．

　リスクマネジメントは，プロジェクト期間を通じて継続するプロセスである．それには，リスクマネジメントの計画，特定，分析，監視およびコントロールのプロセスが含まれている．これらのプロセスの多くは，新しいリスクがいつでも特定される可能性があるため，プロジェクトのライフサイクル全体を通じて更新される．リスクマネジメントの目的は，プロジェクトに悪影響を与えるイベントの発生確率と影響を減らすことである．一方，肯定的な影響を与える可能性のあるイベントは活用すべきである．

　通常，プロジェクトの開始前にリスクの特定が始まり，プロジェクトがライフサイクルを通じて成熟するにつれてリスクの数が増加する．リスクが特定されると，発生確率と，スケジュール，範囲，コスト，品質への影響の度合を最初に評価し，次にそれを優先順位付けする．リスクイベントは，1つだけ，または複数のインパクトカテゴリーに影響する可能性がある．発生確率，影響を受けるカテゴリーの数，プロジェクトに影響を与える度合(高，中，低)は，リスクの優先順位を割り当てるための基礎になる．特定可能なリスクはすべてリスク登録簿に入力し，リスクステートメントの一部として文書化する必要がある．

　リスクを文書化する一環として，2つの重要な項目に対処する必要がある．

　1つ目は，イベントが発生する確率を減らすために行うことができる低減手順である．2つ目は，緊急時対応計画(Contingency Planning)，またはイベント発生前／発生時に行う一連の活動である．低減策にはコストがかかることがよくある．場合によっては，リスクを低減するコストが，想定されたリスクの結果，負うコストを上回る可能性がある．緊急時対応計画の実施を決定する前に，各リスクの確率と影響

を低減戦略コストと比較して評価することが重要である．リスクが発生する前に実施される緊急時対応計画は，影響を低減するか，リスク全体を除去するための先制的な行動である．リスクが発生したあとに実施される緊急時対応計画は通常，影響を低減するだけである．

　プロジェクトの成果にリスクをもたらすイベントの特定と文書化は，最初のステップに過ぎない．リスクマネジメントチームが定期的にすべてのリスクを監視し，プロジェクトステータスレポートで報告することも同様に重要である．

　ソフトウェア開発ライフサイクル（Software Development Life Cycle：SDLC）の一環として，リスクアセスメント，リスク分析およびリスク低減に対する継続的なアプローチが推奨される．大多数の脆弱性は，最初にソフトウェア内に生じるか，時間の経過とともにソフトウェアの設定が変更される時に発生する．様々な業界や学界の標準的なリスク分析ツールは，プロセスやシステムを理解して文書化するのに役立つ．こうしたツールには，特性要因図（Ishikawa Diagram），P-ダイアグラム（P-Diagram），予備危険源分析（Preliminary Hazard Analysis：PHA），故障モード影響解析（Failure Mode and Effect Analysis：FMEA），故障モード影響致命度解析（Failure Mode and Effect Criticality Analysis：FMECA），ハザード分析と重要管理点（Hazard Analysis and Critical Control Point：HACCP）などがある．

　適切に設計されたリスク分析と低減戦略は，以下のことが当てはまる．

- 全体のSDLCと組織の変更管理プロセスに統合される．
- リスクへのアクセスおよび利害関係者へのリスク報告について，標準化された方法を使用する．
    - 定性的アプローチと定量的アプローチまたはハイブリッドアプローチが考慮されるべきである．
    - ISO，NIST，ANSIおよびISACA（Information Systems Audit and Control Association：情報システムコントロール協会）によって提供されているような標準は，リスクカバレッジにおいてフレームワークが包括的であるために考慮されるべきである．また，技術だけでなく，システムに関連する運用上および管理上のコントロールにも焦点を当てるべきである．
- 評価，変更管理，継続的な監視の過程で発見された弱点を追跡し，管理する．
- 成功と適切な注意（Due Diligence）のためにリスク決定を記録する．

## ▶是正措置

ソフトウェアは，インストールされて運用されるまで発見されない脆弱性とともに提供されることが多い．主要なソフトウェア製品はすべて，多数のセキュリティ上の弱点を抱えており，これらはリリースされたあとで初めて発見されてきた．これは継続的な問題であるため，企業はポリシーとプロシージャーを実装し，適用可能なベンダーパッチの導入によってソフトウェアに固有の脆弱性を減らす必要がある．

セキュリティ専門家は，企業のニーズに対応するパッチ管理ソリューションを設計して実装する必要がある．パッチ管理に関するガイダンスとベストプラクティスは多くの場所で探すことができる．米国国土安全保障省は，2008年12月に，「制御システムセキュリティプログラム」の下，国家サイバーセキュリティ部門の一員として，「制御システムのパッチ管理の推奨プラクティス」を公表した[40]．NIST SP 800-40 Revision 3「企業におけるパッチ管理技術の手引き」も優れた参考図書である[41]．Symantec社（シマンテック）も「パッチ管理のベストプラクティス」という入門記事を用意している[42]．

セキュリティ専門家がパッチ管理プログラムのアーキテクチャーを支援するために最初に使用するガイダンスに関わらず，エンタープライズを保護するために導入されるすべてのソリューションの一部であるべき一般的なベストプラクティスとガイドラインがある．これらの一般的なベストプラクティスには，次のものがある．

### ▶変更管理プロセスを使用する

優れた変更管理手順には，オーナーの特定，顧客からのインプットのためのパス，変更の監査証跡，明確なアナウンスおよびレビュー期間，テスト手順，よく理解されたバックアウト計画がある．変更管理はプロセスを最初から最後まで管理する．現在の手順に上述のいずれかが欠けている場合は，アップデートの導入に使用する前に注意深く再検討すべきである．

### ▶関連するドキュメントをすべて読む

サービスパック，ホットフィックスまたはセキュリティパッチを適用する前に，関連するすべてのドキュメントを読み，ピアレビューする必要がある．ピアレビュープロセスは，アップデートを評価する際に，1人の人が関連するポイントを見落とすリスクを低減するために，非常に重要である．すべての関連ドキュメントを読むことは，次のことを評価する第一歩である．

- アップデートは適切で，存在している問題を解決する．
- それを採用することにより，実稼働システムの障害を招くほかの問題は発生しない．
- アップデートに関連する依存関係が存在する（すなわち，アップデートが有効になるために，特定の機能が有効／無効にされる）．
- アップデートの順序によって潜在的な問題が発生する．サービスパック，ホットフィックスまたはセキュリティパッチを適用する前に，イベントやアップデートの順序についての記述や推奨が特に指示されているかもしれない．
- 必要な場合のみアップデートを適用する．

### ▶ テストする

実稼働環境に導入する前に，サービスパックやホットフィックスを代表的な非実稼働環境でテストする必要がある．これは，このような変更の影響を評価するのに役立つ．

### ▶ ワーキングバックアップをとり，本番停止時間をスケジュールする

復元が必要な場合に備えてサーバーの停止をスケジュールし，バックアップテープと緊急修復ディスクの完全なセットを用意する必要がある．

システムのバックアップをとっていることを確認する．以前稼働していたインストール状態にサーバーを復元する最もよい方法は，バックアップから戻すことである．

### ▶ 常にバックアウト計画を持つ

バックアウト計画により，導入が失敗する前の元の状態にシステムと企業を戻すことができる．これらの手順が明確で，かつ緊急時対応管理によりテストしておくことが重要である．なぜなら最悪の場合，実装の欠陥により緊急時対応オプションを使わなければならなくなる可能性があるからである．

アンインストールプロセスがないアップデートやアンインストールプロセスが失敗した場合，企業はバックアウト計画を実行する必要がある．バックアウト計画は，テープからの復元と同じくらい単純なものもあるが，長時間の手作業による手続きを伴うものもある．

### ▶ ヘルプデスクと主要なユーザーグループにあらかじめ警告しておく

これから行う変更についてヘルプデスクスタッフとサポートベンダーに通知して，

起こりうる問題や障害に対して準備できるようにする．ユーザーの影響を最小限に抑えるために，主要なユーザーグループに，提案されたアップデートへの準備をさせておくことも推奨される．これは，ユーザーの予測を管理するのに役立つ．

### ▶重要ではないサーバーをまず対象にする

ラボ環境でのすべてのテストが成功したら，可能であれば，重要ではないサーバーへの導入から最初に開始して，サービスパックを10日から14日間実稼働させたあとにプライマリーサーバーに移行する．

パッチ管理に加えて，セキュリティ専門家は，SDLC全体を通してほかのリスクにも対処する必要がある．発見事項をレビューし，優先順位を付ける必要がある．すべての発見事項を低減する必要がない場合もある．例えば，リスクの低い発見事項が，対処するのに非常に費用を要するか，組織の運営に大きな影響を与えない場合は，受容すべきである．是正措置のコストが低く，リスクの高い発見事項が最初に低減されるべきであることは明らかかもしれないが，そうではないことが多い．多くの場合，リスクの高い発見事項は，低減に推奨されたり，必要とされたりする是正措置の実施に相当の費用を伴う．このような状況で，経営幹部は，リスクを受容するのか，あるいは特定された高リスク項目の低減コストをカバーするために資金を再調整するか，困難な決定を下さなければならない．

情報セキュリティ専門家は，以下を提供する立場になければならない．

- どのように発見されたかについての詳細を説明する．
- リスクがどのように特定されたか，および脅威，脆弱性，可能性，影響に関する補足情報．
- 修復コストの詳細および低減策によって手に入るものと，それが脅威，脆弱性，可能性，影響にどのように影響するか．
- シナリオ，ストーリー，起こりうる例を用いて，弱点を修復しないことの影響を定義する準備をする．公共スペースと組織の評判に対する影響を，忘れずに含める．

## ▶テストと検証

低減策を実装する際にはテストしなければならない．成熟したSDLC環境では，テストは，品質保証チーム（QualityAssurance Team）とテストチーム（Testing Team）による開発環境間の促進の一環として行われることが多い．セキュリティの発見事項は，

ほかの変更依頼と同様に開発チームが対処しなければならない．そして，セキュリティ評価者またはほかの独立したエンティティが，実際に欠陥が修正されていることを検証しなければならない．大規模な組織では通常，独立検証および妥当性確認チーム（Independent Verification and Validation [IV&V] Team）が，セキュリティの発見事項と欠陥が本当に解決されているかどうかを判断する．内部監査グループ（Internal Audit Group）または情報保証チーム（Information Assurance Team）もIV&V機能を実行できる．最も重要なことであるが，開発者またはシステムオーナーは，独立した第三者の同意なしに，リスクの低減を正式に宣言しない．低減策のテストに加えて，開発者は，自分が作成しているコードの完全性チェックとしてコード署名を使用することが推奨される．

　コード署名（Code Signing）とは，コードの完全性を保証し，誰がそのコードを開発したかを特定し，開発者が意図したコードの使用目的を判断するために使用できるセキュリティ手法である．コード署名システム（Code Signing System）はコード署名に基づいてポリシーチェックを実行するが，これらのチェックの結果に基づいてポリシーの決定を行うのは呼び出し元の責任である．ポリシーチェックを行うのがオペレーティングシステムの場合，特定の状況下で実行が許可されるかどうかは，コードに署名したかどうか，および署名に含まれている要件によって判断される．

　コード署名証明書（Code Signing Certificate）は，侵害されたファイルやアプリケーションをユーザーがダウンロードするのを防ぐのに役立つデジタル証明書である．開発者によって署名されたファイルまたはアプリケーションが，公開後に変更されたり，侵害されたりすると，ファイルまたはアプリケーションの出所を検証できないことを知らせるポップアップブラウザーの警告が表示される．

　コードの一部が署名されている場合，そのコードが署名者以外の誰かによって修正されたかどうかを確実に判断することができる．意図的（悪意ある攻撃者など）であっても，偶発的（ファイルが破損した場合など）であっても，システムはそのような変更を検出できる．さらに，署名によって，開発者はアプリケーションのアップデートが有効であり，以前のバージョンと同じアプリケーションとしてシステムで扱われるべきだと宣言することができる．

　例えば，あるユーザーがCISSP CERTアプリにファイルへのアクセス権を与えるとする．CISSP CERTがそのファイルにアクセスしようとするたびに，システムはアクセスを要求しているアプリと実際に同じアプリであるかどうかを判断する必要がある．アプリが署名されている場合，システムは確実に識別することができる．デベロッパーがアプリを更新して同じ一意の識別子で新しいバージョンに署名する

と，システムはそのアップデートを同じアプリとして認識し，ユーザーからの確認を要求せずにアクセスを許可する．一方，CISSP CERT が破損またはハッキングされた場合，署名は以前の署名と一致しなくなる．システムは変更を検知してファイルへのアクセスを拒否する．同様に，ペアレンタルコントロールを使用して子どもが特定のゲームを実行しないようにしている場合，そのゲームがメーカーによって署名されていれば，子どもはファイル名を変更したり，移動したりすることによってコントロールを迂回することができない．ペアレンタルコントロールは，名前，場所，またはバージョン番号に関係なく，署名を使用してゲームを明確に識別する．

ツール，アプリケーション，スクリプト，ライブラリー，プラグイン，その他のコードに似たデータを含め，あらゆる種類のコードに署名することができる．コード署名には以下の3つの目的がある．

- コードが変更されていないことを確認する．
- コードの出所(開発者または署名者)を特定する．
- コードが特定の目的(例えば特定の項目にアクセスすること)に対して，信頼できるものかどうかを判断する．

署名されたコードがこれらの目的を達成するために，コード署名は3つの部分で構成されている．

1. 識別子，メインの実行可能ファイル，リソースファイルなど，コードの様々な部分のチェックサムまたはハッシュの集合であるシール．このシールは，コードとアプリケーション識別子の変更を検知するために使用できる．
2. 完全性を保証するために，シールに署名するデジタル署名．署名には，誰がコードに署名したか，署名が有効かどうかを判断するために使用できる情報が含まれている．
3. コードを識別するため，またはコードが属するグループやカテゴリーを判断するために使用できる一意の識別子．この識別子は，署名者が明示的に提供できる．

コード署名は主に実行しているコードを扱うことに注意されたい．保存されたコードの完全性を保証するためにも使用できるが，それは2次的な使用である．コード署名の使用法を完全に理解するには，セキュリティ専門家は署名によってで

きないことを認識しておく必要がある.

- コードにセキュリティ上の脆弱性がないことを保証するものではない.
- アプリ実行中に,安全でないコードや変更されたコード(信頼できないプラグインなど)をロードしないことを保証することはできない.
- デジタル著作権管理(Digital Rights Management:DRM)やコピー防止技術ではない.システムは,アプリが適切に署名されていなかったり,コピー防止がハッキングされていたりすることを判断でき,これにより署名を無効にすることができるが,ユーザーがアプリを実行するのを妨げるものは何もない.

## ▶回帰テストと受け入れテスト

開発者がソフトウェアを変更する時には,小さな微調整でも予期しない結果が生じることがある.既存のソフトウェアアプリケーションをテストして,変更や追加が既存の機能を損なっていないことを確認することを回帰テスト(Regression Testing)と言う.その目的は,新しいビルドまたはリリース候補に誤って導入されたかもしれない欠陥(バグ)を見つけることと,以前に根絶した欠陥(バグ)を確実にそのままにしておくことである.既知の問題が最初に修正された時に作成されたテストシナリオを再実行することによって,開発者またはセキュリティ担当者は,アプリケーションの新しい変更が回帰を引き起こさなかったか,以前動いていたコンポーネントがエラーを起こさないかを確認することができる.回帰テストを実施する際には,時間を浪費することなく適切なカバレッジを考慮する必要がある.このプロセスで考慮すべき戦略と要因には,以下のものがある.

- 修正した欠陥(バグ)を直ちにテストする.プログラマーは症状を処理しても,根底にある原因に至っていない可能性がある.
- 修正の副作用に注意する.欠陥(バグ)そのものは修正されたかもしれないが,修正によってほかの欠陥(バグ)が生じる可能性がある.
- 修正された欠陥(バグ)ごとに回帰テストを作成する.
- 2つ以上のテストが似ている場合,効果的でない方は行わない.
- プログラムが一貫して合格するテストを特定してアーカイブする.
- 設計に関連するものではなく,機能的な問題に焦点を当てる.
- データに変更(小規模および大規模)を加え,結果として生じるエラーを見つける.

- 変更がプログラムメモリーに及ぼす影響を追跡する.

回帰テストの最も効果的なアプローチのベースとなるのは，プログラムの新しいバージョンがビルドされるたびに実行できる，テスト項目の標準的な集合で構成されたテストのライブラリーを開発することである．テスト項目のライブラリーを構築する上で最も難しいのは，どのテスト項目を含めるかを決定することである．自動テストおよび境界条件とタイミングを含むテスト項目は，確実にあなたのライブラリーに入ることになる.

ほとんどの形式の自動テストと同様に，回帰テストプログラムをオートパイロットに設定することは確かな解決策ではなく，テストがすべての欠陥(バグ)を確実に捉えるためには，意識的な監視と入力が必要である．毎晩同じテストを繰り返し実行すると，テストプロセス自体が固定的になる可能性がある．時間が経つと，開発者は固定されたテストライブラリーにパスする方法を学ぶかもしれない．そうなると，その標準的な回帰テスト群は，結局何もテストしていないという結果になる可能性がある.

回帰テストを効果的に行うには，費用対効果が高く，効率的な包括テスト手法の一部として回帰テストをみなす必要がある．しかし，十分な多様性を実現する必要もあり，よく設計されたフロントエンドUI自動テストやターゲット単体テスト，スマートなリスク優先順位付けに基づき，ソフトウェアアプリケーションのあらゆる側面をチェックするようにする．XP(Extreme Programming：エクストリームプログラミング)，RUP(Rational Unified Process：ラショナル統一プロセス)，スクラム(Scrum)などのワークフロープラクティスを採用している多くのアジャイルワーク環境では，動的な反復開発および展開スケジュールの重要な側面として回帰テストを使用する.

受け入れテスト(Acceptance Testing)は，システムが受け入れ基準を満たしているかどうかを判断し，顧客がシステムを受け入れるかどうかを判断できるようにする正式なテストである．受け入れテストはユーザーストーリーの機能をテストするものであったため，もともとは機能テスト(Functional Testing)と呼ばれていた．受け入れテストは単体テストとは違っている．単体テスト(Unit Testing)は各クラスの開発者によってモデル化および作成されるが，受け入れテストは顧客が少なくともモデル化し，おそらく作成もする.

テストでは通常，完成したシステムで一連のテストを実行する．ケース(Case)と呼ばれる個々のテストでは，ユーザーの環境やシステムの機能について特定の運用条件を実行し，合格／不合格を判断する．一般的に，成功や失敗の度合はない．テ

ト環境は通常，想定されるユーザーの環境と同一か，可能な限り近い環境で設計される．こうしたテストケースにはそれぞれ，テストケース入力データおよび／または実行されるべき動作の正式な記述が添付されていなければならない．その意図としては，特定のテストケースと期待される結果の記述を明確にすることである．

アジャイルソフトウェア開発（Agile Software Development）では，受け入れテストと基準は通常，ビジネス顧客によって作成され，ビジネスドメイン言語で表現される．これらは，ユーザーストーリー，またはスプリントやイテレーション中に"実装された"ストーリーが完全であることを検証するためのハイレベルテストである．これらのテストは，ビジネス顧客，ビジネスアナリスト，テスターおよび開発者の協力によって理想的に作成される．これらのテストには，ビジネスロジックテストとUI検証要素の両方が含まれていることが不可欠である．ビジネス顧客（製品所有者）は，これらのテストの主なプロジェクト利害関係者である．ユーザーストーリーが合格基準をパスすると，ビジネスオーナーは，開発者が正しい方向に進んでいると安心することができる．

## 8.6 ソフトウェア調達時のセキュリティの評価

ソフトウェアの脆弱性，悪意あるコード，および想定どおりに機能しないソフトウェアは，重要な情報とサービスを提供する，企業内のソフトウェア集約的な重要インフラストラクチャーに大きなリスクをもたらす．これらのリスクを最小限にすることが，ソフトウェア保証（Software Assurance：SwA）の機能である．米国国家安全システム委員会のCNSS Instruction No. 4009「国家情報保証（IA）用語集」（2010年4月26日）の69ページによれば，「ソフトウェア保証とは，ライフサイクルのいずれかの時点で，ソフトウェアに意図的に設計されたり，誤って挿入されたりする脆弱性がなく，意図したとおりに機能することへの信頼のレベルである」とされている[43].

意図したとおりに機能せずに悪用されてしまうソフトウェアが，ますますビジネスリスクやミッションリスクの原因となっているため，SwAは非常に重要である．悪用可能なソフトウェアは攻撃に対して脆弱である．ソフトウェアの脆弱性は，知的財産，消費者の信頼，ビジネスオペレーションとサービス，さらにプロセス制御システムから商用ソフトウェア製品までを含む広範な重要インフラストラクチャーを危険にさらす．重要なインフラストラクチャー内のビジネスオペレーションと主要資産の完全性を保証するためには，ソフトウェアが信頼できて，安全であることを確認する必要がある．

SwAは，一般的な調達プロセスの主要フェーズで体系化することができる．主な
フェーズは次のとおりである．

1．**計画フェーズ**（Planning Phase）＝このフェーズは以下から始まる．
　a．ソフトウェアサービスまたは製品の調達を決定する必要がある．さらに，
　　潜在的な代替ソフトウェアアプローチを特定し，その代替案に関連するリ
　　スクを特定する．この活動のあとに続くのは以下である．
　b．ワークステートメントに含めるソフトウェア要件の作成．
　c．様々なソフトウェア調達戦略に伴うリスクの特定を含む，調達戦略およ
　　び／または調達計画の作成．
　d．評価基準と評価計画の作成．

2．**契約フェーズ**（Contracting Phase）＝このフェーズには以下の3つの主要な活動が
　含まれる．
　a．ワークステートメント，提案者への指示，契約条件（受け入れ条件を含む），
　　事前資格検査についての考察，認証を含む提案書またはRFP（Request for Pro-
　　posal：提案依頼書）の作成または発行．
　b．要請書またはRFPへの回答として提出されたサプライヤーの提案書の
　　評価．
　c．契約条件の変更や契約の決定を含め，契約交渉をまとめる．契約条件，
　　認証，決定のための評価要素，ワークステートメントに記載されたリスク
　　低減要件によって，ソフトウェアのリスクは対処・低減される．

3．**監視と受け入れフェーズ**（Monitoring and Acceptance Phase）＝このフェーズでは，サ
　プライヤーの作業を監視し，契約に基づいて提供される最終的なサービスま
　たは製品を受け入れる．このフェーズには3つの主要な活動が含まれる．
　a．契約作業スケジュールの確立と同意．
　b．変更（または設定）コントロール手順の実装．
　c．ソフトウェア成果物のレビューと受け入れ．監視と受け入れフェーズで
　　は，ソフトウェアリスクマネジメントおよび保証ケースの成果物を評価し
　　て，契約要件に記載されているとおりに，同意されたリスク低減戦略が遵
　　守されているかを判断する必要がある．

4．**継続**（Follow-on）＝このフェーズでは，ソフトウェアの保守が必要である（プロセ
　スはしばしば維持［Sustainment］と呼ばれる）．このフェーズには2つの主要な活動が
　含まれる．

b．廃棄または廃止．

c．継続フェーズでは，ソフトウェアリスクは保証ケースの継続的な分析を通じて管理されなければならず，変化するリスクを低減するために調整される必要がある．

　セキュリティ専門家は，文書化されたSwAポリシーとプロセスが企業内に確実に存在することを保証する必要がある．SwAポリシーの恩恵がなければ，企業が直面する危険性は，潜在的に，エラーや脆弱性のあるソフトウェアを入手して使用・導入したり，悪意あるコードを含むソフトウェアを知らずに受け入れてしまったりすることにまで及ぶ．脆弱なソフトウェアは，以下のようなことにつながる可能性がある．

- 意図しないエラーが誤った操作につながり，情報が破棄されたり，運用が大幅に中断したりする
- 人命の喪失，情報の破棄，運用の大幅な中断，さらには重大なインフラストラクチャーの破壊を意図した悪意あるコードの挿入
- 機密または機密扱いの重要情報の窃取
- 個人情報の窃取
- 製品の変更，エージェントの挿入，または情報の破損

　セキュリティ専門家は，調達プロセスを活用して，優れたソフトウェア開発の実施と信頼できるソフトウェアの提供を促進できることを理解する必要がある．最終的なソフトウェアセキュリティ要件の決定はすべて，受け入れおよび導入の決定に加えて，調達プロセス中に行われる．セキュリティは製品が納入されたあとに追加することができないため，最初から設計しておく必要がある．

　ISO/IEC JTC 1/SC 7「ソフトウェアおよびシステムエンジニアリング」技術委員会によれば，「システムおよびソフトウェア保証は，システムおよびソフトウェアのライフサイクルの中で，リスクマネジメントおよび安全，セキュリティ，信頼性の保証に重点を置いている」．多くのサプライヤーは，プロセスの改善を導き，能力を評価するために能力成熟度モデル（CMM）を使用している．それにも関わらず，ほとんどのCMMでは，安全とセキュリティに明示的に対処していない．そのため，成熟したプロセス機能を主張するサプライヤーは，ソフトウェア保証にとって重要なプラク

ティスを実行することができない．したがって，セキュリティ専門家は，SwAがどのようにサプライヤーのプロセス能力に組み入れられているかを判断するための質問をする必要がある．以下の質問のいくつかは，状況に応じてセキュリティ専門家が尋ねることを検討する価値があるかもしれない．

　サプライヤーは，安全とセキュリティのためのインフラストラクチャーを確立し，維持することをどのようにして保証するのか．以下のことを証明するためにサプライヤーはどのような証拠を提示できるか．

- 全従業員の安全とセキュリティの能力を保証する．
- 適切な職場環境を確立する（適切なツールの使用を含む）．
- 安全とセキュリティに関する情報の完全性を保証する．
- 運用を監視し，インシデントを報告する（ソフトウェアが導入される環境において）．
- 事業継続を保証する．

　サプライヤーは，安全とセキュリティのリスクを特定し，管理することをどのようにして保証するのか．以下のことを証明するためにサプライヤーはどのような証拠を提示できるか．

- 安全とセキュリティのリスクを特定する．
- 安全とセキュリティに関連したリスクを分析し，優先順位を付ける．
- 関連するリスク低減計画を決定，実施，監視する．

　サプライヤーは，安全とセキュリティ要件を満たすことをどのようにして保証するのか．以下のことを証明するためにサプライヤーはどのような証拠を提示できるか．

- 規制要件，法律，基準を決める．
- 安全でセキュアな製品とサービスを開発し，導入する．
- 客観的に製品を評価する．
- 安全とセキュリティ保証を確立する．

　サプライヤーは，安全・セキュリティ要件と目的を達成するために活動と製品が管理されることをどのようにして保証するのか．以下のことを証明するためにサプライヤーはどのような証拠を提示できるか．

- 独立した安全とセキュリティの報告を確立する.
- 安全とセキュリティ計画を策定する.
- 安全とセキュリティ基準を使用して，サプライヤー，製品・サービスを選択し，管理する.
- 安全とセキュリティの要件に関連する活動と製品を監視し，コントロールする.

## Summary
まとめ

　ソフトウェア開発セキュリティは，企業全体のソフトウェアおよびITサービス全体にわたるセキュリティの設計に焦点を当てた幅広いトピックを網羅している．セキュリティ専門家は，多数の重要なセキュリティ概念を理解して，多くの共通的なシナリオに適用することが期待されている．SDLCを適用し，よりセキュアなシステムとソフトウェアを作ることは重要な目的の1つである．セキュリティ専門家はSDLCをサポートするフレームワークや開発手法を選択し，企業でSDLCが確実に適用されるようにすべきである．セキュリティを理解し，開発ライフサイクルのあらゆるフェーズでセキュリティが構築されていることを確認する必要性は，セキュリティ専門家がこの分野で主に重点を置いていることである．

## More To Know
参 考

　以下は，セキュリティ専門家が精通していなければならないWebサイトと標準に関するリソースのリストである．

- 米国国土安全保障省の「セキュリティの組み込み」Webサイト
https://buildsecurityin.us-cert.gov/
- 米国国土安全保障省のサイバーセキュリティコミュニケーションオフィスとNISTのSAMATE (Software Assurance Metrics and Tool Evaluation) Webサイト
http://samate.nist.gov/Main_Page.html
- MITRE社（ミトレ）の「共通脆弱性タイプ一覧」Webサイト
http://cwe.mitre.org/
- ISO/IEC 15408-3：2008「情報技術 – セキュリティ技術 – 情報技術セキュリティの評価基準 – パート3：セキュリティ保証コンポーネント」
http://standards.iso.org/ittf/PubliclyAvailableStandards/index.html
- 情報技術セキュリティ評価のためのコモンクライテリア，パート3：セキュリティ保証コンポーネント
https://www.commoncriteriaportal.org/files/ccfiles/CCPART3V3.1R3.pdf
- ISO/IEC 27001：2013「情報技術 – セキュリティ技術 – 情報セキュリティマネジメントシステム – 要件」
https://www.iso.org/obp/ui/#iso:std:iso-iec:27001:ed-2:v1:en

---

注

★1──システム開発ライフサイクルのいくつかの例については，以下を参照．
Systems Engineering and Software Development Life Cycle Framework, http://opensdlc.org/mediawiki/index.php?title=Main_Page
IT Solutions Life Cycle Management (ITSCLM), http://www.pbgc.gov/itslcm/index.html《リンク切れ》
★2──次を参照．
http://cmmiinstitute.com/cmmi-solutions/
CMMは，セキュリティおよびシステム統合を含む様々な分野に対応するために使用されている．CMMは，組織の現在の成熟度を判断する手段と，次のレベルに移行するためにコスト，スケジュール，機能，製品品質の目標を満たす組織の能力を向上させるための重要なプラクティスを提供する．このモデルは，反復可能な方法で組織のソフトウェアプロセスの成熟度を判断し，それを業界の実践の状態と比較することも可能である．このモデルは，組織がソフトウェア開発プロセスの改善を計画するために使用することもできる．
★3──ISO/IEC 90003は，ISO/IEC JTC 1/SC 7（「JTC 1」はJoint Technical Committee 1［第1合同

技術委員会]の略で「情報技術」を扱い,「SC 7」はSubcommittee［分科委員会］7の略で「ソフトウェアおよびシステムエンジニアリング」を作業領域とする）によって作成された. ISO/IEC 90003は,ISO 9001：2000に準拠して更新されたISO 9000-3：1997を取り消し,置き換える. ISO 9000-3：1997はISO/TC 176/SC 2の責任下にある（「TC」はTechnical Committee［専門委員会］の略）.

★4──統合プロダクトチームの優れた概説とそれを最大限に有効利用するための管理については,以下を参照.

https://www.cna.org/sites/default/files/research/2796004910.pdf《リンク切れ》

★5──Royce, Winston, "Managing the Development of Large Software Systems," *Proceedings of IEEE WESCON 26*, August 1970, pp.1-9.

http://www.cs.umd.edu/class/spring2003/cmsc838p/Process/waterfall.pdf《リンク切れ》

★6──Moen, Ronald and Norman, Clifford, "Evolution of the PDCA Cycle".

http://pkpinc.com/files/NA01MoenNormanFullpaper.pdf《リンク切れ》

取得日：2014年5月26日

★7──本セクションで説明する様々な手法の優れた概説については,以下を参照.

http://www.ctg.albany.edu/publications/reports/survey_of_sysdev/survey_of_sysdev.pdf

★8──以下を参照.

http://ithandbook.ffiec.gov/it-booklets/development-and-acquisition/development-procedures/software-development-techniques/computer-aided-software-engineering.aspx

★9──以下を参照.

http://www.users.globalnet.co.uk/~rxv/CBDmain/cbdfaq.htm

★10──以下を参照.

http://www.ctg.albany.edu/publications/reports/survey_of_sysdev?chapter=10

★11──以下を参照.

http://www.extremeprogramming.org/

★12──以下を参照.

Set Theory, http://plato.stanford.edu/entries/set-theory/

Predicate Logic, http://i.stanford.edu/~ullman/focs/ch14.pdf

★13──以下で議論している3つのサブ言語の概説については,以下を参照.

http://databases.about.com/od/Advanced-SQL-Topics/a/Data-Control-Language-Dcl.htm

★14──以下を参照.

http://dublincore.org/documents/usageguide/qualifiers.shtml

★15──以下を参照.

http://dublincore.org/groups/government/securityClassification.shtml

★16──以下を参照.

http://dublincore.org/

★17──ACIDテストの優れた概説については,以下を参照.

http://www.lynda.com/Access-tutorials/Transactions-ACID-test/112585/121201-4.html《リンク切れ》

★18──オリジナルのSQL92標準のドラフトペーパーについては以下を参照.

http://www.contrib.andrew.cmu.edu/~shadow/sql/sql1992.txt

★19──以下を参照.

https://www.owasp.org/index.php/Main_Page

★20──以下を参照.

http://www.catb.org/~esr/writings/cathedral-bazaar/cathedral-bazaar/index.html

★21──Arthur W. Burks（アーサー・W・バークス）とHerman H. Goldstine（ハーマン・H・ゴールドスタイン）が1946年に執筆した論文については以下を参照. "Preliminary Discussion of the Logical

Design of an Electronic Computing Instrument" と題されたこの論文は，現代のコンピュータへと発展するための基礎となった.

https://www.fdi.ucm.es/profesor/mozos/EC/burks.pdf《リンク切れ》

★22──ポリインスタンス化の「シンプル」な定義は以下のとおりである.

あなたの前に猫と犬の両方がいるとする.

両者には"speak"コマンドが与えられる（両方のオブジェクトに同じコマンドが与えられる）.

何が起こるか？

Dog＝WOOF

Cat＝MEOW

ポリインスタンス化：異なるオブジェクト＋同じコマンド＝異なる結果

★23──以下を参照.

http://all.net/books/Dissertation.pdf

★24──以下を参照.

http://www.pcmag.com/encyclopedia/term/38972/browser-chrome

★25──以下を参照.

http://www.princeton.edu/˜achaney/tmve/wiki100k/docs/Trusted_computing_base.html

★26──カーネルで規定されている3つの条件は，実際には参照モニターの要件である．セキュリティカーネルは参照モニターを実装し，その結果，モニターの設計要件からアーキテクチャー参照を引き出す.

★27──以下を参照.

Trusted Computer System Evaluation Criteria, http://csrc.nist.gov/publications/history/dod85.pdf

Common Criteria, https://www.commoncriteriaportal.org/

ISO/IEC 15408：2009標準については，以下を参照.

http://standards.iso.org/ittf/PubliclyAvailableStandards/index.html

TCSECとコモンクライテリアの比較.

https://www.cs.purdue.edu/homes/ninghui/courses/526_Fall12/handouts/526_topic18.pdf《リンク切れ》

★28──プロテクションリングレベルの概念がどこから来たかについての概要と歴史的背景については，以下を参照.

短いバージョン：http://www.osronline.com/article.cfm?article=224

長いバージョン：http://duartes.org/gustavo/blog/post/cpu-rings-privilege-and-protection/

★29──以下を参照.

https://en.wikipedia.org/wiki/Moore%27s_law

★30──以下を参照.

http://cwe.mitre.org/data/definitions/367.html

★31──以下を参照.

https://help.github.com/articles/github-security

★32──以下を参照.

http://programming.oreilly.com/2013/08/tesla-model-s-rest-api-authentication-flaws.html

★33──以下を参照.

http://docs.oasis-open.org/kmip/spec/v1.1/os/kmip-spec-v1.1-os.pdf

★34──以下を参照.

https://www.owasp.org/index.php/REST_Security_Cheat_Sheet

★35──以下を参照.

http://csrc.nist.gov/publications/nistpubs/800-37-rev1/sp800-37-rev1-final.pdf

★36──例については以下を参照.

http://blogs.vmware.com/vsphere/2011/04/ops-changes-part-8-log-files.html

http://technet.microsoft.com/en-us/library/ff459262(v=exchg.150).aspx

http://www.cisco.com/c/en/us/td/docs/voice_ip_comm/cucm/service/7_1_2/admin/Serviceability/saaulog.html

http://docs.oracle.com/cd/E27559_01/admin.1112/e27152/basic_logging.htm

★37──以下を参照.

http://csrc.nist.gov/publications/nistpubs/800-92/SP800-92.pdf

★38──以下を参照.

http://csrc.nist.gov/publications/nistpubs/800-137/SP800-137-Final.pdf

★39──以下を参照.

http://delhi.gov.in/wps/wcm/connect/d3a5c00049d901a59e9bff034753160e/CISG-2008-01.pdf?MOD=AJPERES&lmod=-190487169&CACHEID=d3a5c00049d901a59e9bff034753160e

★40──以下を参照.

https://ics-cert.us-cert.gov/sites/default/files/recommended_practices/RP_Patch_Management_S508C.pdf

★41──以下を参照.

http://nvlpubs.nist.gov/nistpubs/SpecialPublications/NIST.SP.800-40r3.pdf

★42──以下を参照.

http://www.symantec.com/business/support/index?page=content&id=HOWTO3124

★43──以下を参照.

http://www.ncix.gov/publications/policy/docs/CNSSI_4009.pdf《リンク切れ》

### 訳注

☆1──CMMはその後改訂・更新され, 現在では, CMMI (能力成熟度モデル統合) と呼ばれている.

☆2──開発 (Development) と運用 (Operations) を組み合わせた言葉.

☆3──2010年にOracle社 (オラクル) に吸収合併された.

☆4──2016年1月に閉鎖された.

☆5──2017年12月にサービスを停止した.

☆6──2010年にHewlett-Packard社 (ヒューレット・パッカード) に買収された.

☆7──気づかれないようにデータを少しだけ改ざんする. サラミ攻撃に代表される.

☆8──ボットネットの操作者.

1．アプリケーションのセキュリティの重要な目的は，以下のどれを確実にすることか.

   A．ソフトウェアがハッカーから守られていること

   B．データの機密性，完全性，可用性

   C．ソフトウェアとユーザー活動の説明責任

   D．データ窃取の防止

2．アプリケーションセキュリティプログラムが組織内で有効であるために重要なことはどれか.

   A．規制とコンプライアンスの要件を特定する.

   B．セキュアでないプログラミングが及ぼす影響をソフトウェア開発組織に教育する.

   C．施行可能なセキュリティポリシーを策定する.

   D．セキュリティ脆弱性について，組織が開発したすべてのソフトウェアを適切にテストする.

3．「コンピュータメモリー内のデータとプログラミング表現の間に，特別な違いはない」と述べているのは，以下のアーキテクチャーのうちどれか．これはインジェクション攻撃につながり，データを命令として実行することが特徴である.

   A．von Neumann

   B．Linusの法則

   C．Clark-Wilson

   D．Bell-LaPadula

4．バイトコードの重要な特徴はどれか.

   A．サンドボックス化により本質的に安全性が向上した.

   B．自動的にメモリー操作を管理する.

   C．リバースエンジニアリングが難しい.

   D．インタープリター型言語よりも速い.

5. システムのセキュリティポリシーに違反するような方法で，共有リソースにおいて同時に競合する2つの協調プロセスは，一般的に何と呼ばれるか．
   A. 隠れチャネル
   B. サービス拒否
   C. オーバートチャネル
   D. オブジェクトの再利用

6. ある組織には，訪問者が名前と組織に関するコメントを入力できる，ゲストブック機能を備えたWebサイトがある．ゲストブックのWebページが読み込まれると，"You've been P0wnd"というメッセージが表示されるメッセージボックスが現れ，続いて別のWebサイトにリダイレクトされる．分析の結果，入力の妥当性確認や出力エンコーディングがWebアプリケーションで実行されていないことがわかっている．これは，次のうちどの種類の攻撃の基礎となるか．
   A. サービス拒否
   B. クロスサイトスクリプティング(XSS)
   C. 悪意あるファイルの実行
   D. インジェクションの欠陥

7. 強制や正当なエンティティへのなりすましによって個人や組織に関する機密情報を漏洩させるために，人々に影響を与えることは何と呼ばれるか．
   A. ゴミ箱あさり
   B. ショルダーサーフィン
   C. フィッシング
   D. ソーシャルエンジニアリング

8. ある組織のサーバー監査ログに，午前中に解雇された従業員が，午後になっても社内ネットワークのシステム上にある特定の機密リソースにアクセスできていたことが示されている．ログには，従業員が解雇される前に正常にログオンしており，かつ解雇前にログオフした記録がないことが示されている．これは，次のうちどのタイプの攻撃の例か．
   A. TOC/TOU
   B. 論理爆弾
   C. リモートアクセス型トロイの木馬(RAT)

D．フィッシング

9．バッファーオーバーフロー攻撃に対する最も効果的な防御は次のうちどれか．
　　A．クエリーの動的作成の禁止
　　B．境界チェック
　　C．出力のエンコード
　　D．強制ガベージコレクション

10．ソフトウェア開発プロジェクトにおいて，どの段階でセキュリティ活動を行うことが非常に重要であるか．
　　A．プロジェクトが遅れないように，本番リリースの前
　　B．ソフトウェアに脆弱性が検出された場合
　　C．ライフサイクルの各段階
　　D．経営陣が命じた時

11．ソフトウェア保証(SwA)は，一般的な調達プロセスの主要なフェーズで構成することができる．主なフェーズは次のうちどれか．
　　A．計画，契約，監視と受け入れ，継続
　　B．契約，計画，監視と受け入れ，継続
　　C．計画，契約，監視と認証，継続
　　D．計画，契約，監視と認定，継続

12．プログラマーが本番コードにアクセスできないようにすることで職務の分離を確実にし，強制することができるのは，次のうちだれか．
　　A．オペレーション担当者
　　B．ソフトウェアライブラリー担当者
　　C．経営陣
　　D．品質保証担当者

13．セキュリティ要件が満たされていることを保証するための技術的評価は，次のうちどれか．
　　A．認定
　　B．認証

C．妥当性確認

D．検証

14．欠陥の除去よりむしろ欠陥の防止は，どのソフトウェア開発手法の特徴であるか．

A．コンピュータ支援ソフトウェアエンジニアリング（CASE）

B．スパイラル

C．ウォーターフォール

D．クリーンルーム

15．署名されていない信頼できないコードがシステムリソースへのアクセスを制限されているセキュリティ保護メカニズムは次のうちどれか．

A．サンドボックス

B．否認防止

C．職務の分離

D．難読化

16．自分自身を複製せず，正当なアクションを実行するふりをして，一方で，バックグラウンドで悪意ある操作を実行するプログラムは，次のうちどれの特徴か．

A．ワーム

B．トラップドア

C．ウイルス

D．トロイの木馬

17．ユーザーの銀行口座から少額を奪い，攻撃者の銀行口座に移す策略は，次のうちどの攻撃の一例か．

A．ソーシャルエンジニアリング

B．サラミ詐欺

C．いたずら

D．デマウイルス

18．データベース内のデータの機密性を保護するロールベースのアクセス制御は，次のうちどれで実現できるか．

A．ビュー

B．暗号化

C．ハッシュ

D．マスキング

19. 完全に異なる非機密情報を含むデータベースに対する最も危険な種類の攻撃の組み合わせは，次のうちどれか．

A．インジェクションとスクリプティング

B．セッションハイジャックとCookieポイズニング

C．集約と推論

D．認証バイパスと安全でない暗号化

20. DBMS技術において，ユーザーが定義した完全性制約に違反しない，有効または正当なトランザクションのみを保証する特性は，次のうちどれか．

A．原子性

B．一貫性

C．独立性

D．永続性

21. エキスパートシステムを構成するのは，モデル化された人間の経験を含むナレッジベースと，次のうちのどれか．

A．推論エンジン

B．統計モデル

C．ニューラルネットワーク

D．ロール

22. セッションハイジャックや中間者（MITM）攻撃に対する最善の防御策は，ソフトウェアを開発する際に，次のうちのどれを行うことか．

A．ユニークでランダムな識別子

B．プリペアードステートメントとプロシージャーの使用

C．データベースビュー

D．暗号化

★ ★ ★

1. The key objective of application security is to ensure
   A. that the software is hacker proof
   B. the confidentiality, integrity and availability of data
   C. accountability of software and user activity
   D. prevent data theft

2. For an application security program to be effective within an organization, it is critical to
   A. identify regulatory and compliance requirements.
   B. educate the software development organization the impact of insecure programming.
   C. develop the security policy that can be enforced.
   D. properly test all the software that is developed by your organization for security vulnerabilities.

3. Which of the following architectures states: "There is no inherent difference between data and programming representations in computer memory" which can lead to injection attacks, characterized by executing data as instructions.
   A. Von Neumann
   B. Linus' Law
   C. Clark and Wilson
   D. Bell LaPadula

4. An important characteristic of bytecode is that it
   A. has increased secure inherently due to sandboxing
   B. manages memory operations automatically
   C. is more difficult to reverse engineer
   D. is faster than interpreted languages

5. Two cooperating processes that simultaneously compete for a shared resource, in such a way that they violate the system's security policy, is commonly known as
   A. Covert channel

B.  Denial of Service

C.  Overt channel

D.  Object reuse

6.   An organization has a website with a guest book feature, where visitors to the web site can input their names and comments about the organization. Each time the guest book web page loads, a message box is prompted with the message 'You have been P0wnd' followed by redirection to a different website. Analysis reveals that the no input validation or output encoding is being performed in the web application. This is the basis for the following type of attack?

A.  Denial of Service

B.  Cross-site Scripting (XSS)

C.  Malicious File Execution

D.  Injection Flaws

7.   The art of influencing people to divulge sensitive information about themselves or their organization by either coercion or masquerading as a valid entity is known as

A.  Dumpster diving

B.  Shoulder surfing

C.  Phishing

D.  Social engineering

8.   An organization's server audit logs indicate that an employee that was terminated in the morning was still able to access certain sensitive resources on his system, on the internal network, that afternoon. The logs indicate that the employee had logged on successfully before he was terminated but there is no record of him logging off before he was terminated. This is an example of this type of attack?

A.  Time of Check/Time of Use (TOC/TOU)

B.  Logic Bomb

C.  Remote-Access Trojans (RATS)

D.  Phishing

9.   The most effective defense against a buffer overflow attack is

A. disallow dynamic construction of queries

B. bounds checking

C. encode the output

D. forced garbage collection

10. It is extremely important that as one follows a software development project, security activities are performed

A. before release to production, so that the project is not delayed

B. if a vulnerability is detected in your software

C. in each stage of the life cycle

D. when management mandates it

11. Software Assurance (SwA) can be organized around the major phases of a generic acquisition process. The major phases are:

A. Planning, contracting, monitoring and acceptance, follow on

B. Contracting, planning, monitoring and acceptance, follow on

C. Planning, contracting, monitoring and certification, follow on

D. Planning, contracting, monitoring and accreditation, follow on

12. Who can ensure and enforce the separation of duties by ensuring that programmers don't have access to production code?

A. Operations personnel

B. Software librarian

C. Management

D. Quality assurance personnel

13. Technical evaluation of assurance to ensure that security requirements have been met is known as?

A. Accreditation

B. Certification

C. Validation

D. Verification

14. Defect prevention rather than defect removal is characteristic of which of the following software development methodology?

    A.   Computer Aided Software Engineering (CASE)

    B.   Spiral

    C.   Waterfall

    D.   Cleanroom

15. A security protection mechanism in which untrusted code, which is not signed, is restricted from accessing system resources is known as?

    A.   Sandboxing

    B.   Non-repudiation

    C.   Separation of Duties

    D.   Obfuscation

16. A program that does not reproduce itself but pretends to be performing a legitimate action, while acting performing malicious operations in the background is the characteristic of which of the following?

    A.   Worms

    B.   Trapdoor

    C.   Virus

    D.   Trojan

17. A plot to take insignificant pennies from a user's bank account and move them to the attacker's bank account is an example of

    A.   Social Engineering

    B.   Salami Scam

    C.   Pranks

    D.   Hoaxes

18. Role-based access control to protect confidentiality of data in databases can be achieved by which of the following?

    A.   Views

    B.   Encryption

C. Hashing

D. Masking

19. The two most dangerous types of attacks against databases containing disparate non-sensitive information are

A. Injection and scripting

B. Session hijacking and cookie poisoning

C. Aggregation and inference

D. Bypassing authentication and insecure cryptography

20. A property that ensures only valid or legal transactions that do not violate any user-defined integrity constraints in DBMS technologies is known as?

A. Atomicity

B. Consistency

C. Isolation

D. Durability

21. Expert systems are comprised of a knowledge base comprising modeled human experience and which of the following?

A. Inference engine

B. Statistical models

C. Neural networks

D. Roles

22. The best defense against session hijacking and man-in-the-middle (MITM) attacks is to use the following in the development of your software?

A. Unique and random identification

B. Use prepared statements and procedures

C. Database views

D. Encryption

# 監訳あとがき

　2005年に『CISSP認定試験公式ガイドブック』（邦訳版）を刊行してから，すでに10年以上の月日が流れました．そして，情報セキュリティ分野を取り巻く環境も大きく変化をしてきています．しかしながら，上記ガイドブックにまとめられていたCISSPとして必要な情報セキュリティに対する視点や知見の数々は，決してこの間も色褪せることはありませんでした．これは，この本のベースとなっているCISSP CBK（共通知識体系）が情報セキュリティの本質を的確に捉えたもので，環境の変化や技術の変化があったとしても，その基本的な考え方，課題の本質には大きな違いがないからです．本新版図書刊行の計画が持ち上がった今から1年半前の段階でも，情報セキュリティ分野のバイブルとして上記ガイドブックは広く受け入れられていました．それでもやはり，英語原本の方は第4版まで改版が積まれており，ドメインの構成も10ドメインから8ドメインに再構成された中で，邦訳版の新版ガイドブック刊行を求める声は日に日に大きくなっていたことも事実です．

　このたび，13年ぶりに『新版 CISSP CBK公式ガイドブック』（邦訳版）が刊行できますことは，情報セキュリティ分野に長く携わってきた我々にとっても大きな喜びです．(ISC)² Japan Chapterで，これまでも中心的に活動してきた方々を翻訳陣として迎え，旧版に比べると比較にならないほど解説的記述が多く，長文の英語に四苦八苦しながら，一から翻訳作業を進めてきました．この翻訳チームを取りまとめ，オーガナイズしてくださった大河内智秀さん（CISSP），ならびに一般社団法人CySecProの皆様，特に木村尚美さんには深く感謝いたします．また，NTT出版㈱の横山秀行さん，水木康文さん，宮崎志乃さん，そして㈲イー・コラボの室町幸喜さんには出版に向けて大変ご尽力をいただきました．さらに，田本裕子さん，千

葉悠平さん(CISSP)，加藤陽平さん(以上，NTTアドバンステクノロジ㈱)には翻訳・監修作業にご協力をいただきました．ありがとうございました．

最後に，本書刊行の貴重な機会とご指導をいただいたNTTセキュアプラットフォーム研究所の大久保一彦所長にはこの場をお借りして深く感謝の意を表します．

本書は，CISSP CBKのすべての内容が取りまとめられて解説されており，情報セキュリティのエッセンスを幅広く学びたい多くの方々に読んでいただきたい内容となっています．本書が情報セキュリティ専門家の皆様に長く愛読されることを願ってやみません．

2018年6月

笠原久嗣, CISSP ／井上吉隆, CISSP ／桑名栄二, CISSP

# 新版 CISSP® CBK® 公式ガイドブック【3巻】

2018年7月31日　初版第1刷発行
2023年4月12日　初版第7刷発行

| | |
|---|---|
| 編者 | Adam Gordon |
| 監訳 | 笠原 久嗣・井上 吉隆・桑名 栄二 |

| | |
|---|---|
| 発行者 | 東 明彦 |
| 発行所 | NTT出版株式会社 |
| | 〒108-0023 |
| | 東京都港区芝浦3-4-1 グランパークタワー |
| | 営業担当　TEL 03(6809)4891 |
| | 　　　　　FAX 03(6809)4101 |
| | 編集担当　TEL 03(6809)3276 |
| | https://www.nttpub.co.jp |

| | |
|---|---|
| 制作協力 | 有限会社イー・コラボ |
| デザイン | 米谷 豪（一部アイコン：©Varijanta／iStockphoto） |
| 印刷・製本 | 中央精版印刷株式会社 |